普通高等教育“十四五”规划教材

新世纪新理念高等院校数学教学改革与教材建设精品教材

线性代数

主编：王彬彬　张旻嵩

华中师范大学出版社

内 容 提 要

本书根据应用型本科线性代数课程教学基本要求进行编写，内容包括行列式、矩阵、线性方程组、矩阵的特征值与特征向量、二次型、线性空间与线性变换等。为了便于读者学习和巩固，每节均配有习题，每章配有总复习题，书末附有部分习题参考答案。本书的编写过程注重数学思想的渗透和数学概念产生背景的分析，引进概念尽量结合实际，由直观到抽象，循序渐进，深入浅出，通俗易懂。

本书可作为高等学校非数学类专业线性代数课程的教材，也可作为相关领域的技术人员或自学者的参考用书。

新出图证(鄂)字10号

图书在版编目(CIP)数据

线性代数/王彬彬，张旻嵩主编. —武汉：华中师范大学出版社，2021.5(2023.1重印)
ISBN 978-7-5622-9435-1

Ⅰ.①线…　Ⅱ.①王…　②张…　Ⅲ.①线性代数—高等学校—教材　Ⅳ.①O151.2

中国版本图书馆CIP数据核字(2021)第089582号

线性代数

©王彬彬　张旻嵩　主编

责任编辑：袁正科	**责任校对**：罗　艺	**封面设计**：胡　灿
编 辑 室：高教分社	**电　　话**：027-67867364	
出版发行：华中师范大学出版社		
社　　址：湖北省武汉市珞喻路152号	**邮　　编**：430079	
销售电话：027-67861549		
网　　址：http://press.ccnu.edu.cn	**电子信箱**：press@mail.ccnu.edu.cn	
印　　刷：武汉市洪林印务有限公司	**督　　印**：刘　敏	
开　　本：787 mm×1092 mm　1/16	**印　　张**：14.75	**字　　数**：320千字
版　　次：2021年8月第1版	**印　　次**：2023年1月第2次印刷	
印　　数：3001—5500	**定　　价**：39.00元	

欢迎上网查询、购书

丛书总序

未来社会是信息化的社会，以多媒体技术和网络技术为核心的信息技术正在飞速发展，信息技术正以惊人的速度渗透到教育领域中，正推动着教育教学的深刻变革。在积极应对信息化社会的过程中，我们的教育思想、教育理念、教学内容、教学方法与手段以及学习方式等方面已不知不觉地发生了深刻的变革。

现代数学不仅是一种精密的思想方法、一种技术手段，更是一个有着丰富内容和不断向前发展的知识体系。《国家中长期教育改革和发展规划纲要(2010—2020年)》指明了未来十年高等教育的发展目标："全面提高高等教育质量"、"提高人才培养质量"、"提升科学研究水平"、"增强社会服务能力"、"优化结构办出特色"。这些目标的实现，有赖于各高校进一步推进数学教学改革的步伐，借鉴先进的经验，构建自己的特色。而数学作为一个基础性的专业，承担着培养高素质人才的重要作用。因此，新形势下高等院校数学教学改革的方向、具体实施方案以及与此相关的教材建设等问题，不仅是值得关注的，更是一个具有现实意义和实践价值的课题。

为推进教学改革的进一步深化，加强各高校教学经验的广泛交流，构建高校数学院系的合作平台，华中师范大学数学与统计学学院和华中师范大学出版社充分发挥各自的优势，由华中师范大学数学与统计学学院发起，诚邀华中和周边地区部分颇具影响力的高等院校，面向全国共同开发这套"新世纪新理念高等院校数学系列精品教材"，并委托华中师范大学出版社组织、协调和出版。我们希望，这套教材能够进一步推动全国教育事业和教学改革的蓬勃兴盛，切实体现出教学改革的需要和新理念的贯彻落实。

总体看来，这套教材充分体现了高等学校数学教学改革提出的新理念、新方法、新形式。如目前各高等学校数学教学中普遍推广的研究型教学，要求教师少讲、精讲，重点讲思路、讲方法，鼓励学生的探究式自主学习，教师的角色也从原来完全主导课堂的讲授者转变为学生自主学习的推动者、辅导者，学生转变为教学活动的真正主体等。而传统的教材完全依赖教师课堂讲授、将主要任务交给任课教师完成、学生依靠大量被动练习应对考试等特点已不能满足这种新教学改革的推进。如果再叠加脱离时空限制的网络在线教学等教学方式带来的巨大挑战，传统教材甚至已成为教学改革的严重制约因素。

基于此，我们这套教材在编写的过程中注重突出以下几个方面的特点：

一是以问题为导向、引导研究性学习。教材致力于学生解决实际的数学问题、运用所学的数学知识解决实际生活问题为导向，设置大量的研讨性、探索性、应用性问题，鼓励学生在教师的辅导、指导下课内课外自主学习、探究、应用，以提高对所学数学知识的理解、反思与实际应用能力。

二是内容精选、逻辑清晰。整套教材在各位专家充分研讨的基础上，对课堂教学内容进一步精练浓缩，以应对课堂教学时间、教师讲授时间压缩等方面的变革；与此同时，教材还在各教学内容的结构安排方面下了很大的功夫，使教材的内容逻辑更清晰，便于教师讲授和学生自主学习。

三是通俗易懂、便于自学。为了满足当前大学生自主学习的要求，我们在教材编写的过程中，要求各教材的语言生动化、案例更切合生活实际且趣味化，如通过借助数表、图形等将抽象的概念用具体、直观的形式表达，用实例和示例加深对概念、方法的理解，尽可能让枯燥、烦琐的数学概念、数理演绎过程通俗化，降低学生自主学习的难度。

当然，教学改革的快速推进不断对教材提出新的要求，同时也受限于我们的水平，这套教材可能离我们理想的目标还有一段距离，敬请各位教师，特别是当前教学改革后已转变为教学活动主体的广大学子们提出宝贵的意见！

朱长江

于武昌桂子山

2013 年 7 月

前言

随着高等院校教育教学观念的不断更新，教学改革的不断深入，人才培养应切实贯彻“以人为本、因材施教、夯实基础、创新应用”的指导思想。

线性代数是高等院校一门重要的数学基础课，它不仅能为后续专业课程的学习提供必需的数学知识，还能为工程技术人员解决相关专业问题提供必要的理论依据，它对培养学生的理性思维能力、逻辑推理能力、综合应用能力起着非常重要的作用。本书编者以自己多年来从事线性代数课程教学的经验为基础，并借鉴国内外优秀教材的思想和方法，为普通高等院校非数学专业的学生编写了这本适用面宽、易学易懂的《线性代数》教材。

本书共分 6 章，其中前三章主要围绕线性方程组的求解展开，介绍了行列式，矩阵，线性方程组的概念、性质及其应用；第 4 章介绍了矩阵的特征值和特征向量、矩阵的对角化、实对称矩阵的相似对角化；第 5 章介绍了二次型的概念及其标准化；第 6 章介绍了线性空间与线性变换。全书贯穿“以线性方程组为主线，以行列式、矩阵、向量为工具”的基本观点，强调了矩阵基本方法的应用，阐明了线性代数的基本概念、理论和方法。

本书在结构搭建上保持教与学的连贯性和衔接性。内容编排力求知识导入自然、由浅入深、循序渐进，避免偏深、偏难的理论证明；文字表达言简意赅、通俗易懂。书中选用的例题极具代表性，解题思路清晰，逻辑严密，题后归纳总结具有启发性，可使读者举一反三，触类旁通，进而提高学习效率。

本书每一节开头给出的“学习目标”能使读者快速了解该节的主要内容及学习重点，学起来更加有方向性。为方便读者巩固练习，每章还配有小节习题和总习题，小节习题比较基础，可作为巩固知识的课后练习，总习题难度较小节习题略有提高，适合学有余力或有志于考研的读者练习。书末附有习题参考答案。书中将选学内容和理论性较强的定理证明用“ * ”号标出，以示区别，方便选学。

本书由湖北文理学院数学与统计学院组织编写。具体分工为：第 1、2、3、4 章由王彬彬编写，第 5、6 章由张旻嵩编写，王彬彬负责全书的统稿、定稿工作。杨艳、张敏捷、肖氏武、王华丽、冯倩倩、周伟刚为本书的编写提出了许多宝贵意见，湖北文理学院数学与统计学院、华中师范大学出版社为本书的出版提供了很多帮助，在此一并表示感谢。

由于编者水平有限，书中难免有不妥之处，敬请广大读者批评指正。

编者

2021 年 4 月

目　录

第 1 章 行列式

行列式的概念起源于求解线性方程组，最早它只是一种速记的表达方式，表示将一些数字按特定的规则计算得到的数。在很长一段时间内，行列式只是作为求解线性方程组的一种工具。1750 年，瑞士数学家克莱姆对行列式的定义和展开法则进行了比较完整、明确的阐述，并给出了求解线性方程组的克莱姆法则。行列式的概念及相关理论是线性代数课程的主要内容之一，同时也是研究线性代数其他内容的重要工具。

本章首先介绍二阶、三阶行列式，然后归纳出 n 阶行列式的概念，并讨论其性质；其次再介绍行列式的一些计算方法，给出一些经典算例；最后介绍利用行列式求解 n 元线性方程组的方法，即克莱姆法则。

1.1 二阶与三阶行列式

学习目标：

1. 理解二阶、三阶行列式的概念。
2. 熟练掌握二阶、三阶行列式的对角线法则。
3. 了解二元、三元线性方程组的解与系数和常数项之间的关系。

大约在 1500 年前，中国古代数学名著《孙子算经》中记载了一个著名的数学趣题——“鸡兔同笼”问题。书中是这样叙述的：今有雉兔同笼，上有三十五头，下有九十四足，问雉兔各几何？这个问题可以转化为二元线性方程组的求解问题。

设鸡、兔分别为 x,y 只，根据题意可列方程组

$$\begin{cases} x+y=35, \\ 2x+4y=94。\end{cases}$$

用消元法求得方程组的解为 $x=23,y=12$，所以鸡有 23 只，兔有 12 只。

对于一般的二元线性方程组

$$\begin{cases} a_{11}x_1+a_{12}x_2=b_1, \\ a_{21}x_1+a_{22}x_2=b_2, \end{cases} \tag{1-1}$$

用消元法可以得到，当 $a_{11}a_{22}-a_{12}a_{21}\neq 0$ 时，方程组有唯一解

$$\begin{cases} x_1 = \dfrac{b_1a_{22}-b_2a_{12}}{a_{11}a_{22}-a_{12}a_{21}}, \\ x_2 = \dfrac{b_2a_{11}-b_1a_{21}}{a_{11}a_{22}-a_{12}a_{21}}。 \end{cases} \tag{1-2}$$

式(1-2) 是二元线性方程组(1-1) 的公式解,它给出了线性方程组(1-1) 的解与方程组的系数、常数项之间的关系。但如果想强行记住这些表达式是不容易的。为了便于记忆,人们引进符号

$$\begin{vmatrix} a_{11} & a_{12} \\ a_{21} & a_{22} \end{vmatrix}$$

来表示 $a_{11}a_{22}-a_{12}a_{21}$,并称这个符号为**二阶行列式**,记为 D,即

$$D = \begin{vmatrix} a_{11} & a_{12} \\ a_{21} & a_{22} \end{vmatrix} = a_{11}a_{22}-a_{12}a_{21}。$$

其中数 $a_{ij}(i=1,2;j=1,2)$ 称为行列式的**元素**。横排称为**行**,纵排称为**列**,并且行和列分别按从上到下、从左到右的顺序计数。元素 a_{ij} 的第一个下标 i 称为**行标**,表明该元素位于第 i 行,第二个下标 j 称为**列标**,表明该元素位于第 j 列,元素 a_{ij} 即为行列式中第 i 行与第 j 列交叉点上的元素。

通常,二阶行列式的计算可用对角线法则来记忆。如图 1-1 所示,即二阶行列式等于实线连接的(主对角线) 两个元素的乘积减去虚线连接的(副对角线) 两个元素的乘积。

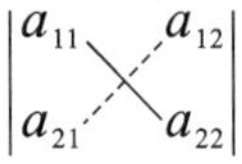

图 1-1　二阶行列式对角线法则

基于上述二阶行列式的定义,代数式 $b_1a_{22}-b_2a_{12}$ 和 $b_2a_{11}-b_1a_{21}$ 可分别记为

$$D_1 = \begin{vmatrix} b_1 & a_{12} \\ b_2 & a_{22} \end{vmatrix}, D_2 = \begin{vmatrix} a_{11} & b_1 \\ a_{21} & b_2 \end{vmatrix},$$

因此,当行列式 $D = \begin{vmatrix} a_{11} & a_{12} \\ a_{21} & a_{22} \end{vmatrix} \neq 0$ 时,线性方程组(1-1) 的解可表示为

$$x_1 = \frac{\begin{vmatrix} b_1 & a_{12} \\ b_2 & a_{22} \end{vmatrix}}{\begin{vmatrix} a_{11} & a_{12} \\ a_{21} & a_{22} \end{vmatrix}} = \frac{D_1}{D}, x_2 = \frac{\begin{vmatrix} a_{11} & b_1 \\ a_{21} & b_2 \end{vmatrix}}{\begin{vmatrix} a_{11} & a_{12} \\ a_{21} & a_{22} \end{vmatrix}} = \frac{D_2}{D}。 \tag{1-3}$$

对比行列式的元素与方程组中系数及常数项可以看到,行列式符号的引入使得线性方程组的解(1-2) 的记忆和使用更加便利。

例 1.1　用二阶行列式求解"鸡兔同笼"中所列的方程组

$$\begin{cases} x+y=35, \\ 2x+4y=94。 \end{cases}$$

解　根据线性方程组的系数和常数项，可知

$$D=\begin{vmatrix}1&1\\2&4\end{vmatrix}=2\neq 0,D_1=\begin{vmatrix}35&1\\94&4\end{vmatrix}=46,D_2=\begin{vmatrix}1&35\\2&94\end{vmatrix}=24。$$

因为 $D\neq 0$，所以方程组的唯一解为

$$x=\frac{D_1}{D}=23,y=\frac{D_2}{D}=12。$$

用类似的方法来讨论三元线性方程组

$$\begin{cases}a_{11}x_1+a_{12}x_2+a_{13}x_3=b_1,\\a_{21}x_1+a_{22}x_2+a_{23}x_3=b_2,\\a_{31}x_1+a_{32}x_2+a_{33}x_3=b_3。\end{cases}\tag{1-4}$$

下面引入三阶行列式的概念。

定义 1.1　由 3 行 3 列的 9 个元素 a_{ij} 组成的符号

$$\begin{vmatrix}a_{11}&a_{12}&a_{13}\\a_{21}&a_{22}&a_{23}\\a_{31}&a_{32}&a_{33}\end{vmatrix}$$

称为**三阶行列式**，它表示代数和

$$a_{11}a_{22}a_{33}+a_{12}a_{23}a_{31}+a_{13}a_{21}a_{32}-a_{13}a_{22}a_{31}-a_{12}a_{21}a_{33}-a_{11}a_{23}a_{32},$$

即

$$\begin{vmatrix}a_{11}&a_{12}&a_{13}\\a_{21}&a_{22}&a_{23}\\a_{31}&a_{32}&a_{33}\end{vmatrix}=a_{11}a_{22}a_{33}+a_{12}a_{23}a_{31}+a_{13}a_{21}a_{32}-a_{13}a_{22}a_{31}-a_{12}a_{21}a_{33}-a_{11}a_{23}a_{32}。$$

由上述定义可知，三阶行列式是 6 项的代数和，每一项均为不同行、不同列的三个元素的乘积再冠以正、负号，其运算规律遵循图 1-2 所示的**对角线法则**，其中实线连接的项带正号，虚线连接的项带负号。

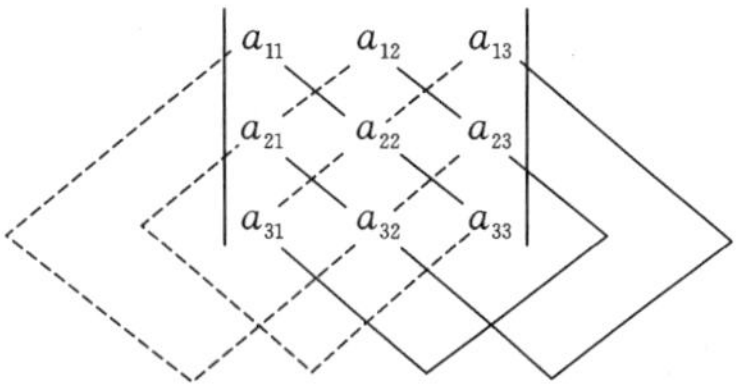

图 1-2　三阶行列式对角线法则

如果令

$$D=\begin{vmatrix}a_{11}&a_{12}&a_{13}\\a_{21}&a_{22}&a_{23}\\a_{31}&a_{32}&a_{33}\end{vmatrix},D_1=\begin{vmatrix}b_1&a_{12}&a_{13}\\b_2&a_{22}&a_{23}\\b_3&a_{32}&a_{33}\end{vmatrix},$$

$$D_2 = \begin{vmatrix} a_{11} & b_1 & a_{13} \\ a_{21} & b_2 & a_{23} \\ a_{31} & b_3 & a_{33} \end{vmatrix}, D_3 = \begin{vmatrix} a_{11} & a_{12} & b_1 \\ a_{21} & a_{22} & b_2 \\ a_{31} & a_{32} & b_3 \end{vmatrix},$$

则当 $D \neq 0$ 时，线性方程组(1-4) 的唯一解为

$$x_1 = \frac{D_1}{D}, x_2 = \frac{D_2}{D}, x_3 = \frac{D_3}{D}。$$

例 1.2 计算三阶行列式 $D = \begin{vmatrix} 1 & 2 & 3 \\ 2 & 1 & -1 \\ -4 & 3 & 5 \end{vmatrix}$。

解 按三阶行列式的对角线法则有

$$\begin{aligned} D &= 1\times1\times5+2\times(-1)\times(-4)+3\times2\times3 - 3\times1\times(-4)-2\times2\times5-1\times(-1)\times3 \\ &= 5+8+18-(-12)-20-(-3) \\ &= 26。\end{aligned}$$

例 1.3 已知 $\begin{vmatrix} a & 1 & 0 \\ 1 & a & b \\ 0 & 1 & 1 \end{vmatrix} = 0$，试问 a,b 需要满足什么条件？

解 按三阶行列式的对角线法则有

$$\begin{vmatrix} a & 1 & 0 \\ 1 & a & b \\ 0 & 1 & 1 \end{vmatrix} = a^2 - ab - 1,$$

因为

$$\begin{vmatrix} a & 1 & 0 \\ 1 & a & b \\ 0 & 1 & 1 \end{vmatrix} = 0。$$

故

$$a^2 - ab - 1 = 0。$$

例 1.4 解三元线性方程组 $\begin{cases} 3x_1 - x_2 + 2x_3 = 1, \\ 2x_1 + x_2 - 5x_3 = 0, \\ x_1 + 2x_2 - 3x_3 = 4。\end{cases}$

解 由于

$$D = \begin{vmatrix} 3 & -1 & 2 \\ 2 & 1 & -5 \\ 1 & 2 & -3 \end{vmatrix} = 26 \neq 0,$$

且

$$D_1=\begin{vmatrix}1&-1&2\\0&1&-5\\4&2&-3\end{vmatrix}=19,D_2=\begin{vmatrix}3&1&2\\2&0&-5\\1&4&-3\end{vmatrix}=77,D_3=\begin{vmatrix}3&-1&1\\2&1&0\\1&2&4\end{vmatrix}=23,$$

所以方程组的唯一解为

$$x_1=\frac{D_1}{D}=\frac{19}{26},x_2=\frac{D_2}{D}=\frac{77}{26},x_3=\frac{D_3}{D}=\frac{23}{26}。$$

习　题　1.1

1. 计算下列二阶行列式：

(1) $\begin{vmatrix}2&9\\3&4\end{vmatrix}$；　(2) $\begin{vmatrix}3&7\\-4&5\end{vmatrix}$；

(3) $\begin{vmatrix}a&b\\a^2&b^2\end{vmatrix}$；　(4) $\begin{vmatrix}\cos x&\sin^2 x\\1&\cos x\end{vmatrix}$；

(5) $\begin{vmatrix}1&\log_b a\\\log_a b&1\end{vmatrix}$；　(6) $\begin{vmatrix}x-1&-1\\1&x^2+x+1\end{vmatrix}$。

2. 计算下列三阶行列式：

(1) $\begin{vmatrix}1&0&-2\\4&-6&3\\0&3&8\end{vmatrix}$；　(2) $\begin{vmatrix}1&2&0\\-1&1&-4\\2&-2&8\end{vmatrix}$；

(3) $\begin{vmatrix}1&1&-1\\1&2&2\\-1&2&13\end{vmatrix}$；　(4) $\begin{vmatrix}a&b&c\\b&c&a\\c&a&b\end{vmatrix}$；

(5) $\begin{vmatrix}\cos\theta&0&\sin\theta\\0&1&1\\-\sin\theta&0&\cos\theta\end{vmatrix}$；　(6) $\begin{vmatrix}x+y&x&y\\x&x+y&y\\x&y&x+y\end{vmatrix}$。

3. 证明：$\begin{vmatrix}a_1&a_2&a_3\\b_1&b_2&b_3\\c_1&c_2&c_3\end{vmatrix}=a_1\begin{vmatrix}b_2&b_3\\c_2&c_3\end{vmatrix}-a_2\begin{vmatrix}b_1&b_3\\c_1&c_3\end{vmatrix}+a_3\begin{vmatrix}b_1&b_2\\c_1&c_2\end{vmatrix}$。

4. 当 x 取何值时，$\begin{vmatrix}2&0&x\\5&x&0\\-1&x&3\end{vmatrix}\neq 0$?

5. 利用行列式求解下列线性方程组：

(1) $\begin{cases}3x_1-2x_2=12,\\2x_1+x_2=1;\end{cases}$　(2) $\begin{cases}x_1-2x_2+3x_3=5,\\2x_1+x_2-3x_3=-3,\\2x_1+2x_2-x_3=2。\end{cases}$

1.2 n阶行列式的定义

学习目标：

1. 掌握逆序数的计算方法。
2. 理解n阶行列式的概念。
3. 掌握利用行列式的定义计算行列式的思路和方法。

由三阶行列式的定义可以看出，三阶行列式表示的是一些项的代数和，有些项前面带"+"号，有些项前面带"−"号，每一项所带符号的原则或规律是什么？为此先介绍排列和逆序的知识，这也是引入n阶行列式所必需的概念。

1.2.1 排列及逆序数

定义1.2 由$1,2,\cdots,n$组成的一个有序数组称为一个n**级排列**，简称为**排列**，其中$1,2,\cdots,n$中的每个数恰好只出现一次。

例如，2341是一个4级排列，45123是一个5级排列。

n级排列共有$n!$个，其中$12\cdots n$称为**自然排列**，这个排列是按照递增的顺序排列起来的，具有自然顺序，其他的排列都或多或少地破坏了自然顺序。

定义1.3 在一个n级排列$(i_1i_2\cdots i_t\cdots i_s\cdots i_n)$中，若数$i_t>i_s$，则称$i_t$与$i_s$构成一个**逆序**。一个$n$级排列中逆序的总数称为该排列的**逆序数**，记作$\tau(i_1i_2\cdots i_n)$。

例如，5级排列35412中，3与后面的1构成一个逆序，5与4也构成一个逆序，等等。

显然，自然排列的逆序数为0。

例1.5 求排列35412的逆序数。

解 由题可知，3与其后面的数1，2构成两个逆序；5与其后面的数4，1，2构成三个逆序；4与其后面的数1，2构成两个逆序；1与其后面的数不构成逆序，逆序个数记为零；2的后面没有元素，逆序个数也记为零。这个分析过程可以排成如下形式：

排列	3	5	4	1	2
	↓	↓	↓	↓	↓
与后面元素比较构成逆序的个数	2	3	2	0	0

故

$$\tau(35412)=2+3+2+0+0=7。$$

定义1.4 逆序数为奇数的排列称为**奇排列**；逆序数为偶数的排列称为**偶排列**。

例1.6 求n级排列$n(n-1)\cdots 321$的逆序数，并讨论其奇偶性。

解 类似例1.5的讨论，可排成如下形式：

排列	n	$n-1$	$n-2$	$\cdots$	3	2	1
	↓	↓	↓		↓	↓	↓
与后面元素比较构成逆序的个数	$n-1$	$n-2$	$n-3$	$\cdots$	2	1	0

故排列的逆序数为

$$\tau(n(n-1)\cdots 321)=(n-1)+(n-2)+\cdots+2+1+0=\frac{n(n-1)}{2}。$$

容易得到，当 $n=4k, n=4k+1$ 时，该排列是偶排列；当 $n=4k+2, n=4k+3$ 时，该排列是奇排列。

1.2.2 对换

定义 1.5　在一个排列中，将任何两个数对调，而其余的数位置不变，这一过程称为**对换**。将相邻两数对调，称为**相邻对换**。

例如，在排列 35214 中，对换 3 与 1，得到新的排列 15234。

关于对换和排列的奇偶性有如下的性质：

定理 1.1　任意一个排列经过一次对换后，其奇偶性改变。

证　先证相邻对换的情形。

设排列为 $\cdots ij\cdots$，对换相邻的两数 i 与 j 后得到的排列为 $\cdots ji\cdots$。注意到在对换前后，虚点处各元素的逆序数并不改变，所以只需考虑对换前后数 i 与 j 的逆序计数上的变化。

若原排列中 i 与 j 不构成逆序，则对换后 i 的逆序计数不变，j 的逆序计数会增加 1，从而逆序数会增加 1。

若原排列中 i 与 j 构成逆序，则对换后 i 的逆序计数减少 1，j 的逆序计数不变，从而逆序数会减少 1。

由此，经一次相邻对换后排列的奇偶性改变。

再证一般对换的情形。

设排列为

$$\cdots i a_1 a_2 \cdots a_m j \cdots, \tag{1-5}$$

将 i 与 j 做一次对换，则排列变为

$$\cdots j a_1 a_2 \cdots a_m i \cdots。$$

该对换可以由一系列相邻对换实现：先将原排列(1-5) 中的 i 做 m 次相邻对换变成

$$\cdots a_1 a_2 \cdots a_m i j \cdots,$$

再将 j 做 $m+1$ 次相邻对换变成

$$\cdots j a_1 a_2 \cdots a_m i \cdots。$$

这样总共进行了 $2m+1$(奇数) 次相邻对换，而每进行一次相邻对换，奇偶性就要改变，故不相邻的两个数 i 与 j 的对换也改变排列的奇偶性。

1.2.3 n 阶行列式的定义

在给出 n 阶行列式的定义之前，我们先回顾二阶、三阶行列式的定义：

$$\begin{vmatrix} a_{11} & a_{12} \\ a_{21} & a_{22} \end{vmatrix} = a_{11}a_{22} - a_{12}a_{21},$$

$$\begin{vmatrix} a_{11} & a_{12} & a_{13} \\ a_{21} & a_{22} & a_{23} \\ a_{31} & a_{32} & a_{33} \end{vmatrix} = a_{11}a_{22}a_{33} + a_{12}a_{23}a_{31} + a_{13}a_{21}a_{32} - a_{13}a_{22}a_{31} - a_{12}a_{21}a_{33} - a_{11}a_{23}a_{32}。$$

从中可以发现以下规律：

(1) 二阶行列式是 2!项的代数和，三阶行列式是 3!项的代数和。

(2) 二阶行列式中每一项是两个元素的乘积，它们分别取自不同行、不同列；三阶行列式中的每一项是三个元素的乘积，它们也是取自不同行、不同列，并且展开式是所有这种可能乘积的代数和。

(3) 每一项的符号是：当该项中的所有元素的行标按自然顺序排列后，若对应的列标为偶排列，则前面带正号；若对应的列标为奇排列，则前面带负号。

在三阶行列式的定义中，在不考虑项前正负号的情况下，每一项的一般形式可以写成

$$a_{1j_1}a_{2j_2}a_{3j_3},$$

其中 $j_1j_2j_3$ 是 1,2,3 的一个排列。各项所带符号由该项列标排列的奇偶性所决定，从而各项可表示为

$$(-1)^{\tau(j_1j_2j_3)}a_{1j_1}a_{2j_2}a_{3j_3}。$$

因此，三阶行列式又可以表示成

$$\begin{vmatrix} a_{11} & a_{12} & a_{13} \\ a_{21} & a_{22} & a_{23} \\ a_{31} & a_{32} & a_{33} \end{vmatrix} = \sum_{j_1j_2j_3}(-1)^{\tau(j_1j_2j_3)}a_{1j_1}a_{2j_2}a_{3j_3},$$

其中 $\tau(j_1j_2j_3)$ 为排列 $j_1j_2j_3$ 的逆序数。$\sum\limits_{j_1j_2j_3}$ 表示对 1,2,3 这三个数的所有三级排列 $j_1j_2j_3$ 对应的项进行求和。

作为二阶、三阶行列式的推广，我们给出 n 阶行列式的定义。

定义 1.6 由 n 行 n 列的 n^2 个元素 $a_{ij}(i,j=1,2,\cdots,n)$ 组成的符号

$$\begin{vmatrix} a_{11} & a_{12} & \cdots & a_{1n} \\ a_{21} & a_{22} & \cdots & a_{2n} \\ \vdots & \vdots & & \vdots \\ a_{n1} & a_{n2} & \cdots & a_{nn} \end{vmatrix}$$

称为 n **阶行列式**，它表示所有取自不同行、不同列的 n 个元素乘积

$$a_{1j_1}a_{2j_2}\cdots a_{nj_n}$$

的代数和，这里 $j_1j_2\cdots j_n$ 是 $1,2,\cdots,n$ 的一个 n 级排列。各项的符号确认规则是：当该项中各元素的行标按自然顺序排列后，若对应的列标 $j_1j_2\cdots j_n$ 为偶排列，该项带正号；若对应的列标 $j_1j_2\cdots j_n$ 为奇排列，该项带负号，即

$$\begin{vmatrix} a_{11} & a_{12} & \cdots & a_{1n} \\ a_{21} & a_{22} & \cdots & a_{2n} \\ \vdots & \vdots & & \vdots \\ a_{n1} & a_{n2} & \cdots & a_{nn} \end{vmatrix} = \sum_{j_1j_2\cdots j_n} (-1)^{\tau(j_1j_2\cdots j_n)} a_{1j_1}a_{2j_2}\cdots a_{nj_n},$$

其中 $\sum\limits_{j_1j_2\cdots j_n}$ 表示对所有的 n 级排列 $j_1j_2\cdots j_n$ 求和。n 阶行列式也可简记为 $|a_{ij}|$ 或 $\det(a_{ij})$，这里数 a_{ij} 称为**行列式的元素**，称

$$(-1)^{\tau(j_1j_2\cdots j_n)} a_{1j_1}a_{2j_2}\cdots a_{nj_n}$$

为**行列式的一般项**。

注　(1) n 阶行列式是 $n!$ 项的代数和，因此，行列式实质上是一种特殊定义的数。

(2) n 阶行列式的展开式中有一半的项前面带正号，另一半的项前面带负号。注意，这里说的正、负号，不包括各元素本身的符号。

(3) 一阶行列式 $|a_{11}| = a_{11}$，不要与绝对值符号相混淆。

因为行列式的任何一项 $(-1)^{\tau(j_1j_2\cdots j_n)} a_{1j_1}a_{2j_2}\cdots a_{nj_n}$ 都必须在每一行和每一列中各取一个元素，所以得到以下重要结论：

命题　如果行列式有某一行(列)的元素全为零，则此行列式为零。

例如，

$$\begin{vmatrix} 2 & 0 & -3 \\ 3 & 0 & -1 \\ 1 & 0 & 3 \end{vmatrix} = 0,\quad \begin{vmatrix} a_{11} & a_{12} & a_{13} & a_{14} \\ a_{21} & a_{22} & a_{23} & a_{24} \\ 0 & 0 & 0 & 0 \\ a_{41} & a_{42} & a_{43} & a_{44} \end{vmatrix} = 0。$$

为了更好地理解行列式的定义，我们来看以下几个例题。

例 1.7　在五阶行列式中，$a_{14}a_{42}a_{51}a_{35}a_{23}$ 应带什么符号？

解　这一项元素的行标 14532 不是按照自然顺序排列。先将行标按自然顺序排列，可得 $a_{14}a_{23}a_{35}a_{42}a_{51}$。此时，列标的逆序数 $\tau(43521) = 8$，故这一项应带正号。

例 1.8　写出四阶行列式 $|a_{ij}|$ 中带负号且包含因子 $a_{14}a_{23}$ 的项。

解　由行列式的定义知，包含因子 $a_{14}a_{23}$ 的一般项为

$$(-1)^{\tau(43j_1j_2)} a_{14}a_{23}a_{3j_1}a_{4j_2},$$

其中 j_1 与 j_2 的可能取值只有 1 或 2，且二者不能重复，因此包含 $a_{14}a_{23}$ 的乘积项有

$$a_{14}a_{23}a_{31}a_{42} \text{ 及 } a_{14}a_{23}a_{32}a_{41}。$$

由于 $a_{14}a_{23}a_{31}a_{42}$ 列标的逆序数 $\tau(4312) = 5$ 为奇数，而 $a_{14}a_{23}a_{32}a_{41}$ 列标的逆序数 $\tau(4321) = 6$

为偶数，则满足题意的项为 $-a_{14}a_{23}a_{31}a_{42}$。

下面介绍几类特殊行列式的计算，其结果可作为公式使用。

例 1.9 计算下三角形行列式 $D_n=\begin{vmatrix} a_{11} & 0 & \cdots & 0 \\ a_{21} & a_{22} & \cdots & 0 \\ \vdots & \vdots & & \vdots \\ a_{n1} & a_{n2} & \cdots & a_{nn} \end{vmatrix}$。

解 根据行列式的定义，D_n 的一般项为 $(-1)^{\tau(j_1j_2\cdots j_n)}a_{1j_1}a_{2j_2}\cdots a_{nj_n}$，现考察可能不为零的项。

第 1 行只能选取 a_{11}；第 2 行中虽然可取不为零的元素 a_{21} 和 a_{22}，但是因为 a_{21} 与 a_{11} 在同一列，从而第 2 行只能选取 a_{22}；依次选取下去，直至第 n 行，得到可能不为零的项只有

$$a_{11}a_{22}\cdots a_{nn}。$$

而此项列标的逆序数 $\tau(12\cdots n)=0$，列标所构成的排列是一个偶排列，所以这一项带正号。于是

$$D_n=\begin{vmatrix} a_{11} & 0 & \cdots & 0 \\ a_{21} & a_{22} & \cdots & 0 \\ \vdots & \vdots & & \vdots \\ a_{n1} & a_{n2} & \cdots & a_{nn} \end{vmatrix}=(-1)^{\tau(12\cdots n)}a_{11}a_{22}\cdots a_{nn}=a_{11}a_{22}\cdots a_{nn}。$$

即下三角形行列式等于主对角线（从左上角到右下角的这条对角线）上所有元素的乘积。

注 类似可得**上三角形行列式**

$$\begin{vmatrix} a_{11} & a_{12} & \cdots & a_{1n} \\ 0 & a_{22} & \cdots & a_{2n} \\ \vdots & \vdots & & \vdots \\ 0 & 0 & \cdots & a_{nn} \end{vmatrix}=a_{11}a_{22}\cdots a_{nn}。$$

对角行列式

$$\begin{vmatrix} a_{11} & 0 & \cdots & 0 \\ 0 & a_{22} & \cdots & 0 \\ \vdots & \vdots & & \vdots \\ 0 & 0 & \cdots & a_{nn} \end{vmatrix}=a_{11}a_{22}\cdots a_{nn}。$$

例 1.10 计算 n 阶行列式 $\begin{vmatrix} 0 & \cdots & 0 & a_{1n} \\ 0 & \cdots & a_{2,n-1} & 0 \\ \vdots & & \vdots & \vdots \\ a_{n1} & \cdots & 0 & 0 \end{vmatrix}$。

解 根据行列式的定义，可以得到可能不为零的项只有 $a_{1n}a_{2,n-1}\cdots a_{n1}$。该项的行标已按自然顺序排列，列标的逆序数

$$\tau(n(n-1)\cdots 21)=(n-1)+(n-2)+\cdots+2+1=\frac{n(n-1)}{2},$$

所以

$$\begin{vmatrix} 0 & \cdots & 0 & a_{1n} \\ 0 & \cdots & a_{2,n-1} & 0 \\ \vdots & & \vdots & \vdots \\ a_{n1} & \cdots & 0 & 0 \end{vmatrix}=(-1)^{\frac{n(n-1)}{2}}a_{1n}a_{2,n-1}\cdots a_{n1}。$$

注 类似可得

$$\begin{vmatrix} a_{11} & \cdots & a_{1,n-1} & a_{1n} \\ a_{21} & \cdots & a_{2,n-1} & 0 \\ \vdots & & \vdots & \vdots \\ a_{n1} & \cdots & 0 & 0 \end{vmatrix}=\begin{vmatrix} 0 & \cdots & 0 & a_{1n} \\ 0 & \cdots & a_{2,n-1} & a_{2n} \\ \vdots & & \vdots & \vdots \\ a_{n1} & \cdots & a_{n,n-1} & a_{nn} \end{vmatrix}=(-1)^{\frac{n(n-1)}{2}}a_{1n}a_{2,n-1}\cdots a_{n1}。$$

1.2.4 n 阶行列式定义的其他形式

由于数的乘法满足交换律,所以行列式各项中的元素的次序是可任意交换,例如四阶行列式中乘积 $a_{11}a_{22}a_{33}a_{44}$ 可以写成 $a_{22}a_{11}a_{44}a_{33}$。一般 n 阶行列式中乘积 $a_{1j_1}a_{2j_2}\cdots a_{nj_n}$ 可以写成 $a_{p_1q_1}a_{p_2q_2}\cdots a_{p_nq_n}$,其中 $p_1p_2\cdots p_n$ 与 $q_1q_2\cdots q_n$ 是两个 n 级排列。

定理 1.2 n 阶行列式可定义为

$$\begin{vmatrix} a_{11} & a_{12} & \cdots & a_{1n} \\ a_{21} & a_{22} & \cdots & a_{2n} \\ \vdots & \vdots & & \vdots \\ a_{n1} & a_{n2} & \cdots & a_{nn} \end{vmatrix}=\sum_{\substack{p_1p_2\cdots p_n \\ \text{或} q_1q_2\cdots q_n}}(-1)^{\tau(p_1p_2\cdots p_n)+\tau(q_1q_2\cdots q_n)}a_{p_1q_1}a_{p_2q_2}\cdots a_{p_nq_n},$$

其中 $p_1p_2\cdots p_n$ 与 $q_1q_2\cdots q_n$ 都是 n 级排列。

证 由乘法交换律,将 $a_{p_1q_1}a_{p_2q_2}\cdots a_{p_nq_n}$ 中的元素交换成行标按自然顺序排列的形式,记为

$$a_{1j_1}a_{2j_2}\cdots a_{nj_n}。$$

注意到每次交换两个元素,行标与列标的排列 $p_1p_2\cdots p_n$ 和 $q_1q_2\cdots q_n$ 都会发生一次对换,故 $\tau(p_1p_2\cdots p_n)$ 与 $\tau(q_1q_2\cdots q_n)$ 各发生一次奇偶性的改变,从而交换位置后该项的行标与列标排列逆序数之和的奇偶性保持不变,因此有

$$\begin{aligned}&\sum_{q_1q_2\cdots q_n}(-1)^{\tau(p_1p_2\cdots p_n)+\tau(q_1q_2\cdots q_n)}a_{p_1q_1}a_{p_2q_2}\cdots a_{p_nq_n}\\ =&\sum_{j_1j_2\cdots j_n}(-1)^{\tau(12\cdots n)+\tau(j_1j_2\cdots j_n)}a_{1j_1}a_{2j_2}\cdots a_{nj_n}\\ =&\sum_{j_1j_2\cdots j_n}(-1)^{\tau(j_1j_2\cdots j_n)}a_{1j_1}a_{2j_2}\cdots a_{nj_n},\end{aligned}$$

由定义 1.6,定理得证。

例如，在四阶行列式中，试确定项 $a_{42}a_{14}a_{31}a_{23}$ 的符号。由于

$$\tau(4132)+\tau(2413)=4+3=7,$$

按定理 1.2，可判断该项前面带负号。另外，由 $a_{42}a_{14}a_{31}a_{23}=a_{14}a_{23}a_{31}a_{42}$，并且 $\tau(4312)=5$，按定义 1.6，也可判断该项前面带负号。

定理 1.3 n 阶行列式也可定义为

$$\begin{vmatrix} a_{11} & a_{12} & \cdots & a_{1n} \\ a_{21} & a_{22} & \cdots & a_{2n} \\ \vdots & \vdots & & \vdots \\ a_{n1} & a_{n2} & \cdots & a_{nn} \end{vmatrix} = \sum_{i_1 i_2 \cdots i_n} (-1)^{\tau(i_1 i_2 \cdots i_n)} a_{i_1 1} a_{i_2 2} \cdots a_{i_n n}。$$

习 题 1.2

1. 求下列排列的逆序数：

(1) 4321；
(2) 53421；
(3) 7635421；
(4) $135\cdots(2n-1)246\cdots 2n$；
(5) $135\cdots(2n-1)(2n)(2n-2)\cdots 642$。

2. 试确定数 i 和 j 的值，使得六阶排列：

(1) $63i5j1$ 成为偶排列；
(2) $3i26j5$ 成为奇排列。

3. 写出四阶行列式中含有因子 $a_{11}a_{34}$ 的项。

4. 选择 k,t，使 $a_{13}a_{2k}a_{34}a_{42}a_{5t}$ 成为五阶行列式 $|a_{ij}|$ 中带有负号的项。

5. 用行列式的定义计算下列行列式：

(1) $D=\begin{vmatrix} 0 & 1 & 0 & 0 \\ 2 & 0 & 0 & 0 \\ 0 & 0 & 3 & 0 \\ 0 & 0 & 0 & 4 \end{vmatrix}$；
(2) $D=\begin{vmatrix} 1 & 1 & 1 & 0 \\ 0 & 1 & 0 & 1 \\ 0 & 1 & 1 & 1 \\ 0 & 0 & 1 & 0 \end{vmatrix}$；

(3) $D_n=\begin{vmatrix} 0 & 1 & 0 & \cdots & 0 \\ 0 & 0 & 2 & \cdots & 0 \\ \vdots & \vdots & \vdots & & \vdots \\ 0 & 0 & 0 & \cdots & n-1 \\ n & 0 & 0 & \cdots & 0 \end{vmatrix}$；(4) $D_n=\begin{vmatrix} a_{11} & \cdots & a_{1,n-1} & a_{1n} \\ a_{21} & \cdots & a_{2,n-1} & 0 \\ \vdots & \iddots & \vdots & \vdots \\ a_{n1} & \cdots & 0 & 0 \end{vmatrix}$。

6. 求函数 $f(x)=\begin{vmatrix} x & 1 & 1 & 1 \\ 1 & 1 & 2x & 1 \\ 3x & 4x & 1 & 1 \\ 1 & 1 & 1 & 5x \end{vmatrix}$ 中 x^4 项的系数。

1.3　行列式的性质

学习目标：

1. 熟悉行列式的性质。
2. 掌握利用行列式的性质化简行列式。

直接按 n 阶行列式的定义计算行列式，当 n 较大时，运算量会相当大。本节将讨论行列式的性质，并应用这些性质简化行列式的计算。

1.3.1　行列式的性质

定义 1.7　将行列式 D 的行列互换后得到的行列式称为 D 的**转置行列式**，记为 D^{T} 或 D'，即若

$$D=\begin{vmatrix} a_{11} & a_{12} & \cdots & a_{1n} \\ a_{21} & a_{22} & \cdots & a_{2n} \\ \vdots & \vdots & & \vdots \\ a_{n1} & a_{n2} & \cdots & a_{nn} \end{vmatrix},$$

则

$$D^{\mathrm{T}}=\begin{vmatrix} a_{11} & a_{21} & \cdots & a_{n1} \\ a_{12} & a_{22} & \cdots & a_{n2} \\ \vdots & \vdots & & \vdots \\ a_{1n} & a_{2n} & \cdots & a_{nn} \end{vmatrix}。$$

例如，行列式 $D=\begin{vmatrix} 1 & 2 & 3 \\ 4 & 5 & 6 \\ 7 & 8 & 9 \end{vmatrix}$ 的转置行列式 $D^{\mathrm{T}}=\begin{vmatrix} 1 & 4 & 7 \\ 2 & 5 & 8 \\ 3 & 6 & 9 \end{vmatrix}$。

性质 1　行列式与它的转置行列式相等，即 $D=D^{\mathrm{T}}$。

证　行列式 D 中的元素 $a_{ij}(i,j=1,2,\cdots,n)$ 在 D^{T} 中位于第 j 行第 i 列，即 D^{T} 中元素 $b_{ji}=a_{ij}$。由 D^{T} 以列标按自然顺序排列的定义，可得

$$\begin{aligned} D^{\mathrm{T}} &= \sum_{j_1j_2\cdots j_n}(-1)^{\tau(j_1j_2\cdots j_n)}b_{j_1 1}b_{j_2 2}\cdots b_{j_n n} \\ &= \sum_{j_1j_2\cdots j_n}(-1)^{\tau(j_1j_2\cdots j_n)}a_{1j_1}a_{2j_2}\cdots a_{nj_n}。\end{aligned}$$

这正是行列式 D 以行标按自然顺序排列的定义，因此 $D=D^{\mathrm{T}}$。

注　(1) 行列式转置中的“行列互换”指的是把行列式中的各行换成相应的列，即第 i 行换为第 i 列；

(2) 性质 1 表明，行列式中行与列的地位是对称的，即对于“行”成立的性质，对“列”

也同样成立，反之亦然。

性质 2 交换行列式的两行(列)，行列式变号。

证 设行列式

$$D=\begin{vmatrix} a_{11} & a_{12} & \cdots & a_{1n} \\ \vdots & \vdots & & \vdots \\ a_{s1} & a_{s2} & \cdots & a_{sn} \\ \vdots & \vdots & & \vdots \\ a_{t1} & a_{t2} & \cdots & a_{tn} \\ \vdots & \vdots & & \vdots \\ a_{n1} & a_{n2} & \cdots & a_{nn} \end{vmatrix}\begin{matrix} \\ \\ (\text{第 } s \text{ 行}) \\ \\ (\text{第 } t \text{ 行}) \\ \\ \\ \end{matrix},$$

将第 s 行与第 t 行($1 \leqslant s < t \leqslant n$) 互换后，得到行列式

$$D_1=\begin{vmatrix} a_{11} & a_{12} & \cdots & a_{1n} \\ \vdots & \vdots & & \vdots \\ a_{t1} & a_{t2} & \cdots & a_{tn} \\ \vdots & \vdots & & \vdots \\ a_{s1} & a_{s2} & \cdots & a_{sn} \\ \vdots & \vdots & & \vdots \\ a_{n1} & a_{n2} & \cdots & a_{nn} \end{vmatrix}\begin{matrix} \\ \\ (\text{第 } s \text{ 行}) \\ \\ (\text{第 } t \text{ 行}) \\ \\ \\ \end{matrix},$$

显然乘积 $a_{1j_1}\cdots a_{sj_s}\cdots a_{tj_t}\cdots a_{nj_n}$($j_1\cdots j_s\cdots j_t\cdots j_n$ 为任一 n 级排列) 同时为行列式 D 与 D_1 中取自不同行、不同列的 n 个元素的乘积。根据定理 1.2，行列式 D 中该项带的符号为

$$(-1)^{\tau(1\cdots s\cdots t\cdots n)+\tau(j_1\cdots j_s\cdots j_t\cdots j_n)},$$

而行列式 D_1 中该项带的符号为

$$(-1)^{\tau(1\cdots t\cdots s\cdots n)+\tau(j_1\cdots j_s\cdots j_t\cdots j_n)}。$$

而排列 $1\cdots s\cdots t\cdots n$ 与排列 $1\cdots t\cdots s\cdots n$ 的奇偶性相反，因此

$$(-1)^{\tau(1\cdots s\cdots t\cdots n)+\tau(j_1\cdots j_s\cdots j_t\cdots j_n)}=-(-1)^{\tau(1\cdots t\cdots s\cdots n)+\tau(j_1\cdots j_s\cdots j_t\cdots j_n)},$$

即行列式 D_1 中的每一项都是 D 中对应项的相反数，所以 $D=-D_1$。

例如，行列式 $\begin{vmatrix} a_1 & b_1 & c_1 \\ a_2 & b_2 & c_2 \\ a_3 & b_3 & c_3 \end{vmatrix}=-\begin{vmatrix} a_2 & b_2 & c_2 \\ a_1 & b_1 & c_1 \\ a_3 & b_3 & c_3 \end{vmatrix}$。

例 1.11 计算行列式

$$D=\begin{vmatrix} 2 & -1 & 3 & 0 \\ 1 & 5 & -2 & 4 \\ 8 & 0 & 0 & 0 \\ 6 & 0 & -7 & 0 \end{vmatrix}。$$

解　将第 1 行与第 2 行交换，第 3 行与第 4 行交换，可得

$$D=(-1)^2\begin{vmatrix}1&5&-2&4\\2&-1&3&0\\6&0&-7&0\\8&0&0&0\end{vmatrix}。$$

再将第 1 列与第 4 列交换，可得

$$D=(-1)^3\begin{vmatrix}4&5&-2&1\\0&-1&3&2\\0&0&-7&6\\0&0&0&8\end{vmatrix}=-1\times4\times(-1)\times(-7)\times8=-224。$$

推论 1　如果行列式有两行(列) 的对应元素相同，则此行列式为零。

证　将行列式中对应元素相同的两行互换，结果仍是 D。由性质 2 可知 $D=-D$，故 $D=0$。

例如，行列式 $\begin{vmatrix}a&b&c\\a&b&c\\x&y&z\end{vmatrix}=0$。

性质 3　行列式的某一行(列) 中所有元素的公因子可以提到行列式符号的外面，即

$$D_1=\begin{vmatrix}a_{11}&a_{12}&\cdots&a_{1n}\\\vdots&\vdots&&\vdots\\ka_{i1}&ka_{i2}&\cdots&ka_{in}\\\vdots&\vdots&&\vdots\\a_{n1}&a_{n2}&\cdots&a_{nn}\end{vmatrix}=k\begin{vmatrix}a_{11}&a_{12}&\cdots&a_{1n}\\\vdots&\vdots&&\vdots\\a_{i1}&a_{i2}&\cdots&a_{in}\\\vdots&\vdots&&\vdots\\a_{n1}&a_{n2}&\cdots&a_{nn}\end{vmatrix}=kD。$$

证　由行列式的定义，有

$$\begin{aligned}D_1&=\sum_{j_1j_2\cdots j_n}(-1)^{\tau(j_1j_2\cdots j_n)}a_{1j_1}\cdots(ka_{ij_i})\cdots a_{nj_n}\\&=k\sum_{j_1j_2\cdots j_n}(-1)^{\tau(j_1j_2\cdots j_n)}a_{1j_1}\cdots a_{ij_i}\cdots a_{nj_n}\\&=kD。\end{aligned}$$

性质 3 也可表述为：

推论 2　数 k 与行列式相乘等于行列式的某一行(列) 的所有元素都乘以数 k。

推论 3　如果行列式中有两行(列) 的对应元素成比例，则此行列式为零。

例如，行列式 $D=\begin{vmatrix}2&7&-4\\-3&-5&6\\1&3&-2\end{vmatrix}$，因为第 1 列与第 3 列对应元素成比例，根据推论 3 可直接得到

$$D=\begin{vmatrix}2 & 7 & -4\\ -3 & -5 & 6\\ 1 & 3 & -2\end{vmatrix}=0。$$

例 1.12 设 $\begin{vmatrix}a_{11} & a_{12} & a_{13}\\ a_{21} & a_{22} & a_{23}\\ a_{31} & a_{32} & a_{33}\end{vmatrix}=1$,求 $\begin{vmatrix}6a_{11} & -3a_{12} & -15a_{13}\\ -2a_{21} & a_{22} & 5a_{23}\\ -2a_{31} & a_{32} & 5a_{33}\end{vmatrix}$。

解

$$\begin{vmatrix}6a_{11} & -3a_{12} & -15a_{13}\\ -2a_{21} & a_{22} & 5a_{23}\\ -2a_{31} & a_{32} & 5a_{33}\end{vmatrix}=-3\begin{vmatrix}-2a_{11} & a_{12} & 5a_{13}\\ -2a_{21} & a_{22} & 5a_{23}\\ -2a_{31} & a_{32} & 5a_{33}\end{vmatrix}$$

$$=-3\times(-2)\times 5\begin{vmatrix}a_{11} & a_{12} & a_{13}\\ a_{21} & a_{22} & a_{23}\\ a_{31} & a_{32} & a_{33}\end{vmatrix}$$

$$=-3\times(-2)\times 5\times 1=30。$$

性质 4 如果行列式的某一行(列) 的元素都是两数之和,则此行列式等于两个行列式的和,即

$$D=\begin{vmatrix}a_{11} & a_{12} & \cdots & a_{1n}\\ \vdots & \vdots & & \vdots\\ b_{i1}+c_{i1} & b_{i2}+c_{i2} & \cdots & b_{in}+c_{in}\\ \vdots & \vdots & & \vdots\\ a_{n1} & a_{n2} & \cdots & a_{nn}\end{vmatrix}$$

$$=\begin{vmatrix}a_{11} & a_{12} & \cdots & a_{1n}\\ \vdots & \vdots & & \vdots\\ b_{i1} & b_{i2} & \cdots & b_{in}\\ \vdots & \vdots & & \vdots\\ a_{n1} & a_{n2} & \cdots & a_{nn}\end{vmatrix}+\begin{vmatrix}a_{11} & a_{12} & \cdots & a_{1n}\\ \vdots & \vdots & & \vdots\\ c_{i1} & c_{i2} & \cdots & c_{in}\\ \vdots & \vdots & & \vdots\\ a_{n1} & a_{n2} & \cdots & a_{nn}\end{vmatrix}$$

$$=D_1+D_2。$$

证 由行列式的定义有

$$D=\sum_{j_1j_2\cdots j_n}(-1)^{\tau(j_1j_2\cdots j_n)}a_{1j_1}a_{2j_2}\cdots(b_{ij_i}+c_{ij_i})\cdots a_{nj_n}$$

$$=\sum_{j_1j_2\cdots j_n}(-1)^{\tau(j_1j_2\cdots j_n)}a_{1j_1}a_{2j_2}\cdots b_{ij_i}\cdots a_{nj_n}+\sum_{j_1j_2\cdots j_n}(-1)^{\tau(j_1j_2\cdots j_n)}a_{1j_1}a_{2j_2}\cdots c_{ij_i}\cdots a_{nj_n}$$

$$=D_1+D_2。$$

性质 5 把行列式的某一行(列) 的各元素的 k 倍加到另一行(列) 对应的元素上去,

行列式不变，即

$$D=\begin{vmatrix} a_{11} & a_{12} & \cdots & a_{1n} \\ \vdots & \vdots & & \vdots \\ a_{i1} & a_{i2} & \cdots & a_{in} \\ \vdots & \vdots & & \vdots \\ a_{j1} & a_{j2} & \cdots & a_{jn} \\ \vdots & \vdots & & \vdots \\ a_{n1} & a_{n2} & \cdots & a_{nn} \end{vmatrix}=\begin{vmatrix} a_{11} & a_{12} & \cdots & a_{1n} \\ \vdots & \vdots & & \vdots \\ a_{i1} & a_{i2} & \cdots & a_{in} \\ \vdots & \vdots & & \vdots \\ ka_{i1}+a_{j1} & ka_{i2}+a_{j2} & \cdots & ka_{in}+a_{jn} \\ \vdots & \vdots & & \vdots \\ a_{n1} & a_{n2} & \cdots & a_{nn} \end{vmatrix}=D_1。$$

证　由性质 4，有

$$D_1=\begin{vmatrix} a_{11} & a_{12} & \cdots & a_{1n} \\ \vdots & \vdots & & \vdots \\ a_{i1} & a_{i2} & \cdots & a_{in} \\ \vdots & \vdots & & \vdots \\ ka_{i1} & ka_{i2} & \cdots & ka_{in} \\ \vdots & \vdots & & \vdots \\ a_{n1} & a_{n2} & \cdots & a_{nn} \end{vmatrix}+\begin{vmatrix} a_{11} & a_{12} & \cdots & a_{1n} \\ \vdots & \vdots & & \vdots \\ a_{i1} & a_{i2} & \cdots & a_{in} \\ \vdots & \vdots & & \vdots \\ a_{j1} & a_{j2} & \cdots & a_{jn} \\ \vdots & \vdots & & \vdots \\ a_{n1} & a_{n2} & \cdots & a_{nn} \end{vmatrix}$$

$$=k\begin{vmatrix} a_{11} & a_{12} & \cdots & a_{1n} \\ \vdots & \vdots & & \vdots \\ a_{i1} & a_{i2} & \cdots & a_{in} \\ \vdots & \vdots & & \vdots \\ a_{i1} & a_{i2} & \cdots & a_{in} \\ \vdots & \vdots & & \vdots \\ a_{n1} & a_{n2} & \cdots & a_{nn} \end{vmatrix}+\begin{vmatrix} a_{11} & a_{12} & \cdots & a_{1n} \\ \vdots & \vdots & & \vdots \\ a_{i1} & a_{i2} & \cdots & a_{in} \\ \vdots & \vdots & & \vdots \\ a_{j1} & a_{j2} & \cdots & a_{jn} \\ \vdots & \vdots & & \vdots \\ a_{n1} & a_{n2} & \cdots & a_{nn} \end{vmatrix}=k\times 0+\begin{vmatrix} a_{11} & a_{12} & \cdots & a_{1n} \\ \vdots & \vdots & & \vdots \\ a_{i1} & a_{i2} & \cdots & a_{in} \\ \vdots & \vdots & & \vdots \\ a_{j1} & a_{j2} & \cdots & a_{jn} \\ \vdots & \vdots & & \vdots \\ a_{n1} & a_{n2} & \cdots & a_{nn} \end{vmatrix}=D。$$

注　将第 i 行元素的 k 倍加到第 j 行元素上，得到的结果写在第 j 行对应位置上，而第 i 行的元素未变。

1.3.2　利用“三角化”计算行列式

计算行列式时，将行列式化为上（下）三角形行列式是一种典型的方法。利用上述性质可以将任何一个行列式化成上三角形或下三角形行列式，这时主对角线上的元素的乘积就等于所求的行列式。

为了叙述上的方便，我们引入以下记号：

(1) 交换第 i 行（列）与第 j 行（列），记为 $r_i\leftrightarrow r_j(c_i\leftrightarrow c_j)$；

(2) 第 i 行（列）乘以数 k，记为 $r_i\times k(c_i\times k)$；

(3) 第 i 行（列）的 k 倍加到第 j 行（列），记为 $r_j+kr_i(c_j+kc_i)$。

例 1.13 计算行列式 $D=\begin{vmatrix} 0 & -1 & -1 & 2 \\ 1 & -1 & 0 & 2 \\ -2 & 3 & -1 & 0 \\ 2 & 1 & 1 & 0 \end{vmatrix}$。

解 观察行列式,发现第 1 行第一个元素为 0,不便于后续利用行列式的性质化简,故先通过换行,将此处元素变为非零,

$$D \xlongequal{r_1 \leftrightarrow r_2} -\begin{vmatrix} 1 & -1 & 0 & 2 \\ 0 & -1 & -1 & 2 \\ -2 & 3 & -1 & 0 \\ 2 & 1 & 1 & 0 \end{vmatrix} \quad (\text{化 } a_{11} \text{ 为非零})$$

$$\xlongequal[r_4-2r_1]{r_3+2r_1} -\begin{vmatrix} \boxed{1} & -1 & 0 & 2 \\ \boxed{0} & -1 & -1 & 2 \\ \boxed{0} & 1 & -1 & 4 \\ \boxed{0} & 3 & 1 & -4 \end{vmatrix}, \quad (\text{化 } a_{11} \text{ 下方全为零})$$

此时,行列式第 1 列除了第一个元素,其余元素全为 0,第 1 行的变换到此结束。接着,利用第 2 行的第二个元素 -1 将其下方的元素全化为 0。如此继续下去,直至使它成为上三角形行列式,这时主对角线上元素的乘积就等于所求的行列式。

$$D \xlongequal[r_4+3r_2]{r_3+r_2} -\begin{vmatrix} 1 & -1 & 0 & 2 \\ 0 & -1 & -1 & 2 \\ 0 & 0 & -2 & 6 \\ 0 & 0 & -2 & 2 \end{vmatrix} \quad (\text{化 } a_{22} \text{ 下方全为零})$$

$$\xlongequal{r_4-r_3} -\begin{vmatrix} 1 & -1 & 0 & 2 \\ 0 & -1 & -1 & 2 \\ 0 & 0 & -2 & 6 \\ 0 & 0 & 0 & -4 \end{vmatrix} \quad (\text{化 } a_{33} \text{ 下方全为零})$$

$$=(-1)\times 1\times(-1)\times(-2)\times(-4)=8。$$

例 1.14 计算行列式 $D=\begin{vmatrix} 3 & 1 & 1 & 1 \\ 1 & 3 & 1 & 1 \\ 1 & 1 & 3 & 1 \\ 1 & 1 & 1 & 3 \end{vmatrix}$。

解 注意到行列式中各行元素之和都为 6,从而可将第 2,3,4 列都加到第 1 列上,提出公因子 6,再进一步将其化为上三角形行列式进行计算,即

$$D \xlongequal[i=2,3,4]{c_1+c_i} \begin{vmatrix} 6 & 1 & 1 & 1 \\ 6 & 3 & 1 & 1 \\ 6 & 1 & 3 & 1 \\ 6 & 1 & 1 & 3 \end{vmatrix} = 6 \begin{vmatrix} 1 & 1 & 1 & 1 \\ 1 & 3 & 1 & 1 \\ 1 & 1 & 3 & 1 \\ 1 & 1 & 1 & 3 \end{vmatrix}$$

$$\xlongequal[i=2,3,4]{r_i-r_1} 6 \begin{vmatrix} 1 & 1 & 1 & 1 \\ 0 & 2 & 0 & 0 \\ 0 & 0 & 2 & 0 \\ 0 & 0 & 0 & 2 \end{vmatrix} = 48。$$

注 仿照上述方法可得到 n 阶行列式

$$\begin{vmatrix} a & b & b & \cdots & b \\ b & a & b & \cdots & b \\ \vdots & \vdots & \vdots & & \vdots \\ b & b & b & \cdots & a \end{vmatrix} = [a+(n-1)b](a-b)^{n-1}。$$

例 1.15 计算行列式 $D = \begin{vmatrix} 1 & 2 & 3 & 4 \\ a_1 & -a_1 & 0 & 0 \\ 0 & a_2 & -a_2 & 0 \\ 0 & 0 & a_3 & -a_3 \end{vmatrix}$。

解 注意从第 2 行开始，每行都有两个元素互为相反数，可以先将第 4 列加到第 3 列，再将第 3 列加到第 2 列，最后将第 2 列加到第 1 列，使其化为上三角形行列式，即

$$D \xlongequal{c_3+c_4} \begin{vmatrix} 1 & 2 & 7 & 4 \\ a_1 & -a_1 & 0 & 0 \\ 0 & a_2 & -a_2 & 0 \\ 0 & 0 & 0 & -a_3 \end{vmatrix} \xlongequal{c_2+c_3} \begin{vmatrix} 1 & 9 & 7 & 4 \\ a_1 & -a_1 & 0 & 0 \\ 0 & 0 & -a_2 & 0 \\ 0 & 0 & 0 & -a_3 \end{vmatrix}$$

$$\xlongequal{c_1+c_2} \begin{vmatrix} 10 & 9 & 7 & 4 \\ 0 & -a_1 & 0 & 0 \\ 0 & 0 & -a_2 & 0 \\ 0 & 0 & 0 & -a_3 \end{vmatrix} = -10a_1a_2a_3。$$

例 1.16 计算行列式

$$D = \begin{vmatrix} a & b & c & d \\ a & a+b & a+b+c & a+b+c+d \\ a & 2a+b & 3a+2b+c & 4a+3b+2c+d \\ a & 3a+b & 6a+3b+c & 10a+6b+3c+d \end{vmatrix}。$$

解 观察行列式可以发现：如果用第 1 行的(−1) 倍加到其他行，只能将第 1 列的元素化为稍多的 0，其他列的元素并没有明显的简化。因此，可以从第 4 行开始，依次利用上一行的(−1) 倍加到下一行，得

$$D\xlongequal[r_2-r_1]{\substack{r_4-r_3\\r_3-r_2}}\begin{vmatrix}a&b&c&d\\0&a&a+b&a+b+c\\0&a&2a+b&3a+2b+c\\0&a&3a+b&6a+3b+c\end{vmatrix}\xlongequal{\substack{r_4-r_3\\r_3-r_2}}\begin{vmatrix}a&b&c&d\\0&a&a+b&a+b+c\\0&0&a&2a+b\\0&0&a&3a+b\end{vmatrix}$$

$$\xlongequal{r_4-r_3}\begin{vmatrix}a&b&c&d\\0&a&a+b&a+b+c\\0&0&a&2a+b\\0&0&0&a\end{vmatrix}=a^4。$$

例 1.17 计算行列式 $D=\begin{vmatrix}a_0&1&1&1\\1&a_1&0&0\\1&0&a_2&0\\1&0&0&a_3\end{vmatrix}(a_0a_1a_2a_3\neq 0)$。

解 注意到行列式与上三角形行列式的差异,只需要将第 1 列中的 1 都化为 0,即

$$D\xlongequal{c_1-\frac{1}{a_1}c_2}\begin{vmatrix}a_0-\frac{1}{a_1}&1&1&1\\0&a_1&0&0\\1&0&a_2&0\\1&0&0&a_3\end{vmatrix}\xlongequal{c_1-\frac{1}{a_2}c_3}\begin{vmatrix}a_0-\frac{1}{a_1}-\frac{1}{a_2}&1&1&1\\0&a_1&0&0\\0&0&a_2&0\\1&0&0&a_3\end{vmatrix}$$

$$\xlongequal{c_1-\frac{1}{a_3}c_4}\begin{vmatrix}a_0-\frac{1}{a_1}-\frac{1}{a_2}-\frac{1}{a_3}&1&1&1\\0&a_1&0&0\\0&0&a_2&0\\0&0&0&a_3\end{vmatrix}=\left(a_0-\frac{1}{a_1}-\frac{1}{a_2}-\frac{1}{a_3}\right)a_1a_2a_3。$$

形如 $D_n=\begin{vmatrix}a_1&x_2&x_3&\cdots&x_n\\y_2&a_2&0&\cdots&0\\y_3&0&a_3&\cdots&0\\\vdots&\vdots&\vdots&&\vdots\\y_n&0&0&\cdots&a_n\end{vmatrix}$ 的行列式称为**爪形行列式**(或**箭形行列式**),其中 $a_1a_2\cdots a_n\neq 0$。爪形行列式可以利用列的性质化为上三角形行列式。

例 1.18 证明 $\begin{vmatrix}a_{11}&\cdots&a_{1m}&0&\cdots&0\\\vdots&&\vdots&\vdots&&\vdots\\a_{m1}&\cdots&a_{mm}&0&\cdots&0\\c_{11}&\cdots&c_{1m}&b_{11}&\cdots&b_{1n}\\\vdots&&\vdots&\vdots&&\vdots\\c_{n1}&\cdots&c_{nm}&b_{n1}&\cdots&b_{nn}\end{vmatrix}=\begin{vmatrix}a_{11}&\cdots&a_{1m}\\\vdots&&\vdots\\a_{m1}&\cdots&a_{mm}\end{vmatrix}\begin{vmatrix}b_{11}&\cdots&b_{1n}\\\vdots&&\vdots\\b_{n1}&\cdots&b_{nn}\end{vmatrix}$。

证　设等式左侧的行列式为 D，右侧两个行列式分别为 D_1, D_2。对 D_1 只使用行的性质，对 D_2 只使用列的性质分别化为下三角形行列式，有

$$D_1=\begin{vmatrix} a_{11} & \cdots & a_{1m} \\ \vdots & & \vdots \\ a_{m1} & \cdots & a_{mm} \end{vmatrix}=\begin{vmatrix} p_{11} & & 0 \\ \vdots & \ddots & \\ p_{m1} & \cdots & p_{mm} \end{vmatrix}=p_{11}\cdots p_{mm},$$

$$D_2=\begin{vmatrix} b_{11} & \cdots & b_{1n} \\ \vdots & & \vdots \\ b_{n1} & \cdots & b_{nn} \end{vmatrix}=\begin{vmatrix} q_{11} & & 0 \\ \vdots & \ddots & \\ q_{n1} & \cdots & q_{nn} \end{vmatrix}=q_{11}\cdots q_{nn}。$$

再将对 D_1 的化简过程用于 D 的前 m 行，对 D_2 的化简过程用于 D 的后 n 列，从而有

$$D=\begin{vmatrix} a_{11} & \cdots & a_{1m} & 0 & \cdots & 0 \\ \vdots & & \vdots & \vdots & & \vdots \\ a_{m1} & \cdots & a_{mm} & 0 & \cdots & 0 \\ c_{11} & \cdots & c_{1m} & b_{11} & \cdots & b_{1n} \\ \vdots & & \vdots & \vdots & & \vdots \\ c_{n1} & \cdots & c_{nm} & b_{n1} & \cdots & b_{nn} \end{vmatrix}=\begin{vmatrix} p_{11} & & & & & \\ \vdots & \ddots & & & 0 & \\ p_{m1} & \cdots & p_{mm} & & & \\ c_{11} & \cdots & c_{1m} & q_{11} & & \\ \vdots & & \vdots & \vdots & \ddots & \\ c_{n1} & \cdots & c_{nm} & q_{n1} & \cdots & q_{nn} \end{vmatrix}$$

$$=p_{11}\cdots p_{mm}q_{11}\cdots q_{nn}=D_1D_2。$$

习　题　1.3

1. 已知 $D=\begin{vmatrix} a_{11} & a_{12} & a_{13} \\ a_{21} & a_{22} & a_{23} \\ a_{31} & a_{32} & a_{33} \end{vmatrix}=1$，则 $D_1=\begin{vmatrix} 2a_{11} & 2a_{12} & 2a_{13} \\ 2a_{21} & 2a_{22} & 2a_{23} \\ 2a_{31} & 2a_{32} & 2a_{33} \end{vmatrix}=$ ________，

$D_2=\begin{vmatrix} 2a_{11} & a_{13} & a_{11}-2a_{12} \\ 2a_{21} & a_{23} & a_{21}-2a_{22} \\ 2a_{31} & a_{33} & a_{31}-2a_{32} \end{vmatrix}=$ ________。

2. 把下列行列式化为上三角形行列式，并计算行列式：

(1) $\begin{vmatrix} 1 & 2 & 102 \\ 3 & -1 & 301 \\ 2 & 4 & 198 \end{vmatrix}$；　(2) $\begin{vmatrix} 1 & -1 & 1 & -1 \\ 2 & -2 & 3 & 0 \\ 2 & 1 & -1 & 1 \\ 1 & 0 & 2 & 1 \end{vmatrix}$；

(3) $\begin{vmatrix} -2 & 2 & -4 & 0 \\ 4 & -1 & 3 & 5 \\ 3 & 1 & -2 & -3 \\ 2 & 0 & 5 & 1 \end{vmatrix}$；　(4) $\begin{vmatrix} 5 & 1 & 1 & 1 \\ 1 & 5 & 1 & 1 \\ 1 & 1 & 5 & 1 \\ 1 & 1 & 1 & 5 \end{vmatrix}$；

(5) $\begin{vmatrix} 1 & 1 & 1 & 1 \\ 1 & 2 & 3 & 4 \\ 1 & 3 & 6 & 10 \\ 1 & 4 & 10 & 20 \end{vmatrix}$。

3. 用行列式的性质证明下列等式：

(1) $\begin{vmatrix} a_1+kb_1 & b_1+c_1 & c_1 \\ a_2+kb_2 & b_2+c_2 & c_2 \\ a_3+kb_3 & b_3+c_3 & c_3 \end{vmatrix} = \begin{vmatrix} a_1 & b_1 & c_1 \\ a_2 & b_2 & c_2 \\ a_3 & b_3 & c_3 \end{vmatrix}$；

(2) $\begin{vmatrix} b+c & c+a & a+b \\ a+b & b+c & c+a \\ c+a & a+b & b+c \end{vmatrix} = 2\begin{vmatrix} a & b & c \\ c & a & b \\ b & c & a \end{vmatrix}$。

4. 计算下列 n 阶行列式：

(1) $\begin{vmatrix} 1 & 1 & 1 & \cdots & 1 \\ 1 & 0 & 1 & \cdots & 1 \\ 1 & 1 & 0 & \cdots & 1 \\ \vdots & \vdots & \vdots & & \vdots \\ 1 & 1 & 1 & \cdots & 0 \end{vmatrix}$； (2) $\begin{vmatrix} 1 & 2 & 3 & \cdots & n-1 & n \\ -1 & 0 & 3 & \cdots & n-1 & n \\ -1 & -2 & 0 & \cdots & n-1 & n \\ \vdots & \vdots & \vdots & & \vdots & \vdots \\ -1 & -2 & -3 & \cdots & 0 & n \\ -1 & -2 & -3 & \cdots & -(n-1) & 0 \end{vmatrix}$；

(3) $\begin{vmatrix} x_1-m & x_2 & \cdots & x_n \\ x_1 & x_2-m & \cdots & x_n \\ \vdots & \vdots & & \vdots \\ x_1 & x_2 & \cdots & x_n-m \end{vmatrix}$； (4) $\begin{vmatrix} 1 & 1 & 1 & \cdots & 1 \\ 1 & 2 & 0 & \cdots & 0 \\ 1 & 0 & 3 & \cdots & 0 \\ \vdots & \vdots & \vdots & & \vdots \\ 1 & 0 & 0 & \cdots & n \end{vmatrix}$。

5. 已知 255，459，527 都能被 17 整除，不计算行列式，证明行列式 $\begin{vmatrix} 2 & 5 & 5 \\ 4 & 5 & 9 \\ 5 & 2 & 7 \end{vmatrix}$ 能被 17 整除。

1.4 行列式按行（列）展开

学习目标：

1. 理解行列式按行（列）展开相关定理。
2. 熟练掌握 n 阶行列式的降阶法则。

低阶行列式比高阶行列式要容易计算，这使我们想到用降低阶数的方法来计算行列式。我们通过三阶行列式来说明这种降阶方法。容易验证

$$\begin{vmatrix} a_{11} & a_{12} & a_{13} \\ a_{21} & a_{22} & a_{23} \\ a_{31} & a_{32} & a_{33} \end{vmatrix} = a_{11}\begin{vmatrix} a_{22} & a_{23} \\ a_{32} & a_{33} \end{vmatrix} - a_{12}\begin{vmatrix} a_{21} & a_{23} \\ a_{31} & a_{33} \end{vmatrix} + a_{13}\begin{vmatrix} a_{21} & a_{22} \\ a_{31} & a_{32} \end{vmatrix}。$$

此式称为三阶行列式按第一行“展开”。这说明三阶行列式可化为二阶行列式来计算。本节主要研究将高阶行列式化为低阶行列式的途径，从而得到计算行列式的另一种基本方法——降阶法。

1.4.1　行列式按一行(列)展开

由 n 阶行列式的定义知，行列式中的每一项都是取自不同行、不同列的 n 个元素的乘积。对于某一确定的行中的 n 个元素(例如 $a_{i1}, a_{i2}, \cdots, a_{in}$)而言，行列式中的每一项只能含有其中某一个元素。因此，我们可将 n 阶行列式的 $n!$ 项分成 n 组：第一组的项中都含有 a_{i1}，从这些项中提出公因子 a_{i1}；第二组的项中都含有 a_{i2}，从这些项中提出公因子 a_{i2}，以此类推，就有

$$D = \begin{vmatrix} a_{11} & a_{12} & \cdots & a_{1n} \\ a_{21} & a_{22} & \cdots & a_{2n} \\ \vdots & \vdots & & \vdots \\ a_{n1} & a_{n2} & \cdots & a_{nn} \end{vmatrix} = a_{i1}A_{i1} + a_{i2}A_{i2} + \cdots + a_{in}A_{in}。$$

其中 $A_{ij}(j = 1,2,\cdots,n)$ 是含有 a_{ij} 的项在提出公因子 a_{ij} 之后的代数和。从上述讨论可知 A_{ij} 中不含第 i 行的元素，也就是说，$A_{i1}, A_{i2}, \cdots, A_{in}$ 与第 i 行的元素无关。这些 A_{ij} 具有什么特殊性质呢?为此引入余子式和代数余子式的概念。

定义 1.8　在 n 阶行列式 D 中，划去元素 a_{ij} 所在的第 i 行和第 j 列元素后，余下的 $(n-1)^2$ 个元素按原顺序构成的 $n-1$ 阶行列式称为元素 a_{ij} 的**余子式**，记作 M_{ij}，称 $A_{ij} = (-1)^{i+j}M_{ij}$ 为元素 a_{ij} 的**代数余子式**。

例如，在四阶行列式

$$\begin{vmatrix} a_{11} & a_{12} & a_{13} & a_{14} \\ a_{21} & a_{22} & a_{23} & a_{24} \\ a_{31} & a_{32} & a_{33} & a_{34} \\ a_{41} & a_{42} & a_{43} & a_{44} \end{vmatrix}$$

中，元素 a_{23} 的余子式和代数余子式分别为

$$M_{23} = \begin{vmatrix} a_{11} & a_{12} & a_{14} \\ a_{31} & a_{32} & a_{34} \\ a_{41} & a_{42} & a_{44} \end{vmatrix}, A_{23} = (-1)^{2+3}M_{23} = -\begin{vmatrix} a_{11} & a_{12} & a_{14} \\ a_{31} & a_{32} & a_{34} \\ a_{41} & a_{42} & a_{44} \end{vmatrix}。$$

定理 1.4　n 阶行列式等于它的任意一行(列)的每个元素与其对应的代数余子式的

乘积之和，即

$$D = a_{i1}A_{i1} + a_{i2}A_{i2} + \cdots + a_{in}A_{in}\ (i = 1,2,\cdots,n),$$

或

$$D = a_{1j}A_{1j} + a_{2j}A_{2j} + \cdots + a_{nj}A_{nj}\ (j = 1,2,\cdots,n)。$$

证 只需证明按行展开的情形即可，按列展开同理可证。

(1) 先证按第 1 行展开的情形。根据行列式的性质 4 有

$$D = \begin{vmatrix} a_{11} & a_{12} & \cdots & a_{1n} \\ a_{21} & a_{22} & \cdots & a_{2n} \\ \vdots & \vdots & & \vdots \\ a_{n1} & a_{n2} & \cdots & a_{nn} \end{vmatrix} = \begin{vmatrix} a_{11}+0+\cdots+0 & 0+a_{12}+0+\cdots+0 & \cdots & 0+\cdots+0+a_{1n} \\ a_{21} & a_{22} & \cdots & a_{2n} \\ \vdots & \vdots & & \vdots \\ a_{n1} & a_{n2} & \cdots & a_{nn} \end{vmatrix}$$

$$= \begin{vmatrix} a_{11} & 0 & \cdots & 0 \\ a_{21} & a_{22} & \cdots & a_{2n} \\ \vdots & \vdots & & \vdots \\ a_{n1} & a_{n2} & \cdots & a_{nn} \end{vmatrix} + \begin{vmatrix} 0 & a_{12} & \cdots & 0 \\ a_{21} & a_{22} & \cdots & a_{2n} \\ \vdots & \vdots & & \vdots \\ a_{n1} & a_{n2} & \cdots & a_{nn} \end{vmatrix} + \cdots + \begin{vmatrix} 0 & 0 & \cdots & a_{1n} \\ a_{21} & a_{22} & \cdots & a_{2n} \\ \vdots & \vdots & & \vdots \\ a_{n1} & a_{n2} & \cdots & a_{nn} \end{vmatrix}。$$

由 1.3 节例 1.18 的结果知

$$\begin{vmatrix} a_{11} & 0 & \cdots & 0 \\ a_{21} & a_{22} & \cdots & a_{2n} \\ \vdots & \vdots & & \vdots \\ a_{n1} & a_{n2} & \cdots & a_{nn} \end{vmatrix} = a_{11}M_{11} = a_{11}\ (-1)^{1+1}M_{11} = a_{11}A_{11}。$$

同理

$$\begin{vmatrix} 0 & a_{12} & \cdots & 0 \\ a_{21} & a_{22} & \cdots & a_{2n} \\ \vdots & \vdots & & \vdots \\ a_{n1} & a_{n2} & \cdots & a_{nn} \end{vmatrix} \xlongequal{c_1 \leftrightarrow c_2} (-1) \begin{vmatrix} a_{12} & 0 & \cdots & 0 \\ a_{22} & a_{21} & \cdots & a_{2n} \\ \vdots & \vdots & & \vdots \\ a_{n2} & a_{n1} & \cdots & a_{nn} \end{vmatrix}$$

$$= (-1)a_{12}M_{12} = a_{12}\ (-1)^{1+2}M_{12} = a_{12}A_{12},$$

$$\vdots$$

$$\begin{vmatrix} 0 & 0 & \cdots & a_{1n} \\ a_{21} & a_{22} & \cdots & a_{2n} \\ \vdots & \vdots & & \vdots \\ a_{n1} & a_{n2} & \cdots & a_{nn} \end{vmatrix} \xlongequal[\substack{\cdots \\ c_1 \leftrightarrow c_2}]{\substack{c_{n-1} \leftrightarrow c_n \\ c_{n-2} \leftrightarrow c_{n-1}}} (-1)^{n-1} \begin{vmatrix} a_{1n} & 0 & \cdots & 0 \\ a_{2n} & a_{21} & \cdots & a_{2,n-1} \\ \vdots & \vdots & & \vdots \\ a_{nn} & a_{n1} & \cdots & a_{n,n-1} \end{vmatrix}$$

$$= (-1)^{n-1}a_{1n}M_{1n} = a_{1n}\ (-1)^{n-1+2}M_{1n} = a_{1n}A_{1n}。$$

所以

$$D = a_{11}A_{11} + a_{12}A_{12} + \cdots + a_{1n}A_{1n}。$$

(2) 再证按第 i 行展开的情形。

将第 i 行分别与第 $i-1, i-2, \cdots, 1$ 行交换，直至第 i 行被换到第 1 行，再按(1) 的情形，有

$$D = (-1)^{i-1}\begin{vmatrix} a_{i1} & a_{i2} & \cdots & a_{in} \\ a_{11} & a_{12} & \cdots & a_{1n} \\ \vdots & \vdots & & \vdots \\ a_{n1} & a_{n2} & \cdots & a_{nn} \end{vmatrix}$$

$$= (-1)^{i-1}a_{i1}(-1)^{1+1}M_{i1} + (-1)^{i-1}a_{i2}(-1)^{1+2}M_{i2} + \cdots + (-1)^{i-1}a_{in}(-1)^{1+n}M_{in}$$

$$= a_{i1}A_{i1} + a_{i2}A_{i2} + \cdots + a_{in}A_{in}。$$

同理可证

$$D = a_{1j}A_{1j} + a_{2j}A_{2j} + \cdots + a_{nj}A_{nj}\ (j = 1, 2, \cdots, n)。$$

注　(1) 定理 1.4 是行列式展开的重要理论依据，凸显了"降阶"的思想。

(2) 由定理 1.4，一个 n 阶行列式展开之后，等于 n 个 $n-1$ 阶行列式的代数和。阶数减少了 1，但是行列式的个数增加了 $n-1$。

推论　行列式某一行(列) 的元素与另一行(列) 的对应元素的代数余子式乘积之和等于零，即

$$a_{i1}A_{j1} + a_{i2}A_{j2} + \cdots + a_{in}A_{jn} = 0, i \neq j,$$

或

$$a_{1i}A_{1j} + a_{2i}A_{2j} + \cdots + a_{ni}A_{nj} = 0, i \neq j。$$

证　将 D 的第 j 行元素对应换成第 i 行元素得到的行列式记为 D_1，此时 D_1 中第 i 行和第 j 行的元素对应相等，故 $D_1 = 0$。另一方面，将 D_1 按第 j 行展开有

$$D_1 = \begin{vmatrix} a_{11} & \cdots & a_{1n} \\ \vdots & & \vdots \\ a_{i1} & \cdots & a_{in} \\ \vdots & & \vdots \\ a_{i1} & \cdots & a_{in} \\ \vdots & & \vdots \\ a_{n1} & \cdots & a_{nn} \end{vmatrix} = a_{j1}A_{j1} + a_{j2}A_{j2} + \cdots + a_{jn}A_{jn} = a_{i1}A_{j1} + a_{i2}A_{j2} + \cdots + a_{in}A_{jn},$$

从而

$$a_{i1}A_{j1} + a_{i2}A_{j2} + \cdots + a_{in}A_{jn} = 0, i \neq j,$$

同理可证

$$a_{1i}A_{1j} + a_{2i}A_{2j} + \cdots + a_{ni}A_{nj} = 0, i \neq j。$$

综上所述，可得到有关代数余子式的一个重要性质：

定理 1.5　设 $D = |a_{ij}|$，A_{ij} 表示元素 a_{ij} 的代数余子式，则下列公式成立：

$$a_{k1}A_{i1} + a_{k2}A_{i2} + \cdots + a_{kn}A_{in} = \begin{cases} D, & 当 k = i 时, \\ 0, & 当 k \neq i 时。\end{cases}$$

$$a_{1k}A_{1j} + a_{2k}A_{2j} + \cdots + a_{nk}A_{nj} = \begin{cases} D, & 当 k = j 时, \\ 0, & 当 k \neq j 时。\end{cases}$$

用连加号简写为

$$\sum_{s=1}^{n} a_{ks}A_{is}=\begin{cases}D, & 当 k=i 时,\\ 0, & 当 k\neq i 时。\end{cases}\quad \sum_{s=1}^{n} a_{sk}A_{sj}=\begin{cases}D, & 当 k=j 时,\\ 0, & 当 k\neq j 时。\end{cases}$$

这个定理称为**行列式按行(列)展开法则**,利用这一法则计算行列式的方法称为**降阶法**。

例 1.19 再解 1.3 节中例 1.11 中的行列式 $D=\begin{vmatrix}2 & -1 & 3 & 0\\ 1 & 5 & -2 & 4\\ 8 & 0 & 0 & 0\\ 6 & 0 & -7 & 0\end{vmatrix}$。

解 观察行列式,可以发现第 3 行中仅有一个非零元素。依据定理 1.4,将行列式按第 3 行展开,如此继续下去,有

$$D\xlongequal{\text{按第 3 行展开}}8\times(-1)^{3+1}\begin{vmatrix}-1 & 3 & 0\\ 5 & -2 & 4\\ 0 & -7 & 0\end{vmatrix}=8\begin{vmatrix}-1 & 3 & 0\\ 5 & -2 & 4\\ 0 & -7 & 0\end{vmatrix}$$

$$\xlongequal{\text{按第 3 行展开}}8\times(-7)\times(-1)^{3+2}\begin{vmatrix}-1 & 0\\ 5 & 4\end{vmatrix}=-224。$$

注 (1) 利用定理 1.4 计算行列式时,通常按含有较多 0 的行(列)展开。

(2) 连续利用定理 1.4 展开行列式时,需要注意元素行、列标的变化。比如例 1.19 中的元素"-7",它在四阶行列式中的位置为第 4 行第 3 列,在展开后得到的三阶行列式中的位置为第 3 行第 2 列,第二个展开式中代数余子式"-1"的指数 $i+j$ 是由当前展开行列式的行、列标之和 $3+2$ 决定的。

例 1.20 计算行列式 $D=\begin{vmatrix}4 & 1 & -2 & -4\\ 1 & 0 & 1 & 5\\ 1 & 1 & 7 & -4\\ 3 & 2 & -1 & 0\end{vmatrix}$。

解 $$D=\begin{vmatrix}4 & 1 & -2 & -4\\ 1 & 0 & 1 & 5\\ 1 & 1 & 7 & -4\\ 3 & 2 & -1 & 0\end{vmatrix}\xlongequal[r_4-2r_1]{r_3-r_1}\begin{vmatrix}4 & 1 & -2 & -4\\ 1 & 0 & 1 & 5\\ -3 & 0 & 9 & 0\\ -5 & 0 & 3 & 8\end{vmatrix}$$

$$=1\times(-1)^{1+2}\begin{vmatrix}1 & 1 & 5\\ -3 & 9 & 0\\ -5 & 3 & 8\end{vmatrix}\xlongequal{c_2+3c_1}-\begin{vmatrix}1 & 4 & 5\\ -3 & 0 & 0\\ -5 & -12 & 8\end{vmatrix}$$

$$=-(-3)\times(-1)^{2+1}\begin{vmatrix}4 & 5\\ -12 & 8\end{vmatrix}=-276。$$

例 1.21　计算 n 阶行列式 $D=\begin{vmatrix} a & b & 0 & \cdots & 0 & 0 \\ 0 & a & b & \cdots & 0 & 0 \\ 0 & 0 & a & \cdots & 0 & 0 \\ \vdots & \vdots & \vdots & & \vdots & \vdots \\ 0 & 0 & 0 & \cdots & a & b \\ b & 0 & 0 & \cdots & 0 & a \end{vmatrix}$。

解　将行列式按第 1 列展开，可得

$$D=a\times(-1)^{1+1}\begin{vmatrix} a & b & \cdots & 0 & 0 \\ 0 & a & \cdots & 0 & 0 \\ \vdots & \vdots & & \vdots & \vdots \\ 0 & 0 & \cdots & a & b \\ 0 & 0 & \cdots & 0 & a \end{vmatrix}+b\times(-1)^{n+1}\begin{vmatrix} b & 0 & \cdots & 0 & 0 \\ a & b & \cdots & 0 & 0 \\ \vdots & \vdots & & \vdots & \vdots \\ 0 & 0 & \cdots & b & 0 \\ 0 & 0 & \cdots & a & b \end{vmatrix}$$

$$=a^n+(-1)^{n+1}b^n。$$

例 1.22　设行列式 $D=\begin{vmatrix} 3 & -1 & 4 & -2 \\ 1 & 4 & 3 & 3 \\ 1 & 5 & 1 & 1 \\ 2 & 0 & 3 & 3 \end{vmatrix}$，求：

(1) $A_{21}+A_{22}+A_{23}+A_{24}$；　　(2) $2M_{13}+4M_{23}-3M_{33}-3M_{43}$。

解　(1) $A_{21},A_{22},A_{23},A_{24}$ 是第 2 行元素的代数余子式，由于

$$A_{21}+A_{22}+A_{23}+A_{24}=1\times A_{21}+1\times A_{22}+1\times A_{23}+1\times A_{24},$$

如果将 D 的第 2 行元素换成所求式子前面的系数 1,1,1,1 后，则这几个数的代数余子式仍是原来的数 1,4,3,3 的代数余子式 $A_{21},A_{22},A_{23},A_{24}$。所以，所求的式子就等于将第 2 行换成系数 1,1,1,1 后的行列式，即

$$A_{21}+A_{22}+A_{23}+A_{24}=\begin{vmatrix} 3 & -1 & 4 & -2 \\ 1 & 1 & 1 & 1 \\ 1 & 5 & 1 & 1 \\ 2 & 0 & 3 & 3 \end{vmatrix}\xlongequal{r_3-r_2}\begin{vmatrix} 3 & -1 & 4 & -2 \\ 1 & 1 & 1 & 1 \\ 0 & 4 & 0 & 0 \\ 2 & 0 & 3 & 3 \end{vmatrix}$$

$$=4\times(-1)^{3+2}\begin{vmatrix} 3 & 4 & -2 \\ 1 & 1 & 1 \\ 2 & 3 & 3 \end{vmatrix}\xlongequal[c_3-c_1]{c_2-c_1}(-4)\begin{vmatrix} 3 & 1 & -5 \\ 1 & 0 & 0 \\ 2 & 1 & 1 \end{vmatrix}$$

$$=(-4)\times1\times(-1)^{2+1}\begin{vmatrix} 1 & -5 \\ 1 & 1 \end{vmatrix}=24。$$

(2) $M_{13},M_{23},M_{33},M_{43}$ 是第 3 列元素的余子式。先将余子式转化为代数余子式，有

$$2M_{13}+4M_{23}-3M_{33}-3M_{43}$$

$$=2\times(-1)^{1+3}A_{13}+4\times(-1)^{2+3}A_{23}-3\times(-1)^{3+3}A_{33}-3\times(-1)^{4+3}A_{43}$$

$$=2A_{13}-4A_{23}-3A_{33}+3A_{43}。$$

用将 2，−4，−3，3 替换 D 的第 3 列，其他各列保持不变，得到行列式

$$\begin{vmatrix}3 & -1 & 2 & -2\\1 & 4 & -4 & 3\\1 & 5 & -3 & 1\\2 & 0 & 3 & 3\end{vmatrix}\xlongequal[r_3+5r_1]{r_2+4r_1}\begin{vmatrix}3 & -1 & 2 & -2\\13 & 0 & 4 & -5\\16 & 0 & 7 & -9\\2 & 0 & 3 & 3\end{vmatrix}=(-1)\times(-1)^{1+2}\begin{vmatrix}13 & 4 & -5\\16 & 7 & -9\\2 & 3 & 3\end{vmatrix}$$

$$\xlongequal{c_1-3c_2}\begin{vmatrix}1 & 4 & -5\\-5 & 7 & -9\\-7 & 3 & 3\end{vmatrix}\xlongequal[r_3+7r_1]{r_2+5r_1}\begin{vmatrix}1 & 4 & -5\\0 & 27 & -34\\0 & 31 & -32\end{vmatrix}=\begin{vmatrix}27 & -34\\31 & -32\end{vmatrix}$$

$$=190。$$

因此，$2M_{13}+4M_{23}-3M_{33}-3M_{43}=190$。

注 定理 1.4 从左端到右端是“降阶”，从右端到左端就是“升阶”。

*1.4.2 拉普拉斯定理

本小节将行列式按行(列)展开的方法进行推广，先推广余子式的概念。

定义 1.9 在一个 n 阶行列式 D 中，任意取定 k 行 k 列($1\leqslant k\leqslant n$)，位于这些行与列的交点处的 k^2 个元素，按原来的次序构成的 k 阶行列式 M，称为行列式 D 的一个 k **阶子式**；在 D 中划去这 k 行 k 列后，余下的元素按原来的次序构成的 $n-k$ 阶行列式 N，称为 k 阶子式 M 的**余子式**，设此 k 行 k 列元素在 D 中的行标为 $i_1,i_2,\cdots,i_k$，列标为 $j_1,j_2,\cdots,j_k$，则

$$(-1)^{(i_1+i_2+\cdots+i_k)+(j_1+j_2+\cdots+j_k)}N$$

称为 k 阶子式 M 的**代数余子式**。

定理 1.6 (拉普拉斯(Laplace)定理) 设在 n 阶行列式 D 中任意选定 $k(1\leqslant k\leqslant n-1)$ 行(或列)，由这 k 行(列)元素组成的所有 k 阶子式与它们的代数余子式乘积之和等于行列式 D。

证明略。

例 1.23 用拉普拉斯定理计算行列式 $D=\begin{vmatrix}1 & 2 & 1 & 4\\0 & -1 & 2 & 1\\1 & 0 & 1 & 3\\0 & 1 & 3 & 1\end{vmatrix}$。

解 在行列式 D 中选定第 1，2 行，则由这两行组成的所有二阶子式共有 $C_4^2=6$ 个：

$$M_1=\begin{vmatrix}1 & 2\\0 & -1\end{vmatrix},M_2=\begin{vmatrix}1 & 1\\0 & 2\end{vmatrix},M_3=\begin{vmatrix}1 & 4\\0 & 1\end{vmatrix},$$

$$M_4=\begin{vmatrix}2 & 1\\-1 & 2\end{vmatrix},M_5=\begin{vmatrix}2 & 4\\-1 & 1\end{vmatrix},M_6=\begin{vmatrix}1 & 4\\2 & 1\end{vmatrix}。$$

它们的代数余子式为

$$A_1=(-1)^{(1+2)+(1+2)}\begin{vmatrix}1&3\\3&1\end{vmatrix},A_2=(-1)^{(1+2)+(1+3)}\begin{vmatrix}0&3\\1&1\end{vmatrix},$$

$$A_3=(-1)^{(1+2)+(1+4)}\begin{vmatrix}0&1\\1&3\end{vmatrix},A_4=(-1)^{(1+2)+(2+3)}\begin{vmatrix}1&3\\0&1\end{vmatrix},$$

$$A_5=(-1)^{(1+2)+(2+4)}\begin{vmatrix}1&1\\0&3\end{vmatrix},A_6=(-1)^{(1+2)+(3+4)}\begin{vmatrix}1&0\\0&1\end{vmatrix}。$$

由拉普拉斯定理得

$$\begin{aligned}D&=M_1A_1+M_2A_2+\cdots+M_6A_6\\&=(-1)\times(-8)+2\times3+1\times(-1)+5\times1+6\times(-3)+(-7)\times1\\&=-7。\end{aligned}$$

例 1.24　证明 $\begin{vmatrix}a_{11}&a_{12}&0&0\\a_{21}&a_{22}&0&0\\c_{11}&c_{12}&b_{11}&b_{12}\\c_{21}&c_{22}&b_{21}&b_{22}\end{vmatrix}=\begin{vmatrix}a_{11}&a_{12}\\a_{21}&a_{22}\end{vmatrix}\begin{vmatrix}b_{11}&b_{12}\\b_{21}&b_{22}\end{vmatrix}$。

证法一　将左端行列式按第 1 行展开，可得

$$\begin{aligned}\begin{vmatrix}a_{11}&a_{12}&0&0\\a_{21}&a_{22}&0&0\\c_{11}&c_{12}&b_{11}&b_{12}\\c_{21}&c_{22}&b_{21}&b_{22}\end{vmatrix}&=a_{11}\times(-1)^{1+1}\begin{vmatrix}a_{22}&0&0\\c_{12}&b_{11}&b_{12}\\c_{22}&b_{21}&b_{22}\end{vmatrix}+a_{12}\times(-1)^{1+2}\begin{vmatrix}a_{21}&0&0\\c_{11}&b_{11}&b_{12}\\c_{21}&b_{21}&b_{22}\end{vmatrix}\\&=a_{11}a_{22}\times(-1)^{1+1}\begin{vmatrix}b_{11}&b_{12}\\b_{21}&b_{22}\end{vmatrix}-a_{12}a_{21}\times(-1)^{1+1}\begin{vmatrix}b_{11}&b_{12}\\b_{21}&b_{22}\end{vmatrix}\\&=(a_{11}a_{22}-a_{12}a_{21})\begin{vmatrix}b_{11}&b_{12}\\b_{21}&b_{22}\end{vmatrix}\\&=\begin{vmatrix}a_{11}&a_{12}\\a_{21}&a_{22}\end{vmatrix}\begin{vmatrix}b_{11}&b_{12}\\b_{21}&b_{22}\end{vmatrix}。\end{aligned}$$

证法二　由拉普拉斯定理，将左端行列式按第 1、2 行展开，共有 $C_4^2=6$ 个二阶子式，其中非零行列式只有 $\begin{vmatrix}a_{11}&a_{12}\\a_{21}&a_{22}\end{vmatrix}$。故

$$\begin{aligned}\begin{vmatrix}a_{11}&a_{12}&0&0\\a_{21}&a_{22}&0&0\\c_{11}&c_{12}&b_{11}&b_{12}\\c_{21}&c_{22}&b_{21}&b_{22}\end{vmatrix}&=\begin{vmatrix}a_{11}&a_{12}\\a_{21}&a_{22}\end{vmatrix}\times(-1)^{(1+2)+(1+2)}\begin{vmatrix}b_{11}&b_{12}\\b_{21}&b_{22}\end{vmatrix}\\&=\begin{vmatrix}a_{11}&a_{12}\\a_{21}&a_{22}\end{vmatrix}\begin{vmatrix}b_{11}&b_{12}\\b_{21}&b_{22}\end{vmatrix}。\end{aligned}$$

注 当$k=1$时,拉普拉斯定理就是按一行(列)展开。从以上计算看到,采用拉普拉斯定理计算行列式一般并不简便,其应用主要是在理论上。

习 题 1.4

1. 在$\begin{vmatrix} 1 & 2 & 3 \\ 4 & 5 & 6 \\ 7 & 8 & 9 \end{vmatrix}$中,元素6的余子式$M_{23}=$ ________,元素8的代数余子式$A_{32}=$ ________。

2. 已知四阶行列式D中第3行元素依次为$-1,3,0,2$,它们的余子式依次为$3,2,-7,4$,则$D=$ ________。

3. 计算下列行列式:

(1) $\begin{vmatrix} 1 & 2 & 3 & 4 \\ 0 & 0 & 2 & 0 \\ 3 & 2 & 1 & 3 \\ 6 & 1 & 5 & 0 \end{vmatrix}$; (2) $\begin{vmatrix} 1 & 3 & -1 & -4 \\ 2 & 4 & 4 & -1 \\ 1 & 2 & 3 & -2 \\ 0 & 2 & -1 & 4 \end{vmatrix}$;

(3) $\begin{vmatrix} 1 & 2 & 0 & 0 & 0 \\ 0 & 1 & 2 & 0 & 0 \\ 0 & 0 & 1 & 2 & 0 \\ 0 & 0 & 0 & 1 & 2 \\ 2 & 0 & 0 & 0 & 1 \end{vmatrix}$; (4) $\begin{vmatrix} a_2 & 0 & 0 & b_2 \\ 0 & a_1 & b_1 & 0 \\ 0 & c_1 & d_1 & 0 \\ c_2 & 0 & 0 & d_2 \end{vmatrix}$;

(5) $\begin{vmatrix} 1 & 3 & 3 & \cdots & 3 & 3 \\ 3 & 2 & 3 & \cdots & 3 & 3 \\ 3 & 3 & 3 & \cdots & 3 & 3 \\ \vdots & \vdots & \vdots & \ddots & \vdots & \vdots \\ 3 & 3 & 3 & 3 & n-1 & 3 \\ 3 & 3 & 3 & 3 & 3 & n \end{vmatrix}$。

4. 设$D=\begin{vmatrix} 2 & 2 & 2 & 2 \\ 0 & -3 & 0 & 0 \\ 1 & 0 & -1 & 1 \\ 3 & 2 & 0 & 4 \end{vmatrix}$求$A_{31}+A_{32}+A_{33}+A_{34}$和$M_{31}+M_{32}+M_{33}+M_{34}$。

5. 已知四阶行列式D中第1列元素分别为$1,5,-3,2$,第3列元素的余子式依次是$6,x,-2,7$,求x。

1.5 行列式的典型计算方法

学习目标：

1. 熟练掌握利用行列式的性质化简行列式的一般方法。
2. 熟练掌握行列式计算的降阶法、化三角法。
3. 掌握运用升阶法、数学归纳法和递推法来计算行列式。
4. 了解范德蒙行列式。

行列式的计算灵活多变，需要有较强的技巧。本节通过一些例题总结行列式计算的几种典型方法。计算行列式时，一定要贯彻“先观察、再定位、后计算”的指导思想，即：首先要观察行列式的结构特点；然后根据经验定位哪些方法更适用；最后再对行列式进行化简、计算或证明。

方法1　利用行列式的定义计算。

原则上，任何一个 n 阶行列式都可以按定义进行计算。但由定义可知，n 阶行列式是 $n!$ 项的代数和，当 n 较大时，计算量会很大，一般情况下不用此法，但如果行列式中有许多零元素，可考虑此法。

例1.25　计算 n 阶行列式 $D=\begin{vmatrix} 0 & \cdots & 0 & 1 & 0 \\ 0 & \cdots & 2 & 0 & 0 \\ \vdots & & \vdots & \vdots & \vdots \\ n-1 & \cdots & 0 & 0 & 0 \\ 0 & \cdots & 0 & 0 & n \end{vmatrix}$。

解　D 中不为零的乘积项为

$$a_{1,n-1}a_{2,n-2}\cdots a_{n-1,1}a_{nn}=n!。$$

该项列标排列的逆序数 $\tau((n-1)(n-2)\cdots 1n)$ 等于 $\dfrac{(n-1)(n-2)}{2}$，故

$$D=(-1)^{\frac{(n-1)(n-2)}{2}}n!。$$

例1.26　利用行列式的定义计算行列式 $D=\begin{vmatrix} 1 & 6 & a & 0 \\ 0 & 5 & 0 & -1 \\ 0 & 2 & 3 & a \\ 0 & 0 & 4 & 0 \end{vmatrix}$。

解　因为行列式的第4行只有 $a_{43}\neq 0$，可从第4行开始寻找行列式一般项里的非零项，根据定义可得

$$\begin{aligned} D &= (-1)^{\tau(1423)}a_{11}a_{24}a_{32}a_{43}+(-1)^{\tau(1243)}a_{11}a_{22}a_{34}a_{43} \\ &= (-1)^2\times 1\times(-1)\times 2\times 4+(-1)\times 1\times 5\times a\times 4=-8-20a。\end{aligned}$$

注 在利用行列式的定义求解时，寻找行列式中非零元素乘积项时，不一定从第一行(列)开始，可选择从非零元素最少的行(列)开始。

方法 2 利用行列式的性质计算。

例 1.27 计算行列式 $D=\begin{vmatrix} a^2+a^{-2} & a & a^{-1} & 1 \\ b^2+b^{-2} & b & b^{-1} & 1 \\ c^2+c^{-2} & c & c^{-1} & 1 \\ d^2+d^{-2} & d & d^{-1} & 1 \end{vmatrix}$，其中 $abcd=1$。

解

$$D\xlongequal{\text{性质 4}}\begin{vmatrix} a^2 & a & a^{-1} & 1 \\ b^2 & b & b^{-1} & 1 \\ c^2 & c & c^{-1} & 1 \\ d^2 & d & d^{-1} & 1 \end{vmatrix}+\begin{vmatrix} a^{-2} & a & a^{-1} & 1 \\ b^{-2} & b & b^{-1} & 1 \\ c^{-2} & c & c^{-1} & 1 \\ d^{-2} & d & d^{-1} & 1 \end{vmatrix}$$

$$\xlongequal{\text{性质 3}}(abcd)\begin{vmatrix} a & 1 & a^{-2} & a^{-1} \\ b & 1 & b^{-2} & b^{-1} \\ c & 1 & c^{-2} & c^{-1} \\ d & 1 & d^{-2} & d^{-1} \end{vmatrix}+\begin{vmatrix} a^{-2} & a & a^{-1} & 1 \\ b^{-2} & b & b^{-1} & 1 \\ c^{-2} & c & c^{-1} & 1 \\ d^{-2} & d & d^{-1} & 1 \end{vmatrix}$$

$$\xlongequal[c_3\leftrightarrow c_4]{\text{性质 2}\ \ \substack{c_2\leftrightarrow c_3\\ c_1\leftrightarrow c_2}}(-1)^3\begin{vmatrix} a^{-2} & a & a^{-1} & 1 \\ b^{-2} & b & b^{-1} & 1 \\ c^{-2} & c & c^{-1} & 1 \\ d^{-2} & d & d^{-1} & 1 \end{vmatrix}+\begin{vmatrix} a^{-2} & a & a^{-1} & 1 \\ b^{-2} & b & b^{-1} & 1 \\ c^{-2} & c & c^{-1} & 1 \\ d^{-2} & d & d^{-1} & 1 \end{vmatrix}=0。$$

方法 3 利用降阶法计算。

降阶法是运用行列式按行(列)展开的相关定理使高阶行列式转化为低阶行列式来计算的一种方法。当行列式某行(列)有较多的零，非零元的代数余子式比较容易求解时，可利用降阶法来计算行列式。

例 1.28 计算行列式 $D=\begin{vmatrix} 5 & 3 & -1 & 2 & 0 \\ 1 & 7 & 2 & 5 & 2 \\ 0 & -2 & 3 & 1 & 0 \\ 0 & -4 & -1 & 4 & 0 \\ 0 & 2 & 3 & 5 & 0 \end{vmatrix}$。

解 注意到在行列式的第 5 列中，只有 $a_{25}=2\neq 0$，利用行列式按行(列)展开法则，先按第 5 列展开，再继续降阶，得

$$D=2\times(-1)^{2+5}\begin{vmatrix} 5 & 3 & -1 & 2 \\ 0 & -2 & 3 & 1 \\ 0 & -4 & -1 & 4 \\ 0 & 2 & 3 & 5 \end{vmatrix}=(-2)\times 5\times(-1)^{1+1}\begin{vmatrix} -2 & 3 & 1 \\ -4 & -1 & 4 \\ 2 & 3 & 5 \end{vmatrix}$$

$$= (-10)\begin{vmatrix} -2 & 3 & 1 \\ 0 & -7 & 2 \\ 0 & 6 & 6 \end{vmatrix} = 20\begin{vmatrix} -7 & 2 \\ 6 & 6 \end{vmatrix} = -1080。$$

例 1.29　计算 n 阶行列式 $D = \begin{vmatrix} 1 & 2 & 3 & \cdots & n-1 & n \\ 1 & -1 & 0 & \cdots & 0 & 0 \\ 0 & 2 & -2 & \cdots & 0 & 0 \\ \vdots & \vdots & \vdots & & \vdots & \vdots \\ 0 & 0 & 0 & \cdots & n-1 & 1-n \end{vmatrix}$。

解　注意到行列式除第 1 行之外，其余各行的元素之和都是 0，从而可以将行列式的第 2，3，…，n 列都加到第 1 列，再按第 1 列展开，得

$$D \xlongequal[i=2,3,\cdots,n]{c_1+c_i} \begin{vmatrix} \sum\limits_{i=1}^{n} i & 2 & 3 & \cdots & n-1 & n \\ 0 & -1 & 0 & \cdots & 0 & 0 \\ 0 & 2 & -2 & \cdots & 0 & 0 \\ \vdots & \vdots & \vdots & & \vdots & \vdots \\ 0 & 0 & 0 & \cdots & n-1 & 1-n \end{vmatrix}$$

$$\xlongequal{\text{按第 1 列展开}} \left(\sum_{i=1}^{n} i\right) \begin{vmatrix} -1 & 0 & \cdots & 0 & 0 \\ 2 & -2 & \cdots & 0 & 0 \\ \vdots & \vdots & & \vdots & \vdots \\ 0 & 0 & \cdots & n-1 & 1-n \end{vmatrix}$$

$$= \left(\sum_{i=1}^{n} i\right)(-1)^{n-1}(n-1)! = (-1)^{n-1}\frac{(n+1)!}{2}。$$

注　为了使行列式计算简便，往往要根据行列式的特点，先利用行列式的性质使行列式中某一行(列) 出现较多的 0，然后再展开，这样才能达到真正降阶的目的。

方法 4　利用化三角法计算。

化三角法是将原行列式利用行列式的性质化为上(下) 三角形行列式或对角行列式进行计算的一种方法，这是计算行列式的一种有效的方法。

例 1.30　计算 n 阶行列式

$$D = \begin{vmatrix} 1+a_1 & a_2 & a_3 & \cdots & a_n \\ a_1 & 1+a_2 & a_3 & \cdots & a_n \\ a_1 & a_2 & 1+a_3 & \cdots & a_n \\ \vdots & \vdots & \vdots & & \vdots \\ a_1 & a_2 & a_3 & \cdots & 1+a_n \end{vmatrix},$$

其中 $a_i \neq 0(i = 1,2,\cdots,n)$。

解 注意到行列式中各行元素之和相同，从而可以将行列式的第 2,3,…,n 列都加到第 1 列上，然后提取公因式，再进一步将其化为上三角形行列式进行计算，即

$$D \xlongequal[i=2,3,\cdots,n]{c_1+c_i} \begin{vmatrix} 1+\sum_{i=1}^{n}a_i & a_2 & a_3 & \cdots & a_n \\ 1+\sum_{i=1}^{n}a_i & 1+a_2 & a_3 & \cdots & a_n \\ 1+\sum_{i=1}^{n}a_i & a_2 & 1+a_3 & \cdots & a_n \\ \vdots & \vdots & \vdots & & \vdots \\ 1+\sum_{i=1}^{n}a_i & a_2 & a_3 & \cdots & 1+a_n \end{vmatrix}$$

$$= \left(1+\sum_{i=1}^{n}a_i\right) \begin{vmatrix} 1 & a_2 & a_3 & \cdots & a_n \\ 1 & 1+a_2 & a_3 & \cdots & a_n \\ 1 & a_2 & 1+a_3 & \cdots & a_n \\ \vdots & \vdots & \vdots & & \vdots \\ 1 & a_2 & a_3 & \cdots & 1+a_n \end{vmatrix}$$

$$\xlongequal[i=2,3,\cdots,n]{r_i-r_1} \left(1+\sum_{i=1}^{n}a_i\right) \begin{vmatrix} 1 & a_2 & a_3 & \cdots & a_n \\ 0 & 1 & 0 & \cdots & 0 \\ 0 & 0 & 1 & \cdots & 0 \\ \vdots & \vdots & \vdots & & \vdots \\ 0 & 0 & 0 & \cdots & 1 \end{vmatrix} = \left(1+\sum_{i=1}^{n}a_i\right)。$$

注 例 1.30 中，如果将原行列式直接化为上三角形行列式，计算很烦琐，所以首先要利用行列式的性质将其变形，再化为上三角形行列式进行计算。

方法 5 利用升阶法计算。

计算行列式通常用降阶法，但有时也可反其道而行之，将它的阶数升高，增加一行一列，使升阶后的行列式与原行列式相等，且易于计算，这种方法叫作**升阶法**或**加边法**。通常在行列式各行(列) 中相同元素较多时，可考虑使用升阶法。

升阶法的一般做法是

$$\begin{vmatrix} a_{11} & a_{12} & \cdots & a_{1n} \\ a_{21} & a_{22} & \cdots & a_{2n} \\ \vdots & \vdots & & \vdots \\ a_{n1} & a_{n2} & \cdots & a_{nn} \end{vmatrix} = \begin{vmatrix} 1 & b_1 & b_2 & \cdots & b_n \\ 0 & a_{11} & a_{12} & \cdots & a_{1n} \\ 0 & a_{21} & a_{22} & \cdots & a_{2n} \\ \vdots & \vdots & \vdots & & \vdots \\ 0 & a_{n1} & a_{n2} & \cdots & a_{nn} \end{vmatrix} \text{或者} \begin{vmatrix} 1 & 0 & 0 & \cdots & 0 \\ a_1 & a_{11} & a_{12} & \cdots & a_{1n} \\ a_2 & a_{21} & a_{22} & \cdots & a_{2n} \\ \vdots & \vdots & \vdots & & \vdots \\ a_n & a_{n1} & a_{n2} & \cdots & a_{nn} \end{vmatrix}。$$

例 1.31　计算行列式 $D=\begin{vmatrix} x_1 & a_2 & a_3 & a_4 \\ a_1 & x_2 & a_3 & a_4 \\ a_1 & a_2 & x_3 & a_4 \\ a_1 & a_2 & a_3 & x_4 \end{vmatrix}$,其中 $x_i-a_i\neq 0(i=1,2,3,4)$。

解　根据行列式的特点,在 D 的左上角增加一行和一列,得到

$$D=\begin{vmatrix} 1 & a_1 & a_2 & a_3 & a_4 \\ 0 & x_1 & a_2 & a_3 & a_4 \\ 0 & a_1 & x_2 & a_3 & a_4 \\ 0 & a_1 & a_2 & x_3 & a_4 \\ 0 & a_1 & a_2 & a_3 & x_4 \end{vmatrix}=\begin{vmatrix} 1 & a_1 & a_2 & a_3 & a_4 \\ -1 & x_1-a_1 & 0 & 0 & 0 \\ -1 & 0 & x_2-a_2 & 0 & 0 \\ -1 & 0 & 0 & x_3-a_3 & 0 \\ -1 & 0 & 0 & 0 & x_4-a_4 \end{vmatrix}\text{(爪型)}$$

$$=\begin{vmatrix} 1+\sum\limits_{i=1}^{4}\dfrac{a_i}{x_i-a_i} & a_1 & a_2 & a_3 & a_4 \\ 0 & x_1-a_1 & 0 & 0 & 0 \\ 0 & 0 & x_2-a_2 & 0 & 0 \\ 0 & 0 & 0 & x_3-a_3 & 0 \\ 0 & 0 & 0 & 0 & x_4-a_4 \end{vmatrix}$$

$$=\left(1+\sum_{i=1}^{4}\frac{x_i}{x_i-a_i}\right)\prod_{i=1}^{4}(x_i-a_i)。$$

注　升阶法的关键是根据需要及原行列式的特点适当选择所增加的行、列元素,使得升高一阶的行列式容易计算。

方法 6　利用数学归纳法计算。

数学归纳法通常用来证明某些涉及自然数 n 的结论。当 D_{n-1} 与 D_n 是同结构类型的行列式时,可考虑用数学归纳法来计算。一般是利用不完全归纳法寻找出行列式的猜想值,再用数学归纳法给出猜想的证明。因此,数学归纳法一般是用来证明行列式等式,因为给定一个行列式,要猜想其值是比较困难的,所以是先给定其值,然后再去证明。

例 1.32　证明

$$D_n=\begin{vmatrix} 1 & 1 & \cdots & 1 \\ x_1 & x_2 & \cdots & x_n \\ x_1^2 & x_2^2 & \cdots & x_n^2 \\ \vdots & \vdots & \ddots & \vdots \\ x_1^{n-1} & x_2^{n-1} & \cdots & x_n^{n-1} \end{vmatrix}=\prod_{1\leqslant j<i\leqslant n}(x_i-x_j),$$

其中"$\prod$"是连乘符号,表示全体同类因子的乘积。该行列式称为**范德蒙(Vandermonde)行列式**。

证 用数学归纳法证明。当 $n=2$ 时，

$$D_2=\begin{vmatrix}1 & 1\\ x_1 & x_2\end{vmatrix}=x_2-x_1=\prod_{1\leqslant j<i\leqslant 2}(x_i-x_j),$$

所证等式成立。

假设 $n-1$ 阶范德蒙行列式成立，现要证等式对 n 阶范德蒙行列式也成立。为此，设法把 D_n 降阶：从第 n 行开始，后一行减去前一行的 x_1 倍，有

$$D_n\xlongequal[i=n,n-1,\cdots,2]{r_i-x_1r_{i-1}}\begin{vmatrix}1 & 1 & 1 & \cdots & 1\\ 0 & x_2-x_1 & x_3-x_1 & \cdots & x_n-x_1\\ 0 & x_2(x_2-x_1) & x_3(x_3-x_1) & \cdots & x_n(x_n-x_1)\\ \vdots & \vdots & \vdots & & \vdots\\ 0 & x_2^{n-2}(x_2-x_1) & x_3^{n-2}(x_3-x_1) & \cdots & x_n^{n-2}(x_n-x_1)\end{vmatrix}$$

按第 1 列展开，再提取每一列的公因子 (x_i-x_1)，有

$$D_n=(x_2-x_1)(x_3-x_1)\cdots(x_n-x_1)\begin{vmatrix}1 & 1 & \cdots & 1\\ x_2 & x_3 & \cdots & x_n\\ \vdots & \vdots & & \vdots\\ x_2^{n-2} & x_3^{n-2} & \cdots & x_n^{n-2}\end{vmatrix}。$$

上式右端的行列式是 $n-1$ 阶范德蒙行列式，由归纳假设，它等于 $\prod\limits_{2\leqslant j<i\leqslant n}(x_i-x_j)$，因此

$$D_n=(x_2-x_1)(x_3-x_1)\cdots(x_n-x_1)\prod_{2\leqslant j<i\leqslant n}(x_i-x_j)=\prod_{1\leqslant j<i\leqslant n}(x_i-x_j)。$$

注 范德蒙行列式是一类非常重要的行列式，在很多行列式的计算中都有应用，例 1.32 其实是给出了范德蒙行列式的计算公式。

例 1.33 计算行列式 $D=\begin{vmatrix}1 & 1 & 1 & 1\\ 4 & 3 & 6 & -2\\ 16 & 9 & 36 & 4\\ 64 & 27 & 216 & -8\end{vmatrix}$。

解 这是一个四阶范德蒙行列式，其中 $x_1=4,x_2=3,x_3=6,x_4=-2$。

$$\begin{aligned}D&=\begin{vmatrix}1 & 1 & 1 & 1\\ 4 & 3 & 6 & -2\\ 4^2 & 3^2 & 6^2 & (-2)^2\\ 4^3 & 3^3 & 6^3 & (-2)^3\end{vmatrix}=\prod_{1\leqslant j<i\leqslant 4}(x_i-x_j)\\ &=(x_4-x_1)(x_3-x_1)(x_2-x_1)(x_4-x_2)(x_3-x_2)(x_4-x_3)\\ &=(-6)\times 2\times(-1)\times(-5)\times 3\times(-8)=1440。\end{aligned}$$

方法 7　利用递推法计算。

递推法是通过降阶等途径，找出 D_n 与 D_{n-1} 或 D_n 与 D_{n-1}，D_{n-2} 之间的一种关系即递推关系式(其中 D_n，D_{n-1}，D_{n-2} 等结构相同)，再由递推关系式求出 D_n 的一种方法。

例 1.34　计算 n 阶行列式

$$D_n=\begin{vmatrix}3&2&0&\cdots&0&0\\1&3&2&\cdots&0&0\\0&1&3&\cdots&0&0\\\vdots&\vdots&\vdots&&\vdots&\vdots\\0&0&0&\cdots&3&2\\0&0&0&\cdots&1&3\end{vmatrix}。$$

解　将 D_n 按第 1 行展开，可得

$$D_n=3\times(-1)^{1+1}\begin{vmatrix}3&2&0&\cdots&0\\1&3&2&\cdots&0\\0&1&3&\cdots&0\\\vdots&\vdots&\vdots&&\vdots\\0&0&0&\cdots&3\end{vmatrix}+2\times(-1)^{1+2}\begin{vmatrix}1&2&0&\cdots&0\\0&3&2&\cdots&0\\0&1&3&\cdots&0\\\vdots&\vdots&\vdots&&\vdots\\0&0&0&\cdots&3\end{vmatrix}。$$

上式右端的第 1 个行列式恰为 D_{n-1}，第 2 个再按第 1 列展开即为 D_{n-2}，于是有

$$D_n=3D_{n-1}-2D_{n-2}。$$

上式可变形为 $D_n-D_{n-1}=2(D_{n-1}-D_{n-2})$，进一步地，有

$$D_n-D_{n-1}=2(D_{n-1}-D_{n-2})=\cdots=2^{n-2}(D_2-D_1)=2^n,$$

其中，$D_1=3$，$D_2=7$。由于

$$D_n-D_{n-1}=2^n,D_{n-1}-D_{n-2}=2^{n-1},D_{n-2}-D_{n-3}=2^{n-2},\cdots,D_2-D_1=2^2,$$

将这些等式相加，可得

$$D_n-D_1=2^n+2^{n-1}+\cdots+2^2。$$

于是

$$D_n=2^n+2^{n-1}+\cdots+2^2+3=\frac{1-2^{n+1}}{1-2}=2^{n+1}-1。$$

注　结构上形如例 1.34 的行列式称为**带形行列式**，其主对角线上的元素全是 a，与主对角线平行的两条线上的元素分别全为 b 和 c，其余的元素全是零。

计算行列式的方法很多，也比较灵活，本节介绍了几种计算行列式的常见方法。计算行列式时，我们应当针对具体问题，观察行列式的结构特点，运用行列式的性质，灵活选用合适的方法，有时需要综合运用多种方法，对行列式进行简化、计算及证明。在学习中只有多练习，多总结，举一反三，才能更好地掌握行列式的计算。

习 题 1.5

1. 计算下列行列式：

(1) $\begin{vmatrix} 0 & 0 & \cdots & 0 & 1 \\ 0 & 0 & \cdots & 2 & 0 \\ \vdots & \vdots & & \vdots & \vdots \\ 0 & n-1 & \cdots & 0 & 0 \\ n & 0 & \cdots & 0 & 0 \end{vmatrix}$；　(2) $\begin{vmatrix} 0 & 0 & 0 & \cdots & 0 & n \\ 1 & 2 & 3 & \cdots & n-1 & 0 \\ 0 & 1 & 2 & \cdots & n-2 & 0 \\ \vdots & \vdots & \vdots & & \vdots & \vdots \\ 0 & 0 & 0 & \cdots & 1 & 0 \end{vmatrix}$。

2. 设行列式中的每行元素之和等于零，证明行列式为零。

3. 计算下列行列式：

(1) $\begin{vmatrix} a^2 & (a+1)^2 & (a+2)^2 & (a+3)^2 \\ b^2 & (b+1)^2 & (b+2)^2 & (b+3)^2 \\ c^2 & (c+1)^2 & (c+2)^2 & (c+3)^2 \\ d^2 & (d+1)^2 & (d+2)^2 & (d+3)^2 \end{vmatrix}$；

(2) $\begin{vmatrix} 1+x & 1 & 1 & 1 \\ 1 & 1-x & 1 & 1 \\ 1 & 1 & 1+y & 1 \\ 1 & 1 & 1 & 1-y \end{vmatrix}$；

(3) $D_{n+1}=\begin{vmatrix} -a_1 & a_1 & 0 & \cdots & 0 & 0 \\ 0 & -a_2 & a_2 & \cdots & 0 & 0 \\ \vdots & \vdots & \vdots & & \vdots & \vdots \\ 0 & 0 & 0 & \cdots & -a_n & a_n \\ 1 & 1 & 1 & \cdots & 1 & 1 \end{vmatrix}$；

(4) $D_n=\begin{vmatrix} 0 & 0 & \cdots & 0 & x & y \\ 0 & 0 & \cdots & x & y & 0 \\ \vdots & \vdots & & \vdots & \vdots & \vdots \\ 0 & x & \cdots & 0 & 0 & 0 \\ x & y & \cdots & 0 & 0 & 0 \\ y & 0 & \cdots & 0 & 0 & x \end{vmatrix}$。

4. 解方程 $\begin{vmatrix} 1+x & 1 & 1 \\ 1 & 1+x & 1 \\ 1 & 1 & 1+x \end{vmatrix} = 0$。

5. 证明：$D_n = \begin{vmatrix} x & 0 & 0 & \cdots & 0 & a_0 \\ -1 & x & 0 & \cdots & 0 & a_1 \\ 0 & -1 & x & \cdots & 0 & a_2 \\ \vdots & \vdots & \vdots & & \vdots & \vdots \\ 0 & 0 & 0 & \cdots & x & a_{n-2} \\ 0 & 0 & 0 & \cdots & -1 & x+a_{n-1} \end{vmatrix} = x^n + a_{n-1}x^{n-1} + \cdots + a_1 x + a_0$。

6. 利用升阶法计算下列行列式：

(1) $\begin{vmatrix} 1+a_1 & 1 & 1 & 1 \\ 1 & 1+a_2 & 1 & 1 \\ 1 & 1 & 1+a_3 & 1 \\ 1 & 1 & 1 & 1+a_4 \end{vmatrix}$；

(2) $\begin{vmatrix} 1+a_1 & a_2 & a_3 & \cdots & a_n \\ a_1 & 2+a_2 & a_3 & \cdots & a_n \\ a_1 & a_2 & 3+a_3 & \cdots & a_n \\ \vdots & \vdots & \vdots & & \vdots \\ a_1 & a_2 & a_3 & \cdots & n+a_n \end{vmatrix}$。

7. 利用递推法计算行列式

$$D_n = \begin{vmatrix} 2 & 1 & 0 & \cdots & 0 & 0 \\ 1 & 2 & 1 & \cdots & 0 & 0 \\ 0 & 1 & 2 & \cdots & 0 & 0 \\ \vdots & \vdots & \vdots & & \vdots & \vdots \\ 0 & 0 & 0 & \cdots & 2 & 1 \\ 0 & 0 & 0 & \cdots & 1 & 2 \end{vmatrix}。$$

8. 利用范德蒙行列式计算下列行列式：

(1) $\begin{vmatrix} 1 & 1 & 1 & 1 \\ 1 & 2 & 3 & 4 \\ 1 & 4 & 9 & 16 \\ 1 & 8 & 27 & 64 \end{vmatrix}$；　(2) $\begin{vmatrix} b+c+d & a+c+d & a+b+d & a+b+c \\ a & b & c & d \\ a^2 & b^2 & c^2 & d^2 \\ a^3 & b^3 & c^3 & d^3 \end{vmatrix}$。

1.6 克莱姆法则

第 1 节中给出了利用行列式求解二元、三元线性方程组的方法。本节将这种方法推广到 n 元线性方程组的情形。

1.6.1 n 元线性方程组

以 $x_1,x_2,\cdots,x_n$ 为未知量的 n 元一次方程组

$$\begin{cases} a_{11}x_1+a_{12}x_2+\cdots+a_{1n}x_n=b_1, \\ a_{21}x_1+a_{22}x_2+\cdots+a_{2n}x_n=b_2, \\ \cdots\cdots \\ a_{n1}x_1+a_{n2}x_2+\cdots+a_{nn}x_n=b_n \end{cases} \tag{1-6}$$

称为 **n 元线性方程组**，其中 $a_{ij}(i,j=1,2,\cdots,n)$ 为线性方程组的系数，$b_i(i=1,2,\cdots,n)$ 为方程组的常数项。方程组(1-6) 的系数 $a_{ij}(i,j=1,2,\cdots,n)$ 构成的行列式

$$D=\begin{vmatrix} a_{11} & a_{12} & \cdots & a_{1n} \\ a_{21} & a_{22} & \cdots & a_{2n} \\ \vdots & \vdots & & \vdots \\ a_{n1} & a_{n2} & \cdots & a_{nn} \end{vmatrix}$$

称为该线性方程组的**系数行列式**。

当常数项 $b_1,b_2,\cdots,b_n$ 不全为零时，线性方程组(1-6) 称为**非齐次线性方程组**；当常数项 $b_1,b_2,\cdots,b_n$ 全为零时，即

$$\begin{cases} a_{11}x_1+a_{12}x_2+\cdots+a_{1n}x_n=0, \\ a_{21}x_1+a_{22}x_2+\cdots+a_{2n}x_n=0, \\ \cdots\cdots \\ a_{n1}x_1+a_{n2}x_2+\cdots+a_{nn}x_n=0, \end{cases} \tag{1-7}$$

称方程组(1-7) 为**齐次线性方程组**。

1.6.2 克莱姆(Cramer) 法则

定理 1.7 (克莱姆法则) 如果线性方程组(1-6) 的系数行列式 $D\neq 0$，则方程组(1-6) 有唯一解，且解为

$$x_1=\frac{D_1}{D},x_2=\frac{D_2}{D},\cdots,x_n=\frac{D_n}{D}, \tag{1-8}$$

其中 $D_j(j=1,2,\cdots,n)$ 是将 D 中的第 j 列元素换成常数项 $b_1,b_2,\cdots,b_n$ 得到的行列式，即

$$D_j=\begin{vmatrix} a_{11} & \cdots & a_{1,j-1} & b_1 & a_{1,j+1} & \cdots & a_{1n} \\ a_{21} & \cdots & a_{2,j-1} & b_2 & a_{2,j+1} & \cdots & a_{2n} \\ \vdots & & \vdots & \vdots & \vdots & & \vdots \\ a_{n1} & \cdots & a_{n,j-1} & b_n & a_{n,j+1} & \cdots & a_{nn} \end{vmatrix}。$$

定理 1.7 的证明将在 2.4 节中给出。

注　(1) 定理 1.7 给出了线性方程组(1-6) 有解且有唯一解的条件是 $D\neq 0$；

(2) 线性方程组必须满足未知量的个数与方程的个数相等且系数行列式 $D\neq 0$ 时，才能利用克莱姆法则求解。对于不符合这两个条件的线性方程组，将在第 3 章中介绍适用于一般线性方程组的有效解法 —— 高斯(Gauss) 消元法。

例 1.35　用克莱姆法则解线性方程组 $\begin{cases} x_1+2x_2-x_3+3x_4=2, \\ 2x_1-x_2+3x_3-2x_4=7, \\ 3x_2-x_3+x_4=6, \\ x_1-x_2+x_3+4x_4=-4。\end{cases}$

解　因为系数行列式

$$D=\begin{vmatrix} 1 & 2 & -1 & 3 \\ 2 & -1 & 3 & -2 \\ 0 & 3 & -1 & 1 \\ 1 & -1 & 1 & 4 \end{vmatrix}=-39\neq 0,$$

所以此线性方程组可用克莱姆法则求解。又

$$D_1=\begin{vmatrix} 2 & 2 & -1 & 3 \\ 7 & -1 & 3 & -2 \\ 6 & 3 & -1 & 1 \\ -4 & -1 & 1 & 4 \end{vmatrix}=-39,\quad D_2=\begin{vmatrix} 1 & 2 & -1 & 3 \\ 2 & 7 & 3 & -2 \\ 0 & 6 & -1 & 1 \\ 1 & -4 & 1 & 4 \end{vmatrix}=-117,$$

$$D_3=\begin{vmatrix} 1 & 2 & 2 & 3 \\ 2 & -1 & 7 & -2 \\ 0 & 3 & 6 & 1 \\ 1 & -1 & -4 & 4 \end{vmatrix}=-78,\quad D_4=\begin{vmatrix} 1 & 2 & -1 & 2 \\ 2 & -1 & 3 & 7 \\ 0 & 3 & -1 & 6 \\ 1 & -1 & 1 & -4 \end{vmatrix}=39。$$

因此，线性方程组的唯一解为

$$x_1=\frac{D_1}{D}=\frac{-39}{-39}=1,x_2=\frac{D_2}{D}=\frac{-117}{-39}=3,$$

$$x_3=\frac{D_3}{D}=\frac{-78}{-39}=2,x_4=\frac{D_4}{D}=\frac{39}{-39}=-1。$$

克莱姆法则以行列式的形式建立了线性方程组的系数、常数项与方程组的解之间的关系。但是当未知量较多时，计算量也是比较大的。与其在计算方面的作用相比，克莱姆法则的理论价值更重要，我们给出下列定理。

定理 1.8　如果线性方程组(1-6) 的系数行列式 $D\neq 0$，则线性方程组(1-6) 一定有解，且解是唯一的。

在解题或证明中，常用到定理 1.8 的逆否定理：

定理 1.8′　如果线性方程组(1-6) 无解或解不是唯一的，则它的系数行列式 D 必为零。

对齐次线性方程组(1-7)，显然 $x_1=0,x_2=0,\cdots,x_n=0$ 一定是该方程组的解，称其为齐次线性方程组(1-7)的零解；若齐次线性方程组(1-7)除了零解外，还有 $x_1,x_2,\cdots,x_n$ 不全为零的解，则称齐次线性方程组有非零解。把定理1.8应用于齐次线性方程组(1-7)，可得到下列定理。

定理1.9 如果齐次线性方程组(1-7)的系数行列式 $D\neq 0$，则齐次线性方程组(1-7)只有零解。

定理1.9′ 如果齐次线性方程组(1-7)有非零解，则它的系数行列式 $D=0$。

注 在第3章中还将进一步证明，如果齐次线性方程组的系数行列式 $D=0$，则齐次线性方程组(1-7)有非零解。因此，对于齐次线性方程组(1-7)，系数行列式 $D=0$ 是齐次方程组有非零解的充分必要条件。

例1.36 问 a,b 满足何条件时，使得齐次线性方程组

$$\begin{cases} ax_1+x_2+x_3=0, \\ x_1+bx_2+x_3=0, \\ x_1+2bx_2+x_3=0 \end{cases}$$

只有零解？

解 由于

$$D=\begin{vmatrix} a & 1 & 1 \\ 1 & b & 1 \\ 1 & 2b & 1 \end{vmatrix}=b-ab=b(1-a),$$

根据定理1.9，当 $D\neq 0$ 时，即 $a\neq 1$ 且 $b\neq 0$ 时，该齐次线性方程组只有零解。

例1.37 问 λ 为何值时，齐次线性方程组

$$\begin{cases} \lambda x_1+2x_2+x_3=0, \\ x_1+(\lambda+1)x_2+x_3=0, \\ x_1+3x_2+(\lambda-1)x_3=0 \end{cases}$$

有非零解？

解 根据给定的线性方程组，可知系数行列式

$$D=\begin{vmatrix} \lambda & 2 & 1 \\ 1 & \lambda+1 & 1 \\ 1 & 3 & \lambda-1 \end{vmatrix} \xlongequal[c_1+c_3]{c_1+c_2} \begin{vmatrix} \lambda+3 & 2 & 1 \\ \lambda+3 & \lambda+1 & 1 \\ \lambda+3 & 3 & \lambda-1 \end{vmatrix}$$

$$=(\lambda+3)\begin{vmatrix} 1 & 2 & 1 \\ 1 & \lambda+1 & 1 \\ 1 & 3 & \lambda-1 \end{vmatrix} \xlongequal[r_3-r_1]{r_2-r_1} (\lambda+3)\begin{vmatrix} 1 & 2 & 1 \\ 0 & \lambda-1 & 0 \\ 0 & 1 & \lambda-2 \end{vmatrix}$$

$$=(\lambda+3)(\lambda-1)(\lambda-2)。$$

由齐次线性方程组有非零解，知 $D=0$，所以，当 $\lambda=-3$ 或 $\lambda=1$ 或 $\lambda=2$ 时，齐次线性方程组有非零解。

例 1.38　已知三维空间内的一平面经过不共线的三个定点(x_1,y_1,z_1),(x_2,y_2,z_2)和(x_3,y_3,z_3),证明此平面的方程可表示为

$$\begin{vmatrix} x & y & z & 1 \\ x_1 & y_1 & z_1 & 1 \\ x_2 & y_2 & z_2 & 1 \\ x_3 & y_3 & z_3 & 1 \end{vmatrix} = 0。$$

证　设此平面的一般方程为$Ax+By+Cz+D=0$,显然,这里的A,B,C不全为零。因为此平面经过定点(x_1,y_1,z_1),(x_2,y_2,z_2)和(x_3,y_3,z_3),所以有

$$\begin{cases} Ax+By+Cz+D=0, \\ Ax_1+By_1+Cz_1+D=0, \\ Ax_2+By_2+Cz_2+D=0, \\ Ax_3+By_3+Cz_3+D=0。 \end{cases}$$

上式是一个关于未知量A,B,C,D的线性方程组,因为A,B,C不全为零,所以A,B,C,D也不全为零,即此线性方程组存在非零解,所以

$$\begin{vmatrix} x & y & z & 1 \\ x_1 & y_1 & z_1 & 1 \\ x_2 & y_2 & z_2 & 1 \\ x_3 & y_3 & z_3 & 1 \end{vmatrix} = 0,$$

它是关于x,y,z的一次方程,即为过定点(x_1,y_1,z_1),(x_2,y_2,z_2)和(x_3,y_3,z_3)的平面方程。

例如,三维空间内一平面经过点$(1,1,1)$,$(3,0,0)$和$(2,0,1)$,则此平面方程可表示为

$$\begin{vmatrix} x & y & z & 1 \\ 1 & 1 & 1 & 1 \\ 3 & 0 & 0 & 1 \\ 2 & 0 & 1 & 1 \end{vmatrix} = 0,$$

即$x+y+z-3=0$。

习　题　1.6

1. 一位同学在应用克莱姆法则解线性方程组

$$\begin{cases} x_1+x_2+x_3=3, \\ x_1+2x_2+3x_3=6, \\ 2x_1+3x_2+4x_3=9 \end{cases}$$

时，计算发现该线性方程组的系数行列式 $D=0$，于是该同学断言此线性方程组无解，你认为对吗？

2. 若二元线性方程组 $\begin{cases}3x_1+\lambda x_2=b_1,\\2x_1+5x_2=b_2\end{cases}$ 有唯一解，则 λ 应满足条件________。

3. 用克莱姆法则求解下列线性方程组：

(1) $\begin{cases}x_1-x_2-x_3=-1,\\-2x_1+2x_2+x_3=1,\\2x_1-x_2+3x_3=1;\end{cases}$ (2) $\begin{cases}2x_1+2x_2-x_3+x_4=4,\\4x_1+3x_2-x_3+2x_4=6,\\8x_1+5x_2-3x_3+4x_4=12,\\3x_1+3x_2-2x_3+2x_4=16。\end{cases}$

4. 当 λ 满足什么条件时，线性方程组 $\begin{cases}\lambda x_1+x_2+x_3=\lambda-3,\\x_1+\lambda x_2+x_3=-2,\\x_1+x_2+\lambda x_3=-2\end{cases}$ 有唯一解？

5. 已知齐次线性方程组 $\begin{cases}(k+2)x_1+x_2+x_3=0,\\x_1+(k+1)x_2+x_3=0,\\x_1+x_2+x_3=0\end{cases}$ 有非零解，求 k。

6. 求使一平面上三个点 (x_1,y_1)，(x_2,y_2)，(x_3,y_3) 位于同一直线上的充分必要条件。

总习题 1

1. 已知 $f(x)=\begin{vmatrix}x&1&1&2\\1&x&1&-1\\3&2&x&1\\1&1&2x&1\end{vmatrix}$，求 x^3 的系数。

2. 用行列式的定义计算 $D=\begin{vmatrix}0&0&\cdots&0&1&0\\0&0&\cdots&2&0&0\\\vdots&\vdots&&\vdots&\vdots&\vdots\\2019&0&\cdots&0&0&0\\0&0&\cdots&0&0&2020\end{vmatrix}$。

3. 设 $f(x)=\begin{vmatrix}x&x^2&1&0\\x^3&x&2&1\\-x^4&0&x&2\\4&3&4&x\end{vmatrix}$，则多项式 $f(x)$ 的次数是________。

4. 计算下列行列式：

(1) $D=\begin{vmatrix} a_1b_1 & a_1b_2 & a_1b_3 & a_1b_4 \\ a_1b_2 & a_2b_2 & a_2b_3 & a_2b_4 \\ a_1b_3 & a_2b_3 & a_3b_3 & a_3b_4 \\ a_1b_4 & a_2b_4 & a_3b_4 & a_4b_4 \end{vmatrix}$；　(2) $\begin{vmatrix} 1 & -1 & 1 & x-1 \\ 1 & -1 & x+1 & -1 \\ 1 & x-1 & 1 & -1 \\ x+1 & -1 & 1 & -1 \end{vmatrix}$。

5. 计算下列 n 阶行列式：

(1) $\begin{vmatrix} a & a & \cdots & a & a & b \\ a & a & \cdots & a & b & a \\ a & a & \cdots & b & a & a \\ \vdots & \vdots & & \vdots & \vdots & \vdots \\ a & b & \cdots & a & a & a \\ b & a & \cdots & a & a & a \end{vmatrix}$；　(2) $\begin{vmatrix} 1 & 2 & 3 & \cdots & n-1 & n \\ 2 & 3 & 4 & \cdots & n & n \\ 3 & 4 & 5 & \cdots & n & n \\ \vdots & \vdots & \vdots & & \vdots & \vdots \\ n-1 & n & n & \cdots & n & n \\ n & n & n & \cdots & n & n \end{vmatrix}$；

(3) $\begin{vmatrix} 1 & 2 & 3 & 4 & \cdots & n \\ 1 & 1 & 2 & 3 & \cdots & n-1 \\ 1 & x & 1 & 2 & \cdots & n-2 \\ 1 & x & x & 1 & \cdots & n-3 \\ \vdots & \vdots & \vdots & \vdots & & \vdots \\ 1 & x & x & x & \cdots & 2 \\ 1 & x & x & x & \cdots & 1 \end{vmatrix}$ $(n\geqslant 3)$；

(4) $\begin{vmatrix} 2 & 0 & 0 & \cdots & 0 & 2 \\ -1 & 2 & 0 & \cdots & 0 & 2 \\ 0 & -1 & 2 & \cdots & 0 & 2 \\ \vdots & \vdots & \vdots & & \vdots & \vdots \\ 0 & 0 & 0 & \cdots & 2 & 2 \\ 0 & 0 & 0 & \cdots & -1 & 2 \end{vmatrix}$；

(5) $\begin{vmatrix} 1+a_1 & 1 & \cdots & 1 \\ 1 & 1+a_2 & \cdots & 1 \\ \vdots & \vdots & & \vdots \\ 1 & 1 & \cdots & 1+a_n \end{vmatrix}$，其中 $a_1a_2\cdots a_n\neq 0$。

6. 解方程 $D_{n+1}=\begin{vmatrix} 1 & 1 & 1 & \cdots & 1 \\ 1 & 1-x & 1 & \cdots & 1 \\ 1 & 1 & 2-x & \cdots & 1 \\ \vdots & \vdots & \vdots & & \vdots \\ 1 & 1 & 1 & \cdots & n-x \end{vmatrix}=0$。

7. 已知行列式 $D=\begin{vmatrix}3&2&9&12\\2&4&8&16\\1&0&1&1\\3&5&2&1\end{vmatrix}$，试求 $A_{41}+2A_{42}+A_{43}$ 及 $M_{21}+M_{31}$。

8. 已知行列式 $D=\begin{vmatrix}4&4&1&1\\2&3&5&6\\2&2&3&3\\3&2&1&4\end{vmatrix}=40$，求 $A_{31}+A_{32}$ 及 $A_{33}+A_{34}$。

9. 利用范德蒙行列式证明：

$$\begin{vmatrix}1&1&1\\a&b&c\\a^3&b^3&c^3\end{vmatrix}=(a+b+c)(c-b)(c-a)(b-a)。$$

10. 判断下列齐次线性方程组是否只有零解：

(1) $\begin{cases}x_1+x_2+x_3=0,\\3x_1+3x_2+x_3=0,\\x_1+2x_2+3x_3=0;\end{cases}$　　(2) $\begin{cases}x_1+x_2+x_3=0,\\2x_1+x_2+x_3=0,\\x_2+x_3=0。\end{cases}$

11. 求三次多项式 $f(x)=a_0+a_1x+a_2x^2+a_3x^3$，使得 $f(-1)=0, f(1)=4, f(2)=-1, f(3)=16$。

12. 证明：平面上三条不同的直线

$$ax+by+c=0, bx+cy+a=0, cx+ay+b=0$$

相交于一点的充分必要条件是 $a+b+c=0$。

第 2 章

矩　　阵

19 世纪英国数学家凯利首先提出矩阵这一概念，矩阵实质上是一张按长方形排列的数表。在日常生活及自然科学各个领域中，矩阵随处可见，如学校里的学生成绩表、车站里的列车时刻表、企业的销售统计表、科研领域中的数据分析表等。矩阵也是表达和处理生产、生活以及科研问题的有力数学工具，它能够将杂乱纷繁的事物按一定的数学规则清晰地呈现出来。利用矩阵可以把问题变得简洁明了，从而能更好地把握研究对象的本质特征和变化规律。

本章首先介绍与矩阵相关的一些概念，并引入矩阵的加法、数乘、矩阵与矩阵的乘法及相关运算的一些规律；然后定义方阵的行列式及逆矩阵，最后讨论矩阵的分块、矩阵的初等变换与矩阵的秩等问题。

2.1　矩阵的概念

学习目标：

1. 理解矩阵的概念。
2. 知道几种特殊矩阵及其记号。

本节将通过几个引例来介绍矩阵的概念，这往往是对一个实际应用问题进行数学建模的第一步。

引例 1　某商品从生产地 A_1, A_2, A_3 运往销售地 B_1, B_2, B_3, B_4 的运输量如表 2-1 所示。

表 2-1　　单位：吨(t)

销售地 / 生产地	B_1	B_2	B_3	B_4
A_1	14	24	6	4
A_2	23	7	9	11
A_3	15	8	0	16

取出运输量排成一个 3 行 4 列的矩形数表：

$$\begin{pmatrix} 14 & 24 & 6 & 4 \\ 23 & 7 & 9 & 11 \\ 15 & 8 & 0 & 16 \end{pmatrix},$$

其中 a_{ij} 表示该商品从生产地 $A_i(i=1,2,3)$ 运往销售地 $B_j(j=1,2,3,4)$ 的运输量，它清晰地反映出该商品从三个生产地运往四个销售地的调运方案。这个矩形数表就是矩阵。

引例 2 已知四元线性方程组

$$\begin{cases} x_1-2x_2+x_3-x_4=1, \\ -x_1+2x_2-x_3+2x_4=0, \\ 2x_1+x_2-x_4=-1。\end{cases} \tag{2-1}$$

将其未知量的系数与常数项按照原来顺序组成一个 3 行 5 列矩形数表

$$\begin{pmatrix} 1 & -2 & 1 & -1 & 1 \\ -1 & 2 & -1 & 2 & 0 \\ 2 & 1 & 0 & -1 & -1 \end{pmatrix}。 \tag{2-2}$$

显然，当未知量 x_1,x_2,x_3,x_4 的顺序排定后，线性方程组(2-1)与矩阵(2-2)是一一对应的，于是可以用矩阵来研究线性方程组。

一般地，对于 n 个未知量 m 个方程组所组成的 n 元线性方程组

$$\begin{cases} a_{11}x_1+a_{12}x_2+\cdots+a_{1n}x_n=b_1, \\ a_{21}x_1+a_{22}x_2+\cdots+a_{2n}x_n=b_2, \\ \cdots\cdots \\ a_{m1}x_1+a_{m2}x_2+\cdots+a_{mn}x_n=b_m, \end{cases}$$

方程组未知量的系数 $a_{ij}(i=1,2,\cdots,m;j=1,2,\cdots,n)$ 与常数项 $b_j(j=1,2,\cdots,m)$ 按原位置构成了一个 m 行 $n+1$ 列的数表

$$\begin{pmatrix} a_{11} & a_{12} & \cdots & a_{1n} & b_1 \\ a_{21} & a_{22} & \cdots & a_{2n} & b_2 \\ \vdots & \vdots & & \vdots & \vdots \\ a_{m1} & a_{m2} & \cdots & a_{mn} & b_m \end{pmatrix}。$$

类似例子还有很多，比如一个班级期末各科考试成绩对应的数表，解析几何中空间内点的坐标对应的有序数组等。

定义 2.1 由 $m\times n$ 个数 $a_{ij}(i=1,2,\cdots,m;j=1,2,\cdots,n)$ 排成的 m 行 n 列的矩形数表

$$\begin{pmatrix} a_{11} & a_{12} & \cdots & a_{1n} \\ a_{21} & a_{22} & \cdots & a_{2n} \\ \vdots & \vdots & & \vdots \\ a_{m1} & a_{m2} & \cdots & a_{mn} \end{pmatrix}$$

称为 m 行 n 列**矩阵**，简称为 $m\times n$ 阶矩阵，记为 $\boldsymbol{A}=(a_{ij})_{m\times n}$ 或 $\boldsymbol{A}_{m\times n}$。其中 a_{ij} 称为矩阵 $\boldsymbol{A}$ 的第 i 行第 j 列的**元素**。矩阵通常用大写黑体英文字母 $\boldsymbol{A},\boldsymbol{B},\cdots$ 或者 $(a_{ij}),(b_{ij}),\cdots$ 表示。

元素是实数的矩阵称为**实矩阵**，元素是复数的矩阵称为**复矩阵**。本书中除特别声明外，都是指实矩阵。

如果两个矩阵具有相同的行数和相同的列数，则称这两个矩阵为**同型矩阵**。

定义 2.2　如果两个同型矩阵 $\boldsymbol{A}=(a_{ij})_{m\times n}$ 与 $\boldsymbol{B}=(b_{ij})_{m\times n}$ 的对应元素相等，即

$$a_{ij}=b_{ij}(i=1,2,\cdots,m;j=1,2,\cdots,n),$$

则称矩阵 $\boldsymbol{A}$ 与 $\boldsymbol{B}$ 相等，记为 $\boldsymbol{A}=\boldsymbol{B}$。

例 2.1　设矩阵 $\boldsymbol{A}=\begin{pmatrix}1 & 4+x & -2\\ 7 & 5 & 2z+3\end{pmatrix}$，$\boldsymbol{B}=\begin{pmatrix}1 & -x & -2\\ 3y-2 & 5 & -z\end{pmatrix}$，已知 $\boldsymbol{A}=\boldsymbol{B}$，求 x,y,z。

解　由于 $\boldsymbol{A}=\boldsymbol{B}$，则根据矩阵相等的定义可知

$$4+x=-x,7=3y-2,2z+3=-z,$$

所以 $x=-2,y=3,z=-1$。

在解决一些实际问题时，经常会遇见下面几种特殊矩阵。

1. 行矩阵

只有一行的矩阵

$$\boldsymbol{A}=(a_1\quad a_2\quad\cdots\quad a_n)$$

称为**行矩阵**或**行向量**。为避免元素间的混淆，行矩阵也记作

$$\boldsymbol{A}=(a_1,a_2,\cdots,a_n)。$$

2. 列矩阵

只有一列的矩阵

$$\boldsymbol{B}=\begin{pmatrix}b_1\\ b_2\\ \vdots\\ b_n\end{pmatrix}$$

称为**列矩阵**或**列向量**。

3. 零矩阵

所有元素均为零的矩阵称为**零矩阵**，记作 $\boldsymbol{O}_{m\times n}$，或简记为 $\boldsymbol{O}$。

注　零矩阵是一类矩阵，而不是某一个矩阵。不同型的零矩阵是不相等的，例如

$$\begin{pmatrix}0 & 0\\ 0 & 0\end{pmatrix}\neq\begin{pmatrix}0 & 0 & 0\\ 0 & 0 & 0\end{pmatrix}。$$

4. 方阵

若矩阵 $\boldsymbol{A}=(a_{ij})$ 的行数与列数都等于 n，则称 $\boldsymbol{A}$ 为 n **阶方阵**，记为 $\boldsymbol{A}_n$。

在 n 阶方阵中，从左上角到右下角的 n 个元素称为 n 阶方阵的**主对角线元素**。

5. 对角矩阵

主对角线之外的元素均为0，而主对角线元素不全为0的 n 阶方阵 $\begin{pmatrix} \lambda_1 & 0 & \cdots & 0 \\ 0 & \lambda_2 & \cdots & 0 \\ \vdots & \vdots & & \vdots \\ 0 & 0 & \cdots & \lambda_n \end{pmatrix}$ 称为 n **阶对角矩阵**，n 阶对角矩阵也可以记为

$$\mathrm{diag}(\lambda_1, \lambda_2, \cdots, \lambda_n)。$$

6. 单位矩阵

主对角线元素均为1的 n 阶对角矩阵 $\begin{pmatrix} 1 & 0 & \cdots & 0 \\ 0 & 1 & \cdots & 0 \\ \vdots & \vdots & & \vdots \\ 0 & 0 & \cdots & 1 \end{pmatrix}$ 称为 n **阶单位矩阵**，简称**单位阵**，n 阶单位矩阵也记为

$$\boldsymbol{E} = \boldsymbol{E}_n (\text{或 } \boldsymbol{I} = \boldsymbol{I}_n)。$$

7. 数量矩阵

主对角线元素均为 a 的 n 阶对角矩阵 $\begin{pmatrix} a & 0 & \cdots & 0 \\ 0 & a & \cdots & 0 \\ \vdots & \vdots & & \vdots \\ 0 & 0 & \cdots & a \end{pmatrix}$ 称为 n **阶数量矩阵**。

8. 三角形矩阵

主对角线下方元素均为0的 n 阶方阵 $\begin{pmatrix} a_{11} & a_{12} & \cdots & a_{1n} \\ 0 & a_{22} & \cdots & a_{2n} \\ \vdots & \vdots & & \vdots \\ 0 & 0 & \cdots & a_{nn} \end{pmatrix}$ 称为 n 阶**上三角形矩阵**。

主对角线上方元素均为0的 n 阶方阵 $\begin{pmatrix} a_{11} & 0 & \cdots & 0 \\ a_{21} & a_{22} & \cdots & 0 \\ \vdots & \vdots & & \vdots \\ a_{n1} & a_{n2} & \cdots & a_{nn} \end{pmatrix}$ 称为 n 阶**下三角形矩阵**。上三角形矩阵与下三角形矩阵统称为**三角形矩阵**。

习　题　2.1

1. 以下关于矩阵的命题，不正确的是（　　）。

A. 若 $\boldsymbol{A}=\boldsymbol{B}$,则 $\boldsymbol{A},\boldsymbol{B}$ 一定是同型矩阵　　B. 三角形矩阵都是方阵

C. 若 $\boldsymbol{A}=\boldsymbol{O},\boldsymbol{B}=\boldsymbol{O}$,则 $\boldsymbol{A}=\boldsymbol{B}$　　D. 对角矩阵一定是方阵

2. 某航空公司在四个城市之间的航线情况如图 2-1 所示。

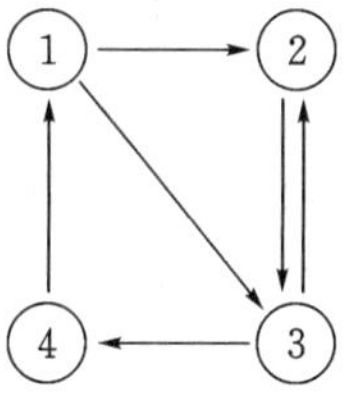

图2-1　城市间航线图

如果记

$$a_{ij}=\begin{cases}1, & \text{从第 } i \text{ 市到第 } j \text{ 市有 1 条单向航线,}\\ 0, & \text{从第 } i \text{ 市到第 } j \text{ 市没有单向航线。}\end{cases}$$

试用矩阵表达这四个城市间的航线情况。

3. 甲、乙、丙三人进行某项比赛(不取并列名次)。已知:

(1) 甲是第二名或第三名;

(2) 乙是第一名或第三名;

(3) 丙的名次在乙之前;

试用矩阵形式来表示比赛排名情况,并确定甲、乙、丙的名次。

2.2　矩阵的运算

学习目标:

1. 掌握矩阵的线性运算、乘法、转置及方阵的行列式。
2. 熟悉矩阵的运算规律。

2.2.1　矩阵的线性运算

定义 2.3　设有两个 $m\times n$ 阶矩阵 $\boldsymbol{A}=(a_{ij})_{m\times n},\boldsymbol{B}=(b_{ij})_{m\times n}$,称矩阵

$$\boldsymbol{C}=(c_{ij})_{m\times n}=(a_{ij}+b_{ij})_{m\times n}=\begin{pmatrix}a_{11}+b_{11} & a_{12}+b_{12} & \cdots & a_{1n}+b_{1n}\\ a_{21}+b_{21} & a_{22}+b_{22} & \cdots & a_{2n}+b_{2n}\\ \vdots & \vdots & & \vdots\\ a_{m1}+b_{m1} & a_{m2}+b_{m2} & \cdots & a_{mn}+b_{mn}\end{pmatrix}$$

为矩阵 $\boldsymbol{A}$ 与 $\boldsymbol{B}$ 的和,记为

$$\boldsymbol{C}=\boldsymbol{A}+\boldsymbol{B}。$$

注　只有同型矩阵才能进行加法运算。

例 2.2 设有两种商品分别由 3 个产地运往 4 个分销地的运输量(单位:吨),用矩阵 $\boldsymbol{A}$ 与 $\boldsymbol{B}$ 表示为

$$\boldsymbol{A}=\begin{pmatrix}9&6&8&3\\4&0&11&2\\0&8&6&8\end{pmatrix},\boldsymbol{B}=\begin{pmatrix}15&7&6&4\\6&9&0&7\\0&13&7&4\end{pmatrix}。$$

则从各产地运往各分销地的两种商品的总运输量可用矩阵 $\boldsymbol{A}+\boldsymbol{B}$ 表示,即

$$\boldsymbol{A}+\boldsymbol{B}=\begin{pmatrix}9+15&6+7&8+6&3+4\\4+6&0+9&11+0&2+7\\0+0&8+13&6+7&8+4\end{pmatrix}=\begin{pmatrix}24&13&14&7\\10&9&11&9\\0&21&13&12\end{pmatrix}。$$

给定矩阵 $\boldsymbol{A}=(a_{ij})_{m\times n}$,记 $-\boldsymbol{A}=(-a_{ij})$,称 $-\boldsymbol{A}$ 为矩阵 $\boldsymbol{A}$ 的**负矩阵**,显然有

$$\boldsymbol{A}+(-\boldsymbol{A})=\boldsymbol{O},$$

其中 $\boldsymbol{O}$ 为各元素均为 0 的同型矩阵。由此规定**矩阵的减法**为

$$\boldsymbol{A}-\boldsymbol{B}=\boldsymbol{A}+(-\boldsymbol{B})。$$

设 $\boldsymbol{A},\boldsymbol{B},\boldsymbol{C},\boldsymbol{O}$ 为同型矩阵,容易证明矩阵加法满足下列运算规律:

(1) 交换律:$\boldsymbol{A}+\boldsymbol{B}=\boldsymbol{B}+\boldsymbol{A}$;

(2) 结合律:$(\boldsymbol{A}+\boldsymbol{B})+\boldsymbol{C}=\boldsymbol{A}+(\boldsymbol{B}+\boldsymbol{C})$;

(3) $\boldsymbol{A}+\boldsymbol{O}=\boldsymbol{A}$;

(4) $\boldsymbol{A}+(-\boldsymbol{A})=\boldsymbol{O}$。

定义 2.4 设 λ 是常数,$\boldsymbol{A}=(a_{ij})_{m\times n}$,称矩阵

$$(\lambda a_{ij})_{m\times n}=\begin{pmatrix}\lambda a_{11}&\lambda a_{12}&\cdots&\lambda a_{1n}\\\lambda a_{21}&\lambda a_{22}&\cdots&\lambda a_{2n}\\\vdots&\vdots&&\vdots\\\lambda a_{m1}&\lambda a_{m2}&\cdots&\lambda a_{mn}\end{pmatrix}$$

为数 λ 与矩阵 $\boldsymbol{A}$ 的乘积,记为 $\lambda\boldsymbol{A}$。

数与矩阵的乘积运算称为**数乘运算**。

矩阵的数乘运算满足下列运算规律(设 $\boldsymbol{A},\boldsymbol{B}$ 为同型矩阵,λ,μ 为实数):

(1) $1\boldsymbol{A}=\boldsymbol{A}$; (2) $(\lambda\mu)\boldsymbol{A}=\lambda(\mu\boldsymbol{A})$;

(3) $(\lambda+\mu)\boldsymbol{A}=\lambda\boldsymbol{A}+\mu\boldsymbol{A}$; (4) $\lambda(\boldsymbol{A}+\boldsymbol{B})=\lambda\boldsymbol{A}+\lambda\boldsymbol{B}$。

矩阵的加法与矩阵的数乘两种运算统称为**矩阵的线性运算**。

例 2.3 已知 $\boldsymbol{A}=\begin{pmatrix}3&1&0\\-6&-2&4\end{pmatrix},\boldsymbol{B}=\begin{pmatrix}2&-3&-1\\0&2&5\end{pmatrix}$,且 $\boldsymbol{A}+2\boldsymbol{X}=3\boldsymbol{B}$,求矩阵 $\boldsymbol{X}$。

解 由 $\boldsymbol{A}+2\boldsymbol{X}=3\boldsymbol{B}$,可得

$$\boldsymbol{X}=\frac{1}{2}(3\boldsymbol{B}-\boldsymbol{A}),$$

从而

$$X=\frac{1}{2}(3B-A)=\frac{1}{2}\begin{pmatrix}3&-10&-3\\6&8&11\end{pmatrix}=\begin{pmatrix}\frac{3}{2}&-5&-\frac{3}{2}\\3&4&\frac{11}{2}\end{pmatrix}。$$

2.2.2　矩阵的乘法

定义 2.5　设 $\boldsymbol{A}=(a_{ij})_{m\times s}$，$\boldsymbol{B}=(b_{ij})_{s\times n}$，那么规定矩阵 $\boldsymbol{A}$ 与 $\boldsymbol{B}$ 的乘积是

$$\boldsymbol{C}=(c_{ij})_{m\times n},$$

其中 $c_{ij}=a_{i1}b_{1j}+a_{i2}b_{2j}+\cdots+a_{is}b_{sj}=\sum\limits_{k=1}^{s}a_{ik}b_{kj}(i=1,2,\cdots,m;j=1,2,\cdots,n)$，并把此乘积记作 $\boldsymbol{C}=\boldsymbol{AB}$。记号 $\boldsymbol{AB}$ 常读作 $\boldsymbol{A}$ 左乘 $\boldsymbol{B}$ 或 $\boldsymbol{B}$ 右乘 $\boldsymbol{A}$。

注　只有当左边矩阵 $\boldsymbol{A}$ 的列数与右边矩阵 $\boldsymbol{B}$ 的行数相等时，两个矩阵才能进行乘法运算，并且矩阵 $\boldsymbol{C}$ 的行数等于左边矩阵 $\boldsymbol{A}$ 的行数，$\boldsymbol{C}$ 的列数等于右边矩阵 $\boldsymbol{B}$ 的列数。

乘积 $\boldsymbol{C}=\boldsymbol{AB}$ 的元素 c_{ij} 是左边矩阵 $\boldsymbol{A}$ 第 i 行的各元素与右边矩阵 $\boldsymbol{B}$ 的第 j 列对应元素的乘积之和，即

$$\text{第 } i \text{ 行}\rightarrow\begin{pmatrix}a_{11}&a_{12}&\cdots&a_{1s}\\\vdots&\vdots&&\vdots\\a_{i1}&a_{i2}&\cdots&a_{is}\\\vdots&\vdots&&\vdots\\a_{m1}&a_{m2}&\cdots&a_{ms}\end{pmatrix}\begin{pmatrix}b_{11}&\cdots&b_{1j}&\cdots&b_{1n}\\b_{21}&\cdots&b_{2j}&\cdots&b_{2n}\\\vdots&&\vdots&&\vdots\\b_{s1}&\cdots&b_{sj}&\cdots&b_{sn}\end{pmatrix}=\begin{pmatrix}c_{11}&\cdots&c_{1j}&\cdots&c_{1n}\\\vdots&&\vdots&&\vdots\\c_{i1}&\cdots&c_{ij}&\cdots&c_{in}\\\vdots&&\vdots&&\vdots\\c_{m1}&\cdots&c_{mj}&\cdots&c_{mn}\end{pmatrix}。$$

第 j 列

例 2.4　$\boldsymbol{A}=\begin{pmatrix}1&0&3\\2&1&0\end{pmatrix}$，$\boldsymbol{B}=\begin{pmatrix}4&1\\-1&1\\2&0\end{pmatrix}$，求 $\boldsymbol{AB}$，$\boldsymbol{BA}$。

解　由矩阵的乘法定义，得

$$\boldsymbol{AB}=\begin{pmatrix}1&0&3\\2&1&0\end{pmatrix}\begin{pmatrix}4&1\\-1&1\\2&0\end{pmatrix}$$

$$=\begin{pmatrix}1\times4+0\times(-1)+3\times2&1\times1+0\times1+3\times0\\2\times4+1\times(-1)+0\times2&2\times1+1\times1+0\times0\end{pmatrix}=\begin{pmatrix}10&1\\7&3\end{pmatrix}。$$

同理得

$$\boldsymbol{BA}=\begin{pmatrix}4&1\\-1&1\\2&0\end{pmatrix}\begin{pmatrix}1&0&3\\2&1&0\end{pmatrix}=\begin{pmatrix}6&1&12\\1&1&-3\\2&0&6\end{pmatrix}。$$

容易看出，这里 $\boldsymbol{AB}\neq\boldsymbol{BA}$。这说明矩阵的乘法不满足交换律。

矩阵的乘法运算和数的乘法运算有以下几点不同。

1. 矩阵的乘法一般不满足交换律，即一般地，$\boldsymbol{AB} \neq \boldsymbol{BA}$。

例如，对矩阵 $\boldsymbol{A} = \begin{pmatrix} 1 & 1 \\ 3 & 1 \end{pmatrix}$，$\boldsymbol{B} = \begin{pmatrix} 1 & 2 \\ 3 & 2 \end{pmatrix}$，有

$$\boldsymbol{AB} = \begin{pmatrix} 1 & 1 \\ 3 & 1 \end{pmatrix}\begin{pmatrix} 1 & 2 \\ 3 & 2 \end{pmatrix} = \begin{pmatrix} 4 & 4 \\ 6 & 8 \end{pmatrix} \neq \boldsymbol{BA} = \begin{pmatrix} 1 & 2 \\ 3 & 2 \end{pmatrix}\begin{pmatrix} 1 & 1 \\ 3 & 1 \end{pmatrix} = \begin{pmatrix} 7 & 3 \\ 9 & 5 \end{pmatrix}。$$

正因为矩阵的乘法不满足交换律，所以在矩阵的乘法中必须注意矩阵相乘的顺序，$\boldsymbol{AB}$ 通常读作“$\boldsymbol{A}$ 左乘 $\boldsymbol{B}$”或者“$\boldsymbol{B}$ 右乘 $\boldsymbol{A}$”。

但也存在矩阵 $\boldsymbol{A}, \boldsymbol{B}$ 满足 $\boldsymbol{AB} = \boldsymbol{BA}$。例如，矩阵 $\boldsymbol{A} = \begin{pmatrix} 1 & 1 \\ 0 & 1 \end{pmatrix}$，$\boldsymbol{B} = \begin{pmatrix} 2 & 3 \\ 0 & 2 \end{pmatrix}$，满足

$$\boldsymbol{AB} = \begin{pmatrix} 1 & 1 \\ 0 & 1 \end{pmatrix}\begin{pmatrix} 2 & 3 \\ 0 & 2 \end{pmatrix} = \begin{pmatrix} 2 & 5 \\ 0 & 2 \end{pmatrix} = \boldsymbol{BA} = \begin{pmatrix} 2 & 3 \\ 0 & 2 \end{pmatrix}\begin{pmatrix} 1 & 1 \\ 0 & 1 \end{pmatrix}。$$

所以有以下定义：

定义 2.6 如果两个 n 阶方阵 $\boldsymbol{A}, \boldsymbol{B}$ 满足 $\boldsymbol{AB} = \boldsymbol{BA}$，则称 $\boldsymbol{A}$ 与 $\boldsymbol{B}$ **可交换**。

容易知道，可交换的两个矩阵必须为同阶方阵。若 $\boldsymbol{A}, \boldsymbol{B}$ 中有一个不是方阵，则矩阵 $\boldsymbol{AB}$ 与 $\boldsymbol{BA}$ 即使有意义，也不会相等，这时当然就不可交换。

2. 不能从 $\boldsymbol{AB} = \boldsymbol{O}$ 推出 $\boldsymbol{A} = \boldsymbol{O}$ 或 $\boldsymbol{B} = \boldsymbol{O}$。即两个非零的矩阵相乘，其结果可能是零矩阵。

例如，$\boldsymbol{A} = \begin{pmatrix} 1 & 1 \\ -2 & -2 \end{pmatrix}$，$\boldsymbol{B} = \begin{pmatrix} 1 & -1 \\ -1 & 1 \end{pmatrix}$，易知 $\boldsymbol{AB} = \boldsymbol{O}$，但显然 $\boldsymbol{A} \neq \boldsymbol{O}, \boldsymbol{B} \neq \boldsymbol{O}$。

3. 矩阵的乘法一般不满足消去律，即不能从 $\boldsymbol{AB} = \boldsymbol{AC}$ 且 $\boldsymbol{A} \neq \boldsymbol{O}$ 推出 $\boldsymbol{B} = \boldsymbol{C}$。

例如，对矩阵 $\boldsymbol{A} = \begin{pmatrix} 2 & 0 \\ 2 & 0 \end{pmatrix}$，$\boldsymbol{B} = \begin{pmatrix} 1 & 1 \\ 2 & 0 \end{pmatrix}$，$\boldsymbol{C} = \begin{pmatrix} 1 & 1 \\ 1 & 3 \end{pmatrix}$，易知

$$\boldsymbol{AB} = \begin{pmatrix} 2 & 0 \\ 2 & 0 \end{pmatrix}\begin{pmatrix} 1 & 1 \\ 2 & 0 \end{pmatrix} = \begin{pmatrix} 2 & 2 \\ 2 & 2 \end{pmatrix} = \boldsymbol{AC} = \begin{pmatrix} 2 & 0 \\ 2 & 0 \end{pmatrix}\begin{pmatrix} 1 & 1 \\ 1 & 3 \end{pmatrix},$$

但显然 $\boldsymbol{B} \neq \boldsymbol{C}$。

同样可以举例说明，也不能从 $\boldsymbol{BA} = \boldsymbol{CA}$ 且 $\boldsymbol{A} \neq \boldsymbol{O}$ 推出 $\boldsymbol{B} = \boldsymbol{C}$。

但矩阵的乘法还是满足下列运算规律（假设运算都是可行的，k 为实数）：

(1) $(\boldsymbol{AB})\boldsymbol{C} = \boldsymbol{A}(\boldsymbol{BC})$；　　(2) $(\boldsymbol{A} + \boldsymbol{B})\boldsymbol{C} = \boldsymbol{AC} + \boldsymbol{BC}$；

(3) $\boldsymbol{C}(\boldsymbol{A} + \boldsymbol{B}) = \boldsymbol{CA} + \boldsymbol{CB}$；　　(4) $k(\boldsymbol{AB}) = (k\boldsymbol{A})\boldsymbol{B} = \boldsymbol{A}(k\boldsymbol{B})$。

对于单位矩阵 $\boldsymbol{E}$，容易验证

$$\boldsymbol{E}_m\boldsymbol{A}_{m\times n} = \boldsymbol{A}_{m\times n}, \boldsymbol{A}_{m\times n}\boldsymbol{E}_n = \boldsymbol{A}_{m\times n},$$

可简写为 $\boldsymbol{EA} = \boldsymbol{A}, \boldsymbol{AE} = \boldsymbol{A}$，可见单位矩阵 $\boldsymbol{E}$ 在矩阵的乘法中的作用类似于实数中的数 1。

例 2.5 求与矩阵 $\boldsymbol{A} = \begin{pmatrix} 0 & 1 & 0 \\ 0 & 0 & 1 \\ 0 & 0 & 0 \end{pmatrix}$ 可交换的一切矩阵。

解 设与 $\boldsymbol{A}$ 可交换的矩阵为 $\boldsymbol{B}=\begin{pmatrix} x & y & z \\ x_1 & y_1 & z_1 \\ x_2 & y_2 & z_2 \end{pmatrix}$，则

$$\boldsymbol{AB}=\begin{pmatrix} 0 & 1 & 0 \\ 0 & 0 & 1 \\ 0 & 0 & 0 \end{pmatrix}\begin{pmatrix} x & y & z \\ x_1 & y_1 & z_1 \\ x_2 & y_2 & z_2 \end{pmatrix}=\begin{pmatrix} x_1 & y_1 & z_1 \\ x_2 & y_2 & z_2 \\ 0 & 0 & 0 \end{pmatrix},$$

$$\boldsymbol{BA}=\begin{pmatrix} x & y & z \\ x_1 & y_1 & z_1 \\ x_2 & y_2 & z_2 \end{pmatrix}\begin{pmatrix} 0 & 1 & 0 \\ 0 & 0 & 1 \\ 0 & 0 & 0 \end{pmatrix}=\begin{pmatrix} 0 & x & y \\ 0 & x_1 & y_1 \\ 0 & x_2 & y_2 \end{pmatrix},$$

由 $\boldsymbol{AB}=\boldsymbol{BA}$，得

$$x_1=0,y_1=x,z_1=y,x_2=0,y_2=x_1,z_2=y_1,y_2=0,$$

于是可得 $\boldsymbol{B}=\begin{pmatrix} x & y & z \\ 0 & x & y \\ 0 & 0 & x \end{pmatrix}$，其中 x,y,z 为任意实数。

2.2.3 线性方程组的矩阵表示

对于 m 个方程，n 个未知量的线性方程组

$$\begin{cases} a_{11}x_1+a_{12}x_2+\cdots+a_{1n}x_n=b_1, \\ a_{21}x_1+a_{22}x_2+\cdots+a_{2n}x_n=b_2, \\ \cdots\cdots \\ a_{m1}x_1+a_{m2}x_2+\cdots+a_{mn}x_n=b_m, \end{cases} \tag{2-3}$$

若记

$$\boldsymbol{A}=\begin{pmatrix} a_{11} & a_{12} & \cdots & a_{1n} \\ a_{21} & a_{22} & \cdots & a_{2n} \\ \vdots & \vdots & & \vdots \\ a_{m1} & a_{m2} & \cdots & a_{mn} \end{pmatrix},\boldsymbol{x}=\begin{pmatrix} x_1 \\ x_2 \\ \vdots \\ x_n \end{pmatrix},\boldsymbol{b}=\begin{pmatrix} b_1 \\ b_2 \\ \vdots \\ b_m \end{pmatrix},$$

利用矩阵的乘法，线性方程组(2-3)可写成矩阵的形式：

$$\boldsymbol{Ax}=\boldsymbol{b}, \tag{2-4}$$

其中矩阵 $\boldsymbol{A}$ 称为线性方程组(2-3)的**系数矩阵**，式(2-4)称为**矩阵方程**。

特别地，齐次线性方程组可以表示为 $\boldsymbol{Ax}=\boldsymbol{0}$，其中

$$\boldsymbol{0}=\begin{pmatrix} 0 \\ 0 \\ \vdots \\ 0 \end{pmatrix}_{m\times 1}。$$

注 对行(列)矩阵，为了与后面章节的符号一致，常按行(列)向量的记法，采用小

写黑体字母 $\boldsymbol{x},\boldsymbol{y},\boldsymbol{a},\boldsymbol{b},\boldsymbol{\alpha},\boldsymbol{\beta},\cdots$ 表示。

将线性方程组写成矩阵方程的形式，不仅书写方便，而且可以把线性方程组的理论与矩阵理论联系起来，这给线性方程组的讨论带来很大的便利。

2.2.4 方阵的幂

有了矩阵的乘法，就可定义 n 阶方阵的幂。

定义 2.7 设 $\boldsymbol{A}$ 是 n 阶方阵，规定

$$\boldsymbol{A}^0=\boldsymbol{E},\boldsymbol{A}^k=\underbrace{\boldsymbol{A}\boldsymbol{A}\cdots\boldsymbol{A}}_{k个}(k\text{ 为正整数}),$$

$\boldsymbol{A}^k$ 称为 $\boldsymbol{A}$ 的 k **次幂**。

方阵的幂满足以下运算规律(其中 k,l 为正整数)：

(1) $\boldsymbol{A}^k\boldsymbol{A}^l=\boldsymbol{A}^{k+l}$；　　(2) $(\boldsymbol{A}^k)^l=\boldsymbol{A}^{kl}$。

注 一般地，$(\boldsymbol{AB})^k\neq\boldsymbol{A}^k\boldsymbol{B}^k$，$k$ 为自然数。但如果 $\boldsymbol{A},\boldsymbol{B}$ 均为 n 阶方阵，且满足 $\boldsymbol{AB}=\boldsymbol{BA}$，即 $\boldsymbol{A}$ 与 $\boldsymbol{B}$ 可交换，则可以证明 $(\boldsymbol{AB})^k=\boldsymbol{A}^k\boldsymbol{B}^k$。

例 2.6 设 $\boldsymbol{A}=\begin{pmatrix}\lambda_1&0&0\\0&\lambda_2&0\\0&0&\lambda_3\end{pmatrix}$，求 $\boldsymbol{A}^4$。

解

$$\boldsymbol{A}^2=\begin{pmatrix}\lambda_1&0&0\\0&\lambda_2&0\\0&0&\lambda_3\end{pmatrix}\begin{pmatrix}\lambda_1&0&0\\0&\lambda_2&0\\0&0&\lambda_3\end{pmatrix}=\begin{pmatrix}\lambda_1^2&0&0\\0&\lambda_2^2&0\\0&0&\lambda_3^2\end{pmatrix},$$

$$\boldsymbol{A}^4=\begin{pmatrix}\lambda_1^2&0&0\\0&\lambda_2^2&0\\0&0&\lambda_3^2\end{pmatrix}\begin{pmatrix}\lambda_1^2&0&0\\0&\lambda_2^2&0\\0&0&\lambda_3^2\end{pmatrix}=\begin{pmatrix}\lambda_1^4&0&0\\0&\lambda_2^4&0\\0&0&\lambda_3^4\end{pmatrix}。$$

注 利用数学归纳法，对任意正整数 n，可以证明(详见本节习题 6(4))：

$$\begin{pmatrix}\lambda_1&0&0\\0&\lambda_2&0\\0&0&\lambda_3\end{pmatrix}^n=\begin{pmatrix}\lambda_1^n&0&0\\0&\lambda_2^n&0\\0&0&\lambda_3^n\end{pmatrix}。$$

更一般地，对于任意实对角矩阵，我们还可以证明：

$$\begin{pmatrix}\lambda_1&0&\cdots&0\\0&\lambda_2&\cdots&0\\\vdots&\vdots&&\vdots\\0&0&\cdots&\lambda_m\end{pmatrix}^n=\begin{pmatrix}\lambda_1^n&0&\cdots&0\\0&\lambda_2^n&\cdots&0\\\vdots&\vdots&&\vdots\\0&0&\cdots&\lambda_m^n\end{pmatrix}。$$

该结论在本课程后续内容的学习中有着重要的应用。

例 2.7 求证

$$\begin{pmatrix}\cos\theta&-\sin\theta\\\sin\theta&\cos\theta\end{pmatrix}^n=\begin{pmatrix}\cos n\theta&-\sin n\theta\\\sin n\theta&\cos n\theta\end{pmatrix}。$$

证 用数学归纳法证明。当 $n=1$ 时，等式显然成立。假设当 $n=k$ 时等式成立，即

$$\begin{pmatrix}\cos\theta & -\sin\theta\\ \sin\theta & \cos\theta\end{pmatrix}^k=\begin{pmatrix}\cos k\theta & -\sin k\theta\\ \sin k\theta & \cos k\theta\end{pmatrix}。$$

要证当 $n=k+1$ 时成立。此时

$$\begin{aligned}\begin{pmatrix}\cos\theta & -\sin\theta\\ \sin\theta & \cos\theta\end{pmatrix}^{k+1}&=\begin{pmatrix}\cos\theta & -\sin\theta\\ \sin\theta & \cos\theta\end{pmatrix}^k\begin{pmatrix}\cos\theta & -\sin\theta\\ \sin\theta & \cos\theta\end{pmatrix}\\&=\begin{pmatrix}\cos k\theta & -\sin k\theta\\ \sin k\theta & \cos k\theta\end{pmatrix}\begin{pmatrix}\cos\theta & -\sin\theta\\ \sin\theta & \cos\theta\end{pmatrix}\\&=\begin{pmatrix}\cos k\theta\cos\theta-\sin k\theta\sin\theta & -\cos k\theta\sin\theta-\sin k\theta\cos\theta\\ \sin k\theta\cos\theta+\cos k\theta\sin\theta & -\sin k\theta\sin\theta+\cos k\theta\cos\theta\end{pmatrix}\\&=\begin{pmatrix}\cos(k+1)\theta & -\sin(k+1)\theta\\ \sin(k+1)\theta & \cos(k+1)\theta\end{pmatrix},\end{aligned}$$

所以当 $n=k+1$ 时结论成立。因此对一切自然数 n 都有

$$\begin{pmatrix}\cos\theta & -\sin\theta\\ \sin\theta & \cos\theta\end{pmatrix}^n=\begin{pmatrix}\cos n\theta & -\sin n\theta\\ \sin n\theta & \cos n\theta\end{pmatrix}。$$

2.2.5 矩阵的转置

定义 2.8 把矩阵 $\boldsymbol{A}=(a_{ij})_{m\times n}$ 的行依次换成同序数的列得到的 $n\times m$ 阶矩阵称为 $\boldsymbol{A}$ 的**转置矩阵**，记为 $\boldsymbol{A}^{\mathrm{T}}$（或 $\boldsymbol{A}'$）。

即若 $\boldsymbol{A}=\begin{pmatrix}a_{11} & a_{12} & \cdots & a_{1n}\\ a_{21} & a_{22} & \cdots & a_{2n}\\ \vdots & \vdots & & \vdots\\ a_{m1} & a_{m2} & \cdots & a_{mn}\end{pmatrix}$，则 $\boldsymbol{A}^{\mathrm{T}}=\begin{pmatrix}a_{11} & a_{21} & \cdots & a_{m1}\\ a_{12} & a_{22} & \cdots & a_{m2}\\ \vdots & \vdots & & \vdots\\ a_{1n} & a_{2n} & \cdots & a_{mn}\end{pmatrix}$。

例如，矩阵 $\boldsymbol{A}=\begin{pmatrix}3 & 1 & 2\\ 2 & 0 & -1\end{pmatrix}$ 的转置矩阵为 $\boldsymbol{A}^{\mathrm{T}}=\begin{pmatrix}3 & 2\\ 1 & 0\\ 2 & -1\end{pmatrix}$。

矩阵的转置满足下列运算规律（假定运算都是可行的，k 为实数）：

(1) $(\boldsymbol{A}^{\mathrm{T}})^{\mathrm{T}}=\boldsymbol{A}$； (2) $(\boldsymbol{A}+\boldsymbol{B})^{\mathrm{T}}=\boldsymbol{A}^{\mathrm{T}}+\boldsymbol{B}^{\mathrm{T}}$；

(3) $(k\boldsymbol{A})^{\mathrm{T}}=k\boldsymbol{A}^{\mathrm{T}}$； (4) $(\boldsymbol{AB})^{\mathrm{T}}=\boldsymbol{B}^{\mathrm{T}}\boldsymbol{A}^{\mathrm{T}}$。

前面三式的成立是显然的，下面证明(4)式成立。

证 设 $\boldsymbol{A}=(a_{ij})_{m\times s}$，$\boldsymbol{B}=(b_{ij})_{s\times n}$，则 $(\boldsymbol{AB})^{\mathrm{T}}$ 与 $\boldsymbol{B}^{\mathrm{T}}\boldsymbol{A}^{\mathrm{T}}$ 均为 $n\times m$ 阶矩阵，并且矩阵 $(\boldsymbol{AB})^{\mathrm{T}}$ 中第 i 行第 j 列的元素是 $\boldsymbol{AB}$ 的第 j 行第 i 列的元素

$$a_{j1}b_{1i}+a_{j2}b_{2i}+\cdots+a_{js}b_{si},$$

而 $\boldsymbol{B}^{\mathrm{T}}\boldsymbol{A}^{\mathrm{T}}$ 中第 i 行第 j 列位置的元素为 $\boldsymbol{B}^{\mathrm{T}}$ 的第 i 行（即 $\boldsymbol{B}$ 的第 i 列）与 $\boldsymbol{A}^{\mathrm{T}}$ 的第 j 列（即 $\boldsymbol{A}$ 的第 j 行）对应乘积的和

$$b_{1i}a_{j1}+b_{2i}a_{j2}+\cdots+b_{si}a_{js},$$

所以有$(\boldsymbol{AB})^{\mathrm{T}}=\boldsymbol{B}^{\mathrm{T}}\boldsymbol{A}^{\mathrm{T}}$。

例 2.8 设$\boldsymbol{A}=\begin{pmatrix}3&1&-1\\-2&0&2\end{pmatrix}$，$\boldsymbol{B}=\begin{pmatrix}2&5&-1\\3&-1&3\\1&0&4\end{pmatrix}$，求$(\boldsymbol{AB})^{\mathrm{T}}$。

解法一 因为

$$\boldsymbol{AB}=\begin{pmatrix}3&1&-1\\-2&0&2\end{pmatrix}\begin{pmatrix}2&5&-1\\3&-1&3\\1&0&4\end{pmatrix}=\begin{pmatrix}8&14&-4\\-2&-10&10\end{pmatrix},$$

所以

$$(\boldsymbol{AB})^{\mathrm{T}}=\begin{pmatrix}8&-2\\14&-10\\-4&10\end{pmatrix}。$$

解法二

$$(\boldsymbol{AB})^{\mathrm{T}}=\boldsymbol{B}^{\mathrm{T}}\boldsymbol{A}^{\mathrm{T}}=\begin{pmatrix}2&3&1\\5&-1&0\\-1&3&4\end{pmatrix}\begin{pmatrix}3&-2\\1&0\\-1&2\end{pmatrix}=\begin{pmatrix}8&-2\\14&-10\\-4&10\end{pmatrix}。$$

矩阵的转置运算规律中的(2)和(4)还可推广到一般情形：

$$(\boldsymbol{A}_1+\boldsymbol{A}_2+\cdots+\boldsymbol{A}_k)^{\mathrm{T}}=\boldsymbol{A}_1^{\mathrm{T}}+\boldsymbol{A}_2^{\mathrm{T}}+\cdots+\boldsymbol{A}_k^{\mathrm{T}},$$

$$(\boldsymbol{A}_1\boldsymbol{A}_2\cdots\boldsymbol{A}_k)^{\mathrm{T}}=\boldsymbol{A}_k^{\mathrm{T}}\boldsymbol{A}_{k-1}{}^{\mathrm{T}}\cdots\boldsymbol{A}_2^{\mathrm{T}}\boldsymbol{A}_1^{\mathrm{T}}。$$

定义 2.9 设$\boldsymbol{A}$为n阶方阵，如果满足$\boldsymbol{A}^{\mathrm{T}}=\boldsymbol{A}$，即$a_{ij}=a_{ji}(i,j=1,2,\cdots,n)$，则称$\boldsymbol{A}$为**对称矩阵**；如果满足$\boldsymbol{A}^{\mathrm{T}}=-\boldsymbol{A}$，即$a_{ij}=-a_{ji}(i,j=1,2,\cdots,n)$，则称$\boldsymbol{A}$为**反对称矩阵**。

例如，$\boldsymbol{A}=\begin{pmatrix}2&5&-1\\5&3&0\\-1&0&-4\end{pmatrix}$为对称矩阵，$\boldsymbol{B}=\begin{pmatrix}0&2&-1\\-2&0&3\\1&-3&0\end{pmatrix}$为反对称矩阵。

由定义知，对称矩阵的元素关于主对角线对称，而反对称矩阵的元素以主对角线为对称轴的对应元素绝对值相等，符号相反，并且主对角线上的元素全为零。

例 2.9 设列矩阵$\boldsymbol{x}=(x_1,x_2,\cdots,x_n)^{\mathrm{T}}$满足$\boldsymbol{x}^{\mathrm{T}}\boldsymbol{x}=1$，$\boldsymbol{E}$为$n$阶单位矩阵，$\boldsymbol{H}=\boldsymbol{E}-2\boldsymbol{xx}^{\mathrm{T}}$，证明：$\boldsymbol{H}$是对称阵，且$\boldsymbol{HH}^{\mathrm{T}}=\boldsymbol{E}$。

证 因为

$$\boldsymbol{H}^{\mathrm{T}}=(\boldsymbol{E}-2\boldsymbol{xx}^{\mathrm{T}})^{\mathrm{T}}=\boldsymbol{E}^{\mathrm{T}}-(2\boldsymbol{xx}^{\mathrm{T}})^{\mathrm{T}}=\boldsymbol{E}-2(\boldsymbol{x}^{\mathrm{T}})^{\mathrm{T}}\boldsymbol{x}^{\mathrm{T}}=\boldsymbol{E}-2\boldsymbol{xx}^{\mathrm{T}}=\boldsymbol{H},$$

所以$\boldsymbol{H}$是对称矩阵。而

$$\begin{aligned}\boldsymbol{HH}^{\mathrm{T}}=\boldsymbol{H}^2&=(\boldsymbol{E}-2\boldsymbol{xx}^{\mathrm{T}})(\boldsymbol{E}-2\boldsymbol{xx}^{\mathrm{T}})\\&=\boldsymbol{E}-4\boldsymbol{xx}^{\mathrm{T}}+4(\boldsymbol{xx}^{\mathrm{T}})(\boldsymbol{xx}^{\mathrm{T}})\\&=\boldsymbol{E}-4\boldsymbol{xx}^{\mathrm{T}}+4\boldsymbol{x}(\boldsymbol{x}^{\mathrm{T}}\boldsymbol{x})\boldsymbol{x}^{\mathrm{T}}\\&=\boldsymbol{E}-4\boldsymbol{xx}^{\mathrm{T}}+4\boldsymbol{xx}^{\mathrm{T}}=\boldsymbol{E}。\end{aligned}$$

2.2.6　方阵的行列式

定义 2.10　由 n 阶方阵 $\boldsymbol{A}$ 的元素所构成的行列式(各元素的位置不变),称为**方阵 $\boldsymbol{A}$ 的行列式**,记为 $|\boldsymbol{A}|$ 或 $\det\boldsymbol{A}$。

例如,若 $\boldsymbol{A}=\begin{pmatrix}1&1&1\\1&2&2\\1&2&3\end{pmatrix}$,则 $|\boldsymbol{A}|=\begin{vmatrix}1&1&1\\1&2&2\\1&2&3\end{vmatrix}=1$。

注　方阵与行列式是两个不同的概念,n 阶方阵是 n^2 个数按一定方式排成的数表,而 n 阶行列式则是 n^2 个数按一定的运算规则所确定的一个数值。

方阵 $\boldsymbol{A}$ 的行列式 $|\boldsymbol{A}|$ 满足以下运算规律(设 $\boldsymbol{A}$、$\boldsymbol{B}$ 为 n 阶方阵,k 为实数):

(1) $|\boldsymbol{A}^{\mathrm{T}}|=|\boldsymbol{A}|$;　　(2) $|k\boldsymbol{A}|=k^n|\boldsymbol{A}|$;　　(3) $|\boldsymbol{AB}|=|\boldsymbol{A}||\boldsymbol{B}|$。

上面的(1)(2) 可由行列式的性质及矩阵运算的定义直接得证,而(3) 可利用拉普拉斯定理来证明。

证明　设 $\boldsymbol{A}=(a_{ij})_{n\times n}$,$\boldsymbol{B}=(b_{ij})_{n\times n}$,构造 $2n$ 阶行列式

$$D=\begin{vmatrix}a_{11}&\cdots&a_{1n}&&&\\ \vdots&&\vdots&&\boldsymbol{O}&\\ a_{n1}&\cdots&a_{nn}&&&\\ -1&&&b_{11}&\cdots&b_{1n}\\ &\ddots&&\vdots&&\vdots\\ &&-1&b_{n1}&\cdots&b_{nn}\end{vmatrix}=\begin{vmatrix}\boldsymbol{A}&\boldsymbol{O}\\-\boldsymbol{E}&\boldsymbol{B}\end{vmatrix},$$

则 $D=|\boldsymbol{A}||\boldsymbol{B}|$。而在 D 中以 b_{1j} 乘第 1 列,b_{2j} 乘第 2 列,…,b_{nj} 乘第 n 列,都加到第 $n+j$ 列上($j=1,2,\cdots,n$),有

$$D=\begin{vmatrix}\boldsymbol{A}&\boldsymbol{C}\\-\boldsymbol{E}&\boldsymbol{O}\end{vmatrix},$$

其中 $\boldsymbol{C}=(c_{ij})$,$c_{ij}=b_{1j}a_{i1}+b_{2j}a_{i2}+\cdots+b_{nj}a_{in}$,故 $\boldsymbol{C}=\boldsymbol{AB}$。

再对 D 的行作 $r_j\leftrightarrow r_{n+j}$($j=1,2,\cdots,n$),有

$$D=(-1)^n\begin{vmatrix}-\boldsymbol{E}&\boldsymbol{O}\\\boldsymbol{A}&\boldsymbol{C}\end{vmatrix},$$

从而有

$$D=(-1)^n|-\boldsymbol{E}||\boldsymbol{C}|=(-1)^n(-1)^n|\boldsymbol{E}||\boldsymbol{C}|=|\boldsymbol{C}|=|\boldsymbol{AB}|,$$

所以 $|\boldsymbol{AB}|=|\boldsymbol{A}||\boldsymbol{B}|$。

注　(1) 对于 n 阶方阵 $\boldsymbol{A}$,$\boldsymbol{B}$,一般来说 $\boldsymbol{AB}\neq\boldsymbol{BA}$,但由运算律(3) 可得 $|\boldsymbol{AB}|=|\boldsymbol{BA}|$。

(2) 上面的运算律(3) 可以推广到 k 个同阶方阵相乘的情形

$$|\boldsymbol{A}_1\boldsymbol{A}_2\cdots\boldsymbol{A}_k|=|\boldsymbol{A}_1||\boldsymbol{A}_2|\cdots|\boldsymbol{A}_k|。$$

例 2.10 设 $\boldsymbol{A}$ 是 n 阶方阵,满足 $\boldsymbol{A}\boldsymbol{A}^{\mathrm{T}}=\boldsymbol{E}$,且 $|\boldsymbol{A}|=-1$,求 $|\boldsymbol{A}+\boldsymbol{E}|$。

解 由于

$$\begin{aligned}|\boldsymbol{A}+\boldsymbol{E}| &= |\boldsymbol{A}+\boldsymbol{A}\boldsymbol{A}^{\mathrm{T}}| = |\boldsymbol{A}(\boldsymbol{E}+\boldsymbol{A}^{\mathrm{T}})| \\ &= |\boldsymbol{A}|\,|(\boldsymbol{E}+\boldsymbol{A}^{\mathrm{T}})| = -\,|(\boldsymbol{E}+\boldsymbol{A})^{\mathrm{T}}| \\ &= -\,|\boldsymbol{A}+\boldsymbol{E}|,\end{aligned}$$

所以

$$2|\boldsymbol{A}+\boldsymbol{E}|=0,$$

即

$$|\boldsymbol{A}+\boldsymbol{E}|=0。$$

习 题 2.2

1. 设等式 $\begin{pmatrix}4&-1\\a&b\end{pmatrix}+\begin{pmatrix}x&y\\2&5\end{pmatrix}=\begin{pmatrix}3&-5\\-6&9\end{pmatrix}$ 成立,求 a,b,x,y。

2. 设 $\boldsymbol{A}=\begin{pmatrix}5&-1&-4\\-1&1&2\end{pmatrix}$,$\boldsymbol{B}=\begin{pmatrix}2&5&6\\-3&-1&0\end{pmatrix}$,计算:

(1) $\boldsymbol{A}+\boldsymbol{B}$;

(2) $2\boldsymbol{A}-3\boldsymbol{B}$;

(3) 若 $\boldsymbol{X}$ 满足 $\boldsymbol{A}+2\boldsymbol{X}=\boldsymbol{B}$,求 $\boldsymbol{X}$。

3. 计算:

(1) $\begin{pmatrix}3&4&1\\-2&1&3\\2&5&0\end{pmatrix}\begin{pmatrix}2\\6\\-1\end{pmatrix}$;

(2) $\begin{pmatrix}1&3\\-2&1\end{pmatrix}\begin{pmatrix}7&0&1\\2&5&-1\end{pmatrix}$;

(3) $(x_1\quad x_2\quad x_3)\begin{pmatrix}y_1\\y_2\\y_3\end{pmatrix}$;

(4) $\begin{pmatrix}x_1\\x_2\\x_3\end{pmatrix}(y_1\quad y_2\quad y_3)$;

(5) $\begin{pmatrix}-1&2&3\\3&1&2\end{pmatrix}\begin{pmatrix}3&2&0\\0&1&2\\5&0&-1\end{pmatrix}$;

(6) $\begin{pmatrix}1&3&2\\2&-1&1\\1&2&-3\end{pmatrix}\begin{pmatrix}2&1&3\\5&3&2\\-1&0&1\end{pmatrix}$;

(7) $(x\quad y\quad z)\begin{pmatrix}4&0&1\\0&-1&2\\1&2&2\end{pmatrix}\begin{pmatrix}x\\y\\z\end{pmatrix}$。

4. 设 $\boldsymbol{A}=\begin{pmatrix}1&-1&1\\-1&1&2\\2&3&1\end{pmatrix}$,$\boldsymbol{B}=\begin{pmatrix}2&1&3\\-1&-3&4\\0&6&1\end{pmatrix}$ 求 $\boldsymbol{A}^{\mathrm{T}}\boldsymbol{B}$ 及 $(\boldsymbol{A}\boldsymbol{B})^{\mathrm{T}}$。

5. 设矩阵 $\boldsymbol{A}=\begin{pmatrix}1&1\\0&1\end{pmatrix}$,求所有与 $\boldsymbol{A}$ 可交换的矩阵。

6. 计算下列矩阵的幂(其中 n 为正整数)：

(1) $\begin{pmatrix} -2 & 1 \\ 3 & -1 \end{pmatrix}^3$；　　(2) $\begin{pmatrix} 1 & 1 \\ 0 & 0 \end{pmatrix}^n$；

(3) $\begin{pmatrix} 1 & 0 \\ 1 & 1 \end{pmatrix}^n$；　　(4) $\begin{pmatrix} \lambda_1 & 0 & 0 \\ 0 & \lambda_2 & 0 \\ 0 & 0 & \lambda_3 \end{pmatrix}^n$。

7. 设 $\boldsymbol{A} = \begin{pmatrix} 1 & -3 \\ 2 & -1 \end{pmatrix}$，$\boldsymbol{B} = \begin{pmatrix} 1 & 0 \\ 3 & -2 \end{pmatrix}$，求 $(\boldsymbol{A}+\boldsymbol{B})(\boldsymbol{A}-\boldsymbol{B})$ 及 $\boldsymbol{A}^2 - \boldsymbol{B}^2$。

8. 设矩阵 $\boldsymbol{\alpha} = (1,2,3)$，$\boldsymbol{\beta} = \left(1,\frac{1}{2},\frac{1}{3}\right)$。令 $\boldsymbol{A} = \boldsymbol{\alpha}^{\mathrm{T}}\boldsymbol{\beta}$，求 $\boldsymbol{A}^2$，$\boldsymbol{A}^3$ 及 $\boldsymbol{A}^n (n \in \mathbf{N})$。

9. 设 $\boldsymbol{A}$，$\boldsymbol{B}$ 均为三阶矩阵，且 $|\boldsymbol{A}| = -2$，$|\boldsymbol{B}| = 3$，求：

(1) $|3\boldsymbol{A}|$；　(2) $|\boldsymbol{A}^{\mathrm{T}}\boldsymbol{B}|$；　(3) $||\boldsymbol{A}|\boldsymbol{B}|$；　(4) $|\boldsymbol{A}^2\boldsymbol{B}^5|$。

10. 设 $\boldsymbol{A}$ 为方阵，证明：$\boldsymbol{A}+\boldsymbol{A}^{\mathrm{T}}$ 为对称矩阵，$\boldsymbol{A}-\boldsymbol{A}^{\mathrm{T}}$ 为反对称矩阵，并将 $\boldsymbol{A}$ 表示为对称矩阵与反对称矩阵之和。

2.3 逆　矩　阵

学习目标：

1. 理解逆矩阵的概念和性质。
2. 掌握求逆矩阵的方法。
3. 了解逆矩阵的应用。

在实数运算中，对于数 $a \neq 0$，总存在唯一的数 a^{-1}，使得 $a \cdot a^{-1} = a^{-1} \cdot a = 1$，$a^{-1}$ 称为数 a 的逆元。数的逆元在解方程中起着非常重要的作用，例如，解一元线性方程 $ax = b$，当 $a \neq 0$ 时，其解为 $x = a^{-1}b$。

对于一个矩阵 $\boldsymbol{A}$，是否也存在类似的“逆元”，以及如何求它的“逆元”？要回答这些问题，我们先引入可逆矩阵的概念。

2.3.1 可逆矩阵的概念

定义 2.11　对于 n 阶方阵 $\boldsymbol{A}$，如果存在一个 n 阶方阵 $\boldsymbol{B}$，使得

$$\boldsymbol{AB} = \boldsymbol{BA} = \boldsymbol{E},$$

则称 $\boldsymbol{A}$ 为**可逆矩阵**，或简称 $\boldsymbol{A}$ **可逆**，且称方阵 $\boldsymbol{B}$ 为 $\boldsymbol{A}$ 的逆矩阵。

若不存在满足上式的方阵 $\boldsymbol{B}$，则称 $\boldsymbol{A}$ 是不可逆矩阵，简称 $\boldsymbol{A}$ 不可逆。

注　(1) 由于矩阵的乘法规则，只有方阵才能满足 $\boldsymbol{AB} = \boldsymbol{BA} = \boldsymbol{E}$(读者自己证明)。

(2) 若 $\boldsymbol{B}$ 是 $\boldsymbol{A}$ 的逆矩阵，则 $\boldsymbol{A}$ 也是 $\boldsymbol{B}$ 的逆矩阵，即矩阵 $\boldsymbol{A}$ 与 $\boldsymbol{B}$ 互为逆矩阵，又称矩阵 $\boldsymbol{A}$ 与 $\boldsymbol{B}$ 是互逆的。

例 2.11 设矩阵 $\boldsymbol{A}=\begin{pmatrix}1 & -3\\ 0 & 1\end{pmatrix}$,问 $\boldsymbol{A}$ 是否可逆?若可逆,求其逆矩阵 $\boldsymbol{B}$。

解 假设 $\boldsymbol{A}$ 可逆,并且设 $\boldsymbol{B}=\begin{pmatrix}a & b\\ c & d\end{pmatrix}$是 $\boldsymbol{A}$ 的逆矩阵。由逆矩阵的定义,得

$$\boldsymbol{AB}=\begin{pmatrix}a-3c & b-3d\\ c & d\end{pmatrix}=\boldsymbol{E}=\begin{pmatrix}1 & 0\\ 0 & 1\end{pmatrix},$$

从而 $a-3c=1,b-3d=0,c=0,d=1$,解得

$$a=1,b=3,c=0,d=1。$$

即 $\boldsymbol{B}=\begin{pmatrix}1 & 3\\ 0 & 1\end{pmatrix}$。另外,容易验证 $\boldsymbol{BA}=\boldsymbol{E}$ 也成立。所以 $\boldsymbol{A}$ 可逆,且其逆矩阵 $\boldsymbol{B}=\begin{pmatrix}1 & 3\\ 0 & 1\end{pmatrix}$。

命题 若矩阵 $\boldsymbol{A}$ 可逆,则 $\boldsymbol{A}$ 的逆矩阵是唯一的。

证 设方阵 $\boldsymbol{B}$ 和 $\boldsymbol{C}$ 都是 $\boldsymbol{A}$ 的逆矩阵,由定义有

$$\boldsymbol{AB}=\boldsymbol{BA}=\boldsymbol{E},\boldsymbol{AC}=\boldsymbol{CA}=\boldsymbol{E},$$

而

$$\boldsymbol{B}=\boldsymbol{BE}=\boldsymbol{B}(\boldsymbol{AC})=(\boldsymbol{BA})\boldsymbol{C}=\boldsymbol{EC}=\boldsymbol{C}。$$

所以 $\boldsymbol{A}$ 的逆矩阵是唯一的。

如果 $\boldsymbol{A}$ 可逆,我们将 $\boldsymbol{A}$ 的逆矩阵记为 $\boldsymbol{A}^{-1}$,于是有恒等式

$$\boldsymbol{AA}^{-1}=\boldsymbol{A}^{-1}\boldsymbol{A}=\boldsymbol{E}。$$

2.3.2 伴随矩阵及其与逆矩阵的关系

定义 2.12 设 $\boldsymbol{A}=(a_{ij})$ 为 n 阶方阵,行列式 $|\boldsymbol{A}|$ 的各元素 a_{ij} 的代数余子式 A_{ij} 按下列排列方式构造的新矩阵

$$\boldsymbol{A}^{*}=\begin{pmatrix}A_{11} & A_{21} & \cdots & A_{n1}\\ A_{12} & A_{22} & \cdots & A_{n2}\\ \vdots & \vdots & & \vdots\\ A_{1n} & A_{2n} & \cdots & A_{nn}\end{pmatrix}$$

称为矩阵 $\boldsymbol{A}$ 的**伴随矩阵**。

例 2.12 设矩阵 $\boldsymbol{A}=\begin{pmatrix}1 & 2 & 0\\ 1 & -1 & 1\\ 2 & -1 & 3\end{pmatrix}$,求$\boldsymbol{A}^{*}$ 及 $\boldsymbol{AA}^{*}$。

解 先计算 $|\boldsymbol{A}|$ 中各元素的代数余子式,有

$$A_{11}=\begin{vmatrix}-1 & 1\\ -1 & 3\end{vmatrix}=-2,A_{12}=-\begin{vmatrix}1 & 1\\ 2 & 3\end{vmatrix}=-1,A_{13}=\begin{vmatrix}1 & -1\\ 2 & -1\end{vmatrix}=1,$$

$$A_{21}=-\begin{vmatrix}2 & 0\\ -1 & 3\end{vmatrix}=-6,A_{22}=\begin{vmatrix}1 & 0\\ 2 & 3\end{vmatrix}=3,A_{23}=-\begin{vmatrix}1 & 2\\ 2 & -1\end{vmatrix}=5,$$

$$A_{31}=\begin{vmatrix}2&0\\-1&1\end{vmatrix}=2,A_{32}=-\begin{vmatrix}1&0\\1&1\end{vmatrix}=-1,A_{33}=\begin{vmatrix}1&2\\1&-1\end{vmatrix}=-3,$$

所以

$$\boldsymbol{A}^*=\begin{pmatrix}-2&-6&2\\-1&3&-1\\1&5&-3\end{pmatrix}。$$

而

$$\boldsymbol{AA}^*=\begin{pmatrix}1&2&0\\1&-1&1\\2&-1&3\end{pmatrix}\begin{pmatrix}-2&-6&2\\-1&3&-1\\1&5&-3\end{pmatrix}=\begin{pmatrix}-4&0&0\\0&-4&0\\0&0&-4\end{pmatrix}=-4\boldsymbol{E}。$$

设方阵 $\boldsymbol{A}=(a_{ij})_{n\times n}$，则由行列式按行(列) 展开法则(定理 1.5) 有

$$\boldsymbol{AA}^*=\begin{pmatrix}a_{11}&a_{12}&\cdots&a_{1n}\\a_{21}&a_{22}&\cdots&a_{2n}\\\vdots&\vdots&&\vdots\\a_{n1}&a_{n2}&\cdots&a_{nn}\end{pmatrix}\begin{pmatrix}A_{11}&A_{21}&\cdots&A_{n1}\\A_{12}&A_{22}&\cdots&A_{n2}\\\vdots&\vdots&&\vdots\\A_{1n}&A_{2n}&\cdots&A_{nn}\end{pmatrix}=\begin{pmatrix}|\boldsymbol{A}|&0&\cdots&0\\0&|\boldsymbol{A}|&\cdots&0\\\vdots&\vdots&&\vdots\\0&0&\cdots&|\boldsymbol{A}|\end{pmatrix}$$
$$=|\boldsymbol{A}|\boldsymbol{E},$$

同理

$$\boldsymbol{A}^*\boldsymbol{A}=\begin{pmatrix}A_{11}&A_{21}&\cdots&A_{n1}\\A_{12}&A_{22}&\cdots&A_{n2}\\\vdots&\vdots&&\vdots\\A_{1n}&A_{2n}&\cdots&A_{nn}\end{pmatrix}\begin{pmatrix}a_{11}&a_{12}&\cdots&a_{1n}\\a_{21}&a_{22}&\cdots&a_{2n}\\\vdots&\vdots&&\vdots\\a_{n1}&a_{n2}&\cdots&a_{nn}\end{pmatrix}=\begin{pmatrix}|\boldsymbol{A}|&0&\cdots&0\\0&|\boldsymbol{A}|&\cdots&0\\\vdots&\vdots&&\vdots\\0&0&\cdots&|\boldsymbol{A}|\end{pmatrix}$$
$$=|\boldsymbol{A}|\boldsymbol{E},$$

由此可以得到伴随矩阵的一个重要性质：

$$\boldsymbol{AA}^*=\boldsymbol{A}^*\boldsymbol{A}=|\boldsymbol{A}|\boldsymbol{E}。$$

定理 2.1　n 阶方阵 $\boldsymbol{A}$ 是可逆的充分必要条件是 $|\boldsymbol{A}|\neq 0$，且当 $\boldsymbol{A}$ 可逆时，有

$$\boldsymbol{A}^{-1}=\frac{1}{|\boldsymbol{A}|}\boldsymbol{A}^*,$$

其中 $\boldsymbol{A}^*$ 为 $\boldsymbol{A}$ 的伴随矩阵。

证　必要性　由 $\boldsymbol{A}$ 可逆知，存在 n 阶方阵 $\boldsymbol{B}$，满足 $\boldsymbol{AB}=\boldsymbol{E}$，两边取行列式，得

$$|\boldsymbol{A}|\,|\boldsymbol{B}|=|\boldsymbol{E}|=1\neq 0,$$

因此 $|\boldsymbol{A}|\neq 0$，同时 $|\boldsymbol{B}|\neq 0$。

充分性　设 $\boldsymbol{A}=(a_{ij})_{n\times n}$，由伴随矩阵 $\boldsymbol{A}^*$ 的性质，有

$$\boldsymbol{AA}^*=\boldsymbol{A}^*\boldsymbol{A}=|\boldsymbol{A}|\boldsymbol{E}。$$

因 $|\boldsymbol{A}|\neq 0$，则

$$\boldsymbol{A}\left(\frac{1}{|\boldsymbol{A}|}\boldsymbol{A}^*\right)=\left(\frac{1}{|\boldsymbol{A}|}\boldsymbol{A}^*\right)\boldsymbol{A}=\boldsymbol{E}。$$

再由矩阵可逆的定义知,$\boldsymbol{A}$ 是可逆的,且 $\boldsymbol{A}^{-1}=\frac{1}{|\boldsymbol{A}|}\boldsymbol{A}^*$。

该定理指出,判断矩阵 $\boldsymbol{A}$ 是否可逆,只需判断 $|\boldsymbol{A}|$ 是否为零:如果 $|\boldsymbol{A}|=0$,则 $\boldsymbol{A}$ 不可逆;如果 $|\boldsymbol{A}|\neq 0$,则 $\boldsymbol{A}$ 可逆。该定理同时还给出了用伴随矩阵求逆矩阵的公式。

例 2.13 判断例 2.12 中的矩阵 $\boldsymbol{A}=\begin{pmatrix}1 & 2 & 0\\ 1 & -1 & 1\\ 2 & -1 & 3\end{pmatrix}$ 是否可逆,若 $\boldsymbol{A}$ 可逆,求 $\boldsymbol{A}^{-1}$。

解 因为

$$|\boldsymbol{A}|=\begin{vmatrix}1 & 2 & 0\\ 1 & -1 & 1\\ 2 & -1 & 3\end{vmatrix}=-4\neq 0,$$

故 $\boldsymbol{A}$ 可逆,由例 2.12 的结果知 $\boldsymbol{A}^*=\begin{pmatrix}-2 & -6 & 2\\ -1 & 3 & -1\\ 1 & 5 & -3\end{pmatrix}$,于是

$$\boldsymbol{A}^{-1}=\frac{1}{|\boldsymbol{A}|}\boldsymbol{A}^*=-\frac{1}{4}\begin{pmatrix}-2 & -6 & 2\\ -1 & 3 & -1\\ 1 & 5 & -3\end{pmatrix}。$$

注 (1) 例 2.13 中求逆矩阵的方法称为**伴随矩阵法**;

(2) 所求出的 $\boldsymbol{A}^{-1}$ 是否正确,可通过验证 $\boldsymbol{A}\boldsymbol{A}^{-1}=\boldsymbol{E}$ 是否成立来确定。

推论 如果 n 阶方阵 $\boldsymbol{A},\boldsymbol{B}$ 满足 $\boldsymbol{AB}=\boldsymbol{E}$(或 $\boldsymbol{BA}=\boldsymbol{E}$),则 $\boldsymbol{A}$ 一定可逆,且 $\boldsymbol{B}=\boldsymbol{A}^{-1}$。

证 由 $\boldsymbol{AB}=\boldsymbol{E}$,两边取行列式有 $|\boldsymbol{A}||\boldsymbol{B}|=1\neq 0$,得 $|\boldsymbol{A}|\neq 0$,故 $\boldsymbol{A}$ 可逆,且

$$\boldsymbol{B}=\boldsymbol{EB}=(\boldsymbol{A}^{-1}\boldsymbol{A})\boldsymbol{B}=\boldsymbol{A}^{-1}(\boldsymbol{AB})=\boldsymbol{A}^{-1}\boldsymbol{E}=\boldsymbol{A}^{-1}。$$

此推论说明,要判断矩阵 $\boldsymbol{B}$ 是否为 $\boldsymbol{A}$ 的逆矩阵,不必严格按照定义检验 $\boldsymbol{AB}=\boldsymbol{BA}=\boldsymbol{E}$,而只要检验 $\boldsymbol{AB}=\boldsymbol{E}$ 或者 $\boldsymbol{BA}=\boldsymbol{E}$ 是否成立即可。

例 2.14 已知方阵 $\boldsymbol{A}$ 满足 $\boldsymbol{A}^2-2\boldsymbol{A}+3\boldsymbol{E}=\boldsymbol{O}$,试证 $\boldsymbol{A}$ 与 $\boldsymbol{A}-3\boldsymbol{E}$ 都可逆,并求 $\boldsymbol{A}^{-1}$ 与 $(\boldsymbol{A}-3\boldsymbol{E})^{-1}$。

证 由 $\boldsymbol{A}^2-2\boldsymbol{A}+3\boldsymbol{E}=\boldsymbol{O}$,得 $\boldsymbol{A}(\boldsymbol{A}-2\boldsymbol{E})=-3\boldsymbol{E}$,故

$$\boldsymbol{A}\left[-\frac{1}{3}(\boldsymbol{A}-2\boldsymbol{E})\right]=\boldsymbol{E},$$

因此 $\boldsymbol{A}$ 可逆,且 $\boldsymbol{A}^{-1}=-\frac{1}{3}(\boldsymbol{A}-2\boldsymbol{E})$。

又由 $\boldsymbol{A}^2-2\boldsymbol{A}+3\boldsymbol{E}=\boldsymbol{O}$,得 $(\boldsymbol{A}-3\boldsymbol{E})(\boldsymbol{A}+\boldsymbol{E})=-6\boldsymbol{E}$,故

$$(\boldsymbol{A}-3\boldsymbol{E})\left[-\frac{1}{6}(\boldsymbol{A}+\boldsymbol{E})\right]=\boldsymbol{E},$$

因此 $\boldsymbol{A}-3\boldsymbol{E}$ 可逆,且 $(\boldsymbol{A}-3\boldsymbol{E})^{-1}=-\frac{1}{6}(\boldsymbol{A}+\boldsymbol{E})$。

从例 2.13 求解过程可以看出，用伴随矩阵法求 A^{-1} 的计算量较大，因此通常只用来求阶数较低的或者比较特殊的矩阵的逆矩阵，本章还会陆续介绍求 A^{-1} 的其他方法。

例 2.15 已知 $A=\begin{pmatrix}1&0&0&0&0\\0&2&0&0&0\\0&0&3&0&0\\0&0&0&4&0\\0&0&0&0&5\end{pmatrix}$，试用伴随矩阵法求 A^{-1}。

解 因为 $|A|=5!\neq 0$，故 A^{-1} 存在。由伴随矩阵法，得

$$A^{-1}=\frac{1}{|A|}A^{*}=\frac{1}{5!}\begin{pmatrix}2\cdot3\cdot4\cdot5&0&0&0&0\\0&1\cdot3\cdot4\cdot5&0&0&0\\0&0&1\cdot2\cdot4\cdot5&0&0\\0&0&0&1\cdot2\cdot3\cdot5&0\\0&0&0&0&1\cdot2\cdot3\cdot4\end{pmatrix}$$

$$=\begin{pmatrix}1&0&0&0&0\\0&\frac{1}{2}&0&0&0\\0&0&\frac{1}{3}&0&0\\0&0&0&\frac{1}{4}&0\\0&0&0&0&\frac{1}{5}\end{pmatrix}。$$

定义 2.13 设 A 为方阵，若 $|A|\neq 0$，则称 A 为**非奇异矩阵**；若 $|A|=0$，则称 A 为**奇异矩阵**。

由定理 2.1 知，可逆矩阵即为非奇异矩阵。

2.3.3 可逆矩阵的性质

(1) 若矩阵 A 可逆，则 A^{-1} 也可逆，且 $(A^{-1})^{-1}=A$。

(2) 若矩阵 A 可逆，数 $k\neq 0$，则 kA 也可逆，且 $(kA)^{-1}=\frac{1}{k}A^{-1}$。

(3) 两个同阶可逆矩阵 A,B 的乘积是可逆矩阵，且 $(AB)^{-1}=B^{-1}A^{-1}$。

证 由于

$$(AB)(B^{-1}A^{-1})=A(BB^{-1})A^{-1}=AEA^{-1}=AA^{-1}=E,$$

故

$$(AB)^{-1}=B^{-1}A^{-1}。$$

注 性质(3) 可以推广到任意有限个同阶可逆矩阵相乘的情形，即若 $A_1,A_2,\cdots,A_k$ 均为同阶可逆矩阵，则 $A_1A_2\cdots A_k$ 也可逆，且

$$(\boldsymbol{A}_1\boldsymbol{A}_2\cdots\boldsymbol{A}_k)^{-1}=\boldsymbol{A}_k^{-1}\cdots\boldsymbol{A}_2^{-1}\boldsymbol{A}_1^{-1}。$$

(4) 若矩阵 $\boldsymbol{A}$ 可逆，则$\boldsymbol{A}^{\mathrm{T}}$ 可逆，且 $(\boldsymbol{A}^{\mathrm{T}})^{-1}=(\boldsymbol{A}^{-1})^{\mathrm{T}}$。

证 由 $\boldsymbol{A}^{-1}\boldsymbol{A}=\boldsymbol{E}$，两边取转置有$(\boldsymbol{A}^{-1}\boldsymbol{A})^{\mathrm{T}}=\boldsymbol{A}^{\mathrm{T}}(\boldsymbol{A}^{-1})^{\mathrm{T}}=\boldsymbol{E}$，从而

$$(\boldsymbol{A}^{\mathrm{T}})^{-1}=(\boldsymbol{A}^{-1})^{\mathrm{T}}。$$

(5) 若矩阵 $\boldsymbol{A}$ 可逆，则$|\boldsymbol{A}^{-1}|=\dfrac{1}{|\boldsymbol{A}|}=|\boldsymbol{A}|^{-1}$。

证 由 $\boldsymbol{A}^{-1}\boldsymbol{A}=\boldsymbol{E}$，两边取行列式有$|\boldsymbol{A}^{-1}||\boldsymbol{A}|=1$，而$|\boldsymbol{A}|\neq 0$，故

$$|\boldsymbol{A}^{-1}|=|\boldsymbol{A}|^{-1}。$$

例 2.16 设矩阵 $\boldsymbol{A}=\begin{pmatrix}1&1&1\\1&2&1\\1&1&3\end{pmatrix}$，求$(\boldsymbol{A}^*)^{-1}$。

解 因$|\boldsymbol{A}|=2\neq 0$，所以 $\boldsymbol{A}$ 可逆，且 $\boldsymbol{A}^*$ 也可逆，由 $\boldsymbol{A}\boldsymbol{A}^*=|\boldsymbol{A}|\boldsymbol{E}$ 得

$$(\boldsymbol{A}^*)^{-1}=\frac{1}{|\boldsymbol{A}|}\boldsymbol{A}=\frac{1}{2}\boldsymbol{A}=\frac{1}{2}\begin{pmatrix}1&1&1\\1&2&1\\1&1&3\end{pmatrix}。$$

2.3.4 逆矩阵的应用

含未知矩阵的等式称为**矩阵方程**。

如果 n 阶方阵 $\boldsymbol{A}$ 可逆，将线性方程组(矩阵方程)

$$\boldsymbol{A}\boldsymbol{x}=\boldsymbol{b}$$

两边同时左乘 $\boldsymbol{A}^{-1}$，得其解为

$$\boldsymbol{x}=\boldsymbol{A}^{-1}\boldsymbol{b}。$$

例 2.17 解线性方程组$\begin{cases}4x_1+2x_2+3x_3=2,\\3x_1+x_2+2x_3=1,\\2x_1+x_2+x_3=3。\end{cases}$

解 该线性方程组的矩阵形式为

$$\begin{pmatrix}4&2&3\\3&1&2\\2&1&1\end{pmatrix}\begin{pmatrix}x_1\\x_2\\x_3\end{pmatrix}=\begin{pmatrix}2\\1\\3\end{pmatrix}。$$

因为$\begin{vmatrix}4&2&3\\3&1&2\\2&1&1\end{vmatrix}=1\neq 0$，所以

$$\begin{pmatrix}x_1\\x_2\\x_3\end{pmatrix}=\begin{pmatrix}4&2&3\\3&1&2\\2&1&1\end{pmatrix}^{-1}\begin{pmatrix}2\\1\\3\end{pmatrix}=\begin{pmatrix}-1&1&1\\1&-2&1\\1&0&-2\end{pmatrix}\begin{pmatrix}2\\1\\3\end{pmatrix}=\begin{pmatrix}2\\3\\-4\end{pmatrix},$$

因此，线性方程组的解为 $x_1=2, x_2=3, x_3=-4$。

常见的矩阵方程有

$$AX = C, XB = C, AXB = C（其中 X 为未知矩阵）。$$

如果 A,B 可逆，则通过在方程两边左乘或右乘相应矩阵的逆矩阵，可求出其解分别为

$$X = A^{-1}C, X = CB^{-1}, X = A^{-1}CB^{-1}。$$

至于其他形式的矩阵方程，可通过矩阵的有关运算转化为上述三种形式之一。

例 2.18　设

$$A = \begin{pmatrix} 1 & -1 & 2 \\ -2 & -1 & -2 \\ 4 & 3 & 3 \end{pmatrix}, B = \begin{pmatrix} 2 & 4 \\ -3 & -5 \end{pmatrix}, C = \begin{pmatrix} -2 & 0 \\ 0 & 1 \\ 1 & -3 \end{pmatrix},$$

求矩阵 X，使其满足

$$AXB = C。$$

解　由于 $|A| = 1 \neq 0$，$|B| = 2 \neq 0$，所以 A^{-1}，B^{-1} 存在。方程两边同时左乘 A^{-1}，右乘 B^{-1}，有

$$A^{-1}AXBB^{-1} = A^{-1}CB^{-1},$$

即

$$X = A^{-1}CB^{-1}。$$

而

$$A^{-1} = \begin{pmatrix} 3 & 9 & 4 \\ -2 & -5 & -2 \\ -2 & -7 & -3 \end{pmatrix}, \quad B^{-1} = \frac{1}{2}\begin{pmatrix} -5 & -4 \\ 3 & 2 \end{pmatrix},$$

于是

$$X = A^{-1}CB^{-1} = \frac{1}{2}\begin{pmatrix} 3 & 9 & 4 \\ -2 & -5 & -2 \\ -2 & -7 & -3 \end{pmatrix}\begin{pmatrix} -2 & 0 \\ 0 & 1 \\ 1 & -3 \end{pmatrix}\begin{pmatrix} -5 & -4 \\ 3 & 2 \end{pmatrix}$$

$$= \frac{1}{2}\begin{pmatrix} -2 & -3 \\ 2 & 1 \\ 1 & 2 \end{pmatrix}\begin{pmatrix} -5 & -4 \\ 3 & 2 \end{pmatrix} = \begin{pmatrix} \frac{1}{2} & 1 \\ -\frac{7}{2} & -3 \\ \frac{1}{2} & 0 \end{pmatrix}。$$

例 2.19　已知 $A = \begin{pmatrix} 2 & 6 & 0 \\ 0 & 2 & 6 \\ 0 & 0 & 2 \end{pmatrix}$，矩阵 X 满足 $A^*X = A^{-1} + X$，求矩阵 X。

解　方程两边同时左乘 A，有

$$A(A^*X) = A(A^{-1} + X),$$

整理得

$$|\boldsymbol{A}|\boldsymbol{E}\boldsymbol{X}=\boldsymbol{E}+\boldsymbol{A}\boldsymbol{X},$$

进一步化简得

$$(|\boldsymbol{A}|\boldsymbol{E}-\boldsymbol{A})\boldsymbol{X}=\boldsymbol{E}。$$

由于$|\boldsymbol{A}|=8$,从而

$$|\boldsymbol{A}|\boldsymbol{E}-\boldsymbol{A}=\begin{pmatrix}8&0&0\\0&8&0\\0&0&8\end{pmatrix}-\begin{pmatrix}2&6&0\\0&2&6\\0&0&2\end{pmatrix}=6\begin{pmatrix}1&-1&0\\0&1&-1\\0&0&1\end{pmatrix},$$

显然$|\boldsymbol{A}|\boldsymbol{E}-\boldsymbol{A}$是可逆的,所以

$$\boldsymbol{X}=(|\boldsymbol{A}|\boldsymbol{E}-\boldsymbol{A})^{-1}\boldsymbol{E},$$

于是,由伴随矩阵法得

$$\boldsymbol{X}=\frac{1}{6}\begin{pmatrix}1&-1&0\\0&1&-1\\0&0&1\end{pmatrix}^{-1}=\frac{1}{6}\begin{pmatrix}1&1&1\\0&1&1\\0&0&1\end{pmatrix}。$$

例 2.20 设$\boldsymbol{P}=\begin{pmatrix}1&2\\1&4\end{pmatrix}$,$\boldsymbol{\Lambda}=\begin{pmatrix}1&0\\0&2\end{pmatrix}$,$\boldsymbol{AP}=\boldsymbol{P\Lambda}$,求$\boldsymbol{A}$及$\boldsymbol{A}^n$。

解 因$|\boldsymbol{P}|=2\neq0$,$\boldsymbol{P}^{-1}=\frac{1}{2}\begin{pmatrix}4&-2\\-1&1\end{pmatrix}$,所以

$$\boldsymbol{A}=\boldsymbol{P\Lambda P}^{-1}=\frac{1}{2}\begin{pmatrix}1&2\\1&4\end{pmatrix}\begin{pmatrix}1&0\\0&2\end{pmatrix}\begin{pmatrix}4&-2\\-1&1\end{pmatrix}=\begin{pmatrix}0&1\\-2&3\end{pmatrix}。$$

又$\boldsymbol{A}^2=(\boldsymbol{P\Lambda P}^{-1})(\boldsymbol{P\Lambda P}^{-1})=\boldsymbol{P\Lambda}^2\boldsymbol{P}^{-1},\cdots,\boldsymbol{A}^n=\boldsymbol{P\Lambda}^n\boldsymbol{P}^{-1}$,

$$\boldsymbol{\Lambda}^2=\begin{pmatrix}1&0\\0&2\end{pmatrix}\begin{pmatrix}1&0\\0&2\end{pmatrix}=\begin{pmatrix}1&0\\0&2^2\end{pmatrix},\cdots,\boldsymbol{\Lambda}^n=\begin{pmatrix}1&0\\0&2^n\end{pmatrix},$$

故

$$\boldsymbol{A}^n=\frac{1}{2}\begin{pmatrix}1&2\\1&4\end{pmatrix}\begin{pmatrix}1&0\\0&2^n\end{pmatrix}\begin{pmatrix}4&-2\\-1&1\end{pmatrix}=\begin{pmatrix}2-2^n&2^n-1\\2-2^{n+1}&2^{n+1}-1\end{pmatrix}。$$

习 题 2.3

1. 若矩阵$\boldsymbol{A}=\begin{pmatrix}x&2x&-2\\3&x&5\\0&0&2\end{pmatrix}$可逆,则$x$需要满足________。

2. 已知$\boldsymbol{A},\boldsymbol{B}$为$n$阶方阵,且$\boldsymbol{AB}=\boldsymbol{E}$,则$\boldsymbol{A}^{-1}=$________,$\boldsymbol{B}^{-1}=$________,$\boldsymbol{BA}=$________。

3. 设$\boldsymbol{A}$是n阶方阵,且$|\boldsymbol{A}|\neq0$,则$(\boldsymbol{A}^*)^{-1}=$________。

4. 设 $\boldsymbol{A},\boldsymbol{B},\boldsymbol{C}$ 是同阶方阵，且 $\boldsymbol{AB}=\boldsymbol{AC}$，证明：如果 $\boldsymbol{A}$ 可逆，则 $\boldsymbol{B}=\boldsymbol{C}$，举例说明：如果 $\boldsymbol{A}$ 不可逆且 $\boldsymbol{A}\neq\boldsymbol{O}$，不一定有 $\boldsymbol{B}=\boldsymbol{C}$。

5. 求下列矩阵的逆矩阵：

(1) $\begin{pmatrix}2&5\\3&7\end{pmatrix}$；　(2) $\begin{pmatrix}1&0&0\\1&1&0\\1&1&1\end{pmatrix}$；　(3) $\begin{pmatrix}1&1&2\\-1&2&0\\1&1&3\end{pmatrix}$。

6. 用逆矩阵解下列矩阵方程：

(1) $\begin{pmatrix}2&7\\1&4\end{pmatrix}\boldsymbol{X}=\begin{pmatrix}-1&3&2\\1&0&-3\end{pmatrix}$；　(2) $\begin{pmatrix}1&2\\-1&2\end{pmatrix}\boldsymbol{X}\begin{pmatrix}2&-3\\0&1\end{pmatrix}=\begin{pmatrix}3&2\\4&-1\end{pmatrix}$；

(3) $\boldsymbol{X}\begin{pmatrix}0&1&1\\1&1&-1\\2&3&0\end{pmatrix}=\begin{pmatrix}2&1\\3&0\\-2&3\end{pmatrix}^{\mathrm{T}}$。

7. 已知矩阵 $\boldsymbol{A}=\begin{pmatrix}0&2&3\\1&1&0\\-1&2&2\end{pmatrix}$，满足 $\boldsymbol{AB}=\boldsymbol{A}+2\boldsymbol{B}$，求矩阵 $\boldsymbol{B}$。

8. 设 $\boldsymbol{A}$ 为 n 阶可逆矩阵，证明：$|\boldsymbol{A}^*|=|\boldsymbol{A}|^{n-1}$。

9. 设 $\boldsymbol{A}$ 为3阶方阵，$\boldsymbol{A}^*$ 是 $\boldsymbol{A}$ 的伴随矩阵，若 $|\boldsymbol{A}|=-3$，求 $|\boldsymbol{A}^*|$ 及 $|3\boldsymbol{A}^{-1}-\boldsymbol{A}^*|$。

10. 设 $\boldsymbol{A}$ 为 n 阶方阵，满足 $\boldsymbol{A}^2-4\boldsymbol{A}+6\boldsymbol{E}=\boldsymbol{O}$，求证：$\boldsymbol{A}$ 及 $\boldsymbol{A}-5\boldsymbol{E}$ 可逆，并求其逆矩阵。

11. 设 $\boldsymbol{P}^{-1}\boldsymbol{AP}=\boldsymbol{\Lambda}$，其中 $\boldsymbol{P}=\begin{pmatrix}-1&-3\\1&2\end{pmatrix}$，$\boldsymbol{\Lambda}=\begin{pmatrix}1&0\\0&-1\end{pmatrix}$，求 $\boldsymbol{A}^9$。

2.4 分块矩阵

学习目标：

1. 了解分块矩阵的作用和意义。
2. 会利用分块矩阵简化矩阵运算。
3. 掌握分块矩阵的应用。

2.4.1 分块矩阵的概念

对于行数和列数较多的矩阵，为了简化运算，常常采用“矩阵分块法”，即将大矩阵划分成若干小矩阵，使得大矩阵的运算变成小矩阵的运算，同时也使得原来大矩阵的结构显得更加清晰。具体做法是将大矩阵 $\boldsymbol{A}$ 用若干条横线和纵线分成多个小矩阵，每个小矩阵称为 $\boldsymbol{A}$ 的子块，以子块为元素的矩阵称为分块矩阵。

定义2.14 一个矩阵 $\boldsymbol{A}$ 被若干条纵线和横线按一定需要分成若干个低阶矩阵，每一个低阶矩阵称为矩阵 $\boldsymbol{A}$ 的**子块**，以所生成的子块为元素的矩阵称为矩阵 $\boldsymbol{A}$ 的**分块矩阵**。

例如，矩阵

$$\boldsymbol{A}=\begin{pmatrix}1&0&0&5\\0&1&0&2\\0&0&1&0\\0&0&0&1\end{pmatrix}$$

可按虚线分成 $\boldsymbol{A}=\left(\begin{array}{ccc:c}1&0&0&5\\0&1&0&2\\0&0&1&0\\ \hdashline 0&0&0&1\end{array}\right)=\begin{pmatrix}\boldsymbol{E}_3&\boldsymbol{B}\\\boldsymbol{O}&\boldsymbol{E}_1\end{pmatrix}$，其中 $\boldsymbol{B}=\begin{pmatrix}5\\2\\0\end{pmatrix}$。

也可按虚线分成 $\boldsymbol{A}=\left(\begin{array}{cc:cc}1&0&0&5\\0&1&0&2\\ \hdashline 0&0&1&0\\0&0&0&1\end{array}\right)=\begin{pmatrix}\boldsymbol{E}_2&\boldsymbol{C}\\\boldsymbol{O}&\boldsymbol{E}_2\end{pmatrix}$，其中 $\boldsymbol{C}=\begin{pmatrix}0&5\\0&2\end{pmatrix}$。

此外，$\boldsymbol{A}$ 还可以分成

$$\boldsymbol{A}=\left(\begin{array}{cccc}1&0&0&5\\ \hdashline 0&1&0&2\\ \hdashline 0&0&1&0\\ \hdashline 0&0&0&1\end{array}\right)=\begin{pmatrix}\boldsymbol{A}_1\\\boldsymbol{A}_2\\\boldsymbol{A}_3\\\boldsymbol{A}_4\end{pmatrix}，或\ \boldsymbol{A}=\left(\begin{array}{c:c:c:c}1&0&0&5\\0&1&0&2\\0&0&1&0\\0&0&0&1\end{array}\right)=(\boldsymbol{B}_1,\boldsymbol{B}_2,\boldsymbol{B}_3,\boldsymbol{B}_4)。$$

这里 $\boldsymbol{A}_i,\boldsymbol{B}_j\ (i,j=1,2,3,4)$ 的含义不再赘述。前一种对矩阵的分块方式称为按自然行分块，后一种分块方式称为按自然列分块。矩阵的分块方式并不唯一，要根据矩阵的结构特点或结合所要分析的问题选择分块方式，以便于简化矩阵的运算。

2.4.2 分块矩阵的运算

分块矩阵的运算，一般是将子块看成元素（数）来进行运算。但值得注意的是，分块矩阵的运算不仅要考虑分块矩阵的型，还要保证子块运算时要有意义。

（1）分块矩阵的加法

设 $\boldsymbol{A},\boldsymbol{B}$ 是两个 $m\times n$ 阶矩阵，且用相同的分块法，得分块矩阵为

$$\boldsymbol{A}=\begin{pmatrix}\boldsymbol{A}_{11}&\cdots&\boldsymbol{A}_{1r}\\\vdots&&\vdots\\\boldsymbol{A}_{s1}&\cdots&\boldsymbol{A}_{sr}\end{pmatrix},\boldsymbol{B}=\begin{pmatrix}\boldsymbol{B}_{11}&\cdots&\boldsymbol{B}_{1r}\\\vdots&&\vdots\\\boldsymbol{B}_{s1}&\cdots&\boldsymbol{B}_{sr}\end{pmatrix},$$

其中 $\boldsymbol{A}_{ij},\boldsymbol{B}_{ij}$ 是子块的记号，各对应的子块 $\boldsymbol{A}_{ij}$ 与 $\boldsymbol{B}_{ij}$ 有相同的行数和列数，则

$$\boldsymbol{A}\pm\boldsymbol{B}=\begin{pmatrix}\boldsymbol{A}_{11}\pm\boldsymbol{B}_{11}&\cdots&\boldsymbol{A}_{1r}\pm\boldsymbol{B}_{1r}\\\vdots&&\vdots\\\boldsymbol{A}_{s1}\pm\boldsymbol{B}_{s1}&\cdots&\boldsymbol{A}_{sr}\pm\boldsymbol{B}_{sr}\end{pmatrix}。$$

(2) 数与分块矩阵的乘法

设 λ 为一个数,则

$$\lambda \boldsymbol{A}=\begin{pmatrix}\lambda \boldsymbol{A}_{11} & \cdots & \lambda \boldsymbol{A}_{1r}\\ \vdots & & \vdots\\ \lambda \boldsymbol{A}_{s1} & \cdots & \lambda \boldsymbol{A}_{sr}\end{pmatrix}。$$

(3) 分块矩阵的乘法

设 $\boldsymbol{A}$ 为 $m\times l$ 矩阵,$\boldsymbol{B}$ 为 $l\times n$ 矩阵,由矩阵乘法可得 $\boldsymbol{AB}$ 为 $m\times n$ 矩阵。将 $\boldsymbol{A}$,$\boldsymbol{B}$ 分成

$$\boldsymbol{A}=\begin{pmatrix}\boldsymbol{A}_{11} & \cdots & \boldsymbol{A}_{1t}\\ \vdots & & \vdots\\ \boldsymbol{A}_{s1} & \cdots & \boldsymbol{A}_{st}\end{pmatrix},\boldsymbol{B}=\begin{pmatrix}\boldsymbol{B}_{11} & \cdots & \boldsymbol{B}_{1r}\\ \vdots & & \vdots\\ \boldsymbol{B}_{t1} & \cdots & \boldsymbol{B}_{tr}\end{pmatrix},$$

其中 $\boldsymbol{A}_{i1},\boldsymbol{A}_{i2},\cdots,\boldsymbol{A}_{it}$ 的列数分别等于 $\boldsymbol{B}_{1j},\boldsymbol{B}_{2j},\cdots,\boldsymbol{B}_{tj}$ 的行数,则

$$\boldsymbol{AB}=\boldsymbol{C}=\begin{pmatrix}\boldsymbol{C}_{11} & \cdots & \boldsymbol{C}_{1r}\\ \vdots & & \vdots\\ \boldsymbol{C}_{s1} & \cdots & \boldsymbol{C}_{sr}\end{pmatrix},$$

其中 $\boldsymbol{C}_{ij}=\sum\limits_{k=1}^{t}\boldsymbol{A}_{ik}\boldsymbol{B}_{kj}(i=1,2,\cdots,s;j=1,2,\cdots,r)$。

例 2.21 设 $\boldsymbol{A}=\begin{pmatrix}1&0&0&0&0\\0&1&0&0&0\\0&1&1&0&0\\1&2&0&1&0\\-2&0&0&0&1\end{pmatrix}$,$\boldsymbol{B}=\begin{pmatrix}-1&2&1&0\\4&0&0&1\\0&1&0&0\\-2&0&0&0\\2&-1&0&0\end{pmatrix}$,用分块矩阵的乘法计算 $\boldsymbol{AB}$。

解 结合 $\boldsymbol{A}$,$\boldsymbol{B}$ 的特点,可以把 $\boldsymbol{A}$,$\boldsymbol{B}$ 分块成

$$\boldsymbol{A}=\left(\begin{array}{cc:ccc}1&0&0&0&0\\0&1&0&0&0\\ \hdashline 0&1&1&0&0\\1&2&0&1&0\\-2&0&0&0&1\end{array}\right)=\begin{pmatrix}\boldsymbol{E}_2 & \boldsymbol{O}\\ \boldsymbol{A}_1 & \boldsymbol{E}_3\end{pmatrix},$$

$$\boldsymbol{B}=\left(\begin{array}{cc:cc}-1&2&1&0\\4&0&0&1\\ \hdashline 0&1&0&0\\-2&0&0&0\\2&-1&0&0\end{array}\right)=\begin{pmatrix}\boldsymbol{B}_1 & \boldsymbol{E}_2\\ \boldsymbol{B}_2 & \boldsymbol{O}\end{pmatrix},$$

从而

$$AB=\begin{pmatrix}E_2 & O\\ A_1 & E_3\end{pmatrix}\begin{pmatrix}B_1 & E_2\\ B_2 & O\end{pmatrix}=\begin{pmatrix}B_1 & E_2\\ A_1B_1+B_2 & A_1\end{pmatrix},$$

其中

$$A_1B_1+B_2=\begin{pmatrix}0 & 1\\ 1 & 2\\ -2 & 0\end{pmatrix}\begin{pmatrix}-1 & 2\\ 4 & 0\end{pmatrix}+\begin{pmatrix}0 & 1\\ -2 & 0\\ 2 & -1\end{pmatrix}=\begin{pmatrix}4 & 1\\ 5 & 2\\ 4 & -5\end{pmatrix},$$

所以

$$AB=\begin{pmatrix}-1 & 2 & 1 & 0\\ 4 & 0 & 0 & 1\\ 4 & 1 & 0 & 1\\ 5 & 2 & 1 & 2\\ 4 & -5 & -2 & 0\end{pmatrix}。$$

(4) 分块矩阵的转置

设 $A=\begin{pmatrix}A_{11} & \cdots & A_{1t}\\ \vdots & & \vdots\\ A_{s1} & \cdots & A_{st}\end{pmatrix}$，则 $A^{\mathrm{T}}=\begin{pmatrix}A_{11}^{\mathrm{T}} & \cdots & A_{s1}^{\mathrm{T}}\\ \vdots & & \vdots\\ A_{1t}^{\mathrm{T}} & \cdots & A_{st}^{\mathrm{T}}\end{pmatrix}$。

2.4.3 分块对角矩阵

形如 $A=\begin{pmatrix}A_1 & O & \cdots & O\\ O & A_2 & \cdots & O\\ \vdots & \vdots & & \vdots\\ O & O & \cdots & A_s\end{pmatrix}$ 的分块矩阵称为**分块对角矩阵**(或**准对角矩阵**)，即只在主对角线上有非零子块，其余子块均为零矩阵，且主对角线上的子块 $A_i(i=1,2,\cdots,s)$ 都是方阵。

分块对角矩阵具有以下性质：

(1) $|A|=|A_1||A_2|\cdots|A_s|$。

(2) A 可逆的充分必要条件是 $A_i(i=1,2,\cdots,s)$ 都可逆。若 A 可逆，则

$$A^{-1}=\begin{pmatrix}A_1^{-1} & & & \\ & A_2^{-1} & & \\ & & \ddots & \\ & & & A_s^{-1}\end{pmatrix}。$$

(3) 分块对角矩阵的和、差、积、数乘及逆仍是分块对角矩阵，且运算表现为对应子块的运算。

例如，若有与 A 同阶的分块对角矩阵

$$B=\begin{pmatrix}B_1 & & & O\\ & B_2 & & \\ & & \ddots & \\ O & & & B_s\end{pmatrix},$$

其中 A_i 与 $B_i(i=1,2,\cdots,s)$ 亦为同阶方阵，则有

$$AB=\begin{pmatrix}A_1B_1 & & & O\\ & A_2B_2 & & \\ & & \ddots & \\ O & & & A_sB_s\end{pmatrix}。$$

例 2.22　设 $A=\begin{pmatrix}4 & 0 & 0\\ 0 & 3 & 1\\ 0 & 2 & 1\end{pmatrix}$，求 A^{-1}。

解　对 A 分块有

$$A=\left(\begin{array}{c:cc}4 & 0 & 0\\ \hdashline 0 & 3 & 1\\ 0 & 2 & 1\end{array}\right)=\begin{pmatrix}A_1 & O\\ O & A_2\end{pmatrix},$$

其中

$$A_1=(4),A_1^{-1}=\left(\frac{1}{4}\right),A_2=\begin{pmatrix}3 & 1\\ 2 & 1\end{pmatrix},A_2^{-1}=\frac{A_2^*}{|A_2|}=\begin{pmatrix}1 & -1\\ -2 & 3\end{pmatrix}。$$

故

$$A^{-1}=\begin{pmatrix}A_1^{-1} & O\\ O & A_2^{-1}\end{pmatrix}=\left(\begin{array}{c:cc}\frac{1}{4} & 0 & 0\\ \hdashline 0 & 1 & -1\\ 0 & -2 & 3\end{array}\right)。$$

例 2.23　设 $A^{\mathrm T}A=O$，证明 $A=O$。

证　设 $A=(a_{ij})_{m\times n}$，将 A 按列分块为 $A=(\alpha_1,\alpha_2,\cdots,\alpha_n)$，则

$$A^{\mathrm T}A=\begin{pmatrix}\alpha_1^{\mathrm T}\\ \alpha_2^{\mathrm T}\\ \vdots\\ \alpha_n^{\mathrm T}\end{pmatrix}(\alpha_1,\alpha_2,\cdots,\alpha_n)=\begin{pmatrix}\alpha_1^{\mathrm T}\alpha_1 & \alpha_1^{\mathrm T}\alpha_2 & \cdots & \alpha_1^{\mathrm T}\alpha_n\\ \alpha_2^{\mathrm T}\alpha_1 & \alpha_2^{\mathrm T}\alpha_2 & \cdots & \alpha_2^{\mathrm T}\alpha_n\\ \vdots & \vdots & & \vdots\\ \alpha_n^{\mathrm T}\alpha_1 & \alpha_n^{\mathrm T}\alpha_2 & \cdots & \alpha_n^{\mathrm T}\alpha_n\end{pmatrix},$$

因 $A^{\mathrm T}A=O$，所以 $\alpha_i^{\mathrm T}\alpha_j=0(i,j=1,2,\cdots,n)$。

特别地，有 $\alpha_i^{\mathrm T}\alpha_i=0(i=1,2,\cdots,n)$，而

$$\alpha_i^{\mathrm T}\alpha_i=(a_{1i},a_{2i},\cdots,a_{mi})\begin{pmatrix}a_{1i}\\ a_{2i}\\ \vdots\\ a_{mi}\end{pmatrix}=a_{1i}^2+a_{2i}^2+\cdots+a_{mi}^2,$$

由 $a_{1i}^2+a_{2i}^2+\cdots+a_{mi}^2=0$，得

$$a_{1i}=a_{2i}=\cdots=a_{mi}=0(i=1,2,\cdots,n),$$

故

$$\boldsymbol{A}=\boldsymbol{O}。$$

例 2.24 设 $\boldsymbol{A}=\begin{pmatrix}3&0&0&0&0\\0&0&1&0&0\\0&2&5&0&0\\0&0&0&1&0\\0&0&0&0&1\end{pmatrix}$，求 $\boldsymbol{A}^{-1}$。

解 对 $\boldsymbol{A}$ 分块有

$$\boldsymbol{A}=\left(\begin{array}{c:cc:cc}3&0&0&0&0\\ \hdashline 0&0&1&0&0\\0&2&5&0&0\\ \hdashline 0&0&0&1&0\\0&0&0&0&1\end{array}\right)=\begin{pmatrix}\boldsymbol{A}_1&&\\&\boldsymbol{A}_2&\\&&\boldsymbol{E}_2\end{pmatrix},$$

其中

$$\boldsymbol{A}_1=(3),\boldsymbol{A}_2=\begin{pmatrix}0&1\\2&5\end{pmatrix},\boldsymbol{E}_2=\begin{pmatrix}1&0\\0&1\end{pmatrix}。$$

由于

$$\boldsymbol{A}_1^{-1}=\left(\frac{1}{3}\right),\boldsymbol{A}_2^{-1}=-\frac{1}{2}\begin{pmatrix}5&-1\\-2&0\end{pmatrix}=\begin{pmatrix}-\frac{5}{2}&\frac{1}{2}\\1&0\end{pmatrix},\boldsymbol{E}_2^{-1}=\boldsymbol{E}_2,$$

所以

$$\boldsymbol{A}^{-1}=\begin{pmatrix}\boldsymbol{A}_1^{-1}&&\\&\boldsymbol{A}_2^{-1}&\\&&\boldsymbol{E}_2^{-1}\end{pmatrix}=\left(\begin{array}{c:cc:cc}\frac{1}{3}&0&0&0&0\\ \hdashline 0&-\frac{5}{2}&\frac{1}{2}&0&0\\0&1&0&0&0\\ \hdashline 0&0&0&1&0\\0&0&0&0&1\end{array}\right)。$$

例 2.25 设 $\boldsymbol{A},\boldsymbol{C}$ 分别为 r 阶和 s 阶可逆矩阵，求分块矩阵

$$\boldsymbol{X}=\begin{pmatrix}\boldsymbol{A}&\boldsymbol{B}\\\boldsymbol{O}&\boldsymbol{C}\end{pmatrix}$$

的逆矩阵。

解 设逆矩阵分块为

$$\boldsymbol{X}^{-1}=\begin{pmatrix}\boldsymbol{X}_{11}&\boldsymbol{X}_{12}\\\boldsymbol{X}_{21}&\boldsymbol{X}_{22}\end{pmatrix},\boldsymbol{X}\boldsymbol{X}^{-1}=\begin{pmatrix}\boldsymbol{A}&\boldsymbol{B}\\\boldsymbol{O}&\boldsymbol{C}\end{pmatrix}\begin{pmatrix}\boldsymbol{X}_{11}&\boldsymbol{X}_{12}\\\boldsymbol{X}_{21}&\boldsymbol{X}_{22}\end{pmatrix}=\boldsymbol{E},$$

即

$$\begin{pmatrix} \boldsymbol{A}\boldsymbol{X}_{11}+\boldsymbol{B}\boldsymbol{X}_{21} & \boldsymbol{A}\boldsymbol{X}_{12}+\boldsymbol{B}\boldsymbol{X}_{22} \\ \boldsymbol{C}\boldsymbol{X}_{21} & \boldsymbol{C}\boldsymbol{X}_{22} \end{pmatrix} = \begin{pmatrix} \boldsymbol{E}_r & \boldsymbol{O} \\ \boldsymbol{O} & \boldsymbol{E}_s \end{pmatrix},$$

比较等式两边对应的子块，有

$$\begin{cases} \boldsymbol{A}\boldsymbol{X}_{11}+\boldsymbol{B}\boldsymbol{X}_{21}=\boldsymbol{E}_r, \\ \boldsymbol{A}\boldsymbol{X}_{12}+\boldsymbol{B}\boldsymbol{X}_{22}=\boldsymbol{O}, \\ \boldsymbol{C}\boldsymbol{X}_{21}=\boldsymbol{O}, \\ \boldsymbol{C}\boldsymbol{X}_{22}=\boldsymbol{E}_s。 \end{cases}$$

注意到 $\boldsymbol{A}$,$\boldsymbol{C}$ 可逆，可解得

$$\boldsymbol{X}_{22}=\boldsymbol{C}^{-1},\boldsymbol{X}_{21}=\boldsymbol{O},$$
$$\boldsymbol{X}_{11}=\boldsymbol{A}^{-1},\boldsymbol{X}_{12}=-\boldsymbol{A}^{-1}\boldsymbol{B}\boldsymbol{C}^{-1}。$$

所以

$$\boldsymbol{X}^{-1}=\begin{pmatrix} \boldsymbol{A}^{-1} & -\boldsymbol{A}^{-1}\boldsymbol{B}\boldsymbol{C}^{-1} \\ \boldsymbol{O} & \boldsymbol{C}^{-1} \end{pmatrix}。$$

例 2.26　(克莱姆法则) 若 n 元线性方程组 $\boldsymbol{A}\boldsymbol{x}=\boldsymbol{b}$ 的系数行列式 $D=|\boldsymbol{A}|\neq 0$，则其有唯一解

$$\boldsymbol{x}=\left(\frac{D_1}{D},\frac{D_2}{D},\cdots,\frac{D_n}{D}\right)^{\mathrm{T}},$$

其中 $D_i(i=1,2,\cdots,n)$ 是把系数行列式 D 中第 i 列的元素替换为方程组右端的常数项 $\boldsymbol{b}$ 后得到的行列式。

证　若 $\boldsymbol{x}=\boldsymbol{A}^{-1}\boldsymbol{b}$，则

$$\boldsymbol{A}\boldsymbol{x}=\boldsymbol{A}(\boldsymbol{A}^{-1}\boldsymbol{b})=(\boldsymbol{A}\boldsymbol{A}^{-1})\boldsymbol{b}=\boldsymbol{b},$$

因此，$\boldsymbol{A}^{-1}\boldsymbol{b}$ 是方程组 $\boldsymbol{A}\boldsymbol{x}=\boldsymbol{b}$ 的解。另外，若 $|\boldsymbol{A}|\neq 0$，则 $\boldsymbol{A}$ 可逆，进而由 $\boldsymbol{A}\boldsymbol{x}=\boldsymbol{b}$ 整理得 $\boldsymbol{x}=\boldsymbol{A}^{-1}\boldsymbol{b}$，表明若方程组有解，则它必为 $\boldsymbol{A}^{-1}\boldsymbol{b}$。故当 $D=|\boldsymbol{A}|\neq 0$ 时，方程组 $\boldsymbol{A}\boldsymbol{x}=\boldsymbol{b}$ 有唯一解 $\boldsymbol{x}=\boldsymbol{A}^{-1}\boldsymbol{b}$，而

$$\boldsymbol{A}^{-1}\boldsymbol{b}=\frac{1}{|\boldsymbol{A}|}\boldsymbol{A}^{*}\boldsymbol{b}=\frac{1}{D}\begin{pmatrix} A_{11} & A_{21} & \cdots & A_{n1} \\ A_{12} & A_{22} & \cdots & A_{n2} \\ \vdots & \vdots & & \vdots \\ A_{1n} & A_{2n} & \cdots & A_{nn} \end{pmatrix}\begin{pmatrix} b_1 \\ b_2 \\ \vdots \\ b_n \end{pmatrix}$$

$$=\frac{1}{D}\begin{pmatrix} A_{11}b_1+A_{21}b_2+\cdots+A_{n1}b_n \\ A_{12}b_1+A_{22}b_2+\cdots+A_{n2}b_n \\ \vdots \\ A_{1n}b_1+A_{2n}b_2+\cdots+A_{nn}b_n \end{pmatrix}$$

$$=\frac{1}{D}\begin{pmatrix}D_1\\D_2\\\vdots\\D_n\end{pmatrix}=\left(\frac{D_1}{D},\frac{D_2}{D},\cdots,\frac{D_n}{D}\right)^{\mathrm{T}}。$$

习　题　2.4

1. 按指定的方式进行矩阵分块并完成计算：

(1) $\left(\begin{array}{ccc}2&-3&0\\\hline 0&1&1\\\hline -1&0&2\end{array}\right)\left(\begin{array}{c|c}0&1\\1&0\\0&2\end{array}\right)$；　(2) $\left(\begin{array}{cc|cc}1&3&2&0\\0&-2&0&2\\\hline 0&0&1&4\\0&0&3&-1\end{array}\right)\left(\begin{array}{cc|cc}-3&0&0&0\\0&-3&0&0\\\hline 1&0&3&2\\0&1&1&-1\end{array}\right)$。

2. 设方阵 $\boldsymbol{A}$,$\boldsymbol{B}$ 可逆，求下列分块矩阵的逆矩阵：

(1) $\begin{pmatrix}\boldsymbol{O}&\boldsymbol{A}\\\boldsymbol{B}&\boldsymbol{O}\end{pmatrix}$；　(2) $\begin{pmatrix}\boldsymbol{A}&\boldsymbol{O}\\\boldsymbol{C}&\boldsymbol{B}\end{pmatrix}$。

3. 求下列矩阵的逆矩阵：

(1) $\begin{pmatrix}0&0&7\\1&-2&0\\2&-3&0\end{pmatrix}$；　(2) $\begin{pmatrix}2&0&0&0\\1&3&0&0\\0&0&2&1\\0&0&-3&1\end{pmatrix}$。

4. 已知 $\boldsymbol{A}=\begin{pmatrix}2&0&0&0&0\\0&5&2&0&0\\0&-3&-1&0&0\\0&0&0&1&2\\0&0&0&3&2\end{pmatrix}$，求 $|\boldsymbol{A}^3|$。

5. 设 $\boldsymbol{A}$ 为 3 阶方阵，$|\boldsymbol{A}|=3$，将 $\boldsymbol{A}$ 按列分块为 $\boldsymbol{A}=(\boldsymbol{A}_1\quad \boldsymbol{A}_2\quad \boldsymbol{A}_3)$，求 $|\boldsymbol{A}_1-3\boldsymbol{A}_2\quad 2\boldsymbol{A}_3\quad \boldsymbol{A}_2|$。

2.5　初等变换与初等矩阵

学习目标：

1. 掌握矩阵初等变换的概念。
2. 掌握矩阵初等变换的方法。
3. 理解初等矩阵的性质。

在涉及矩阵的很多问题中，常用初等变换将矩阵变换为某种特殊形式的矩阵，这会对矩阵性质的分析及求解线性方程组带来很大的方便。

2.5.1　矩阵的初等变换

定义 2.15　下面三种变换称为矩阵的**初等行变换**：

(1) 互换矩阵的两行(如交换 i,j 两行，记作 $r_i \leftrightarrow r_j$)；

(2) 用一个非零数 k 乘以矩阵某一行的所有元素(如用 k 乘以矩阵的第 i 行，记作 $k \times r_i$)；

(3) 将矩阵某一行各元素的 k 倍加到另一行的对应元素上去(如第 i 行的 k 倍加到第 j 行，记作 $r_j + kr_i$)。

把以上定义中的"行"换成"列"，就得到了矩阵的**初等列变换**的定义，对应的记号由"r"改为"c"。矩阵的初等行变换和初等列变换统称为矩阵的**初等变换**。

定义 2.16　如果矩阵 $\boldsymbol{A}$ 经过有限次初等变换化为矩阵 $\boldsymbol{B}$，则称**矩阵 $\boldsymbol{A}$ 与 $\boldsymbol{B}$ 等价**，记作 $\boldsymbol{A} \rightarrow \boldsymbol{B}$。

等价是矩阵间的一种关系，不难证明：

(1) 自反性：$\boldsymbol{A} \rightarrow \boldsymbol{A}$；

(2) 对称性：若 $\boldsymbol{A} \rightarrow \boldsymbol{B}$，则 $\boldsymbol{B} \rightarrow \boldsymbol{A}$；

(3) 传递性：若 $\boldsymbol{A} \rightarrow \boldsymbol{B}, \boldsymbol{B} \rightarrow \boldsymbol{C}$，则 $\boldsymbol{A} \rightarrow \boldsymbol{C}$。

例 2.27　对矩阵 $\boldsymbol{A} = \begin{pmatrix} 2 & -3 & 1 & -1 \\ 2 & -1 & -1 & -1 \\ 1 & 1 & -2 & 1 \\ -1 & 4 & -3 & 2 \end{pmatrix}$ 进行如下初等变换有

$$\boldsymbol{A} = \begin{pmatrix} 2 & -3 & 1 & -1 \\ 2 & -1 & -1 & -1 \\ 1 & 1 & -2 & 1 \\ -1 & 4 & -3 & 2 \end{pmatrix} \xrightarrow{r_1 \leftrightarrow r_3} \begin{pmatrix} 1 & 1 & -2 & 1 \\ 2 & -1 & -1 & -1 \\ 2 & -3 & 1 & -1 \\ -1 & 4 & -3 & 2 \end{pmatrix}$$

$$\xrightarrow[r_4 + r_1]{\substack{r_2 + (-2)r_1 \\ r_3 + (-2)r_1}} \begin{pmatrix} 1 & 1 & -2 & 1 \\ 0 & -3 & 3 & -3 \\ 0 & -5 & 5 & -3 \\ 0 & 5 & -5 & 3 \end{pmatrix} \xrightarrow[r_4 + r_3]{\left(-\frac{1}{3}\right) \times r_2} \begin{pmatrix} 1 & 1 & -2 & 1 \\ 0 & 1 & -1 & 1 \\ 0 & -5 & 5 & -3 \\ 0 & 0 & 0 & 0 \end{pmatrix}$$

$$\xrightarrow{r_3 + 5r_2} \begin{pmatrix} 1 & 1 & -2 & 1 \\ 0 & 1 & -1 & 1 \\ 0 & 0 & 0 & 2 \\ 0 & 0 & 0 & 0 \end{pmatrix} = \boldsymbol{B}。$$

上式中的矩阵 $\boldsymbol{B}$ 依据其形状特征，称之为行阶梯形矩阵。

一般地,满足下列条件的矩阵称为**行阶梯形矩阵**:

(1) 零行(元素全为零的行)位于矩阵的下方;

(2) 自上而下各非零行的首非零元(从左至右的第一个不为零的元素)左边零元素的个数随行数的增加而严格增加。

例如,以下矩阵都是行阶梯形矩阵:

$$\begin{pmatrix} 3 & 2 & 1 & 2 \\ 0 & 2 & 1 & 5 \\ 0 & 0 & 4 & 1 \end{pmatrix},\begin{pmatrix} 0 & 3 & 0 & 1 \\ 0 & 0 & 2 & 1 \\ 0 & 0 & 0 & 3 \end{pmatrix},\begin{pmatrix} 1 & -3 & -1 & 2 \\ 0 & -1 & 3 & 5 \\ 0 & 0 & 0 & 0 \end{pmatrix}。$$

对例 2.27 中的矩阵 $\boldsymbol{B}$ 继续施行以下初等行变换:

$$\boldsymbol{B}\xrightarrow{\frac{1}{2}\times r_3}\begin{pmatrix} 1 & 1 & -2 & 1 \\ 0 & 1 & -1 & 1 \\ 0 & 0 & 0 & 1 \\ 0 & 0 & 0 & 0 \end{pmatrix}\xrightarrow[r_2-r_3]{r_1-r_3}\begin{pmatrix} 1 & 1 & -2 & 0 \\ 0 & 1 & -1 & 0 \\ 0 & 0 & 0 & 1 \\ 0 & 0 & 0 & 0 \end{pmatrix}\xrightarrow{r_1-r_2}\begin{pmatrix} 1 & 0 & -1 & 0 \\ 0 & 1 & -1 & 0 \\ 0 & 0 & 0 & 1 \\ 0 & 0 & 0 & 0 \end{pmatrix}=\boldsymbol{C}$$

称这种特殊形状的行阶梯形矩阵 $\boldsymbol{C}$ 为行最简形矩阵。

一般地,满足下列条件的行阶梯形矩阵称为**行最简形矩阵**:

(1) 各非零行的首非零元都是 1;

(2) 每个首非零元所在列的其余元素都是零。

如果对上述矩阵 $\boldsymbol{C}=\begin{pmatrix} 1 & 0 & -1 & 0 \\ 0 & 1 & -1 & 0 \\ 0 & 0 & 0 & 1 \\ 0 & 0 & 0 & 0 \end{pmatrix}$ 再作初等列变换,可得:

$$\boldsymbol{C}\xrightarrow[c_3+c_2]{c_3+c_1}\begin{pmatrix} 1 & 0 & 0 & 0 \\ 0 & 1 & 0 & 0 \\ 0 & 0 & 0 & 1 \\ 0 & 0 & 0 & 0 \end{pmatrix}\xrightarrow{c_3\leftrightarrow c_4}\begin{pmatrix} 1 & 0 & 0 & 0 \\ 0 & 1 & 0 & 0 \\ 0 & 0 & 1 & 0 \\ 0 & 0 & 0 & 0 \end{pmatrix}=\begin{pmatrix} \boldsymbol{E}_3 & \boldsymbol{O} \\ \boldsymbol{O} & \boldsymbol{O} \end{pmatrix}=\boldsymbol{D}。$$

这里的矩阵 $\boldsymbol{D}$ 称为原矩阵 $\boldsymbol{A}$ 的**标准形**。一般地,矩阵 $\boldsymbol{A}$ 的标准形 $\boldsymbol{D}$ 具有如下特点:$\boldsymbol{D}$ 的左上角是一个单位矩阵,其余元素全为 0。

定理 2.2 任意一个矩阵 $\boldsymbol{A}=(a_{ij})_{m\times n}$ 都可以经过有限次初等变换化为下列标准形矩阵

$$\boldsymbol{D}=\begin{pmatrix} 1 & & & & & \\ & \ddots & & & & \\ & & 1 & & & \\ & & & 0 & & \\ & & & & \ddots & \\ & & & & & 0 \end{pmatrix}=\begin{pmatrix} \boldsymbol{E}_r & \boldsymbol{O}_{r\times(n-r)} \\ \boldsymbol{O}_{(m-r)\times r} & \boldsymbol{O}_{(m-r)\times(n-r)} \end{pmatrix}。$$

证　如果 $\boldsymbol{A}$ 中所有的 $a_{ij}=0$，即 $\boldsymbol{A}=\boldsymbol{O}$，则 $\boldsymbol{A}$ 已经是 $\boldsymbol{D}$ 的形式；如果 $\boldsymbol{A}$ 中至少有一个元素不等于 0，不妨设 $a_{11}\neq 0$（否则总可经过第一种初等变换化为左上角元素不等于 0），以 $-a_{i1}/a_{11}$ 乘第 1 行加至第 i 行上（$i=2,\cdots,m$），再以 $-a_{1j}/a_{11}$ 乘所得矩阵的第 1 列加至第 j 列上（$j=2,\cdots,n$），然后以 $1/a_{11}$ 乘第 1 行，于是矩阵 $\boldsymbol{A}$ 化为

$$\begin{pmatrix} 1 & \boldsymbol{O}_{1\times(n-1)} \\ \boldsymbol{O}_{(m-1)\times 1} & \boldsymbol{B}_{(m-1)\times(n-1)} \end{pmatrix}。$$

如果 $\boldsymbol{B}_{(m-1)\times(n-1)}=\boldsymbol{O}$，则 $\boldsymbol{A}$ 已化为 $\boldsymbol{D}$ 的形式，如果 $\boldsymbol{B}_{(m-1)\times(n-1)}\neq\boldsymbol{O}$，则按上述方法对矩阵 $\boldsymbol{B}_{(m-1)\times(n-1)}$ 继续使用以上方法，最后总可以把 $\boldsymbol{A}$ 化为 $\boldsymbol{D}$ 的形式。

定理 2.2 的证明实质上也给出了下列推论：

推论 1　任意一个矩阵 $\boldsymbol{A}$ 都可以经有限次初等行变换化为行阶梯形矩阵，进而化为行最简形矩阵。

推论 2　如果 $\boldsymbol{A}$ 为 n 阶可逆矩阵，则 $\boldsymbol{A}$ 可经过有限次初等行变换化为 $\boldsymbol{E}$，即 $\boldsymbol{A}\xrightarrow{r}\boldsymbol{E}$。

例 2.28　将矩阵 $\boldsymbol{A}=\begin{pmatrix} 1 & 2 & 3 & 1 \\ 3 & 8 & 12 & 9 \\ 2 & 6 & 9 & 5 \\ 4 & 16 & 24 & 7 \end{pmatrix}$ 化为标准形。

解　先用初等行变换将矩阵 $\boldsymbol{A}$ 化为行阶梯形矩阵，进而化为行最简形矩阵，最后利用初等列变换化为标准形。

$$\boldsymbol{A}\xrightarrow[r_4-4r_1]{\substack{r_2-3r_1\\ r_3-2r_1}}\begin{pmatrix} 1 & 2 & 3 & 1 \\ 0 & 2 & 3 & 6 \\ 0 & 2 & 3 & 3 \\ 0 & 8 & 12 & 3 \end{pmatrix}\xrightarrow[r_4-4r_2]{r_3-r_2}\begin{pmatrix} 1 & 2 & 3 & 1 \\ 0 & 2 & 3 & 6 \\ 0 & 0 & 0 & -3 \\ 0 & 0 & 0 & -21 \end{pmatrix}\xrightarrow[\left(-\frac{1}{3}\right)\times r_3]{r_4-7r_3}\begin{pmatrix} 1 & 2 & 3 & 1 \\ 0 & 2 & 3 & 6 \\ 0 & 0 & 0 & 1 \\ 0 & 0 & 0 & 0 \end{pmatrix}$$

$$\xrightarrow[r_2-6r_3]{r_1-r_3}\begin{pmatrix} 1 & 2 & 3 & 0 \\ 0 & 2 & 3 & 0 \\ 0 & 0 & 0 & 1 \\ 0 & 0 & 0 & 0 \end{pmatrix}\xrightarrow[\frac{1}{2}\times r_2]{r_1-r_2}\begin{pmatrix} 1 & 0 & 0 & 0 \\ 0 & 1 & \frac{3}{2} & 0 \\ 0 & 0 & 0 & 1 \\ 0 & 0 & 0 & 0 \end{pmatrix}$$

$$\xrightarrow{c_3-\frac{3}{2}c_2}\begin{pmatrix} 1 & 0 & 0 & 0 \\ 0 & 1 & 0 & 0 \\ 0 & 0 & 0 & 1 \\ 0 & 0 & 0 & 0 \end{pmatrix}\xrightarrow{c_3\leftrightarrow c_4}\begin{pmatrix} 1 & 0 & 0 & 0 \\ 0 & 1 & 0 & 0 \\ 0 & 0 & 1 & 0 \\ 0 & 0 & 0 & 0 \end{pmatrix}。$$

2.5.2　初等矩阵

定义 2.17　由单位矩阵 $\boldsymbol{E}$ 经过一次初等变换得到的矩阵称为**初等矩阵**。三种初等变换分别对应着三种初等矩阵。

(1) 交换 $\boldsymbol{E}$ 的第 i 行和第 j 行(或交换 $\boldsymbol{E}$ 的第 i 列和第 j 列),得

$$\boldsymbol{E}(i,j)=\begin{pmatrix}1&&&&&&&&&&\\&\ddots&&&&&&&&&\\&&1&&&&&&&&\\&&&0&&\cdots&&1&&&\\&&&&1&&&&&&\\&&&\vdots&&\ddots&&\vdots&&&\\&&&&&&1&&&&\\&&&1&&\cdots&&0&&&\\&&&&&&&&1&&\\&&&&&&&&&\ddots&\\&&&&&&&&&&1\end{pmatrix}\begin{matrix}\\\\\\\leftarrow 第\ i\ 行\\\\\\\\\leftarrow 第\ j\ 行\\\\\\\\\end{matrix}$$

↑ 第 i 列　　↑ 第 j 列

(2) 用非零数 k 乘 $\boldsymbol{E}$ 的第 i 行(或第 i 列),得

$$\boldsymbol{E}(i(k))=\begin{pmatrix}1&&&&&&\\&\ddots&&&&&\\&&1&&&&\\&&&k&&&\\&&&&1&&\\&&&&&\ddots&\\&&&&&&1\end{pmatrix}\begin{matrix}\\\\\\\leftarrow 第\ i\ 行\\\\\\\\\end{matrix}$$

↑ 第 i 列

(3) 将 $\boldsymbol{E}$ 的第 j 行的 k 倍加到第 i 行(或将 $\boldsymbol{E}$ 的第 i 列的 k 倍加到第 j 列),得

$$\boldsymbol{E}(i,j(k))=\begin{pmatrix}1&&&&&&\\&\ddots&&&&&\\&&1&\cdots&k&&\\&&&\ddots&\vdots&&\\&&&&1&&\\&&&&&\ddots&\\&&&&&&1\end{pmatrix}\begin{matrix}\\\\\leftarrow 第\ i\ 行\\\\\leftarrow 第\ j\ 行\\\\\\\end{matrix}$$

↑ 第 i 列　　↑ 第 j 列

不难看出,初等矩阵都是可逆的。事实上,

$$\boldsymbol{E}(i,j)^{-1}=\boldsymbol{E}(i,j),\boldsymbol{E}(i(k))^{-1}=\boldsymbol{E}\left(i\left(\frac{1}{k}\right)\right),\boldsymbol{E}(i,j(k))^{-1}=\boldsymbol{E}(i,j(-k))。$$

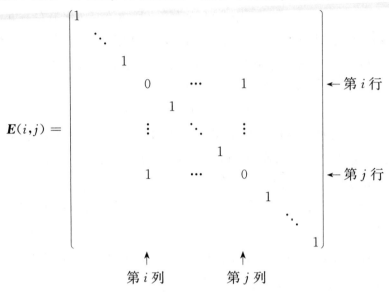

所以初等矩阵的逆矩阵仍然为初等矩阵。

矩阵的初等变换与初等矩阵有着非常密切的关系：

定理 2.3　设 $\boldsymbol{A}$ 是一个 $m\times n$ 阶矩阵，对 $\boldsymbol{A}$ 施行一次初等行变换，相当于用相应的 m 阶初等矩阵左乘 $\boldsymbol{A}$；对 $\boldsymbol{A}$ 施行一次初等列变换，相当于用相应的 n 阶初等矩阵右乘 $\boldsymbol{A}$。

证　只证明初等行变换的情形，初等列变换的情形类似可得。已知 $\boldsymbol{A}$ 为 $m\times n$ 阶矩阵，其按行分块记为

$$\boldsymbol{A}=\begin{pmatrix}\boldsymbol{A}_1\\ \boldsymbol{A}_2\\ \vdots\\ \boldsymbol{A}_m\end{pmatrix},$$

由分块矩阵的乘法有

$$\boldsymbol{E}(i,j)\boldsymbol{A}=\boldsymbol{E}(i,j)\begin{pmatrix}\vdots\\ \boldsymbol{A}_i\\ \vdots\\ \boldsymbol{A}_j\\ \vdots\end{pmatrix}=\begin{pmatrix}\vdots\\ \boldsymbol{A}_j\\ \vdots\\ \boldsymbol{A}_i\\ \vdots\end{pmatrix}\begin{matrix}\\ \text{第 } i \text{ 行}\\ \\ \text{第 } j \text{ 行}\\ \\ \end{matrix},$$

这相当于交换 $\boldsymbol{A}$ 的第 i 行与第 j 行。

$$\boldsymbol{E}(i(k))\boldsymbol{A}=\boldsymbol{E}(i(k))\begin{pmatrix}\vdots\\ \boldsymbol{A}_i\\ \vdots\end{pmatrix}=\begin{pmatrix}\vdots\\ k\boldsymbol{A}_i\\ \vdots\end{pmatrix}\text{第 } i \text{ 行},$$

这相当于用 k 乘以 $\boldsymbol{A}$ 的第 i 行。

$$\boldsymbol{E}(i,j(k))\boldsymbol{A}=\boldsymbol{E}(i,j(k))\begin{pmatrix}\vdots\\ \boldsymbol{A}_i\\ \vdots\\ \boldsymbol{A}_j\\ \vdots\end{pmatrix}=\begin{pmatrix}\vdots\\ \boldsymbol{A}_i+k\boldsymbol{A}_j\\ \vdots\\ \boldsymbol{A}_j\\ \vdots\end{pmatrix}\begin{matrix}\\ \text{第 } i \text{ 行}\\ \\ \text{第 } j \text{ 行}\\ \\ \end{matrix},$$

这相当于将 $\boldsymbol{A}$ 的第 j 行的 k 倍加到第 i 行。

例 2.29　设有矩阵 $\boldsymbol{A}=\begin{pmatrix}1&2&3\\4&5&6\\7&8&9\end{pmatrix}$，而 $\boldsymbol{E}_3(1,2)=\begin{pmatrix}0&1&0\\1&0&0\\0&0&1\end{pmatrix}$，则

$$\boldsymbol{E}_3(1,2)\boldsymbol{A}=\begin{pmatrix}0&1&0\\1&0&0\\0&0&1\end{pmatrix}\begin{pmatrix}1&2&3\\4&5&6\\7&8&9\end{pmatrix}=\begin{pmatrix}4&5&6\\1&2&3\\7&8&9\end{pmatrix},$$

即用 $\boldsymbol{E}_3(1,2)$ 左乘 $\boldsymbol{A}$，相当于交换矩阵 $\boldsymbol{A}$ 的第 1 行与第 2 行。而

$$E_3(3,1(2))=\begin{pmatrix}1&0&0\\0&1&0\\2&0&1\end{pmatrix},$$

则

$$AE_3(3,1(2))=\begin{pmatrix}1&2&3\\4&5&6\\7&8&9\end{pmatrix}\begin{pmatrix}1&0&0\\0&1&0\\2&0&1\end{pmatrix}=\begin{pmatrix}7&2&3\\16&5&6\\25&8&9\end{pmatrix}。$$

即用 $E_3(3,1(2))$ 右乘 A，相当于将矩阵 A 的第 3 列的 2 倍加到第 1 列。

例 2.30 计算 $\begin{pmatrix}1&0&1\\0&1&0\\0&0&1\end{pmatrix}^5\begin{pmatrix}2&1&3\\1&4&2\\2&3&1\end{pmatrix}$。

解 注意到 $\begin{pmatrix}1&0&1\\0&1&0\\0&0&1\end{pmatrix}=E(1,3(1))$，即知上式表示将矩阵 $A=\begin{pmatrix}2&1&3\\1&4&2\\2&3&1\end{pmatrix}$ 的第 3 行的 1 倍加到第 1 行连续运算 5 次，即第 3 行的 5 倍加到第 1 行，所以

$$\begin{pmatrix}1&0&1\\0&1&0\\0&0&1\end{pmatrix}^5\begin{pmatrix}2&1&3\\1&4&2\\2&3&1\end{pmatrix}=\begin{pmatrix}2+2\times5&1+3\times5&3+1\times5\\1&4&2\\2&3&1\end{pmatrix}=\begin{pmatrix}12&16&8\\1&4&2\\2&3&1\end{pmatrix}。$$

由矩阵等价的定义(定义 2.16)及定理 2.3 易得如下定理：

定理 2.4 矩阵 $A_{m\times n}\to B_{m\times n}$ 的充分必要条件是存在若干个 m 阶初等矩阵 $P_1,P_2,\cdots,P_s$ 和若干个 n 阶初等矩阵 $Q_1,Q_2,\cdots,Q_t$，使得

$$P_s\cdots P_2P_1AQ_1Q_2\cdots Q_t=B。$$

如果令 $P=P_s\cdots P_2P_1$，$Q=Q_1Q_2\cdots Q_t$，因为初等矩阵都是可逆的，所以 P 和 Q 分别为 m 阶及 n 阶可逆矩阵，于是可以得到下面的推论：

推论 矩阵 $A_{m\times n}\to B_{m\times n}$ 的充分必要条件是存在 m 阶可逆矩阵 P 及 n 阶可逆矩阵 Q，使得 $PAQ=B$。

2.5.3 用初等变换求逆矩阵

在定理 2.1 中，给出矩阵 A 可逆的充分必要条件，同时也给出了利用伴随矩阵 A^* 求逆矩阵的一种方法 —— 伴随矩阵法。对于阶数较高的矩阵，用伴随矩阵法求逆矩阵计算量太大，下面介绍一种较为简便的方法 —— 初等变换法。

定理 2.5 设 A 是 n 阶方阵，则下面的命题是等价的：

(1) A 是可逆的；

(2) $A\to E$，其中 E 为 n 阶单位矩阵；

(3) A 可以表示为若干个初等矩阵的乘积；

(4) $\boldsymbol{A}$ 可经过有限次初等行变换化为 $\boldsymbol{E}$(或者 $\boldsymbol{A}$ 可经过有限次初等列变换化为 $\boldsymbol{E}$)。

定理 2.5 的证明是简单的,详细的证明过程请读者自己完成。

若 $\boldsymbol{A}$ 可逆,由定理 2.5 的(4) 和定理 2.3,则存在一系列的初等矩阵$\boldsymbol{P}_1,\boldsymbol{P}_2,\cdots,\boldsymbol{P}_s$,使

$$\boldsymbol{P}_s\cdots\boldsymbol{P}_2\boldsymbol{P}_1\boldsymbol{A}=\boldsymbol{E}。\tag{2-5}$$

上式两边同时右乘 $\boldsymbol{A}^{-1}$,则有

$$\boldsymbol{P}_s\cdots\boldsymbol{P}_2\boldsymbol{P}_1\boldsymbol{E}=\boldsymbol{A}^{-1}。\tag{2-6}$$

注意到式(2-5) 与式(2-6) 中左边乘积中的初等矩阵是相同的,这说明将 $\boldsymbol{A}$ 施行一系列初等行变换化为 $\boldsymbol{E}$,则对 $\boldsymbol{E}$ 施行相同的初等行变换可化为 $\boldsymbol{A}^{-1}$。于是可以得到初等变换求逆矩阵的方法:构造一个 $n\times 2n$ 矩阵$(\boldsymbol{A}\mid\boldsymbol{E})$,用初等行变换(仅用行变换) 把左边的矩阵 $\boldsymbol{A}$ 化为单位矩阵 $\boldsymbol{E}$ 的同时,右边的单位矩阵 $\boldsymbol{E}$ 就化成了 $\boldsymbol{A}^{-1}$,即

$$(\boldsymbol{A}\mid\boldsymbol{E})\xrightarrow{\text{初等行变换}}(\boldsymbol{E}\mid\boldsymbol{A}^{-1})。$$

类似地,也可以构造 $2n\times n$ 矩阵 $\begin{pmatrix}\boldsymbol{A}\\ \hdashline \boldsymbol{E}\end{pmatrix}$,用初等列变换(仅用列变换) 把上方的矩阵 $\boldsymbol{A}$ 化为单位矩阵 $\boldsymbol{E}$ 的同时,下方的单位矩阵 $\boldsymbol{E}$ 就化成了 $\boldsymbol{A}^{-1}$,即

$$\begin{pmatrix}\boldsymbol{A}\\ \hdashline \boldsymbol{E}\end{pmatrix}\xrightarrow{\text{初等列变换}}\begin{pmatrix}\boldsymbol{E}\\ \hdashline \boldsymbol{A}^{-1}\end{pmatrix}。$$

例 2.31　设 $\boldsymbol{A}=\begin{pmatrix}2&4&-3\\1&4&-2\\1&2&-2\end{pmatrix}$,求 $\boldsymbol{A}^{-1}$。

解　对$(\boldsymbol{A}\mid\boldsymbol{E})$ 施行初等行变换,得

$$(\boldsymbol{A}\mid\boldsymbol{E})=\left(\begin{array}{ccc:ccc}2&4&-3&1&0&0\\1&4&-2&0&1&0\\1&2&-2&0&0&1\end{array}\right)\xrightarrow{r_1\leftrightarrow r_3}\begin{pmatrix}1&2&-2&0&0&1\\1&4&-2&0&1&0\\2&4&-3&1&0&0\end{pmatrix}$$

$$\xrightarrow[r_3-2r_1]{r_2-r_1}\begin{pmatrix}1&2&-2&0&0&1\\0&2&0&0&1&-1\\0&0&1&1&0&-2\end{pmatrix}\xrightarrow[r_1-r_2]{r_1+2r_3}\begin{pmatrix}1&0&0&2&-1&-2\\0&2&0&0&1&-1\\0&0&1&1&0&-2\end{pmatrix}$$

$$\xrightarrow{\frac{1}{2}\times r_2}\left(\begin{array}{ccc:ccc}1&0&0&2&-1&-2\\0&1&0&0&\frac{1}{2}&-\frac{1}{2}\\0&0&1&1&0&-2\end{array}\right)。$$

所以有

$$\boldsymbol{A}^{-1}=\begin{pmatrix}2&-1&-2\\0&\frac{1}{2}&-\frac{1}{2}\\1&0&-2\end{pmatrix}。$$

注　如果 $\boldsymbol{A}$ 不能化为单位矩阵 $\boldsymbol{E}$，则 $\boldsymbol{A}$ 不可逆。

以上用初等变换求逆矩阵的方法也可用于解某些特殊的矩阵方程。

设有矩阵方程 $\boldsymbol{AX}=\boldsymbol{B}$，若 $\boldsymbol{A}$ 为 n 阶可逆矩阵，则 $\boldsymbol{X}=\boldsymbol{A}^{-1}\boldsymbol{B}$。这也可以从初等行变换求得，因为

$$\boldsymbol{A}^{-1}(\boldsymbol{A}\mid\boldsymbol{B})=(\boldsymbol{A}^{-1}\boldsymbol{A}\mid\boldsymbol{A}^{-1}\boldsymbol{B})=(\boldsymbol{E}\mid\boldsymbol{A}^{-1}\boldsymbol{B}),$$

这说明只要对矩阵 $(\boldsymbol{A}\mid\boldsymbol{B})$ 施行初等行变换，当左边的矩阵 $\boldsymbol{A}$ 化为单位矩阵 $\boldsymbol{E}$ 时，右边的矩阵 $\boldsymbol{B}$ 就化为方程的解 $\boldsymbol{A}^{-1}\boldsymbol{B}$，即

$$(\boldsymbol{A}\mid\boldsymbol{B})\xrightarrow{\text{初等行变换}}(\boldsymbol{E}\mid\boldsymbol{A}^{-1}\boldsymbol{B})。$$

例 2.32　已知 $\boldsymbol{A}=\begin{pmatrix}3&2&3\\2&4&1\\3&4&5\end{pmatrix}$，$\boldsymbol{B}=\begin{pmatrix}2&5\\3&1\\4&3\end{pmatrix}$，解矩阵方程 $\boldsymbol{AX}=2\boldsymbol{X}+\boldsymbol{B}$。

解　由 $\boldsymbol{AX}=2\boldsymbol{X}+\boldsymbol{B}$，整理得 $(\boldsymbol{A}-2\boldsymbol{E})\boldsymbol{X}=\boldsymbol{B}$，而

$$(\boldsymbol{A}-2\boldsymbol{E}\mid\boldsymbol{B})=\left(\begin{array}{ccc:cc}1&2&3&2&5\\2&2&1&3&1\\3&4&3&4&3\end{array}\right)\xrightarrow[r_3-3r_1]{r_2-2r_1}\left(\begin{array}{ccc:cc}1&2&3&2&5\\0&-2&-5&-1&-9\\0&-2&-6&-2&-12\end{array}\right)$$

$$\xrightarrow[r_3-r_2]{r_1+r_2}\left(\begin{array}{ccc:cc}1&0&-2&1&-4\\0&-2&-5&-1&-9\\0&0&-1&-1&-3\end{array}\right)\xrightarrow[r_2-5r_3]{r_1-2r_3}\left(\begin{array}{ccc:cc}1&0&0&3&2\\0&-2&0&4&6\\0&0&-1&-1&-3\end{array}\right)$$

$$\xrightarrow[(-1)\times r_3]{\left(-\frac{1}{2}\right)\times r_2}\left(\begin{array}{ccc:cc}1&0&0&3&2\\0&1&0&-2&-3\\0&0&1&1&3\end{array}\right),$$

因此原方程的解为 $\boldsymbol{X}=\begin{pmatrix}3&2\\-2&-3\\1&3\end{pmatrix}$。

习　题　2.5

1. 填空题。

(1) 计算 $\begin{pmatrix}1&0&1\\0&1&0\\0&0&1\end{pmatrix}\begin{pmatrix}x_1&y_1&z_1\\x_2&y_2&z_2\\x_3&y_3&z_3\end{pmatrix}=$ ________。

(2) 计算 $\begin{pmatrix}x_1&y_1&z_1\\x_2&y_2&z_2\\x_3&y_3&z_3\end{pmatrix}\begin{pmatrix}1&0&1\\0&1&0\\0&0&1\end{pmatrix}=$ ________。

(3) 计算$\begin{pmatrix}1&0&1\\0&1&0\\0&0&1\end{pmatrix}^5\begin{pmatrix}1&2&3\\5&3&4\\3&1&2\end{pmatrix}=$ ________。

2. 用初等行变换把下列矩阵化为行阶梯形矩阵及行最简形矩阵。

(1) $\begin{pmatrix}2&-1&3&2\\4&-1&5&3\\2&0&2&1\end{pmatrix}$；　　(2) $\begin{pmatrix}1&0&-2&1\\2&1&-3&0\\-1&-2&0&5\\3&1&-5&1\end{pmatrix}$；

(3) $\begin{pmatrix}2&-3&1&-1&2\\2&-1&-1&1&2\\1&1&-2&1&4\\-1&4&-3&2&2\end{pmatrix}$。

3. 用初等变换把矩阵$\boldsymbol{A}=\begin{pmatrix}2&1&-1\\2&1&0\\1&-1&1\end{pmatrix}$化成标准形。

4. 判断下列矩阵是否可逆，若可逆，用初等变换法求其逆矩阵。

(1) $\begin{pmatrix}1&2&3\\2&2&1\\3&4&3\end{pmatrix}$；　　(2) $\begin{pmatrix}2&2&-1\\1&-2&4\\5&8&2\end{pmatrix}$；

(3) $\begin{pmatrix}1&0&-2&-3\\-1&-2&2&0\\2&3&-2&-1\\-1&-2&1&0\end{pmatrix}$。

5. 解下列矩阵方程。

(1) 设$\boldsymbol{A}=\begin{pmatrix}1&1&-1\\0&2&2\\1&-1&0\end{pmatrix}$，$\boldsymbol{B}=\begin{pmatrix}1&-1\\1&1\\2&1\end{pmatrix}$，且$\boldsymbol{AX}=\boldsymbol{B}$，求$\boldsymbol{X}$；

(2) 设$\boldsymbol{X}\begin{pmatrix}1&1&-1\\2&1&0\\1&-1&1\end{pmatrix}=\begin{pmatrix}1&1&3\\4&3&2\\1&2&5\end{pmatrix}$，求$\boldsymbol{X}$；

(3) 设$\begin{pmatrix}0&1&0\\1&0&0\\0&0&1\end{pmatrix}\boldsymbol{X}\begin{pmatrix}1&0&0\\-2&1&0\\0&0&1\end{pmatrix}=\begin{pmatrix}1&-4&3\\2&0&-1\\0&-2&1\end{pmatrix}$，求$\boldsymbol{X}$。

6. 解矩阵方程$\boldsymbol{AX}+\boldsymbol{B}=\boldsymbol{X}$，其中$\boldsymbol{A}=\begin{pmatrix}0&1&0\\-1&1&1\\-1&0&-1\end{pmatrix}$，$\boldsymbol{B}=\begin{pmatrix}1&-1\\2&0\\5&-3\end{pmatrix}$。

2.6 矩阵的秩

学习目标：

1. 理解矩阵的秩的概念和性质。
2. 熟练掌握矩阵的秩的求法。

矩阵的秩是线性代数中的一个重要概念，它在判断线性方程组解的存在性、向量组的线性相关性等方面起着重要的作用。

2.6.1 矩阵的秩的概念

定义 2.18 在 $\boldsymbol{A}=(a_{ij})_{m\times n}$ 中，任取 k 行 k 列（$k\leqslant\min\{m,n\}$），位于这些行列交叉处的 k^2 个元素按原来的次序所构成的 k 阶行列式，称为 $\boldsymbol{A}$ 的 k **阶子式**。

例如，在矩阵 $\boldsymbol{A}=\begin{pmatrix}2&-1&1&3\\3&0&-2&4\\-1&-3&2&1\end{pmatrix}$ 中，选取第 1、3 行及第 2、4 列，它们交叉处元素构成 $\boldsymbol{A}$ 的一个二阶子式 $\begin{vmatrix}-1&3\\-3&1\end{vmatrix}$。再如取 $\boldsymbol{A}$ 的第 1、2、3 行及第 1、3、4 列对应的 $\boldsymbol{A}$ 的三阶子式为 $\begin{vmatrix}2&1&3\\3&-2&4\\-1&2&1\end{vmatrix}$。

矩阵 $\boldsymbol{A}_{m\times n}$ 共有 $C_m^kC_n^k$ 个 k 阶子式。显然，$\boldsymbol{A}$ 的每一元素 a_{ij} 都是 $\boldsymbol{A}$ 的一阶子式；当 $\boldsymbol{A}$ 为 n 阶方阵时，$\boldsymbol{A}$ 的 n 阶子式就是 $|\boldsymbol{A}|$。

命题 若矩阵 $\boldsymbol{A}$ 的 k 阶子式全为零，则 $s(s\geqslant k)$ 阶子式也全为零。

事实上，由拉普拉斯定理可知，矩阵 $\boldsymbol{A}$ 的任意一个 s 阶子式都可以由 $\boldsymbol{A}$ 的 k 阶子式展开。由于 $\boldsymbol{A}$ 的 k 阶子式全为零，则 $\boldsymbol{A}$ 的任意一个 s 阶子式都为零。

由上述命题可知，若矩阵 $\boldsymbol{A}$ 的 k 阶子式中存在不为零的子式，则 $t(t<k)$ 阶子式中必存在不为零的子式。由此可见，一个矩阵不为零的子式的最高阶数是唯一确定的。

定义 2.19 设 $\boldsymbol{A}=(a_{ij})_{m\times n}$，如果 $\boldsymbol{A}$ 中存在一个不为零的 r 阶子式，而所有的 $r+1$ 阶子式（如果有的话）均为零，则称数 r 为矩阵 $\boldsymbol{A}$ 的**秩**，记为 $r(\boldsymbol{A})$（或 $R(\boldsymbol{A})$）。

规定零矩阵的秩为零，即 $r(\boldsymbol{O})=0$。

例 2.33 设矩阵 $\boldsymbol{A}=\begin{pmatrix}1&2&3&4&5\\0&0&1&-2&0\\0&0&0&2&0\\0&0&0&0&0\end{pmatrix}$，求 $r(\boldsymbol{A})$。

解　$\boldsymbol{A}$ 有一个全零行，所以 $\boldsymbol{A}$ 的所有四阶子式都为零，且 $\boldsymbol{A}$ 有一个三阶子式

$$\begin{vmatrix} 1 & 3 & 4 \\ 0 & 1 & -2 \\ 0 & 0 & 2 \end{vmatrix} = 2 \neq 0,$$

因此 $r(\boldsymbol{A}) = 3$。

注　行阶梯形矩阵的秩等于其非零行的行数。

例 2.34　已知矩阵 $\boldsymbol{A} = \begin{pmatrix} 1 & -2 & 1 \\ 2 & 1 & 0 \\ -2 & 4 & -2 \end{pmatrix}$，求 $r(\boldsymbol{A})$。

解　易看出 $\boldsymbol{A}$ 有一个二阶子式 $\begin{vmatrix} 1 & -2 \\ 2 & 1 \end{vmatrix} = 5 \neq 0$，而 $\boldsymbol{A}$ 的三阶子式只有一个 $|\boldsymbol{A}|$，而

$$|\boldsymbol{A}| = \begin{vmatrix} 1 & -2 & 1 \\ 2 & 1 & 0 \\ -2 & 4 & -2 \end{vmatrix} = \begin{vmatrix} 1 & -2 & 1 \\ 0 & 5 & -2 \\ 0 & 0 & 0 \end{vmatrix} = 0,$$

所以 $r(\boldsymbol{A}) = 2$。

显然，矩阵的秩具有下列性质：

(1) 设 $\boldsymbol{A} = (a_{ij})_{m\times n}$，则 $0 \leqslant r(\boldsymbol{A}) \leqslant \min\{m,n\}$；

(2) 如果 $\boldsymbol{A}$ 中有某个 s 阶子式不为 0，则 $r(\boldsymbol{A}) \geqslant s$；

(3) 如果 $\boldsymbol{A}$ 中所有 t 阶子式全为 0，则 $r(\boldsymbol{A}) < t$；

(4) $r(\boldsymbol{A}^{\mathrm{T}}) = r(\boldsymbol{A})$，$r(k\boldsymbol{A}) = r(\boldsymbol{A})(k \neq 0)$；

(5) 若 $\boldsymbol{A}$ 为 n 阶方阵，则 $r(\boldsymbol{A}) = n$ 的充分必要条件为 $|\boldsymbol{A}| \neq 0$。

如果 $r(\boldsymbol{A}_{n\times n}) = n$，则称方阵 $\boldsymbol{A}$ 是**满秩矩阵**；如果 $r(\boldsymbol{A}_{m\times n}) = m$，则称 $\boldsymbol{A}$ 为**行满秩矩阵**；如果 $r(\boldsymbol{A}_{m\times n}) = n$，则称 $\boldsymbol{A}$ 为**列满秩矩阵**。

2.6.2　矩阵的秩的求法

对于一般的矩阵，直接由定义求矩阵的秩，计算量会很大。下面介绍初等变换法。

定理 2.6　初等变换不改变矩阵的秩。

* **证明**　先考虑经一次初等行变换的情形。

设 $\boldsymbol{A}$ 经一次初等行变换变为 $\boldsymbol{B}$，$r(\boldsymbol{A}) = s$，且 $\boldsymbol{A}$ 的某个 s 阶子式 $D \neq 0$。

当 $\boldsymbol{A} \xrightarrow{r_i \leftrightarrow r_j} \boldsymbol{B}$ 或 $\boldsymbol{A} \xrightarrow{k \times r_i} \boldsymbol{B}$ 时，在 $\boldsymbol{B}$ 中总能找到与 D 相对应的 s 阶子式 D_1，由于 $D_1 = D$ 或 $D_1 = -D$ 或 $D_1 = kD$，因此 $D_1 \neq 0$，从而 $r(\boldsymbol{B}) \geqslant s$。

当 $\boldsymbol{A} \xrightarrow{r_i + kr_j} \boldsymbol{B}$ 时，由于对于变换 $r_i \leftrightarrow r_j$ 时结论成立，因此只需考虑 $\boldsymbol{A} \xrightarrow{r_1 + kr_2} \boldsymbol{B}$ 这一特殊情形，分两种情况讨论：

(1) $\boldsymbol{A}$ 的 s 阶非零子式 D 不含 $\boldsymbol{A}$ 的第 1 行，这时 D 也是 $\boldsymbol{B}$ 的一个 s 阶非零子式，所以 $r(\boldsymbol{B}) \geqslant s$；

(2) D 包含 $\boldsymbol{A}$ 的第 1 行，这时把 $\boldsymbol{B}$ 中与 D 对应的 s 阶子式 D_1 记为

$$D_1=\begin{vmatrix} r_1+kr_2 \\ r_p \\ \vdots \\ r_q \end{vmatrix}=\begin{vmatrix} r_1 \\ r_p \\ \vdots \\ r_q \end{vmatrix}+k\begin{vmatrix} r_2 \\ r_p \\ \vdots \\ r_q \end{vmatrix}=D+kD_2,$$

其中 r_1+kr_2 表示 D_1 的第 1 行，r_p 表示 D_1 的第 2 行，…，r_q 表示 D_1 的最后一行，其余类推。

若 $p=2$，则 $D_1=D\neq 0$；若 $p\neq 2$，则 D_2 也是 $\boldsymbol{B}$ 的 s 阶子式，由 $D_1-kD_2=D\neq 0$，知 D_1 与 D_2 不同时为 0。总之，$\boldsymbol{B}$ 中存在 s 阶非零子式 D_1 或 D_2，故 $r(\boldsymbol{B})\geqslant s$。

以上证明了若 $\boldsymbol{A}$ 经一次初等行变换变为 $\boldsymbol{B}$，则 $r(\boldsymbol{A})\leqslant r(\boldsymbol{B})$。由于 $\boldsymbol{B}$ 亦可经一次初等行变换变为 $\boldsymbol{A}$，故也有 $r(\boldsymbol{B})\leqslant r(\boldsymbol{A})$。因此

$$r(\boldsymbol{A})=r(\boldsymbol{B})。$$

由于经一次初等行变换后矩阵的秩不变，便可得到经有限次初等行变换后矩阵的秩也不变。

同理可证：经有限次初等列变换后矩阵的秩不变。

综上所述，初等变换不改变矩阵的秩，即若 $\boldsymbol{A}$ 经过有限次初等变换后变为矩阵 $\boldsymbol{B}$（即 $\boldsymbol{A}\rightarrow\boldsymbol{B}$），则 $r(\boldsymbol{A})=r(\boldsymbol{B})$。

由此可得到利用初等变换求 $r(\boldsymbol{A})$ 的方法：用初等行变换把矩阵 $\boldsymbol{A}$ 变成行阶梯形矩阵，行阶梯形矩阵中非零行的行数就是 $\boldsymbol{A}$ 的秩。

例 2.35 设矩阵 $\boldsymbol{A}=\begin{pmatrix} 1 & -3 & 2 & 6 & 4 \\ 3 & -7 & 7 & 21 & 13 \\ 2 & -6 & 4 & 13 & 10 \\ 1 & -1 & 3 & 9 & 5 \end{pmatrix}$，求 $r(\boldsymbol{A})$ 及 $\boldsymbol{A}$ 的一个最高阶非零子式。

解 将矩阵 $\boldsymbol{A}$ 进行初等行变换化为行阶梯形矩阵，

$$\boldsymbol{A}\xrightarrow[r_4-r_1]{\substack{r_2-3r_1 \\ r_3-2r_1}}\begin{pmatrix} 1 & -3 & 2 & 6 & 4 \\ 0 & 2 & 1 & 3 & 1 \\ 0 & 0 & 0 & 1 & 2 \\ 0 & 2 & 1 & 3 & 1 \end{pmatrix}\xrightarrow{r_4-r_2}\begin{pmatrix} 1 & -3 & 2 & 6 & 4 \\ 0 & 2 & 1 & 3 & 1 \\ 0 & 0 & 0 & 1 & 2 \\ 0 & 0 & 0 & 0 & 0 \end{pmatrix},$$

由于行阶梯形矩阵的非零行数为 3，所以 $r(\boldsymbol{A})=3$。

再求 $\boldsymbol{A}$ 的一个最高阶非零子式。由 $r(\boldsymbol{A})=3$ 知，$\boldsymbol{A}$ 的最高阶非零子式为三阶子式。而矩阵 $\boldsymbol{A}$ 的三阶子式共有 $C_4^3\cdot C_5^3=40$ 个。根据对矩阵 $\boldsymbol{A}$ 施行初等行变换最后的结果，易见由第 1、2、3 行与第 1、2、4 列组成的三阶子式就是所求矩阵 $\boldsymbol{A}$ 的一个最高阶非零子式，即

$$\begin{vmatrix} 1 & -3 & 6 \\ 3 & -7 & 21 \\ 2 & -6 & 13 \end{vmatrix}=2\neq 0。$$

例 2.36　设三阶方阵 $\boldsymbol{A}=\begin{pmatrix} x & 1 & 1 \\ 1 & x & 1 \\ 1 & 1 & x \end{pmatrix}$，试求 $r(\boldsymbol{A})$。

解法一　结合方阵 $\boldsymbol{A}$ 的行列式讨论。

$$|\boldsymbol{A}|=\begin{vmatrix} x+2 & 1 & 1 \\ x+2 & x & 1 \\ x+2 & 1 & x \end{vmatrix}=(x+2)\begin{vmatrix} 1 & 1 & 1 \\ 1 & x & 1 \\ 1 & 1 & x \end{vmatrix}$$

$$=(x+2)\begin{vmatrix} 1 & 1 & 1 \\ 0 & x-1 & 0 \\ 0 & 0 & x-1 \end{vmatrix}=(x+2)(x-1)^2,$$

可得当 $x \neq 1$ 且 $x \neq -2$ 时，$r(\boldsymbol{A})=3$。

当 $x=1$ 时，对矩阵 $\boldsymbol{A}$ 作初等变换得

$$\boldsymbol{A}=\begin{pmatrix} 1 & 1 & 1 \\ 1 & 1 & 1 \\ 1 & 1 & 1 \end{pmatrix}\xrightarrow[r_3-r_1]{r_2-r_1}\begin{pmatrix} 1 & 1 & 1 \\ 0 & 0 & 0 \\ 0 & 0 & 0 \end{pmatrix},$$

可得 $r(\boldsymbol{A})=1$。

当 $x=-2$ 时，对矩阵 $\boldsymbol{A}$ 作初等变换得

$$\boldsymbol{A}=\begin{pmatrix} -2 & 1 & 1 \\ 1 & -2 & 1 \\ 1 & 1 & -2 \end{pmatrix}\xrightarrow{r_1\leftrightarrow r_3}\begin{pmatrix} 1 & 1 & -2 \\ 1 & -2 & 1 \\ -2 & 1 & 1 \end{pmatrix}\xrightarrow[r_3+2r_1]{r_2-r_1}\begin{pmatrix} 1 & 1 & -2 \\ 0 & -3 & 3 \\ 0 & 3 & -3 \end{pmatrix}$$

$$\xrightarrow{r_3+r_2}\begin{pmatrix} 1 & 1 & -2 \\ 0 & -3 & 3 \\ 0 & 0 & 0 \end{pmatrix},$$

可得 $r(\boldsymbol{A})=2$。

解法二　利用初等变换求 $r(\boldsymbol{A})$。

$$\boldsymbol{A}=\begin{pmatrix} x & 1 & 1 \\ 1 & x & 1 \\ 1 & 1 & x \end{pmatrix}\xrightarrow{r_1\leftrightarrow r_3}\begin{pmatrix} 1 & 1 & x \\ 1 & x & 1 \\ x & 1 & 1 \end{pmatrix}\xrightarrow[r_3-xr_1]{r_2-r_1}\begin{pmatrix} 1 & 1 & x \\ 0 & x-1 & -x+1 \\ 0 & -x+1 & 1-x^2 \end{pmatrix}$$

$$\xrightarrow{r_3+r_2}\begin{pmatrix} 1 & 1 & x \\ 0 & x-1 & -x+1 \\ 0 & 0 & -(x+2)(x-1) \end{pmatrix},$$

可得当 $x \neq 1$ 且 $x \neq -2$ 时，$r(\boldsymbol{A})=3$；当 $x=1$ 时，$r(\boldsymbol{A})=1$；当 $x=-2$ 时，$r(\boldsymbol{A})=2$。

解法二在对矩阵 $\boldsymbol{A}$ 施行初等变换过程中，若对矩阵

$$\begin{pmatrix} 1 & 1 & x \\ 0 & x-1 & -x+1 \\ 0 & -x+1 & 1-x^2 \end{pmatrix}$$

的第2行、第3行进行乘以$\frac{1}{x-1}$的初等行变换，则需单独讨论$x=1$时矩阵$\boldsymbol{A}$的秩，否则会丢掉部分解。

例 2.37 设$\boldsymbol{P}$为m阶可逆矩阵，$\boldsymbol{A}$为$m\times n$阶矩阵，证明：$r(\boldsymbol{PA})=r(\boldsymbol{A})$。

证 由于$\boldsymbol{P}$为可逆矩阵，故$\boldsymbol{P}$可表示成有限个初等矩阵的乘积，即

$$\boldsymbol{P}=\boldsymbol{P}_1\boldsymbol{P}_2\cdots\boldsymbol{P}_s,$$

其中$\boldsymbol{P}_i(i=1,2,\cdots,s)$为初等矩阵。从而

$$\boldsymbol{PA}=\boldsymbol{P}_1\boldsymbol{P}_2\cdots\boldsymbol{P}_s\boldsymbol{A},$$

此式表明$\boldsymbol{PA}$是$\boldsymbol{A}$经有限次初等行变换后得的矩阵，因而有

$$r(\boldsymbol{PA})=r(\boldsymbol{A})。$$

同理可得：若$\boldsymbol{Q}$为n阶可逆矩阵，$\boldsymbol{A}$为$m\times n$阶矩阵，则$r(\boldsymbol{AQ})=r(\boldsymbol{A})$；若$\boldsymbol{P},\boldsymbol{Q}$分别为$m$阶及$n$阶可逆矩阵，则$r(\boldsymbol{PAQ})=r(\boldsymbol{A})$。

矩阵的秩还有如下常用的性质：

(6) $\max\{r(\boldsymbol{A}),r(\boldsymbol{B})\}\leqslant r(\boldsymbol{A},\boldsymbol{B})\leqslant r(\boldsymbol{A})+r(\boldsymbol{B})$；

(7) $r(\boldsymbol{A}+\boldsymbol{B})\leqslant r(\boldsymbol{A})+r(\boldsymbol{B})$；

(8) $r(\boldsymbol{AB})\leqslant\min\{r(\boldsymbol{A}),r(\boldsymbol{B})\}$；

(9) 如果$\boldsymbol{A}_{m\times n}\boldsymbol{B}_{n\times k}=\boldsymbol{O}_{m\times k}$，则$r(\boldsymbol{A})+r(\boldsymbol{B})\leqslant n$。

这几个性质可以利用第3章的知识进行证明。

例 2.38 设$\boldsymbol{A}$为n阶方阵，证明$r(\boldsymbol{A}+\boldsymbol{E})+r(\boldsymbol{A}-\boldsymbol{E})\geqslant n$。

证 因为$(\boldsymbol{A}+\boldsymbol{E})+(\boldsymbol{E}-\boldsymbol{A})=2\boldsymbol{E}$，根据性质(7)有

$$r(\boldsymbol{A}+\boldsymbol{E})+r(\boldsymbol{E}-\boldsymbol{A})\geqslant r(2\boldsymbol{E})=n,$$

而$r(\boldsymbol{E}-\boldsymbol{A})=r(\boldsymbol{A}-\boldsymbol{E})$，所以

$$r(\boldsymbol{A}+\boldsymbol{E})+r(\boldsymbol{A}-\boldsymbol{E})\geqslant n。$$

习　题　2.6

1. 填空题。

(1) 设$\boldsymbol{A}$是4×5阶矩阵，$\boldsymbol{A}$有一个三阶子式非零，而所有四阶子式都为零，则$r(\boldsymbol{A})=$________。

(2) 设矩阵$\boldsymbol{A}$的秩为r，如果$\boldsymbol{A}$存在$r+1$阶子式，则这些$r+1$阶子式的值为________。

(3) n阶可逆矩阵的秩为________。

2. 求下列矩阵的秩：

(1) $\begin{pmatrix} 3 & 1 & 0 & 2 \\ 1 & -1 & 3 & -1 \\ 2 & 2 & -3 & 3 \end{pmatrix}$；　　(2) $\begin{pmatrix} 1 & 2 & 3 & 4 \\ 1 & 0 & 1 & 2 \\ 3 & -1 & -1 & 0 \\ 1 & 2 & 0 & -5 \end{pmatrix}$；

(3) $\begin{pmatrix} 1 & 2 & -2 & 2 & 2 \\ 0 & 1 & -1 & -1 & 1 \\ 1 & 1 & -1 & 3 & 1 \\ 1 & -1 & 1 & 5 & -1 \end{pmatrix}$。

3. 设矩阵 $\boldsymbol{A} = \begin{pmatrix} 2 & -1 & 2 & 1 \\ 1 & 2 & 1 & -1 \\ 1 & 7 & 1 & a \end{pmatrix}$ 的秩是 2，求 a。

4. 已知三阶矩阵 $\boldsymbol{A} = \begin{pmatrix} 1 & -2 & 3\lambda \\ -1 & 2\lambda & -3 \\ \lambda & -2 & 3 \end{pmatrix}$，就 λ 的值讨论 $r(\boldsymbol{A})$。

5. 矩阵 $\boldsymbol{A} = \begin{pmatrix} 1 & 2 & 3 \\ 2 & 1 & a \\ 1 & -1 & 2a \end{pmatrix}$ 与矩阵 $\boldsymbol{B} = \begin{pmatrix} 2 & 3 & 3 \\ -1 & -1 & -1 \\ 1 & 2 & 2 \end{pmatrix}$ 等价，求 a。

6. 设 n 阶方阵 $\boldsymbol{A}$ 满足 $\boldsymbol{A}^2 = \boldsymbol{A}$，$\boldsymbol{E}$ 为 n 阶单位矩阵，证明 $r(\boldsymbol{A}) + r(\boldsymbol{A} - \boldsymbol{E}) = n$。

总习题 2

1. 选择题。

(1) 若 $\boldsymbol{A}, \boldsymbol{B}, \boldsymbol{C}$ 是同阶方阵，且 $\boldsymbol{A}$ 可逆，则下列说法中，(　　) 必成立。

A. 若 $\boldsymbol{AB} = \boldsymbol{BC}$，则 $\boldsymbol{A} = \boldsymbol{C}$　　B. 若 $\boldsymbol{AB} = \boldsymbol{AC}$，则 $\boldsymbol{B} = \boldsymbol{C}$

C. 若 $\boldsymbol{AB} = \boldsymbol{CA}$，则 $\boldsymbol{B} = \boldsymbol{C}$　　D. 若 $\boldsymbol{AB} \neq \boldsymbol{O}$，则可能有 $\boldsymbol{B} = \boldsymbol{O}$

(2) 设 $\boldsymbol{A}, \boldsymbol{B}$ 为同阶方阵，且满足 $(\boldsymbol{AB})^2 = \boldsymbol{E}$，则下列选项一定正确的是(　　)。

A. $\boldsymbol{AB} = \boldsymbol{E}$　　B. $(\boldsymbol{BA})^{-1} = \boldsymbol{AB}$

C. $\boldsymbol{A}^{-1} = \boldsymbol{BAB}$　　D. $\boldsymbol{A}^{-1} = \boldsymbol{B}$

(3) 设 n 阶方阵 $\boldsymbol{A}$ 的伴随矩阵为 $\boldsymbol{A}^*$，且 $|\boldsymbol{A}^*| = a \neq 0$，则 $|\boldsymbol{A}| =$ (　　)。

A. a　　B. $\dfrac{1}{a}$　　C. $a^{\frac{1}{n-1}}$　　D. $a^{\frac{1}{n}}$

(4) 设 $\boldsymbol{A}$ 为 3×1 阶矩阵，$\boldsymbol{AA}^{\mathrm{T}} = \begin{pmatrix} 1 & -1 & 1 \\ -1 & 1 & -1 \\ 1 & -1 & 1 \end{pmatrix}$，则 $\boldsymbol{A}^{\mathrm{T}}\boldsymbol{A} =$ (　　)。

A. 1　　B. 2　　C. 3　　D. 4

(5) 设 $\boldsymbol{A}$ 为三阶方阵，将 $\boldsymbol{A}$ 的第 2 行加到第 1 行得矩阵 $\boldsymbol{B}$，再将 $\boldsymbol{B}$ 的第 1 列的 -1 倍加到第 2 列得矩阵 $\boldsymbol{C}$，记 $\boldsymbol{P}=\begin{pmatrix}1&1&0\\0&1&0\\0&0&1\end{pmatrix}$，则(　　)。

A. $\boldsymbol{C}=\boldsymbol{P}^{-1}\boldsymbol{A}\boldsymbol{P}$　　B. $\boldsymbol{C}=\boldsymbol{P}\boldsymbol{A}\boldsymbol{P}^{-1}$

C. $\boldsymbol{C}=\boldsymbol{P}^{\mathrm{T}}\boldsymbol{A}\boldsymbol{P}$　　D. $\boldsymbol{C}=\boldsymbol{P}\boldsymbol{A}\boldsymbol{P}^{\mathrm{T}}$

(6) 设 $\boldsymbol{A},\boldsymbol{B}$ 均为 n 阶方阵，则(　　)。

A. $\boldsymbol{A}$ 或 $\boldsymbol{B}$ 可逆，必有 $\boldsymbol{AB}$ 可逆　　B. $\boldsymbol{A}$ 或 $\boldsymbol{B}$ 不可逆，必有 $\boldsymbol{AB}$ 不可逆

C. $\boldsymbol{A}$ 且 $\boldsymbol{B}$ 可逆，必有 $\boldsymbol{A}+\boldsymbol{B}$ 可逆　　D. $\boldsymbol{A}$ 且 $\boldsymbol{B}$ 不可逆，必有 $\boldsymbol{A}+\boldsymbol{B}$ 不可逆

(7) 设矩阵 $\boldsymbol{A}=\begin{pmatrix}1&2&-3\\0&2&a\\1&a&1\end{pmatrix}$，$\boldsymbol{B}=\begin{pmatrix}1&-2&0\\0&2&1\\1&1&0\end{pmatrix}$，若 $r(\boldsymbol{AB})=2$，则 $a=$(　　)。

A. -2 或 4　　B. 2　　C. 2 或 -4　　D. 4

(8) 设 $\boldsymbol{A},\boldsymbol{B}$ 均为 n 阶可逆矩阵，$\boldsymbol{C}=\begin{pmatrix}\boldsymbol{A}&\boldsymbol{O}\\\boldsymbol{O}&\boldsymbol{B}\end{pmatrix}$，则 $\boldsymbol{C}^*=$(　　)。

A. $\begin{pmatrix}|\boldsymbol{A}|\boldsymbol{A}^*&\boldsymbol{O}\\\boldsymbol{O}&|\boldsymbol{B}|\boldsymbol{B}^*\end{pmatrix}$　　B. $\begin{pmatrix}|\boldsymbol{B}|\boldsymbol{B}^*&\boldsymbol{O}\\\boldsymbol{O}&|\boldsymbol{A}|\boldsymbol{A}^*\end{pmatrix}$

C. $\begin{pmatrix}|\boldsymbol{A}|\boldsymbol{B}^*&\boldsymbol{O}\\\boldsymbol{O}&|\boldsymbol{B}|\boldsymbol{A}^*\end{pmatrix}$　　D. $\begin{pmatrix}|\boldsymbol{B}|\boldsymbol{A}^*&\boldsymbol{O}\\\boldsymbol{O}&|\boldsymbol{A}|\boldsymbol{B}^*\end{pmatrix}$

(9) 如果矩阵 $\boldsymbol{A}$ 的秩为 r，则(　　)。

A. $r-1$ 阶子式都不为零　　B. r 阶子式全不为零

C. 至多有一个 r 阶子式不为零　　D. 至少有一个 r 阶子式不为零

(10) 设矩阵 $\boldsymbol{A}$ 通过初等变换化为矩阵 $\boldsymbol{B}$，则正确的是(　　)。

A. 存在可逆矩阵 $\boldsymbol{P}$，使得 $\boldsymbol{PA}=\boldsymbol{B}$　　B. 存在可逆矩阵 $\boldsymbol{Q}$，使得 $\boldsymbol{AQ}=\boldsymbol{B}$

C. $\boldsymbol{A}$ 与 $\boldsymbol{B}$ 有相同的标准形　　D. $\boldsymbol{B}$ 不能经初等变换化为 $\boldsymbol{A}$

2. 填空题。

(1) 设 $\boldsymbol{A}$ 为 n 阶方阵，且 $|\boldsymbol{A}|=a\neq 0$，则 $|3\boldsymbol{A}^{-1}|=$ ________。

(2) 设 $\boldsymbol{A}$ 为三阶方阵，$\boldsymbol{A}$ 的列记为 $\boldsymbol{A}_1,\boldsymbol{A}_2,\boldsymbol{A}_3$。已知 $|\boldsymbol{A}|=3$，则 $|2\boldsymbol{A}_1+\boldsymbol{A}_3,\boldsymbol{A}_3,\boldsymbol{A}_2|=$ ________。

(3) 设 $\boldsymbol{A}=\frac{1}{2}\begin{pmatrix}1&-\sqrt{3}\\\sqrt{3}&1\end{pmatrix}$，且 $\boldsymbol{A}^6=\boldsymbol{E}$，则 $\boldsymbol{A}^{11}=$ ________。

(4) 已知 $\boldsymbol{A}=\begin{pmatrix}1&0&1\\0&3&0\\1&0&1\end{pmatrix}$，则 $\boldsymbol{A}^5=$ ________。

(5) 若矩阵 $\boldsymbol{A}=\begin{pmatrix}-1 & 1 & 3\\ 1 & -2 & k\\ 0 & -5 & 0\end{pmatrix}$ 为奇异矩阵，则 $k=$ ________。

(6) 设 $\boldsymbol{A}$ 为三阶方阵，$|\boldsymbol{A}|=\frac{1}{3}$，则 $\left|\left(\frac{1}{2}\boldsymbol{A}\right)^{-1}+3\boldsymbol{A}^*\right|=$ ________。

(7) 设矩阵 $\boldsymbol{A}$ 的逆矩阵 $\boldsymbol{A}^{-1}=\begin{pmatrix}2 & 1 & 0\\ 0 & -1 & 3\\ 0 & 0 & 1\end{pmatrix}$，则 $\boldsymbol{A}^*=$ ________。

(8) 设矩阵 $\boldsymbol{A}=\begin{pmatrix}ax & ay & az\\ bx & by & bz\\ cx & cy & cz\end{pmatrix}$，其中 $ay\neq 0$，则 $r(\boldsymbol{A})=$ ________。

(9) 设矩阵 $\boldsymbol{A}$ 为 5×3 的矩阵，且 $r(\boldsymbol{A})=2$，矩阵 $\boldsymbol{B}=\begin{pmatrix}1 & 2 & 0\\ 2 & -1 & 3\\ 0 & 4 & 0\end{pmatrix}$，则 $r(\boldsymbol{AB})$ $=$ ________。

(10) 设 $\boldsymbol{A}=\begin{pmatrix}1 & 1 & 1 & 1\\ 1 & 2 & 1 & 1\\ 1 & 1 & -3 & 1\\ 1 & 1 & 1 & x\end{pmatrix}$，且 $r(\boldsymbol{A})=3$，则 $x=$ ________。

(11) $\begin{pmatrix}0 & 0 & 1\\ 0 & 1 & 0\\ 1 & 0 & 0\end{pmatrix}^{2017}\begin{pmatrix}1 & 2 & 3\\ 4 & 5 & 6\\ 7 & 8 & 9\end{pmatrix}\begin{pmatrix}1 & 0 & 0\\ 0 & 0 & 1\\ 0 & 1 & 0\end{pmatrix}^{2018}=$ ________。

3. 设 $\boldsymbol{A}=\begin{pmatrix}\lambda_1 & 0 & \cdots & 0\\ 0 & \lambda_2 & \cdots & 0\\ \vdots & \vdots & & \vdots\\ 0 & 0 & \cdots & \lambda_n\end{pmatrix}$，且 $\lambda_i\neq\lambda_j, i\neq j(i,j=1,2,\cdots,n)$，证明：与 $\boldsymbol{A}$ 可交换的矩阵只能是对角矩阵。

4. 设 $\boldsymbol{A}=\begin{pmatrix}2 & -2 & 0\\ 4 & -2 & 2\\ 1 & 3 & 1\end{pmatrix}$，$\boldsymbol{B}=\begin{pmatrix}1 & -1 & 0\\ -2 & 1 & -1\\ 0 & 1 & 0\end{pmatrix}$，求 $\boldsymbol{A}^2-4\boldsymbol{B}^2-2\boldsymbol{BA}+2\boldsymbol{AB}$。

5. 设矩阵 $\boldsymbol{A}=\begin{pmatrix}3\\ 1\\ 2\end{pmatrix}(1\quad 1\quad -1)$，求 $\boldsymbol{A}^n$，其中 n 为正整数。

6. 设 $\boldsymbol{A}=\begin{pmatrix}0 & -1 & 0\\ 1 & 0 & 0\\ 0 & 0 & -1\end{pmatrix}$，且 $\boldsymbol{B}=\boldsymbol{P}^{-1}\boldsymbol{AP}$，其中 $\boldsymbol{P}$ 为三阶可逆方阵，求 $\boldsymbol{B}^{100}-2\boldsymbol{A}^2$。

7. 设矩阵 $\boldsymbol{A}=\begin{pmatrix}3&8&0&0&0\\2&5&0&0&0\\0&0&1&2&3\\0&0&4&5&8\\0&0&3&4&6\end{pmatrix}$，求 $|\boldsymbol{A}|$ 及 $\boldsymbol{A}^{-1}$。

8. 设 $\boldsymbol{A}^k=\boldsymbol{O}$，其中 k 是正整数，证明：

$$(\boldsymbol{E}-\boldsymbol{A})^{-1}=\boldsymbol{E}+\boldsymbol{A}+\boldsymbol{A}^2+\cdots+\boldsymbol{A}^{k-1}。$$

9. 设 $\boldsymbol{A}=\begin{pmatrix}1&2&3&4\\0&1&2&3\\0&0&1&2\\0&0&0&1\end{pmatrix}$，求：(1)$\boldsymbol{A}^{-1}$ 及 $\boldsymbol{A}^*$；(2)$|\boldsymbol{A}|$ 中所有元素的代数余子式之和。

10. 设矩阵 $\boldsymbol{A}=\begin{pmatrix}k&1&0\\1&k&-1\\0&1&k\end{pmatrix}$，且 $\boldsymbol{A}^3=\boldsymbol{O}$。

(1) 求 k；

(2) 若矩阵 $\boldsymbol{X}$ 满足 $\boldsymbol{X}-\boldsymbol{X}\boldsymbol{A}^2-\boldsymbol{A}\boldsymbol{X}+\boldsymbol{A}\boldsymbol{X}\boldsymbol{A}^2=\boldsymbol{E}$，求 $\boldsymbol{X}$。

11. 设矩阵 $\boldsymbol{A}=\begin{pmatrix}2&1&0\\1&2&0\\0&0&1\end{pmatrix}$，矩阵 $\boldsymbol{B}$ 满足 $\boldsymbol{A}\boldsymbol{B}\boldsymbol{A}^*=2\boldsymbol{B}\boldsymbol{A}^*+\boldsymbol{E}$，其中 $\boldsymbol{A}^*$ 为 $\boldsymbol{A}$ 的伴随矩阵，$\boldsymbol{E}$ 为三阶单位矩阵，求 $\boldsymbol{B}$。

12. 设四阶方阵 $\boldsymbol{B}$ 满足 $\left[\left(\frac{1}{2}\boldsymbol{A}\right)^*\right]^{-1}\boldsymbol{B}\boldsymbol{A}^{-1}=2\boldsymbol{A}\boldsymbol{B}+12\boldsymbol{E}$，其中 $\boldsymbol{E}$ 是四阶单位矩阵，而

$$\boldsymbol{A}=\begin{pmatrix}1&2&0&0\\1&3&0&0\\0&0&0&2\\0&0&-1&0\end{pmatrix},$$

求矩阵 $\boldsymbol{B}$。

13. 若 $\boldsymbol{\alpha}_1,\boldsymbol{\alpha}_2,\boldsymbol{\alpha}_3,\boldsymbol{\beta}_1,\boldsymbol{\beta}_2$ 均为 4 维列向量，且四阶行列式 $|\boldsymbol{\alpha}_1,\boldsymbol{\alpha}_2,\boldsymbol{\alpha}_3,\boldsymbol{\beta}_1|=m$，$|\boldsymbol{\alpha}_1,\boldsymbol{\alpha}_2,\boldsymbol{\beta}_2,\boldsymbol{\alpha}_3|=n$，求四阶行列式 $|\boldsymbol{\alpha}_3,\boldsymbol{\alpha}_2,\boldsymbol{\alpha}_1,\boldsymbol{\beta}_1+\boldsymbol{\beta}_2|$。

14. 设 $\boldsymbol{A}$ 为 5×4 阶矩阵，$\boldsymbol{A}=\begin{pmatrix}1&2&3&1\\2&-1&k&2\\0&1&1&3\\1&-1&0&4\\2&0&2&5\end{pmatrix}$，且 $\boldsymbol{A}$ 的秩为 3，求 k。

15. 设矩阵 $\boldsymbol{A}=\begin{pmatrix}3 & -2 & \lambda & -16\\ 2 & -3 & 0 & 1\\ 1 & -1 & 1 & -3\\ 3 & \mu & 1 & -2\end{pmatrix}$，其中 λ,μ 为参数，求矩阵 $\boldsymbol{A}$ 的秩的最大值和最小值。

16. 设 $\boldsymbol{A}$ 为 n 阶方阵($n\geqslant 2$)，证明 $r(\boldsymbol{A}^*)=\begin{cases}n, & r(\boldsymbol{A})=n,\\ 1, & r(\boldsymbol{A})=n-1,\\ 0, & r(\boldsymbol{A})<n-1。\end{cases}$

第 3 章 线性方程组

在科学技术和经济分析中，许多问题的数学模型都可归结为求解线性方程组的问题。一般线性方程组中未知量个数与方程个数不一定相等，我们可以利用高斯消元法来求解线性方程组。这种方法简明，可操作性强，有效地解决了一般线性方程组的求解问题。

当线性方程组有无穷多个解时，用向量表示解的结构会显得更加清晰。然而，向量的用途不仅限于此。早在 1843 年，英国数学家哈密顿在研究"四元数"概念的同时，就引入了向量的概念。作为线性代数中最基本的概念之一，向量不仅是线性代数的核心，也是解决众多数学问题常用的工具，其相关理论和方法已经渗透到自然科学、工程技术、经济管理等各个领域。

本章的内容分为向量组和线性方程组两部分。向量组部分是从线性组合、线性相关（无关）出发，讨论向量组中线性无关向量的个数，从而引出向量组的极大无关组和向量组的秩的概念。线性方程组部分的主要内容是介绍高斯消元法，并利用矩阵及向量组的理论，对线性方程组解的情况以及解的结构进行讨论。重点讨论当线性方程组有无穷多个解时，如何用极大无关组来表示线性方程组的全部解，即通解。

3.1 高斯消元法

学习目标：

1. 了解线性方程组的系数矩阵、增广矩阵的概念。
2. 掌握用初等行变换求解线性方程组的方法，理解高斯消元法的基本思想。
3. 牢记线性方程组解的判定定理。

第 1 章讨论了用行列式求解 n 元线性方程组的克莱姆法则，但克莱姆法则仅适用于方程的个数和未知量的个数相等，且系数行列式不等于零的情形。对于一般的线性方程组，可以利用本节介绍的高斯消元法来求解。

3.1.1 线性方程组的形式

所谓一般线性方程组是指形式为

$$\begin{cases} a_{11}x_1+a_{12}x_2+\cdots+a_{1n}x_n=b_1, \\ a_{21}x_1+a_{22}x_2+\cdots+a_{2n}x_n=b_2, \\ \qquad\qquad\cdots\cdots \\ a_{m1}x_1+a_{m2}x_2+\cdots+a_{mn}x_n=b_m \end{cases} \tag{3-1}$$

的方程组，其中 $x_1, x_2, \cdots, x_n$ 表示 n 个未知量，m 指方程的个数，$a_{ij}(i=1,2,\cdots,m; j=1,2,\cdots,n)$ 称为线性方程组的**系数**，$b_j(j=1,2,\cdots,m)$ 称为**常数项**。方程组中未知量的个数 n 与方程的个数 m 不一定相等。系数 a_{ij} 的第一个指标 i 表示它在第 i 个方程中，第二个指标 j 表示它是未知量 x_j 的系数。

根据第 2 章矩阵的相关知识，我们可以借助矩阵的乘法形式来表示线性方程组。若记：

$$\boldsymbol{A}=\begin{pmatrix} a_{11} & a_{12} & \cdots & a_{1n} \\ a_{21} & a_{22} & \cdots & a_{2n} \\ \vdots & \vdots & & \vdots \\ a_{m1} & a_{m2} & \cdots & a_{mn} \end{pmatrix}, \boldsymbol{x}=\begin{pmatrix} x_1 \\ x_2 \\ \vdots \\ x_n \end{pmatrix}, \boldsymbol{b}=\begin{pmatrix} b_1 \\ b_2 \\ \vdots \\ b_m \end{pmatrix},$$

则线性方程组(3-1)的矩阵形式为

$$\boldsymbol{Ax}=\boldsymbol{b}。$$

这里矩阵 $\boldsymbol{A}$ 称为线性方程组的**系数矩阵**，$\boldsymbol{x}$ 称为**未知量向量**，$\boldsymbol{b}$ 称为**常数项向量**。

例如，方程组 $\begin{cases} x_1+x_2-2x_3=3, \\ x_1-x_2=0 \end{cases}$ 用矩阵的乘法表示就是 $\begin{pmatrix} 1 & 1 & -2 \\ 1 & -1 & 0 \end{pmatrix}\begin{pmatrix} x_1 \\ x_2 \\ x_3 \end{pmatrix}=\begin{pmatrix} 3 \\ 0 \end{pmatrix}$。

线性方程组的系数和常数项又可以排成下表：

$$\widetilde{\boldsymbol{A}}=(\boldsymbol{A} \mid \boldsymbol{b})=\begin{pmatrix} a_{11} & a_{12} & \cdots & a_{1n} & b_1 \\ a_{21} & a_{22} & \cdots & a_{2n} & b_2 \\ \vdots & \vdots & & \vdots & \vdots \\ a_{m1} & a_{m2} & \cdots & a_{mn} & b_m \end{pmatrix}。 \tag{3-2}$$

实际上，式(3-2)就确定了线性方程组(3-1)，这里矩阵 $\widetilde{\boldsymbol{A}}$ 称为线性方程组的**增广矩阵**。显然，一个线性方程组与它的增广矩阵是一一对应的。

例如，方程组 $\begin{cases} x_1+x_2-2x_3=3, \\ x_1-x_2=0 \end{cases}$ 的增广矩阵 $\widetilde{\boldsymbol{A}}=\left(\begin{array}{ccc:c} 1 & 1 & -2 & 3 \\ 1 & -1 & 0 & 0 \end{array}\right)$。

当 $b_j=0(j=1,2,\cdots,m)$ 时，线性方程组(3-1)称为齐次线性方程组；否则称为非齐次线性方程组。显然，齐次线性方程组的矩阵形式为

$$\boldsymbol{Ax}=\boldsymbol{0},$$

其中 $\boldsymbol{0}=(0,0,\cdots,0)^{\mathrm{T}}$。

3.1.2 高斯消元法

在中学代数中，已学过用加减消元法解二元、三元线性方程组。下面用一个具体的例子介绍这种方法。

例 3.1 解方程组

$$\begin{cases} 4x_1-2x_2+6x_3=2, \\ 4x_1+2x_2+5x_3=4, \\ 2x_1+x_2+2x_3=5。 \end{cases} \quad ①$$

解 将方程组 ① 中第一个方程两边同时乘以$\frac{1}{2}$，得

$$\begin{cases}2x_1-x_2+3x_3=1,\\4x_1+2x_2+5x_3=4,\\2x_1+x_2+2x_3=5。\end{cases} \quad ②$$

将方程组 ② 中第一个方程乘以 -2 加到第二个方程上，第一个方程乘以 -1 加到第三个方程上，得

$$\begin{cases}2x_1-x_2+3x_3=1,\\ \quad 4x_2-x_3=2,\\ \quad 2x_2-x_3=4。\end{cases} \quad ③$$

将方程组 ③ 中第二、第三个方程的次序互换，即得

$$\begin{cases}2x_1-x_2+3x_3=1,\\ \quad 2x_2-x_3=4,\\ \quad 4x_2-x_3=2。\end{cases} \quad ④$$

将方程组 ④ 中第二个方程乘以 -2 加到第三个方程上，即得

$$\begin{cases}2x_1-x_2+3x_3=1,\\ \quad 2x_2-x_3=4,\\ \quad \quad x_3=-6。\end{cases} \quad ⑤$$

方程组 ⑤ 是一个阶梯形方程组，从第三个方程可以得到 x_3 的值，然后再逐次代入前两个方程，求出 x_2，x_1，得

$$\begin{cases}x_1=9,\\x_2=-1,\\x_3=-6。\end{cases}$$

这种解法就称为**高斯**(Gauss) **消元法**，它分为消元过程和回代过程两部分。实际上，高斯消元法的基本思想是对线性方程组进行同解变换，将方程组化成容易求解的阶梯形方程组。

3.1.3 线性方程组的初等变换

从例 3.1 解题过程可以看出，消去未知量的过程实际上是反复对方程组施行以下三种变换：

(1) 交换两个方程的位置；

(2) 用一个非零数乘某一个方程的两边；

(3) 将一个方程的倍数加到另一个方程上。

以上三种变换称为**线性方程组的初等变换**。

注意到在消元过程中，我们仅对各方程的系数和常数项进行了运算，因此，对线性方

程组的初等变换就相当于对其增广矩阵施以相应的初等行变换，得到与原方程组同解的新方程组的增广矩阵。于是，对线性方程组的消元过程可用对其增广矩阵施行初等行变换来替代。

例 3.1 的求解过程相当于对方程组 ① 的增广矩阵进行初等行变换，表示如下：

$$\widetilde{\boldsymbol{A}}=(\boldsymbol{A}\,\vdots\,\boldsymbol{b})=\begin{pmatrix}4&-2&6&2\\4&2&5&4\\2&1&2&5\end{pmatrix}\xrightarrow{\frac{1}{2}\times r_1}\begin{pmatrix}2&-1&3&1\\4&2&5&4\\2&1&2&5\end{pmatrix}\xrightarrow[r_3-r_1]{r_2-2r_1}\begin{pmatrix}2&-1&3&1\\0&4&-1&2\\0&2&-1&4\end{pmatrix}$$

$$\xrightarrow{r_2\leftrightarrow r_3}\begin{pmatrix}2&-1&3&1\\0&2&-1&4\\0&4&-1&2\end{pmatrix}\xrightarrow{r_3-2r_2}\begin{pmatrix}2&-1&3&1\\0&2&-1&4\\0&0&1&-6\end{pmatrix}\xrightarrow[r_1-3r_3]{r_2+r_3}\begin{pmatrix}2&-1&0&19\\0&2&0&-2\\0&0&1&-6\end{pmatrix}$$

$$\xrightarrow[r_1+r_2]{\frac{1}{2}\times r_2}\begin{pmatrix}2&0&0&18\\0&1&0&-1\\0&0&1&-6\end{pmatrix}\xrightarrow{\frac{1}{2}\times r_1}\begin{pmatrix}1&0&0&9\\0&1&0&-1\\0&0&1&-6\end{pmatrix},$$

由最后一个矩阵得到方程组 ① 的解为

$$x_1=9,x_2=-1,x_3=-6。$$

利用高斯消元法解线性方程组时，只需写出线性方程组的增广矩阵，再对增广矩阵施行初等行变换，化成行最简形矩阵即可。

例 3.2 用初等变换的方法解方程组$\begin{cases}x_1+x_2+x_3-4x_4=1,\\2x_1+3x_2+x_3-5x_4=4,\\x_1+2x_3-7x_4=-1。\end{cases}$

解 对增广矩阵作初等行变换：

$$\widetilde{\boldsymbol{A}}=\begin{pmatrix}1&1&1&-4&1\\2&3&1&-5&4\\1&0&2&-7&-1\end{pmatrix}\xrightarrow[r_3-r_1]{r_2-2r_1}\begin{pmatrix}1&1&1&-4&1\\0&1&-1&3&2\\0&-1&1&-3&-2\end{pmatrix}$$

$$\xrightarrow{r_3+r_2}\begin{pmatrix}1&1&1&-4&1\\0&1&-1&3&2\\0&0&0&0&0\end{pmatrix}\xrightarrow{r_1-r_2}\begin{pmatrix}1&0&2&-7&-1\\0&1&-1&3&2\\0&0&0&0&0\end{pmatrix}。$$

最后的矩阵对应方程组

$$\begin{cases}x_1\quad+2x_3-7x_4=-1,\\x_2-x_3+3x_4=2。\end{cases}$$

从而移项可得

$$\begin{cases}x_1=-1-2x_3+7x_4,\\x_2=2+x_3-3x_4。\end{cases}\tag{3-3}$$

只要任意取定 x_3,x_4，由式(3-3)可求出相应的 x_1,x_2，进而得到方程组的一个解。因此该方程组有无穷多个解，并且可表示为

$$\begin{cases} x_1=-1-2k_1+7k_2, \\ x_2=2+k_1-3k_2, \\ x_3=k_1, \\ x_4=k_2 \end{cases} \quad (k_1,k_2 \text{ 为任意实数})。 \tag{3-4}$$

注 (1) 在3.6节中将证明式(3-4)是所求方程组的**全部解**，我们称它为**通解**。另外，x_3,x_4 称为**自由未知量**。

(2) 自由未知量的取法不是唯一的，比如在例3.2中也可以选择 x_2,x_4 作为自由未知量，故线性方程组通解的表示式可以不一样，但解集是相同的。

3.1.4 线性方程组的解

定理3.1 n 元非齐次线性方程组 $\boldsymbol{Ax}=\boldsymbol{b}$ 有解的充分必要条件是系数矩阵 $\boldsymbol{A}$ 的秩等于增广矩阵 $\widetilde{\boldsymbol{A}}$ 的秩，即 $r(\boldsymbol{A})=r(\widetilde{\boldsymbol{A}})=r$。并且：

(1) 当 $r=n$（未知量个数）时，方程组有唯一解；

(2) 当 $r<n$ 时，方程组有无穷多个解。

证 对线性方程组(3-1)的增广矩阵 $\widetilde{\boldsymbol{A}}=(\boldsymbol{A}\mid\boldsymbol{b})$ 施行适当初等行变换，化为行阶梯形矩阵：

$$\widetilde{\boldsymbol{A}} \xrightarrow{r} \begin{pmatrix} c_{11} & c_{12} & \cdots & c_{1r} & \cdots & c_{1n} & d_1 \\ 0 & c_{22} & \cdots & c_{2r} & \cdots & c_{2n} & d_2 \\ \vdots & \vdots & & \vdots & & \vdots & \vdots \\ 0 & 0 & \cdots & c_{rr} & \cdots & c_{rn} & d_r \\ 0 & 0 & \cdots & 0 & \cdots & 0 & d_{r+1} \\ 0 & 0 & \cdots & 0 & \cdots & 0 & 0 \\ \vdots & \vdots & & \vdots & & \vdots & \vdots \\ 0 & 0 & \cdots & 0 & \cdots & 0 & 0 \end{pmatrix}。$$

相应地，线性方程组(3-1)化为

$$\begin{cases} c_{11}x_1+c_{12}x_2+\cdots+c_{1r}x_r+\cdots+c_{1n}x_n=d_1, \\ \qquad c_{22}x_2+\cdots+c_{2r}x_r+\cdots+c_{2n}x_n=d_2, \\ \qquad\cdots\cdots \\ \qquad c_{rr}x_r+\cdots+c_{rn}x_n=d_r, \\ \qquad 0=d_{r+1}, \\ \qquad 0=0, \\ \qquad\cdots\cdots \\ \qquad 0=0。 \end{cases} \tag{3-5}$$

显然，方程组(3-1)与方程组(3-5)是同解方程组，于是只需要讨论方程组(3-5)的解的情况便可知方程组(3-1)的解的情况。

(1) 若 $d_{r+1} \neq 0$，则方程组(3-5)无解，那么方程组(3-1)也无解。

(2) 若 $d_{r+1} = 0$，则方程组(3-5)有解，那么方程组(3-1)也有解。

对于情形(1)，表现为增广矩阵与系数矩阵的秩不相等，即 $r(\widetilde{\mathbf{A}}) \neq r(\mathbf{A})$；而情形(2)表现为增广矩阵与系数矩阵的秩相等，即 $r(\mathbf{A}) = r(\widetilde{\mathbf{A}}) = r$。

情形(2)又分两种情况：

① 当 $r = n$ 时，方程组(3-5)的形式为

$$\begin{cases} c_{11}x_1 + c_{12}x_2 + \cdots + c_{1r}x_r + \cdots + c_{1n}x_n = d_1, \\ \qquad c_{22}x_2 + \cdots + c_{2r}x_r + \cdots + c_{2n}x_n = d_2, \\ \qquad\qquad \cdots\cdots \\ \qquad\qquad\qquad c_{nn}x_n = d_n, \end{cases}$$

其中 $c_{ii} \neq 0(i = 1,2,\cdots,n)$。从最后一个方程开始，逐个算出 $x_n, x_{n-1}, \cdots, x_1$ 的值，从而得到线性方程组(3-1)的唯一解。

② 当 $r < n$ 时，方程组(3-5)可改写为

$$\begin{cases} c_{11}x_1 + c_{12}x_2 + \cdots + c_{1r}x_r + \cdots + c_{1n}x_n = d_1, \\ \qquad c_{22}x_2 + \cdots + c_{2r}x_r + \cdots + c_{2n}x_n = d_2, \\ \qquad\qquad \cdots\cdots \\ \qquad\qquad c_{rr}x_r + \cdots + c_{rn}x_n = d_r, \end{cases}$$

其中 $c_{ii} \neq 0(i = 1,2,\cdots,r)$。将方程组改写为

$$\begin{cases} c_{11}x_1 + c_{12}x_2 + \cdots + c_{1r}x_r = d_1 - c_{1,r+1}x_{r+1} - \cdots - c_{1n}x_n, \\ \qquad c_{22}x_2 + \cdots + c_{2r}x_r = d_2 - c_{2,r+1}x_{r+1} - \cdots - c_{2n}x_n, \\ \qquad\qquad \cdots\cdots \\ \qquad\qquad c_{rr}x_r = d_r - c_{r,r+1}x_{r+1} - \cdots - c_{rn}x_n. \end{cases}$$

将方程组进行回代，化为

$$\begin{cases} x_1 = k_1 - k_{1,r+1}x_{r+1} - \cdots - k_{1n}x_n, \\ x_2 = k_2 - k_{2,r+1}x_{r+1} - \cdots - k_{2n}x_n, \\ \qquad \cdots\cdots \\ x_r = k_r - k_{r,r+1}x_{r+1} - \cdots - k_{rn}x_n, \end{cases}$$

其中 $x_{r+1}, x_{r+2}, \cdots, x_n$ 是自由未知量。若任给一组数 $l_1, l_2, \cdots, l_{n-r}$ 代入上式可得方程组的解为

$$\begin{cases} x_1 = k_1 - k_{1,r+1}l_1 - \cdots - k_{1n}l_{n-r}, \\ x_2 = k_2 - k_{2,r+1}l_1 - \cdots - k_{2n}l_{n-r}, \\ \qquad\qquad \cdots\cdots \\ x_r = k_r - k_{r,r+1}l_1 - \cdots - k_{rn}l_{n-r}, \\ x_{r+1} = l_1, \\ x_{r+2} = l_2, \\ \quad \cdots\cdots \\ x_n = l_{n-r}。 \end{cases}$$

由此可见，当 $r < n$ 时，方程组(3-1) 有无穷多个解，其中 $x_{r+1}, x_{r+2}, \cdots, x_n$ 是自由未知量。由此定理 3.1 得证。

由定理 3.1 的证明过程，可以得到如下推论：

推论 n 元非齐次线性方程组 $\boldsymbol{Ax} = \boldsymbol{b}$ 无解的充分必要条件是系数矩阵与增广矩阵的秩不相等，即 $r(\widetilde{\boldsymbol{A}}) \neq r(\boldsymbol{A})$。

例 3.3 求解非齐次线性方程组 $\begin{cases} x_1 - 2x_2 + 3x_3 - x_4 = 1, \\ 3x_1 - x_2 + 5x_3 - 3x_4 = 2, \\ 2x_1 + x_2 + 2x_3 - 2x_4 = 3。 \end{cases}$

解 对增广矩阵作初等行变换：

$$\widetilde{\boldsymbol{A}} = (\boldsymbol{A} \mid \boldsymbol{b}) = \begin{pmatrix} 1 & -2 & 3 & -1 & 1 \\ 3 & -1 & 5 & -3 & 2 \\ 2 & 1 & 2 & -2 & 3 \end{pmatrix} \xrightarrow[r_3 - 2r_1]{r_2 - 3r_1} \begin{pmatrix} 1 & -2 & 3 & -1 & 1 \\ 0 & 5 & -4 & 0 & -1 \\ 0 & 5 & -4 & 0 & 1 \end{pmatrix}$$

$$\xrightarrow{r_3 - r_2} \begin{pmatrix} 1 & -2 & 3 & -1 & 1 \\ 0 & 5 & -4 & 0 & -1 \\ 0 & 0 & 0 & 0 & 2 \end{pmatrix}。$$

由于 $r(\widetilde{\boldsymbol{A}}) = 3, r(\boldsymbol{A}) = 2$，故方程组无解。

例 3.4 求解非齐次线性方程组 $\begin{cases} x_1 - x_2 + x_3 = 1, \\ x_1 - 2x_2 - x_3 = 2, \\ 3x_1 - x_2 + 6x_3 = 3, \\ 2x_1 - 2x_2 + 3x_3 = 0。 \end{cases}$

解 对增广矩阵作初等行变换：

$$\widetilde{\boldsymbol{A}} = (\boldsymbol{A} \mid \boldsymbol{b}) = \begin{pmatrix} 1 & -1 & 1 & 1 \\ 1 & -2 & -1 & 2 \\ 3 & -1 & 6 & 3 \\ 2 & -2 & 3 & 0 \end{pmatrix} \xrightarrow[\substack{r_3 - 3r_1 \\ r_4 - 2r_1}]{r_2 - r_1} \begin{pmatrix} 1 & -1 & 1 & 1 \\ 0 & -1 & -2 & 1 \\ 0 & 2 & 3 & 0 \\ 0 & 0 & 1 & -2 \end{pmatrix}$$

$$\xrightarrow{r_3+2r_2}\begin{pmatrix}1 & -1 & 1 & 1\\0 & -1 & -2 & 1\\0 & 0 & -1 & 2\\0 & 0 & 1 & -2\end{pmatrix}\xrightarrow{r_4+r_3}\begin{pmatrix}1 & -1 & 1 & 1\\0 & -1 & -2 & 1\\0 & 0 & -1 & 2\\0 & 0 & 0 & 0\end{pmatrix}=\boldsymbol{B}。$$

由于 $r(\widetilde{\boldsymbol{A}})=r(\boldsymbol{A})=3$(未知量的个数),所以方程组有唯一解。对 $\boldsymbol{B}$ 进一步施行初等行变换,将它化为行最简形矩阵,有

$$\boldsymbol{B}\longrightarrow\begin{pmatrix}1 & -1 & 0 & 3\\0 & 1 & 0 & 3\\0 & 0 & 1 & -2\\0 & 0 & 0 & 0\end{pmatrix}\longrightarrow\begin{pmatrix}1 & 0 & 0 & 6\\0 & 1 & 0 & 3\\0 & 0 & 1 & -2\\0 & 0 & 0 & 0\end{pmatrix},$$

则得方程组的唯一解为 $x_1=6, x_2=3, x_3=-2$。

例 3.5　求解非齐次线性方程组 $\begin{cases}x_1-2x_2+x_3-x_4=1,\\-x_1+2x_2-x_3+2x_4=0,\\2x_1+x_2-x_4=-1。\end{cases}$

解　对增广矩阵作初等行变换:

$$\widetilde{\boldsymbol{A}}=(\boldsymbol{A}\mid\boldsymbol{b})=\begin{pmatrix}1 & -2 & 1 & -1 & 1\\-1 & 2 & -1 & 2 & 0\\2 & 1 & 0 & -1 & -1\end{pmatrix}\longrightarrow\begin{pmatrix}1 & -2 & 1 & -1 & 1\\0 & 5 & -2 & 1 & -3\\0 & 0 & 0 & 1 & 1\end{pmatrix}=\boldsymbol{B}。$$

由于 $r(\widetilde{\boldsymbol{A}})=r(\boldsymbol{A})=3<4$(未知量的个数),故方程组有无穷多个解。对 $\boldsymbol{B}$ 进一步施行初等行变换,有

$$\boldsymbol{B}\longrightarrow\begin{pmatrix}1 & \frac{1}{2} & 0 & 0 & 0\\0 & -\frac{5}{2} & 1 & 0 & 2\\0 & 0 & 0 & 1 & 1\end{pmatrix}。$$

上述矩阵对应的方程组为

$$\begin{cases}x_1=-\dfrac{1}{2}x_2,\\x_3=2+\dfrac{5}{2}x_2,\\x_4=1。\end{cases}$$

x_2 可任意取值。令 $x_2=c$,可得方程组的解为

$$\begin{cases} x_1 = -\dfrac{1}{2}c, \\ x_2 = c, \\ x_3 = 2 + \dfrac{5}{2}c, \\ x_4 = 1, \end{cases}$$

其中 c 为任意实数。

例 3.6 当 a,b 为何值时，线性方程组

$$\begin{cases} x_1 + x_2 + x_3 + x_4 = 0, \\ x_2 + 2x_3 + 2x_4 = 1, \\ -x_2 + (a-3)x_3 - 2x_4 = b, \\ 3x_1 + 2x_2 + x_3 + ax_4 = -1 \end{cases}$$

无解？有唯一解？有无穷多个解？当有无穷多个解时，求出其解。

解 对增广矩阵作初等行变换：

$$\widetilde{\boldsymbol{A}} = \begin{pmatrix} 1 & 1 & 1 & 1 & 0 \\ 0 & 1 & 2 & 2 & 1 \\ 0 & -1 & a-3 & -2 & b \\ 3 & 2 & 1 & a & -1 \end{pmatrix} \xrightarrow{r_4 - 3r_1} \begin{pmatrix} 1 & 1 & 1 & 1 & 0 \\ 0 & 1 & 2 & 2 & 1 \\ 0 & -1 & a-3 & -2 & b \\ 0 & -1 & -2 & a-3 & -1 \end{pmatrix}$$

$$\xrightarrow[r_4 + r_2]{r_3 + r_2} \begin{pmatrix} 1 & 1 & 1 & 1 & 0 \\ 0 & 1 & 2 & 2 & 1 \\ 0 & 0 & a-1 & 0 & b+1 \\ 0 & 0 & 0 & a-1 & 0 \end{pmatrix}。$$

当 $a \neq 1$ 时，$r(\widetilde{\boldsymbol{A}}) = r(\boldsymbol{A}) = 4$，方程组有唯一解。

当 $a = 1, b \neq -1$ 时，$r(\widetilde{\boldsymbol{A}}) = 3, r(\boldsymbol{A}) = 2$，方程组无解。

当 $a = 1, b = -1$ 时，$r(\widetilde{\boldsymbol{A}}) = r(\boldsymbol{A}) = 2 < 4$，方程组有无穷多个解。此时，

$$\widetilde{\boldsymbol{A}} \to \begin{pmatrix} 1 & 1 & 1 & 1 & 0 \\ 0 & 1 & 2 & 2 & 1 \\ 0 & 0 & 0 & 0 & 0 \\ 0 & 0 & 0 & 0 & 0 \end{pmatrix} \xrightarrow{r_1 - r_2} \begin{pmatrix} 1 & 0 & -1 & -1 & -1 \\ 0 & 1 & 2 & 2 & 1 \\ 0 & 0 & 0 & 0 & 0 \\ 0 & 0 & 0 & 0 & 0 \end{pmatrix},$$

上述矩阵对应的方程组为

$$\begin{cases} x_1 \quad\quad - x_3 - x_4 = -1, \\ \quad\quad x_2 + 2x_3 + 2x_4 = 1。 \end{cases}$$

选取 x_3,x_4 为自由未知量,得方程组的解为

$$\begin{cases} x_1 = -1 + x_3 + x_4, \\ x_2 = 1 - 2x_3 - 2x_4, \\ x_3 = x_3, \\ x_4 = x_4, \end{cases}$$

其中 x_3,x_4 为任意实数。

n 元齐次线性方程组 $\boldsymbol{Ax} = \boldsymbol{0}$ 一定有解,因为 $x_1 = 0, x_2 = 0, \cdots, x_n = 0$ 就是它的一个解,称为**零解**。由定理 3.1 可得如下结论:

(1) n 元齐次线性方程组 $\boldsymbol{Ax} = \boldsymbol{0}$ 只有零解的充分必要条件是 $r(\boldsymbol{A}) = n$。

(2) n 元齐次线性方程组 $\boldsymbol{Ax} = \boldsymbol{0}$ 有非零解的充分必要条件是 $r(\boldsymbol{A}) < n$。

由于齐次线性方程组的增广矩阵 $(\boldsymbol{A} \mid \boldsymbol{0})$ 在进行初等行变换时,常数项始终为零,所以解齐次线性方程组时,只需对系数矩阵进行初等行变换,化为行最简形矩阵,便可求出其解。

例 3.7 求解齐次线性方程组 $\begin{cases} x_1 + x_2 + x_3 - x_4 = 0, \\ 2x_1 + 3x_2 + x_3 - x_4 = 0, \\ 3x_1 + 4x_2 + 2x_3 - 2x_4 = 0。 \end{cases}$

解 对系数矩阵 $\boldsymbol{A}$ 作初等行变换化为行最简形,有

$$\boldsymbol{A} = \begin{pmatrix} 1 & 1 & 1 & -1 \\ 2 & 3 & 1 & -1 \\ 3 & 4 & 2 & -2 \end{pmatrix} \xrightarrow[r_3 - 3r_1]{r_2 - 2r_1} \begin{pmatrix} 1 & 1 & 1 & -1 \\ 0 & 1 & -1 & 1 \\ 0 & 1 & -1 & 1 \end{pmatrix}$$

$$\xrightarrow{r_3 - r_2} \begin{pmatrix} 1 & 1 & 1 & -1 \\ 0 & 1 & -1 & 1 \\ 0 & 0 & 0 & 0 \end{pmatrix} \xrightarrow{r_1 - r_2} \begin{pmatrix} 1 & 0 & 2 & -2 \\ 0 & 1 & -1 & 1 \\ 0 & 0 & 0 & 0 \end{pmatrix}。$$

即得与原方程组同解的方程组

$$\begin{cases} x_1 \qquad + 2x_3 - 2x_4 = 0, \\ \qquad x_2 - x_3 + x_4 = 0, \end{cases} \quad 即 \quad \begin{cases} x_1 = -2x_3 + 2x_4, \\ x_2 = x_3 - x_4。 \end{cases}$$

选取 x_3,x_4 为自由未知量,得方程组的解为

$$\begin{cases} x_1 = -2x_3 + 2x_4, \\ x_2 = x_3 - x_4, \\ x_3 = x_3, \\ x_4 = x_4, \end{cases}$$

其中 x_3,x_4 为任意实数。

习　题　3.1

1. 选择题。

(1) 设 $\boldsymbol{A}$ 为 $m\times n$ 阶的矩阵，齐次线性方程组 $\boldsymbol{Ax}=\boldsymbol{0}$ 有非零解的充分必要条件是系数矩阵的秩 $r(\boldsymbol{A})$（　　）。

A. 小于 m　　B. 小于 n　　C. 等于 m　　D. 等于 n

(2) 若 n 阶方阵 $\boldsymbol{A}$ 满足 $|\boldsymbol{A}|=0$，则非齐次线性方程组 $\boldsymbol{Ax}=\boldsymbol{b}$（　　）。

A. 有无穷多个解　　B. 有唯一解

C. 无解　　D. 可能无解也可能有无穷多个解

2. 填空题。

(1) 如果五元线性方程组 $\boldsymbol{Ax}=\boldsymbol{0}$ 的同解方程组为 $\begin{cases}x_1=-4x_2,\\x_2=0,\end{cases}$ 则 $r(\boldsymbol{A})=$________，自由未知量的个数为________个。

(2) 设有线性方程组 $\begin{cases}x_1+2x_2+3x_3=4,\\5x_2+6x_3=7,\\k(k-1)x_3=(k-1)(k-2),\end{cases}$ 当________时，线性方程组有唯一解；当________时，线性方程组无解；当________时，线性方程组有无穷多个解。

3. 求解齐次线性方程组 $\begin{cases}2x_1+4x_2-x_3+x_4=0,\\x_1-3x_2+2x_3+3x_4=0,\\3x_1+x_2+x_3+4x_4=0。\end{cases}$

4. 用消元法求解下列非齐次线性方程组：

(1) $\begin{cases}2x_1+x_2+3x_3=-5,\\3x_1+x_2+2x_3=-1,\\4x_1+3x_2+8x_3=-14;\end{cases}$　　(2) $\begin{cases}x_1-x_2+4x_3+3x_4=1,\\2x_1+x_2+6x_3+5x_4=2,\\x_1+2x_2+2x_3+2x_4=2;\end{cases}$

(3) $\begin{cases}x_1-x_2+2x_3+3x_4=1,\\5x_1+16x_2+31x_3-6x_4=26,\\2x_1+x_2+7x_3+3x_4=5。\end{cases}$

5. 当 λ 取何值时，非齐次线性方程组 $\begin{cases}x_1+2x_2+x_3=1,\\2x_1+3x_2+(\lambda+2)x_3=3,\\x_1+\lambda x_2-2x_3=0\end{cases}$ 无解？有唯一解？有无穷多个解？在有解时求出其解。

3.2　向量及向量组的线性组合

学习目标：

1. 理解 n 维向量、向量组及其线性组合的概念。
2. 掌握向量的线性运算。
3. 理解向量能由向量组线性表示的概念。
4. 掌握向量能由向量组线性表示的判断方法。

高斯消元法可以有效地求解一般线性方程组。为了进一步研究线性方程组解的结构问题，需要引入 n 维向量及其线性相关性理论。本节的概念和理论对后面章节中所讨论的抽象向量也是适用的。

3.2.1　n 维向量的概念

在平面解析几何中，坐标平面上每个点的位置可以用它的坐标来描述，点的坐标是一个有序数组 (x,y)；一个超市一年中从 1 月到 12 月每月的销售额也可用一个有序数组来表示；n 元齐次线性方程组 $\boldsymbol{Ax}=\mathbf{0}$ 的解同样可以用一个有序数组 $(x_1,x_2,\cdots,x_n)$ 来表示。可见有序数组的应用非常广泛，有必要对它进行深入的讨论。

定义 3.1　由 n 个数组成的一个有序数组

$$(a_1,a_2,\cdots,a_n)$$

称为一个 n **维向量**，简称**向量**，其中第 i 个数 a_i 称为这个 n 维向量的**第 i 个分量**。

分量全是实数的向量称为**实向量**，分量是复数的向量称为**复向量**。除非特别声明，本书一般只讨论实向量。

n 维向量可以写成行的形式，例如

$$(a_1,a_2,\cdots,a_n)$$

称为 n 维**行向量**；也可以写为列的形式，例如

$$\boldsymbol{\beta}=\begin{pmatrix} b_1 \\ b_2 \\ \vdots \\ b_n \end{pmatrix}$$

称为 n 维**列向量**。把行(列) 向量写成列(行) 向量可用转置记号，例如

$$\boldsymbol{\beta}=(b_1,b_2,\cdots,b_n)^{\mathrm{T}},$$

两种向量的本质是一致的，其差别仅在于写法不同。向量一般用黑体字母 $\boldsymbol{\alpha},\boldsymbol{\beta},\boldsymbol{\gamma},\boldsymbol{a},\boldsymbol{b},\cdots$ 表示。

所有分量全为零的向量，称为**零向量**，记为 $\mathbf{0}$，即 $\mathbf{0}=(0,0,\cdots,0)$ 或 $\mathbf{0}=$

$(0,0,\cdots,0)^{\mathrm{T}}$。注意，维数不同的零向量是不相等的。

向量$(-a_1,-a_2,\cdots,-a_n)$称为$\boldsymbol{\alpha}=(a_1,a_2,\cdots,a_n)$的**负向量**，记为$-\boldsymbol{\alpha}$。

3.2.2 向量的线性运算

从n维向量定义可见，n维列向量就是一个$n\times 1$的列矩阵，n维行向量就是一个$1\times n$的行矩阵，并规定列向量和行向量都是按矩阵的运算法则。

定义 3.2 设n维向量$\boldsymbol{\alpha}=(a_1,a_2,\cdots,a_n)$，$\boldsymbol{\beta}=(b_1,b_2,\cdots,b_n)$，当且仅当它们对应的分量都相等，即$a_i=b_i(i=1,2,\cdots,n)$时，称**向量$\boldsymbol{\alpha}$与$\boldsymbol{\beta}$相等**，记作$\boldsymbol{\alpha}=\boldsymbol{\beta}$。

定义 3.3 两个n维向量$\boldsymbol{\alpha}=(a_1,a_2,\cdots,a_n)$与$\boldsymbol{\beta}=(b_1,b_2,\cdots,b_n)$的各对应分量之和组成的向量，称为**向量$\boldsymbol{\alpha}$与$\boldsymbol{\beta}$的和**，记为$\boldsymbol{\alpha}+\boldsymbol{\beta}$，即

$$\boldsymbol{\alpha}+\boldsymbol{\beta}=(a_1+b_1,a_2+b_2,\cdots,a_n+b_n)。$$

由加法和负向量的定义，可定义**向量的减法**：

$$\boldsymbol{\alpha}-\boldsymbol{\beta}=\boldsymbol{\alpha}+(-\boldsymbol{\beta})=(a_1-b_1,a_2-b_2,\cdots,a_n-b_n)。$$

定义 3.4 设$\boldsymbol{\alpha}=(a_1,a_2,\cdots,a_n)$为$n$维向量，$\lambda$为实数，向量$(\lambda a_1,\lambda a_2,\cdots,\lambda a_n)$称为**向量$\boldsymbol{\alpha}$与数$\lambda$的乘积**(简称**数乘**)，记为$\lambda\boldsymbol{\alpha}$，即

$$\lambda\boldsymbol{\alpha}=(\lambda a_1,\lambda a_2,\cdots,\lambda a_n)。$$

向量的加法和向量的数乘两种运算统称为向量的**线性运算**。

向量的线性运算与行(列)矩阵的运算规律相同，从而也满足下列运算规律(其中$\boldsymbol{\alpha}$，$\boldsymbol{\beta}$，$\boldsymbol{\gamma}$都是n维向量，λ，μ是实数)：

(1) $\boldsymbol{\alpha}+\boldsymbol{\beta}=\boldsymbol{\beta}+\boldsymbol{\alpha}$；　(2) $(\boldsymbol{\alpha}+\boldsymbol{\beta})+\boldsymbol{\gamma}=\boldsymbol{\alpha}+(\boldsymbol{\beta}+\boldsymbol{\gamma})$；

(3) $\boldsymbol{\alpha}+\mathbf{0}=\boldsymbol{\alpha}$；　(4) $\boldsymbol{\alpha}+(-\boldsymbol{\alpha})=\mathbf{0}$；

(5) $1\boldsymbol{\alpha}=\boldsymbol{\alpha}$；　(6) $\lambda(\mu\boldsymbol{\alpha})=(\lambda\mu)\boldsymbol{\alpha}$；

(7) $\lambda(\boldsymbol{\alpha}+\boldsymbol{\beta})=\lambda\boldsymbol{\alpha}+\lambda\boldsymbol{\beta}$；　(8) $(\lambda+\mu)\boldsymbol{\alpha}=\lambda\boldsymbol{\alpha}+\mu\boldsymbol{\alpha}$。

例 3.8 设$\boldsymbol{\alpha}=(2,-1,3,0)^{\mathrm{T}}$，$\boldsymbol{\beta}=(1,-2,4,7)^{\mathrm{T}}$，$\boldsymbol{\gamma}=(0,-1,1,1)^{\mathrm{T}}$。

(1) 求$2\boldsymbol{\alpha}-3\boldsymbol{\beta}+\boldsymbol{\gamma}$；

(2) 若有$\boldsymbol{x}$，满足$\boldsymbol{\alpha}-2\boldsymbol{\beta}+3\boldsymbol{x}+5\boldsymbol{\gamma}=\mathbf{0}$，求$\boldsymbol{x}$。

解 (1)
$$\begin{aligned}2\boldsymbol{\alpha}-3\boldsymbol{\beta}+\boldsymbol{\gamma}&=2(2,-1,3,0)^{\mathrm{T}}-3(1,-2,4,7)^{\mathrm{T}}+(0,-1,1,1)^{\mathrm{T}}\\&=(1,3,-5,-20)^{\mathrm{T}}。\end{aligned}$$

(2) 由$\boldsymbol{\alpha}-2\boldsymbol{\beta}+3\boldsymbol{x}+5\boldsymbol{\gamma}=\mathbf{0}$，得

$$\begin{aligned}\boldsymbol{x}&=\frac{1}{3}(-\boldsymbol{\alpha}+2\boldsymbol{\beta}-5\boldsymbol{\gamma})=\frac{1}{3}[-(2,-1,3,0)^{\mathrm{T}}+2(1,-2,4,7)^{\mathrm{T}}-5(0,-1,1,1)^{\mathrm{T}}]\\&=\left(0,\frac{2}{3},0,3\right)^{\mathrm{T}}。\end{aligned}$$

3.2.3 向量组的线性组合

定义 3.5 若干个同维数的列向量(或行向量)所组成的集合称为**向量组**。

考虑线性方程组

$$\begin{cases}a_{11}x_1+a_{12}x_2+\cdots+a_{1n}x_n=b_1,\\ a_{21}x_1+a_{22}x_2+\cdots+a_{2n}x_n=b_2,\\ \qquad\cdots\cdots\\ a_{m1}x_1+a_{m2}x_2+\cdots+a_{mn}x_n=b_m。\end{cases}\tag{3-6}$$

若对系数矩阵按列进行分块,记

$$\boldsymbol{\alpha}_1=\begin{pmatrix}a_{11}\\a_{21}\\\vdots\\a_{m1}\end{pmatrix},\boldsymbol{\alpha}_2=\begin{pmatrix}a_{12}\\a_{22}\\\vdots\\a_{m2}\end{pmatrix},\cdots,\boldsymbol{\alpha}_n=\begin{pmatrix}a_{1n}\\a_{2n}\\\vdots\\a_{mn}\end{pmatrix},\boldsymbol{\beta}=\begin{pmatrix}b_1\\b_2\\\vdots\\b_m\end{pmatrix},$$

则按照向量的线性运算,线性方程组(3-6)可以写成如下的向量形式:

$$x_1\boldsymbol{\alpha}_1+x_2\boldsymbol{\alpha}_2+\cdots+x_n\boldsymbol{\alpha}_n=\boldsymbol{\beta}。\tag{3-7}$$

例如,线性方程组$\begin{cases}x_1-\ x_2+2x_3=-2,\\ \qquad x_2-\ x_3=-1,\\ x_1+3x_2\qquad\ =0\end{cases}$的向量形式为

$$x_1\begin{pmatrix}1\\0\\1\end{pmatrix}+x_2\begin{pmatrix}-1\\1\\3\end{pmatrix}+x_3\begin{pmatrix}2\\-1\\0\end{pmatrix}=\begin{pmatrix}-2\\-1\\0\end{pmatrix}。$$

同时,易求出该方程组的解为 $x_1=-6,x_2=2,x_3=3$,故有

$$(-6)\begin{pmatrix}1\\0\\1\end{pmatrix}+2\begin{pmatrix}-1\\1\\3\end{pmatrix}+3\begin{pmatrix}2\\-1\\0\end{pmatrix}=\begin{pmatrix}-2\\-1\\0\end{pmatrix}。$$

于是,线性方程组(3-7)是否有解,就相当于是否存在一组数 $k_1,k_2,\cdots,k_n$,使得下列线性关系式成立:

$$k_1\boldsymbol{\alpha}_1+k_2\boldsymbol{\alpha}_2+\cdots+k_n\boldsymbol{\alpha}_n=\boldsymbol{\beta}。$$

在讨论这一问题之前,先介绍几个有关向量组的概念。

定义 3.6　给定向量组 A:$\boldsymbol{\alpha}_1,\boldsymbol{\alpha}_2,\cdots,\boldsymbol{\alpha}_s$,对于任何一组实数 $k_1,k_2,\cdots,k_s$,由向量线性运算构成的表达式

$$k_1\boldsymbol{\alpha}_1+k_2\boldsymbol{\alpha}_2+\cdots+k_s\boldsymbol{\alpha}_s$$

称为向量组 A 的一个**线性组合**,其中 $k_1,k_2,\cdots,k_s$ 称为这个线性组合的**系数**。

定义 3.7　给定向量组 A:$\boldsymbol{\alpha}_1,\boldsymbol{\alpha}_2,\cdots,\boldsymbol{\alpha}_s$ 和向量$\boldsymbol{\beta}$,若存在一组实数 $k_1,k_2,\cdots,k_s$,使得

$$\boldsymbol{\beta}=k_1\boldsymbol{\alpha}_1+k_2\boldsymbol{\alpha}_2+\cdots+k_s\boldsymbol{\alpha}_s,$$

则称向量 $\boldsymbol{\beta}$ 可由向量组 A **线性表示**(或**线性表出**),或称向量 $\boldsymbol{\beta}$ 是向量组 A 的**线性组合**。

例如,向量 $\boldsymbol{\beta}=(3,2,-1)^{\mathrm{T}},\boldsymbol{\alpha}_1=(1,0,0)^{\mathrm{T}},\boldsymbol{\alpha}_2=(0,1,0)^{\mathrm{T}},\boldsymbol{\alpha}_3=(0,0,1)^{\mathrm{T}}$,显然有 $\boldsymbol{\beta}=3\boldsymbol{\alpha}_1+2\boldsymbol{\alpha}_2-\boldsymbol{\alpha}_3$,即 $\boldsymbol{\beta}$ 可由向量组 $\boldsymbol{\alpha}_1,\boldsymbol{\alpha}_2,\boldsymbol{\alpha}_3$ 线性表示,或称向量 $\boldsymbol{\beta}$ 是向量组 $\boldsymbol{\alpha}_1,\boldsymbol{\alpha}_2,\boldsymbol{\alpha}_3$ 的线性组合。

例 3.9 设 n 维单位向量组

$$e_1=\begin{pmatrix}1\\0\\\vdots\\0\end{pmatrix},e_2=\begin{pmatrix}0\\1\\\vdots\\0\end{pmatrix},\cdots,e_n=\begin{pmatrix}0\\0\\\vdots\\1\end{pmatrix},$$

任何一个 n 维向量 $\boldsymbol{\alpha}=(a_1,a_2,\cdots,a_n)^{\mathrm T}$ 都可由 n 维单位向量组 $e_1,e_2,\cdots,e_n$ 线性表示，因为 $\boldsymbol{\alpha}=a_1e_1+a_2e_2+\cdots+a_ne_n$。

从线性方程组(3-6)的向量形式(3-7)可见，向量 $\boldsymbol{\beta}$ 可否由向量组 $\boldsymbol{\alpha}_1,\boldsymbol{\alpha}_2,\cdots,\boldsymbol{\alpha}_s$ 线性表示的问题等价于线性方程组 $x_1\boldsymbol{\alpha}_1+x_2\boldsymbol{\alpha}_2+\cdots+x_s\boldsymbol{\alpha}_s=\boldsymbol{\beta}$ 是否有解的问题。根据本章定理 3.1，可得如下定理。

定理 3.2 设向量 $\boldsymbol{\beta}=\begin{pmatrix}b_1\\b_2\\\vdots\\b_m\end{pmatrix}$，向量 $\boldsymbol{\alpha}_j=\begin{pmatrix}a_{1j}\\a_{2j}\\\vdots\\a_{mj}\end{pmatrix}(j=1,2,\cdots,s)$，向量 $\boldsymbol{\beta}$ 可由向量组 $\boldsymbol{\alpha}_1,\boldsymbol{\alpha}_2,\cdots,\boldsymbol{\alpha}_s$ 线性表示的充分必要条件是：以 $\boldsymbol{\alpha}_1,\boldsymbol{\alpha}_2,\cdots,\boldsymbol{\alpha}_s$ 为列向量的矩阵与以 $\boldsymbol{\alpha}_1,\boldsymbol{\alpha}_2,\cdots,\boldsymbol{\alpha}_s,\boldsymbol{\beta}$ 为列向量的矩阵有相同的秩。

例 3.10 判断向量 $\boldsymbol{\beta}=(4,4,-3,-7)^{\mathrm T}$ 能否由向量组 $\boldsymbol{\alpha}_1=(1,2,-1,-3)^{\mathrm T}$，$\boldsymbol{\alpha}_2=(2,0,-1,-1)^{\mathrm T}$ 线性表示。如果可以，写出其表示式。

解 设 $k_1\boldsymbol{\alpha}_1+k_2\boldsymbol{\alpha}_2=\boldsymbol{\beta}$，对矩阵$(\boldsymbol{\alpha}_1\quad\boldsymbol{\alpha}_2\quad\boldsymbol{\beta})$施行初等行变换，有

$$(\boldsymbol{\alpha}_1\quad\boldsymbol{\alpha}_2\quad\boldsymbol{\beta})=\begin{pmatrix}1&2&4\\2&0&4\\-1&-1&-3\\-3&-1&-7\end{pmatrix}\to\begin{pmatrix}1&2&4\\0&-4&-4\\0&1&1\\0&5&5\end{pmatrix}\to\begin{pmatrix}1&2&4\\0&1&1\\0&0&0\\0&0&0\end{pmatrix}\to\begin{pmatrix}1&0&2\\0&1&1\\0&0&0\\0&0&0\end{pmatrix}。$$

易见

$$r(\boldsymbol{\alpha}_1\quad\boldsymbol{\alpha}_2\quad\boldsymbol{\beta})=r(\boldsymbol{\alpha}_1\quad\boldsymbol{\alpha}_2)=2。$$

故 $\boldsymbol{\beta}$ 可由 $\boldsymbol{\alpha}_1,\boldsymbol{\alpha}_2$ 线性表示，且由上面最后一个矩阵知，取 $k_1=2,k_2=1$，可使

$$\boldsymbol{\beta}=2\boldsymbol{\alpha}_1+\boldsymbol{\alpha}_2。$$

例 3.11 设有向量组 $\boldsymbol{\alpha}_1=(4,3,8)^{\mathrm T},\boldsymbol{\alpha}_2=(1,-2,-9)^{\mathrm T},\boldsymbol{\alpha}_3=(3,1,1)^{\mathrm T},\boldsymbol{\beta}=(2,-3,7)^{\mathrm T}$，判断向量 $\boldsymbol{\beta}$ 能否由向量组 $\boldsymbol{\alpha}_1,\boldsymbol{\alpha}_2,\boldsymbol{\alpha}_3$ 的线性表示。如果可以，写出其表示式。

解 设 $k_1\boldsymbol{\alpha}_1+k_2\boldsymbol{\alpha}_2+k_3\boldsymbol{\alpha}_3=\boldsymbol{\beta}$，对矩阵$(\boldsymbol{\alpha}_1\quad\boldsymbol{\alpha}_2\quad\boldsymbol{\alpha}_3\quad\boldsymbol{\beta})$施行初等行变换：

$$(\boldsymbol{\alpha}_1\quad\boldsymbol{\alpha}_2\quad\boldsymbol{\alpha}_3\quad\boldsymbol{\beta})=\begin{pmatrix}4&1&3&2\\3&-2&1&-3\\8&-9&1&7\end{pmatrix}\to\begin{pmatrix}1&3&2&5\\3&-2&1&-3\\8&-9&1&7\end{pmatrix}$$

$$\rightarrow\begin{pmatrix}1&3&2&5\\0&-11&-5&-18\\0&-33&-15&-33\end{pmatrix}\rightarrow\begin{pmatrix}1&3&2&5\\0&-11&-5&-18\\0&0&0&21\end{pmatrix}。$$

易见

$$r(\boldsymbol{\alpha}_1\quad\boldsymbol{\alpha}_2\quad\boldsymbol{\alpha}_3\quad\boldsymbol{\beta})\neq r(\boldsymbol{\alpha}_1\quad\boldsymbol{\alpha}_2\quad\boldsymbol{\alpha}_3)。$$

故 $\boldsymbol{\beta}$ 不能由 $\boldsymbol{\alpha}_1,\boldsymbol{\alpha}_2,\boldsymbol{\alpha}_3$ 线性表示。

3.2.4　向量组间的线性表示

定义 3.8　设有两个向量组

$$A:\boldsymbol{\alpha}_1,\boldsymbol{\alpha}_2,\cdots,\boldsymbol{\alpha}_s;\quad B:\boldsymbol{\beta}_1,\boldsymbol{\beta}_2,\cdots,\boldsymbol{\beta}_t,$$

如果向量组 B 中的每个向量都能由向量组 A 线性表示，那么称**向量组 B 能由向量组 A 线性表示**。

若向量组 B 可由向量组 A 线性表示，则存在 $k_{ij}(i=1,2,\cdots,s;j=1,2,\cdots,t)$ 使得

$$\begin{cases}\boldsymbol{\beta}_1=k_{11}\boldsymbol{\alpha}_1+k_{21}\boldsymbol{\alpha}_2+\cdots+k_{s1}\boldsymbol{\alpha}_s,\\\boldsymbol{\beta}_2=k_{12}\boldsymbol{\alpha}_1+k_{22}\boldsymbol{\alpha}_2+\cdots+k_{s2}\boldsymbol{\alpha}_s,\\\qquad\cdots\cdots\\\boldsymbol{\beta}_t=k_{1t}\boldsymbol{\alpha}_1+k_{2t}\boldsymbol{\alpha}_2+\cdots+k_{st}\boldsymbol{\alpha}_s。\end{cases}\tag{3-8}$$

当向量组 A 和向量组 B 都是列向量组时，式(3-8) 可表示为

$$(\boldsymbol{\beta}_1,\boldsymbol{\beta}_2,\cdots,\boldsymbol{\beta}_t)=(\boldsymbol{\alpha}_1,\boldsymbol{\alpha}_2,\cdots,\boldsymbol{\alpha}_s)\begin{pmatrix}k_{11}&k_{12}&\cdots&k_{1t}\\k_{21}&k_{22}&\cdots&k_{2t}\\\vdots&\vdots&&\vdots\\k_{s1}&k_{s2}&\cdots&k_{st}\end{pmatrix}。$$

设

$$\boldsymbol{K}=\begin{pmatrix}k_{11}&k_{12}&\cdots&k_{1t}\\k_{21}&k_{22}&\cdots&k_{2t}\\\vdots&\vdots&&\vdots\\k_{s1}&k_{s2}&\cdots&k_{st}\end{pmatrix},$$

则 $(\boldsymbol{\beta}_1,\boldsymbol{\beta}_2,\cdots,\boldsymbol{\beta}_t)=(\boldsymbol{\alpha}_1,\boldsymbol{\alpha}_2,\cdots,\boldsymbol{\alpha}_s)\boldsymbol{K}$，其中矩阵 $\boldsymbol{K}$ 称为这一线性表示的**系数矩阵**。

如果向量组 A 与向量组 B 能相互线性表示，那么称这两个**向量组等价**。

向量组等价具有如下性质：

(1) 自反性：向量组 A 与自身是等价的；

(2) 对称性：若向量组 A 与向量组 B 等价，则向量组 B 与向量组 A 等价；

(3) 传递性：若向量组 A 与向量组 B 等价，且向量组 B 与向量组 C 等价，则向量组 A 与向量组 C 等价。

例 3.12　设有两个向量组

$$A:\boldsymbol{\alpha}_1=(1,1,1)^{\mathrm{T}},\boldsymbol{\alpha}_2=(1,0,2)^{\mathrm{T}};$$

$$B:\boldsymbol{\beta}_1=(5,2,8)^{\mathrm{T}},\boldsymbol{\beta}_2=(2,1,3)^{\mathrm{T}},\boldsymbol{\beta}_3=(3,1,5)^{\mathrm{T}}。$$

试证明向量组 A 与向量组 B 等价。

证 利用矩阵的初等行变换,有

$$(\boldsymbol{\alpha}_1,\boldsymbol{\alpha}_2,\boldsymbol{\beta}_1,\boldsymbol{\beta}_2,\boldsymbol{\beta}_3)=\begin{pmatrix}1&1&5&2&3\\1&0&2&1&1\\1&2&8&3&5\end{pmatrix}\to\begin{pmatrix}1&1&5&2&3\\0&1&3&1&2\\0&0&0&0&0\end{pmatrix}\to\begin{pmatrix}1&0&2&1&1\\0&1&3&1&2\\0&0&0&0&0\end{pmatrix},$$

可得

$$\boldsymbol{\beta}_1=2\,a_1+3\,a_2,\quad \boldsymbol{\beta}_2=\boldsymbol{\alpha}_1+\boldsymbol{\alpha}_2,\quad \boldsymbol{\beta}_3=\boldsymbol{\alpha}_1+2\boldsymbol{\alpha}_2。$$

又由

$$(\boldsymbol{\beta}_1,\boldsymbol{\beta}_2,\boldsymbol{\beta}_3,\boldsymbol{\alpha}_1,\boldsymbol{\alpha}_2)=\begin{pmatrix}5&2&3&1&1\\2&1&1&1&0\\8&3&5&1&2\end{pmatrix}\to\begin{pmatrix}1&0&1&-1&1\\2&1&1&1&0\\8&3&5&1&2\end{pmatrix}\to\begin{pmatrix}1&0&1&-1&1\\0&1&-1&3&-2\\0&0&0&0&0\end{pmatrix},$$

可得

$$\boldsymbol{\alpha}_1=-\boldsymbol{\beta}_1+3\,\boldsymbol{\beta}_2,\quad \boldsymbol{\alpha}_2=\boldsymbol{\beta}_1-2\,\boldsymbol{\beta}_2。$$

所以向量组 A 与向量组 B 等价。

习 题 3.2

1. 设 $\boldsymbol{\alpha}=(2,1,3)^{\mathrm{T}},\boldsymbol{\beta}=(3,5,7)^{\mathrm{T}},\boldsymbol{\gamma}=(-2,4,1)^{\mathrm{T}},2\boldsymbol{\alpha}-\boldsymbol{\beta}=$ __________，$3\boldsymbol{\alpha}+2\boldsymbol{\beta}-\boldsymbol{\gamma}=$ ________。

2. 已知 $3(\boldsymbol{\alpha}_1-\boldsymbol{\alpha})-2(\boldsymbol{\alpha}_2+\boldsymbol{\alpha})=5(\boldsymbol{\alpha}_3+\boldsymbol{\alpha})$，其中 $\boldsymbol{\alpha}_1=(2,5,1,3)^{\mathrm{T}},\boldsymbol{\alpha}_2=(10,1,5,10)^{\mathrm{T}},\boldsymbol{\alpha}_3=(4,1,-1,1)^{\mathrm{T}}$,则 $\boldsymbol{\alpha}=$ ________。

3. 判断向量 $\boldsymbol{\beta}=(1,2,3)^{\mathrm{T}}$ 能否由向量组 $\boldsymbol{\alpha}_1=(1,1,1)^{\mathrm{T}},\boldsymbol{\alpha}_2=(0,1,-1)^{\mathrm{T}},\boldsymbol{\alpha}_3=(1,-1,0)^{\mathrm{T}}$ 线性表示。若能,写出表达式;若不能,说明理由。

4. 设向量组 $\boldsymbol{\alpha}_1=(1,1,\lambda)^{\mathrm{T}},\boldsymbol{\alpha}_2=(1,\lambda,1)^{\mathrm{T}},\boldsymbol{\alpha}_3=(\lambda,1,1)^{\mathrm{T}},\boldsymbol{\beta}=(\lambda^2,\lambda,1)^{\mathrm{T}}$,试问当 λ 满足什么条件时:

(1) $\boldsymbol{\beta}$ 可由 $\boldsymbol{\alpha}_1,\boldsymbol{\alpha}_2,\boldsymbol{\alpha}_3$ 线性表示,且表达式唯一?

(2) $\boldsymbol{\beta}$ 不能由 $\boldsymbol{\alpha}_1,\boldsymbol{\alpha}_2,\boldsymbol{\alpha}_3$ 线性表示?

(3) $\boldsymbol{\beta}$ 可由 $\boldsymbol{\alpha}_1,\boldsymbol{\alpha}_2,\boldsymbol{\alpha}_3$ 线性表示,但表达式不唯一?

5. 设向量组 $B:\boldsymbol{\beta}_1,\boldsymbol{\beta}_2,\boldsymbol{\beta}_3$ 可由向量组 $A:\boldsymbol{\alpha}_1,\boldsymbol{\alpha}_2,\boldsymbol{\alpha}_3$ 线性表示为

$$\boldsymbol{\beta}_1=\boldsymbol{\alpha}_1-\boldsymbol{\alpha}_3,\boldsymbol{\beta}_2=\boldsymbol{\alpha}_1+2\boldsymbol{\alpha}_2+2\boldsymbol{\alpha}_3,\boldsymbol{\beta}_3=\boldsymbol{\alpha}_1+\boldsymbol{\alpha}_2,$$

试将向量组 A 用向量组 B 线性表示。

6. 设有两个向量组

$$A:\boldsymbol{\alpha}_1=(3,4,8)^{\mathrm{T}},\boldsymbol{\alpha}_2=(2,2,5)^{\mathrm{T}},\boldsymbol{\alpha}_3=(0,2,1)^{\mathrm{T}},$$

$$B:\boldsymbol{\beta}_1=(1,2,3)^{\mathrm{T}},\boldsymbol{\beta}_2=(1,0,2)^{\mathrm{T}},$$

试证明向量组 A 与向量组 B 等价。

7. 设向量 $\boldsymbol{\alpha}_1=(1,1,0)^{\mathrm{T}},\boldsymbol{\alpha}_2=(5,3,2)^{\mathrm{T}},\boldsymbol{\alpha}_3=(1,3,-1)^{\mathrm{T}},\boldsymbol{\alpha}_4=(-2,2,-3)^{\mathrm{T}}$，$\boldsymbol{A}$ 是三阶方阵，且有 $\boldsymbol{A}\boldsymbol{\alpha}_1=\boldsymbol{\alpha}_2,\boldsymbol{A}\boldsymbol{\alpha}_2=\boldsymbol{\alpha}_3,\boldsymbol{A}\boldsymbol{\alpha}_3=\boldsymbol{\alpha}_4$，试求 $\boldsymbol{A}\boldsymbol{\alpha}_4$。

3.3　向量组的线性相关性

学习目标：

1. 理解向量组线性相关、线性无关的概念。
2. 理解向量组线性相关性理论的一些性质。
3. 掌握向量组线性相关、线性无关的判定方法。

3.3.1　线性相关性的概念

定义 3.9　给定向量组 $A:\boldsymbol{\alpha}_1,\boldsymbol{\alpha}_2,\cdots,\boldsymbol{\alpha}_m$，如果存在一组不全为零的数 $k_1,k_2,\cdots,k_m$，使得

$$k_1\boldsymbol{\alpha}_1+k_2\boldsymbol{\alpha}_2+\cdots+k_m\boldsymbol{\alpha}_m=\mathbf{0}$$

成立，则称向量组 A **线性相关**，否则称向量组 A **线性无关**，即当且仅当 $k_1=k_2=\cdots=k_m=0$，上面等式才成立，则称向量组 A 线性无关。

例 3.13　已知 $\boldsymbol{\alpha}_1=\begin{pmatrix}1\\2\\1\end{pmatrix},\boldsymbol{\alpha}_2=\begin{pmatrix}2\\1\\-1\end{pmatrix},\boldsymbol{\alpha}_3=\begin{pmatrix}1\\3\\2\end{pmatrix}$，判断向量组 $\boldsymbol{\alpha}_1,\boldsymbol{\alpha}_2$ 及向量组 $\boldsymbol{\alpha}_1,\boldsymbol{\alpha}_2,\boldsymbol{\alpha}_3$ 的线性相关性。

解　(1) 设 $k_1\boldsymbol{\alpha}_1+k_2\boldsymbol{\alpha}_2=\mathbf{0}$，即

$$k_1\begin{pmatrix}1\\2\\1\end{pmatrix}+k_2\begin{pmatrix}2\\1\\-1\end{pmatrix}=\mathbf{0}。$$

根据向量的线性运算有

$$\begin{cases}k_1+2k_2=0,\\2k_1+k_2=0,\\k_1-k_2=0。\end{cases}$$

解得方程组只有零解 $k_1=0,k_2=0$，所以 $\boldsymbol{\alpha}_1,\boldsymbol{\alpha}_2$ 线性无关。

(2) 设 $k_1\boldsymbol{\alpha}_1+k_2\boldsymbol{\alpha}_2+k_3\boldsymbol{\alpha}_3=\mathbf{0}$，即

$$k_1\begin{pmatrix}1\\2\\1\end{pmatrix}+k_2\begin{pmatrix}2\\1\\-1\end{pmatrix}+k_3\begin{pmatrix}1\\3\\2\end{pmatrix}=\mathbf{0}。$$

根据向量的线性运算有

$$\begin{cases} k_1 + 2k_2 + k_3 = 0, \\ 2k_1 + k_2 + 3k_3 = 0, \\ k_1 - k_2 + 2k_3 = 0。\end{cases}$$

解得

$$\begin{cases} k_1 = -5c, \\ k_2 = c, \\ k_3 = 3c \end{cases} \quad (c \text{ 为任意的实数})。$$

可取 $c=1$,即 $k_1=-5, k_2=1, k_3=3$,使得 $-5\boldsymbol{\alpha}_1+\boldsymbol{\alpha}_2+3\boldsymbol{\alpha}_3=\mathbf{0}$,所以 $\boldsymbol{\alpha}_1,\boldsymbol{\alpha}_2,\boldsymbol{\alpha}_3$ 线性相关。

由定义 3.9,容易得到以下结论:

(1) 向量组只含有一个向量 $\boldsymbol{\alpha}$ 时,$\boldsymbol{\alpha}$ 线性无关的充分必要条件是 $\boldsymbol{\alpha}\neq\mathbf{0}$。因此,单个零向量 $\mathbf{0}$ 是线性相关的。进一步还可推出,包含零向量的任何向量组一定是线性相关的。事实上,对向量组 $\boldsymbol{\alpha}_1,\boldsymbol{\alpha}_2,\cdots,\mathbf{0},\cdots,\boldsymbol{\alpha}_n$ 恒有

$$0\boldsymbol{\alpha}_1+0\boldsymbol{\alpha}_2+\cdots+k\mathbf{0}+\cdots+0\boldsymbol{\alpha}_n=\mathbf{0},$$

其中 k 可以是任意不为零的数,故该向量组线性相关。

(2) 仅含两个向量的向量组线性相关的充分必要条件是这两个向量的对应分量成比例。两个向量线性相关的几何意义是这两个向量共线(见图 3-1)。

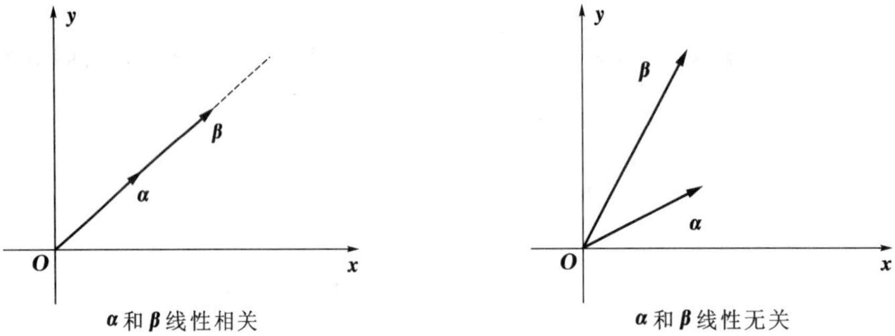

$\boldsymbol{\alpha}$ 和 $\boldsymbol{\beta}$ 线性相关　　　　$\boldsymbol{\alpha}$ 和 $\boldsymbol{\beta}$ 线性无关

图 3-1

(3) 三个向量线性相关的几何意义是这三个向量共面(见图 3-2)。

3.3.2 线性相关性的判定

由定义 3.9 可知,n 维向量组 $\boldsymbol{\alpha}_1,\boldsymbol{\alpha}_2,\cdots,\boldsymbol{\alpha}_m$ 是线性相关还是线性无关,取决于齐次线性方程组

$$k_1\boldsymbol{\alpha}_1+k_2\boldsymbol{\alpha}_2+\cdots+k_m\boldsymbol{\alpha}_m=\mathbf{0}$$

有非零解还是只有零解。而上述齐次线性方程组的系数矩阵就是以 $\boldsymbol{\alpha}_1,\boldsymbol{\alpha}_2,\cdots,\boldsymbol{\alpha}_m$ 为列向量的矩阵,即 $\boldsymbol{A}=(\boldsymbol{\alpha}_1,\boldsymbol{\alpha}_2,\cdots,\boldsymbol{\alpha}_m)$。根据 3.1 节的定理 3.1 知,齐次线性方程组有非零解的

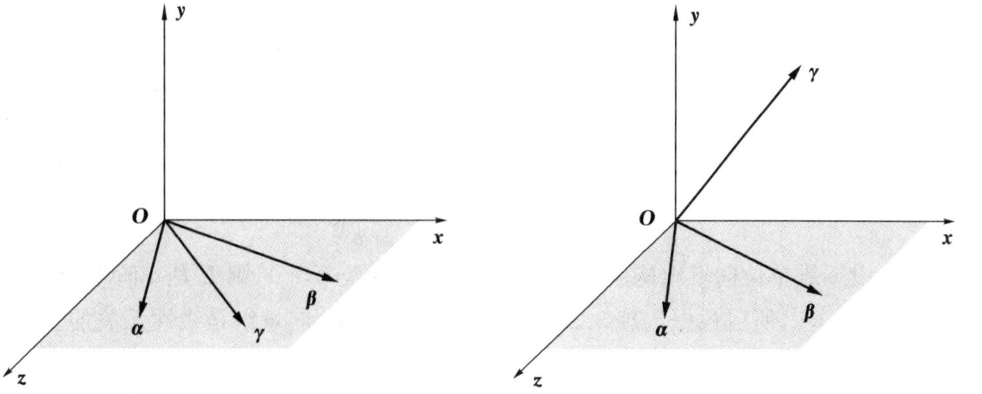

$\boldsymbol{\alpha},\boldsymbol{\beta},\boldsymbol{\gamma}$ 线性相关　　　　$\boldsymbol{\alpha},\boldsymbol{\beta},\boldsymbol{\gamma}$ 线性无关

图 3-2

充分必要条件是 $r(\boldsymbol{A})<m$，只有零解的充分必要条件是 $r(\boldsymbol{A})=m$。于是可得：

定理 3.3　列向量组 $\boldsymbol{\alpha}_1,\boldsymbol{\alpha}_2,\cdots,\boldsymbol{\alpha}_m$ 线性相关的充分必要条件是它所构成的矩阵 $\boldsymbol{A}=(\boldsymbol{\alpha}_1,\boldsymbol{\alpha}_2,\cdots,\boldsymbol{\alpha}_m)$ 的秩小于向量的个数 m。

推论 1　列向量组 $\boldsymbol{\alpha}_1,\boldsymbol{\alpha}_2,\cdots,\boldsymbol{\alpha}_m$ 线性无关的充分必要条件是它所构成的矩阵 $\boldsymbol{A}=(\boldsymbol{\alpha}_1,\boldsymbol{\alpha}_2,\cdots,\boldsymbol{\alpha}_m)$ 的秩等于向量的个数 m。

推论 2　n 个 n 维列向量 $\boldsymbol{\alpha}_1,\boldsymbol{\alpha}_2,\cdots,\boldsymbol{\alpha}_n$ 线性相关的充分必要条件是方阵 $\boldsymbol{A}=(\boldsymbol{\alpha}_1,\boldsymbol{\alpha}_2,\cdots,\boldsymbol{\alpha}_n)$ 的行列式等于零。

推论 3　n 个 n 维列向量 $\boldsymbol{\alpha}_1,\boldsymbol{\alpha}_2,\cdots,\boldsymbol{\alpha}_n$ 线性无关的充分必要条件是方阵 $\boldsymbol{A}=(\boldsymbol{\alpha}_1,\boldsymbol{\alpha}_2,\cdots,\boldsymbol{\alpha}_n)$ 的行列式不等于零。

推论 4　若向量组中向量的个数大于向量的维数，则此向量组线性相关。

注　上述结论对于行向量组也同样成立。

例 3.14　设 $\boldsymbol{\alpha}_1=\begin{pmatrix}1\\1\\1\end{pmatrix}$，$\boldsymbol{\alpha}_2=\begin{pmatrix}0\\3\\5\end{pmatrix}$，$\boldsymbol{\alpha}_3=\begin{pmatrix}2\\5\\7\end{pmatrix}$，判断向量组 $\boldsymbol{\alpha}_1,\boldsymbol{\alpha}_2$ 及向量组 $\boldsymbol{\alpha}_1,\boldsymbol{\alpha}_2,\boldsymbol{\alpha}_3$ 的线性相关性。

解　对矩阵 $\boldsymbol{A}=(\boldsymbol{\alpha}_1,\boldsymbol{\alpha}_2,\boldsymbol{\alpha}_3)$ 施行初等行变换，将其化为行阶梯形矩阵，有

$$\boldsymbol{A}=(\boldsymbol{\alpha}_1,\boldsymbol{\alpha}_2,\boldsymbol{\alpha}_3)=\begin{pmatrix}1&0&2\\1&3&5\\1&5&7\end{pmatrix}\to\begin{pmatrix}1&0&2\\0&3&3\\0&5&5\end{pmatrix}\to\begin{pmatrix}1&0&2\\0&3&3\\0&0&0\end{pmatrix}。$$

由于仅施行初等行变换，各列次序保持不变，矩阵 $(\boldsymbol{\alpha}_1,\boldsymbol{\alpha}_2)$ 经初等行变换得到的矩阵就是上面矩阵中前两列构成的矩阵，从而

$$r(\boldsymbol{\alpha}_1,\boldsymbol{\alpha}_2)=2(\text{向量个数})，$$

所以由定理 3.3 的推论 1 知向量组 $\boldsymbol{\alpha}_1,\boldsymbol{\alpha}_2$ 线性无关。而

$$r(\boldsymbol{\alpha}_1,\boldsymbol{\alpha}_2,\boldsymbol{\alpha}_3)=2<3(\text{向量个数}),$$

所以由定理3.3知向量组 $\boldsymbol{\alpha}_1,\boldsymbol{\alpha}_2,\boldsymbol{\alpha}_3$ 线性相关。

例3.15 证明 n 维单位向量组 $\boldsymbol{e}_1=\begin{pmatrix}1\\0\\\vdots\\0\end{pmatrix},\boldsymbol{e}_2=\begin{pmatrix}0\\1\\\vdots\\0\end{pmatrix},\cdots,\boldsymbol{e}_n=\begin{pmatrix}0\\0\\\vdots\\1\end{pmatrix}$ 线性无关。

证 设 n 维单位向量组构成的矩阵为 $\boldsymbol{E}=(\boldsymbol{e}_1,\boldsymbol{e}_2,\cdots,\boldsymbol{e}_n)$，则 $\boldsymbol{E}$ 是 n 阶单位矩阵。显然有 $|\boldsymbol{E}|=1\neq0$，所以根据定理3.3的推论3知 n 维单位向量组是线性无关的。

例3.16 设向量组 $\boldsymbol{\alpha}_1=\begin{pmatrix}1\\1\\1\end{pmatrix},\boldsymbol{\alpha}_2=\begin{pmatrix}1\\2\\3\end{pmatrix},\boldsymbol{\alpha}_3=\begin{pmatrix}1\\3\\t\end{pmatrix}$，试问：当 t 为何值时：

(1) $\boldsymbol{\alpha}_1,\boldsymbol{\alpha}_2,\boldsymbol{\alpha}_3$ 线性相关； (2) $\boldsymbol{\alpha}_1,\boldsymbol{\alpha}_2,\boldsymbol{\alpha}_3$ 线性无关。

解 利用矩阵的初等行变换，有

$$(\boldsymbol{\alpha}_1\quad\boldsymbol{\alpha}_2\quad\boldsymbol{\alpha}_3)=\begin{pmatrix}1&1&1\\1&2&3\\1&3&t\end{pmatrix}\to\begin{pmatrix}1&1&1\\0&1&2\\0&0&t-5\end{pmatrix}。$$

(1) 当 $t=5$ 时，矩阵 $(\boldsymbol{\alpha}_1\quad\boldsymbol{\alpha}_2\quad\boldsymbol{\alpha}_3)$ 的秩等于 $2<3$，因此 $\boldsymbol{\alpha}_1,\boldsymbol{\alpha}_2,\boldsymbol{\alpha}_3$ 线性相关；

(2) 当 $t\neq5$ 时，矩阵 $(\boldsymbol{\alpha}_1\quad\boldsymbol{\alpha}_2\quad\boldsymbol{\alpha}_3)$ 的秩等于3，因此 $\boldsymbol{\alpha}_1,\boldsymbol{\alpha}_2,\boldsymbol{\alpha}_3$ 线性无关。

例3.17 已知向量组 $\boldsymbol{\alpha},\boldsymbol{\beta},\boldsymbol{\gamma}$ 线性无关，证明向量组 $\boldsymbol{\alpha}+\boldsymbol{\beta},\boldsymbol{\beta}+\boldsymbol{\gamma},\boldsymbol{\gamma}+\boldsymbol{\alpha}$ 线性无关。

证法一 设有一组数 k_1,k_2,k_3，使

$$k_1(\boldsymbol{\alpha}+\boldsymbol{\beta})+k_2(\boldsymbol{\beta}+\boldsymbol{\gamma})+k_3(\boldsymbol{\gamma}+\boldsymbol{\alpha})=\boldsymbol{0}$$

成立，整理即得

$$(k_1+k_3)\boldsymbol{\alpha}+(k_1+k_2)\boldsymbol{\beta}+(k_2+k_3)\boldsymbol{\gamma}=\boldsymbol{0}。$$

因 $\boldsymbol{\alpha},\boldsymbol{\beta},\boldsymbol{\gamma}$ 线性无关，故有

$$\begin{cases}k_1\qquad+k_3=0,\\k_1+k_2\qquad=0,\\\qquad k_2+k_3=0。\end{cases}$$

由于此方程组的系数行列式 $\begin{vmatrix}1&0&1\\1&1&0\\0&1&1\end{vmatrix}=2\neq0$，故该方程组只有零解，从而 $\boldsymbol{\alpha}+\boldsymbol{\beta}$，$\boldsymbol{\beta}+\boldsymbol{\gamma},\boldsymbol{\gamma}+\boldsymbol{\alpha}$ 线性无关。

证法二 可把题设两向量组之间的关系表示成矩阵形式

$$(\boldsymbol{\alpha}+\boldsymbol{\beta},\boldsymbol{\beta}+\boldsymbol{\gamma},\boldsymbol{\gamma}+\boldsymbol{\alpha})=(\boldsymbol{\alpha},\boldsymbol{\beta},\boldsymbol{\gamma})\begin{pmatrix}1&0&1\\1&1&0\\0&1&1\end{pmatrix},$$

记作 $B=AK$。因 $|K|=2\neq 0$，知 K 可逆，由矩阵的秩的性质有

$$r(B)=r(A)=3,$$

由定理 3.3 的推论 1 可知 $\alpha+\beta,\beta+\gamma,\gamma+\alpha$ 线性无关。

定理 3.4　若向量组 $\alpha_1,\alpha_2,\cdots,\alpha_m(m\geqslant 2)$ 有一个部分组(即由该向量组的部分向量所组成的集合)线性相关，则该向量组也线性相关。

证明　不妨设向量组 $\alpha_1,\alpha_2,\cdots,\alpha_r(r<m)$ 线性相关(必要时可将向量重新编号做到这一点)，于是存在不全为零的数 $k_1,k_2,\cdots,k_r$，使

$$k_1\alpha_1+k_2\alpha_2+\cdots+k_r\alpha_r=\mathbf{0},$$

从而存在不全为零的数 $k_1,k_2,\cdots,k_r,0,\cdots,0$，使

$$k_1\alpha_1+k_2\alpha_2+\cdots+k_r\alpha_r+0\alpha_{r+1}+\cdots+0\alpha_m=\mathbf{0}。$$

这就证明了向量组 $\alpha_1,\alpha_2,\cdots,\alpha_m$ 线性相关。

由于定理 3.4 的逆否命题也成立，于是可得：

推论　如果一个向量组线性无关，则它的任意一个部分组必线性无关。

定理 3.5　向量组 $\alpha_1,\alpha_2,\cdots,\alpha_m(m\geqslant 2)$ 线性相关的充分必要条件是这个向量组中至少有一个向量可由其余 $m-1$ 个向量线性表示。

证　充分性　设 $\alpha_1,\alpha_2,\cdots,\alpha_m$ 中有一向量 α_i 可由其余向量线性表示，即

$$\alpha_i=k_1\alpha_1+\cdots+k_{i-1}\alpha_{i-1}+k_{i+1}\alpha_{i+1}+\cdots+k_m\alpha_m,$$

所以

$$k_1\alpha_1+\cdots+k_{i-1}\alpha_{i-1}-\alpha_i+k_{i+1}\alpha_{i+1}+\cdots+k_m\alpha_m=\mathbf{0},$$

因为 $k_1,\cdots,k_{i-1},-1,k_{i+1},\cdots,k_m$ 不全为零，故 $\alpha_1,\alpha_2,\cdots,\alpha_m$ 线性相关。

必要性　若 $\alpha_1,\alpha_2,\cdots,\alpha_m$ 线性相关，则有不全为零的数 $k_1,k_2,\cdots,k_m$，使

$$k_1\alpha_1+k_2\alpha_2+\cdots+k_m\alpha_m=\mathbf{0},$$

因 $k_1,k_2,\cdots,k_m$ 不全为零，不妨设 $k_i\neq 0$，所以由上式可得

$$\alpha_i=\frac{k_1}{-k_i}\alpha_1+\frac{k_2}{-k_i}\alpha_2+\cdots+\frac{k_{i-1}}{-k_i}\alpha_{i-1}+\frac{k_{i+1}}{-k_i}\alpha_{i+1}+\cdots+\frac{k_m}{-k_i}\alpha_m,$$

所以 α_i 可由其余向量线性表示。

由定理 3.5 可得：

推论　向量组 $\alpha_1,\alpha_2,\cdots,\alpha_m(m\geqslant 2)$ 线性无关的充分必要条件是其中任何一个向量都不能由其余 $m-1$ 个向量线性表示。

定理 3.6　设 $\alpha_1,\alpha_2,\cdots,\alpha_m$ 线性无关，而 $\alpha_1,\alpha_2,\cdots,\alpha_m,\beta$ 线性相关，则 β 能由 $\alpha_1,\alpha_2,\cdots,\alpha_m$ 线性表示，且表示法是唯一的。

证　因 $\alpha_1,\alpha_2,\cdots,\alpha_m,\beta$ 线性相关，故存在不全为零的数 $k_1,k_2,\cdots,k_m,k$，使得

$$k_1\alpha_1+k_2\alpha_2+\cdots+k_m\alpha_m+k\beta=\mathbf{0},$$

要证 β 能由 $\alpha_1,\alpha_2,\cdots,\alpha_m$ 线性表示，只需证 $k\neq 0$。

用反证法。假设 $k=0$，则 $k_1,k_2,\cdots,k_m$ 不全为零，且有

$$k_1\boldsymbol{\alpha}_1+k_2\boldsymbol{\alpha}_2+\cdots+k_m\boldsymbol{\alpha}_m=\mathbf{0},$$

这与 $\boldsymbol{\alpha}_1,\boldsymbol{\alpha}_2,\cdots,\boldsymbol{\alpha}_m$ 线性无关矛盾，所以 $k\neq 0$。

再证唯一性。设有两表示式

$$\boldsymbol{\beta}=\lambda_1\boldsymbol{\alpha}_1+\lambda_2\boldsymbol{\alpha}_2+\cdots+\lambda_m\boldsymbol{\alpha}_m,$$

及

$$\boldsymbol{\beta}=l_1\boldsymbol{\alpha}_1+l_2\boldsymbol{\alpha}_2+\cdots+l_m\boldsymbol{\alpha}_m,$$

两式相减，得

$$(\lambda_1-l_1)\boldsymbol{\alpha}_1+(\lambda_2-l_2)\boldsymbol{\alpha}_2+\cdots+(\lambda_m-l_m)\boldsymbol{\alpha}_m=\mathbf{0}。$$

因 $\boldsymbol{\alpha}_1,\boldsymbol{\alpha}_2,\cdots,\boldsymbol{\alpha}_m$ 线性无关，所以 $\lambda_i-l_i=0$，即 $\lambda_i=l_i(i=1,2,\cdots,m)$，因此，表示法唯一。

定理 3.7 设有两向量组

$$A:\boldsymbol{\alpha}_1,\boldsymbol{\alpha}_2,\cdots,\boldsymbol{\alpha}_s;\quad B:\boldsymbol{\beta}_1,\boldsymbol{\beta}_2,\cdots,\boldsymbol{\beta}_t,$$

如果向量组 B 能由向量组 A 线性表示，且 $t>s$，则向量组 B 线性相关。

证 由已知得

$$(\boldsymbol{\beta}_1,\boldsymbol{\beta}_2,\cdots,\boldsymbol{\beta}_t)=(\boldsymbol{\alpha}_1,\boldsymbol{\alpha}_2,\cdots,\boldsymbol{\alpha}_s)\begin{pmatrix}k_{11}&k_{12}&\cdots&k_{1t}\\k_{21}&k_{22}&\cdots&k_{2t}\\\vdots&\vdots&&\vdots\\k_{s1}&k_{s2}&\cdots&k_{st}\end{pmatrix}。\tag{3-9}$$

设存在一组数 $x_1,x_2,\cdots,x_t$，使得

$$x_1\boldsymbol{\beta}_1+x_2\boldsymbol{\beta}_2+\cdots+x_t\boldsymbol{\beta}_t=\mathbf{0},\tag{3-10}$$

即

$$(\boldsymbol{\beta}_1,\boldsymbol{\beta}_2,\cdots,\boldsymbol{\beta}_t)\begin{pmatrix}x_1\\x_2\\\vdots\\x_t\end{pmatrix}=\mathbf{0},$$

因此

$$(\boldsymbol{\alpha}_1,\boldsymbol{\alpha}_2,\cdots,\boldsymbol{\alpha}_s)\begin{pmatrix}k_{11}&k_{12}&\cdots&k_{1t}\\k_{21}&k_{22}&\cdots&k_{2t}\\\vdots&\vdots&&\vdots\\k_{s1}&k_{s2}&\cdots&k_{st}\end{pmatrix}\begin{pmatrix}x_1\\x_2\\\vdots\\x_t\end{pmatrix}=\mathbf{0}。$$

由于 $t>s$，因此齐次线性方程组 $\begin{pmatrix}k_{11}&k_{12}&\cdots&k_{1t}\\k_{21}&k_{22}&\cdots&k_{2t}\\\vdots&\vdots&&\vdots\\k_{s1}&k_{s2}&\cdots&k_{st}\end{pmatrix}\begin{pmatrix}x_1\\x_2\\\vdots\\x_t\end{pmatrix}=\mathbf{0}$ 有非零解，即存在一组不全为零的数 $x_1,x_2,\cdots,x_t$，使得式(3-10)成立，因此向量组 B 线性相关。

推论 1　如果向量组 $B:\boldsymbol{\beta}_1,\boldsymbol{\beta}_2,\cdots,\boldsymbol{\beta}_t$ 可以由向量组 $A:\boldsymbol{\alpha}_1,\boldsymbol{\alpha}_2,\cdots,\boldsymbol{\alpha}_s$ 线性表示，且向量组 B 线性无关，那么 $t\leqslant s$。

推论 2　两个等价的线性无关向量组必含有相同个数的向量。

证　设向量组 A 与 B 是等价的，且都是线性无关的向量组，分别含有 s 与 t 个向量。线性无关向量组 B 可由向量组 A 线性表示，由定理 3.7 的推论 1 得 $t\leqslant s$；同样，线性无关向量组 A 也可由向量组 B 线性表示，则有 $s\leqslant t$，所以 $t=s$。

习　题　3.3

1. 选择题。

(1) 若存在一组数 $k_1,k_2,\cdots,k_m$，使得 $k_1\boldsymbol{\alpha}_1+k_2\boldsymbol{\alpha}_2+\cdots+k_m\boldsymbol{\alpha}_m=\mathbf{0}$ 成立，则向量组 $\boldsymbol{\alpha}_1,\boldsymbol{\alpha}_2,\cdots,\boldsymbol{\alpha}_m$(　　)。

A. 线性相关　　B. 线性无关

C. 可能线性相关，也可能线性无关　　D. 部分线性相关

(2) 向量组线性相关的充分必要条件是(　　)。

A. 向量组中至少有一个零向量

B. 向量组中至少有一个向量可由其余向量线性表示

C. 向量组中至少有两个向量成比例

D. 向量组中至少有一个部分组线性相关

(3) 设矩阵 $\boldsymbol{A}=(a_{ij})_{m\times n}$，则齐次线性方程组 $\boldsymbol{Ax}=\mathbf{0}$ 仅有零解的充分必要条件是(　　)。

A. $\boldsymbol{A}$ 的行向量组线性无关　　B. $\boldsymbol{A}$ 的行向量组线性相关

C. $\boldsymbol{A}$ 的列向量组线性无关　　D. $\boldsymbol{A}$ 的列向量组线性相关

2. 填空题。

(1) 一个 n 维非零向量一定线性________关。

(2) 若 $\boldsymbol{\alpha}_1,\boldsymbol{\alpha}_2,\boldsymbol{\alpha}_3$ 线性相关，则 $\boldsymbol{\alpha}_1,\boldsymbol{\alpha}_2,\cdots,\boldsymbol{\alpha}_m(m>3)$ 线性________关。

3. 判断下列向量组的线性相关性：

(1) $\boldsymbol{\alpha}_1=(1,1,0)^{\mathrm{T}},\boldsymbol{\alpha}_2=(1,2,0)^{\mathrm{T}},\boldsymbol{\alpha}_3=(1,1,4)^{\mathrm{T}},\boldsymbol{\alpha}_4=(1,1,9)^{\mathrm{T}}$；

(2) $\boldsymbol{\alpha}_1=(1,1,3,1)^{\mathrm{T}},\boldsymbol{\alpha}_2=(3,-1,2,4)^{\mathrm{T}},\boldsymbol{\alpha}_3=(2,2,7,-1)^{\mathrm{T}}$；

(3) $\boldsymbol{\alpha}_1=(1,2,-1,3)^{\mathrm{T}},\boldsymbol{\alpha}_2=(2,1,0,-1)^{\mathrm{T}},\boldsymbol{\alpha}_3=(3,3,-1,2)^{\mathrm{T}}$。

4. 设 $\boldsymbol{\alpha}_1=(1,2,4)^{\mathrm{T}},\boldsymbol{\alpha}_2=(0,1,2)^{\mathrm{T}},\boldsymbol{\alpha}_3=(2,-3,t)^{\mathrm{T}}$，$t$ 为何值时，$\boldsymbol{\alpha}_1,\boldsymbol{\alpha}_2,\boldsymbol{\alpha}_3$ 线性相关？t 为何值时，$\boldsymbol{\alpha}_1,\boldsymbol{\alpha}_2,\boldsymbol{\alpha}_3$ 线性无关？

5. 已知 $\boldsymbol{\alpha}_1,\boldsymbol{\alpha}_2$ 为线性无关的向量。设 $\boldsymbol{\beta}_1=\boldsymbol{\alpha}_1+\boldsymbol{\alpha}_2,\boldsymbol{\beta}_2=3\boldsymbol{\alpha}_2-\boldsymbol{\alpha}_1,\boldsymbol{\beta}_3=2\boldsymbol{\alpha}_1-\boldsymbol{\alpha}_2$，试证：$\boldsymbol{\beta}_1,\boldsymbol{\beta}_2,\boldsymbol{\beta}_3$ 线性相关。

6. 设向量组 $\boldsymbol{\alpha}_1,\boldsymbol{\alpha}_2,\boldsymbol{\alpha}_3$ 线性相关，向量组 $\boldsymbol{\alpha}_2,\boldsymbol{\alpha}_3,\boldsymbol{\alpha}_4$ 线性无关，证明：

(1) $\boldsymbol{\alpha}_1$ 可由 $\boldsymbol{\alpha}_2,\boldsymbol{\alpha}_3$ 线性表示；

(2) $\boldsymbol{\alpha}_4$ 不能由 $\boldsymbol{\alpha}_1,\boldsymbol{\alpha}_2,\boldsymbol{\alpha}_3$ 线性表示。

3.4 向量组的极大无关组与秩

学习目标：

1. 理解向量组的极大无关组及向量组秩的概念。
2. 理解向量组的秩与矩阵的秩之间的关系。
3. 掌握用矩阵的初等变换求向量组的秩和极大无关组的方法。

本节我们讨论一向量组中拥有最多个数的线性无关部分组 —— 极大线性无关向量组，并由此引入向量组的秩的定义，它揭示了向量组中各向量间的关系，这个关系是我们研究线性方程组解的理论的一个强有力的工具。

3.4.1 极大线性无关向量组

定义 3.10 若向量组 $\boldsymbol{\alpha}_1,\boldsymbol{\alpha}_2,\cdots,\boldsymbol{\alpha}_m$ 的一个部分组 $\boldsymbol{\alpha}_{i_1},\boldsymbol{\alpha}_{i_2},\cdots,\boldsymbol{\alpha}_{i_r}$ 满足

(1) $\boldsymbol{\alpha}_{i_1},\boldsymbol{\alpha}_{i_2},\cdots,\boldsymbol{\alpha}_{i_r}$ 线性无关；

(2) 向量组 $\boldsymbol{\alpha}_1,\boldsymbol{\alpha}_2,\cdots,\boldsymbol{\alpha}_m$ 中任意 $r+1$ 个向量(如果存在)线性相关；

则称部分组 $\boldsymbol{\alpha}_{i_1},\boldsymbol{\alpha}_{i_2},\cdots,\boldsymbol{\alpha}_{i_r}$ 是向量组 $\boldsymbol{\alpha}_1,\boldsymbol{\alpha}_2,\cdots,\boldsymbol{\alpha}_m$ 的一个**极大线性无关向量组**，简称为**极大无关组**。

例 3.18 考虑向量组

$$\boldsymbol{\alpha}_1=(1,0,0)^{\mathrm{T}},\boldsymbol{\alpha}_2=(0,1,0)^{\mathrm{T}},\boldsymbol{\alpha}_3=(1,2,0)^{\mathrm{T}}。$$

显然，部分组 $\boldsymbol{\alpha}_1,\boldsymbol{\alpha}_2$ 线性无关，而 $\boldsymbol{\alpha}_1,\boldsymbol{\alpha}_2,\boldsymbol{\alpha}_3$ 线性相关，所以 $\boldsymbol{\alpha}_1,\boldsymbol{\alpha}_2$ 是向量组 $\boldsymbol{\alpha}_1,\boldsymbol{\alpha}_2,\boldsymbol{\alpha}_3$ 的一个极大无关组。不难验证 $\boldsymbol{\alpha}_1,\boldsymbol{\alpha}_3$ 及 $\boldsymbol{\alpha}_2,\boldsymbol{\alpha}_3$ 也是 $\boldsymbol{\alpha}_1,\boldsymbol{\alpha}_2,\boldsymbol{\alpha}_3$ 的极大无关组。

注 (1) 一个向量组的极大无关组可能不唯一；

(2) 若向量组 $\boldsymbol{\alpha}_1,\boldsymbol{\alpha}_2,\cdots,\boldsymbol{\alpha}_m$ 是线性无关的，则 $\boldsymbol{\alpha}_1,\boldsymbol{\alpha}_2,\cdots,\boldsymbol{\alpha}_m$ 本身就是它的一个极大无关组；

(3) 只含零向量的向量组没有极大无关组。

定理 3.8 如果 $\boldsymbol{\alpha}_{i_1},\boldsymbol{\alpha}_{i_2},\cdots,\boldsymbol{\alpha}_{i_r}$ 是向量组 $\boldsymbol{\alpha}_1,\boldsymbol{\alpha}_2,\cdots,\boldsymbol{\alpha}_m$ 的一个线性无关组的部分组，则它是极大无关组的充分必要条件是 $\boldsymbol{\alpha}_1,\boldsymbol{\alpha}_2,\cdots,\boldsymbol{\alpha}_m$ 中任意一个向量都可由 $\boldsymbol{\alpha}_{i_1},\boldsymbol{\alpha}_{i_2},\cdots,\boldsymbol{\alpha}_{i_r}$ 线性表示。

证 必要性 对任意的 $\boldsymbol{\alpha}_i(i=1,2,\cdots,m)$，当 i 是 $i_1,i_2,\cdots,i_r$ 中的一个数时，$\boldsymbol{\alpha}_i$ 是 $\boldsymbol{\alpha}_{i_1},\boldsymbol{\alpha}_{i_2},\cdots,\boldsymbol{\alpha}_{i_r}$ 中的一个向量，显然 $\boldsymbol{\alpha}_i$ 可由 $\boldsymbol{\alpha}_{i_1},\boldsymbol{\alpha}_{i_2},\cdots,\boldsymbol{\alpha}_{i_r}$ 线性表示。

当 i 不是 $i_1,i_2,\cdots,i_r$ 中的数时，由于 $\boldsymbol{\alpha}_{i_1},\boldsymbol{\alpha}_{i_2},\cdots,\boldsymbol{\alpha}_{i_r}$ 是一个极大无关组，则 $\boldsymbol{\alpha}_i,\boldsymbol{\alpha}_{i_1},\boldsymbol{\alpha}_{i_2},\cdots,\boldsymbol{\alpha}_{i_r}$ 线性相关，因此由定理 3.6 知，$\boldsymbol{\alpha}_i$ 可由 $\boldsymbol{\alpha}_{i_1},\boldsymbol{\alpha}_{i_2},\cdots,\boldsymbol{\alpha}_{i_r}$ 线性表示，因此 $\boldsymbol{\alpha}_1,\boldsymbol{\alpha}_2,\cdots,$

$\boldsymbol{\alpha}_m$ 中任意一个向量都可由 $\boldsymbol{\alpha}_{i_1},\boldsymbol{\alpha}_{i_2},\cdots,\boldsymbol{\alpha}_{i_r}$ 线性表示。

充分性　由于 $\boldsymbol{\alpha}_1,\boldsymbol{\alpha}_2,\cdots,\boldsymbol{\alpha}_m$ 中任意一个向量都可由 $\boldsymbol{\alpha}_{i_1},\boldsymbol{\alpha}_{i_2},\cdots,\boldsymbol{\alpha}_{i_r}$ 线性表示，因此 $\boldsymbol{\alpha}_1,\boldsymbol{\alpha}_2,\cdots,\boldsymbol{\alpha}_m$ 中任意 $r+1(m>r)$ 个向量均线性相关，故 $\boldsymbol{\alpha}_{i_1},\boldsymbol{\alpha}_{i_2},\cdots,\boldsymbol{\alpha}_{i_r}$ 是一个极大无关组。

由定理 3.8，我们容易得到与定义 3.10 等价的极大无关组的另一个定义：

定义 3.11　若向量组 $\boldsymbol{\alpha}_1,\boldsymbol{\alpha}_2,\cdots,\boldsymbol{\alpha}_m$ 的一个部分组 $\boldsymbol{\alpha}_{i_1},\boldsymbol{\alpha}_{i_2},\cdots,\boldsymbol{\alpha}_{i_r}$ 满足：

(1) $\boldsymbol{\alpha}_{i_1},\boldsymbol{\alpha}_{i_2},\cdots,\boldsymbol{\alpha}_{i_r}$ 线性无关；

(2) 对任意的 $\boldsymbol{\alpha}_i(i=1,2,\cdots,m)$，$\boldsymbol{\alpha}_i$ 可由 $\boldsymbol{\alpha}_{i_1},\boldsymbol{\alpha}_{i_2},\cdots,\boldsymbol{\alpha}_{i_r}$ 线性表示；

则称部分组 $\boldsymbol{\alpha}_{i_1},\boldsymbol{\alpha}_{i_2},\cdots,\boldsymbol{\alpha}_{i_r}$ 是向量组 $\boldsymbol{\alpha}_1,\boldsymbol{\alpha}_2,\cdots,\boldsymbol{\alpha}_m$ 的一个极大无关组。

由此，向量组的极大无关组具有以下性质：

定理 3.9　向量组与它的极大无关组等价。

推论 1　向量组的任意两个极大无关组等价。

推论 2　向量组的任意两个极大无关组所含向量的个数相同。

证　由于向量组与其极大无关组等价，且等价关系具有传递性，所以一个向量组的任意两个极大无关组等价。又由定理 3.7 的推论 2 可知，它们所含向量个数相等。

定理 3.10　向量组的任意线性无关的部分组都可扩充为一个极大无关组。

证　设 $\boldsymbol{\alpha}_{i_1},\boldsymbol{\alpha}_{i_2},\cdots,\boldsymbol{\alpha}_{i_k}$ 是向量组 $\boldsymbol{\alpha}_1,\boldsymbol{\alpha}_2,\cdots,\boldsymbol{\alpha}_m$ 中的一个线性无关的部分组，如果 $\boldsymbol{\alpha}_1,\boldsymbol{\alpha}_2,\cdots,\boldsymbol{\alpha}_m$ 中每个向量都可由这个部分组线性表示，那么这个部分组就是一个极大无关组，如果还有某向量 $\boldsymbol{\alpha}_{i_{k+1}}$ 不能被这个部分组线性表示，那么由

$$l_1\boldsymbol{\alpha}_{i_1}+l_2\boldsymbol{\alpha}_{i_2}+\cdots+l_{k+1}\boldsymbol{\alpha}_{i_{k+1}}=\boldsymbol{0},$$

就有 $l_{k+1}=0$。再由 $\boldsymbol{\alpha}_{i_1},\boldsymbol{\alpha}_{i_2},\cdots,\boldsymbol{\alpha}_{i_r}$ 线性无关，可得

$$l_1=l_2=\cdots=l_k=l_{k+1}=0。$$

这样，我们就得到了一个含 $k+1$ 个线性无关的部分组 $\boldsymbol{\alpha}_{i_1},\boldsymbol{\alpha}_{i_2},\cdots,\boldsymbol{\alpha}_{i_{k+1}}$。重复这个过程，最后必可得到 $\boldsymbol{\alpha}_1,\boldsymbol{\alpha}_2,\cdots,\boldsymbol{\alpha}_m$ 的一个线性无关的部分组使向量组中每个向量都可由这个部分组线性表示，这个部分组就是一个极大无关组。

3.4.2　向量组的秩

定义 3.12　向量组 $\boldsymbol{\alpha}_1,\boldsymbol{\alpha}_2,\cdots,\boldsymbol{\alpha}_m$ 的极大无关组所含向量的个数称为该向量组的**秩**，记为 $r(\boldsymbol{\alpha}_1,\boldsymbol{\alpha}_2,\cdots,\boldsymbol{\alpha}_m)$。

例如，在例 3.18 中向量组 $\boldsymbol{\alpha}_1=(1,0,0)^{\mathrm{T}},\boldsymbol{\alpha}_2=(0,1,0)^{\mathrm{T}},\boldsymbol{\alpha}_3=(1,2,0)^{\mathrm{T}}$ 的极大无关组所含向量的个数为 2，故向量组 $\boldsymbol{\alpha}_1,\boldsymbol{\alpha}_2,\boldsymbol{\alpha}_3$ 的秩为 2，即

$$r(\boldsymbol{\alpha}_1,\boldsymbol{\alpha}_2,\boldsymbol{\alpha}_3)=2。$$

规定　仅含有零向量的向量组的秩为零。

根据向量组的秩的定义可以得到如下结论：

定理 3.11　向量组 $\boldsymbol{\alpha}_1,\boldsymbol{\alpha}_2,\cdots,\boldsymbol{\alpha}_m$ 线性无关的充分必要条件是 $r(\boldsymbol{\alpha}_1,\boldsymbol{\alpha}_2,\cdots,\boldsymbol{\alpha}_m)=m$；

向量组 $\boldsymbol{\alpha}_1,\boldsymbol{\alpha}_2,\cdots,\boldsymbol{\alpha}_m$ 线性相关的充分必要条件是 $r(\boldsymbol{\alpha}_1,\boldsymbol{\alpha}_2,\cdots,\boldsymbol{\alpha}_m)<m$。

定理 3.12 如果向量组 $\boldsymbol{\beta}_1,\boldsymbol{\beta}_2,\cdots,\boldsymbol{\beta}_t$ 可由向量组 $\boldsymbol{\alpha}_1,\boldsymbol{\alpha}_2,\cdots,\boldsymbol{\alpha}_m$ 线性表示，则 $r(\boldsymbol{\beta}_1,\boldsymbol{\beta}_2,\cdots,\boldsymbol{\beta}_t)\leqslant r(\boldsymbol{\alpha}_1,\boldsymbol{\alpha}_2,\cdots,\boldsymbol{\alpha}_m)$。

推论 等价的向量组的秩相等。

定理 3.13 若向量组的秩为 r，则向量组中任意 r 个线性无关的部分组都是它的一个极大无关组。

3.4.3 矩阵的秩与向量组的秩的关系

一个 $m\times n$ 阶矩阵 $\boldsymbol{A}=\begin{pmatrix} a_{11} & a_{12} & \cdots & a_{1n} \\ a_{21} & a_{22} & \cdots & a_{2n} \\ \vdots & \vdots & & \vdots \\ a_{m1} & a_{m2} & \cdots & a_{mn} \end{pmatrix}$ 的每一列 $\boldsymbol{\alpha}_j=\begin{pmatrix} a_{1j} \\ a_{2j} \\ \vdots \\ a_{mj} \end{pmatrix}\quad(j=1,2,\cdots,n)$

组成的向量组 $\boldsymbol{\alpha}_1,\boldsymbol{\alpha}_2,\cdots,\boldsymbol{\alpha}_n$ 称为矩阵 $\boldsymbol{A}$ 的**列向量组**；而由矩阵 $\boldsymbol{A}$ 的每一行

$$\boldsymbol{\beta}_i=(a_{i1},a_{i2},\cdots,a_{in})(i=1,2,\cdots,m)$$

组成的向量组 $\boldsymbol{\beta}_1,\boldsymbol{\beta}_2,\cdots,\boldsymbol{\beta}_m$ 称为 $\boldsymbol{A}$ 的**行向量组**。

根据上面的讨论，矩阵 $\boldsymbol{A}$ 可记为

$$\boldsymbol{A}=(\boldsymbol{\alpha}_1,\boldsymbol{\alpha}_2,\cdots,\boldsymbol{\alpha}_n)\text{ 或 }\boldsymbol{A}=\begin{pmatrix} \boldsymbol{\beta}_1 \\ \boldsymbol{\beta}_2 \\ \vdots \\ \boldsymbol{\beta}_m \end{pmatrix}。$$

这样，矩阵 $\boldsymbol{A}$ 就与其行向量组或列向量组之间建立了一一对应关系。那么，行向量组的秩、列向量组的秩以及矩阵的秩三者之间有什么关系呢?下面的定理可以给出答案。

定理 3.14 矩阵的秩等于它的列向量组的秩，也等于它的行向量组的秩。

证 设矩阵 $\boldsymbol{A}=(\boldsymbol{\alpha}_1,\boldsymbol{\alpha}_2,\cdots,\boldsymbol{\alpha}_n)$，$r(\boldsymbol{A})=r$，则由矩阵秩的定义知：存在 $\boldsymbol{A}$ 的 r 阶子式 $D_r\neq 0$，从而 D_r 所在的矩阵 $\boldsymbol{A}$ 的 r 个列向量线性无关；又 $\boldsymbol{A}$ 中所有 $r+1$ 阶子式 $D_{r+1}=0$，故 $\boldsymbol{A}$ 中任意 $r+1$ 个列向量都线性相关，因此 D_r 所在的矩阵 $\boldsymbol{A}$ 的 r 列是 $\boldsymbol{A}$ 的列向量组的一个极大无关组，所以 $r(\boldsymbol{\alpha}_1,\boldsymbol{\alpha}_2,\cdots,\boldsymbol{\alpha}_n)=r$，即

$$r(\boldsymbol{A})=r(\boldsymbol{\alpha}_1,\boldsymbol{\alpha}_2,\cdots,\boldsymbol{\alpha}_n)=r。$$

同理可证，矩阵 $\boldsymbol{A}$ 的行向量组的秩也等于 r。

我们也称矩阵 $\boldsymbol{A}$ 的列向量组的秩为 $\boldsymbol{A}$ 的**列秩**，$\boldsymbol{A}$ 的行向量组的秩为 $\boldsymbol{A}$ 的**行秩**，从而由定理 3.14，我们不难得出如下推论。

推论 矩阵 $\boldsymbol{A}$ 的列秩、行秩、秩相等。

定理 3.15 矩阵的初等行变换不改变列向量间的线性关系；矩阵的初等列变换不改变行向量间的线性关系。

以上定理给出了一个**求向量组的秩和极大无关组的方法**：以所给的向量组 $\boldsymbol{\alpha}_1$，

$\boldsymbol{\alpha}_2,\cdots,\boldsymbol{\alpha}_n$ 为列构造矩阵 $\boldsymbol{A}=(\boldsymbol{\alpha}_1,\boldsymbol{\alpha}_2,\cdots,\boldsymbol{\alpha}_n)$，对矩阵 $\boldsymbol{A}$ 施行初等行变换化为行阶梯形矩阵 $\boldsymbol{B}$，则根据矩阵 $\boldsymbol{B}$ 的非零行数给出矩阵 $\boldsymbol{A}$ 的秩，从而给出向量组 $\boldsymbol{\alpha}_1,\boldsymbol{\alpha}_2,\cdots,\boldsymbol{\alpha}_n$ 的秩。若进一步将矩阵 $\boldsymbol{B}$ 化为行最简形矩阵

$$(\boldsymbol{\beta}_1,\boldsymbol{\beta}_2,\cdots,\boldsymbol{\beta}_n),$$

则向量组 $\boldsymbol{\alpha}_1,\boldsymbol{\alpha}_2,\cdots,\boldsymbol{\alpha}_n$ 与向量组 $\boldsymbol{\beta}_1,\boldsymbol{\beta}_2,\cdots,\boldsymbol{\beta}_n$ 有相同的线性相关性，从而可以根据向量组 $\boldsymbol{\beta}_1,\boldsymbol{\beta}_2,\cdots,\boldsymbol{\beta}_n$ 的极大无关组给出向量组 $\boldsymbol{\alpha}_1,\boldsymbol{\alpha}_2,\cdots,\boldsymbol{\alpha}_n$ 的极大无关组，并给出不属于极大无关组的向量由极大无关组线性表示的表示式。

同理，也可以向量组中各向量为行向量组成矩阵后，通过对矩阵施行初等列变换来求向量组的极大无关组。

我们以例题来说明具体的求解过程。

例 3.19　求向量组 A：

$$\boldsymbol{\alpha}_1=\begin{pmatrix}2\\1\\4\\3\end{pmatrix},\boldsymbol{\alpha}_2=\begin{pmatrix}-1\\1\\-6\\6\end{pmatrix},\boldsymbol{\alpha}_3=\begin{pmatrix}-1\\-2\\2\\-9\end{pmatrix},\boldsymbol{\alpha}_4=\begin{pmatrix}1\\1\\-2\\7\end{pmatrix},\boldsymbol{\alpha}_5=\begin{pmatrix}2\\4\\4\\9\end{pmatrix}$$

的秩和一个极大无关组，并把向量组 $\boldsymbol{A}$ 中其余向量用该极大无关组线性表示出来。

解　令 $\boldsymbol{A}=(\boldsymbol{\alpha}_1,\boldsymbol{\alpha}_2,\boldsymbol{\alpha}_3,\boldsymbol{\alpha}_4,\boldsymbol{\alpha}_5)$，对矩阵 $\boldsymbol{A}$ 施行初等行变换，有

$$\boldsymbol{A}=(\boldsymbol{\alpha}_1,\boldsymbol{\alpha}_2,\boldsymbol{\alpha}_3,\boldsymbol{\alpha}_4,\boldsymbol{\alpha}_5)=\begin{pmatrix}2&-1&-1&1&2\\1&1&-2&1&4\\4&-6&2&-2&4\\3&6&-9&7&9\end{pmatrix}\to\begin{pmatrix}1&1&-2&1&4\\0&1&-1&1&0\\0&0&0&1&-3\\0&0&0&0&0\end{pmatrix}=\boldsymbol{B},$$

知 $r(\boldsymbol{A})=3$，列向量组即向量组 $\boldsymbol{\alpha}_1,\boldsymbol{\alpha}_2,\boldsymbol{\alpha}_3,\boldsymbol{\alpha}_4,\boldsymbol{\alpha}_5$ 的秩为3，极大无关组中有3个向量，取非零行第一个非零元所在的 1,2,4 列对应的向量 $\boldsymbol{\alpha}_1,\boldsymbol{\alpha}_2,\boldsymbol{\alpha}_4$ 为向量组的一个极大无关组。为了将 $\boldsymbol{\alpha}_3,\boldsymbol{\alpha}_5$ 用 $\boldsymbol{\alpha}_1,\boldsymbol{\alpha}_2,\boldsymbol{\alpha}_4$ 线性表示出来，继续将 $\boldsymbol{B}$ 变成行最简形，有

$$\boldsymbol{B}\to\begin{pmatrix}1&0&-1&0&4\\0&1&-1&0&3\\0&0&0&1&-3\\0&0&0&0&0\end{pmatrix}=\boldsymbol{C},$$

由矩阵 $\boldsymbol{C}$ 的列向量之间的线性关系，可以得到矩阵 $\boldsymbol{A}$ 的列向量之间的如下线性关系：

$$\boldsymbol{\alpha}_3=-\boldsymbol{\alpha}_1-\boldsymbol{\alpha}_2,$$

$$\boldsymbol{\alpha}_5=4\boldsymbol{\alpha}_1+3\boldsymbol{\alpha}_2-3\boldsymbol{\alpha}_4。$$

例 3.20　设两向量组

$$A:\boldsymbol{\alpha}_1=(1,2,-3)^{\mathrm{T}},\boldsymbol{\alpha}_2=(3,0,1)^{\mathrm{T}},\boldsymbol{\alpha}_3=(9,6,-7)^{\mathrm{T}};$$

$$B:\boldsymbol{\beta}_1=(0,1,1)^{\mathrm{T}},\boldsymbol{\beta}_2=(a,2,-1)^{\mathrm{T}},\boldsymbol{\beta}_3=(b,1,0)^{\mathrm{T}},$$

已知两向量组的秩相等，且 $\boldsymbol{\beta}_3$ 能由 $\boldsymbol{\alpha}_1,\boldsymbol{\alpha}_2,\boldsymbol{\alpha}_3$ 线性表示，求 a,b。

解 设$\boldsymbol{A}=(\boldsymbol{\alpha}_1,\boldsymbol{\alpha}_2,\boldsymbol{\alpha}_3)$，$\boldsymbol{B}=(\boldsymbol{\beta}_1,\boldsymbol{\beta}_2,\boldsymbol{\beta}_3)$，有

$$\boldsymbol{A}=\begin{pmatrix}1&3&9\\2&0&6\\-3&1&-7\end{pmatrix}\rightarrow\begin{pmatrix}1&3&9\\0&-6&-12\\0&10&20\end{pmatrix}\rightarrow\begin{pmatrix}1&3&9\\0&1&2\\0&0&0\end{pmatrix},$$

知$r(\boldsymbol{A})=2$，且$\boldsymbol{\alpha}_1,\boldsymbol{\alpha}_2$为向量组$A$的一个极大无关组。

因两向量组的秩相等，所以$r(\boldsymbol{B})=2$，则$|\boldsymbol{B}|=0$，即

$$|\boldsymbol{B}|=\begin{vmatrix}0&a&b\\1&2&1\\1&-1&0\end{vmatrix}=0,$$

所以$a=3b$。

因$\boldsymbol{\beta}_3$能由$\boldsymbol{\alpha}_1,\boldsymbol{\alpha}_2,\boldsymbol{\alpha}_3$线性表示，而$\boldsymbol{\alpha}_1,\boldsymbol{\alpha}_2$是向量组$A$的极大无关组，所以$\boldsymbol{\beta}_3$能由$\boldsymbol{\alpha}_1,\boldsymbol{\alpha}_2$线性表示，则$|\boldsymbol{\alpha}_1\quad\boldsymbol{\alpha}_2\quad\boldsymbol{\beta}_3|=0$，即

$$\begin{vmatrix}1&3&b\\2&0&1\\-3&1&0\end{vmatrix}=0,$$

解得$b=5$，所以$a=15$。

例 3.21 设$\boldsymbol{A}$为$m\times n$阶矩阵，$\boldsymbol{B}$为$n\times s$阶矩阵，证明：$r(\boldsymbol{AB})\leqslant\min\{r(\boldsymbol{A}),r(\boldsymbol{B})\}$。

证 设$\boldsymbol{C}=\boldsymbol{AB}=(c_{ij})_{m\times s}$，分别将$\boldsymbol{A},\boldsymbol{C}$按列分块，记$\boldsymbol{A}=(\boldsymbol{\alpha}_1,\boldsymbol{\alpha}_2,\cdots,\boldsymbol{\alpha}_n)$，$\boldsymbol{C}=(\boldsymbol{\gamma}_1,\boldsymbol{\gamma}_2,\cdots,\boldsymbol{\gamma}_s)$，则

$$(\boldsymbol{\gamma}_1,\boldsymbol{\gamma}_2,\cdots,\boldsymbol{\gamma}_s)=(\boldsymbol{\alpha}_1,\boldsymbol{\alpha}_2,\cdots,\boldsymbol{\alpha}_n)\begin{pmatrix}b_{11}&\cdots&b_{1j}&\cdots&b_{1s}\\b_{21}&\cdots&b_{2j}&\cdots&b_{2s}\\\vdots&&\vdots&&\vdots\\b_{n1}&\cdots&b_{nj}&\cdots&b_{ns}\end{pmatrix}。$$

因此有

$$\boldsymbol{\gamma}_j=b_{1j}\boldsymbol{\alpha}_1+b_{2j}\boldsymbol{\alpha}_2+\cdots+b_{nj}\boldsymbol{\alpha}_n\quad(j=1,2,\cdots,s),$$

即$\boldsymbol{AB}$的列向量组$\boldsymbol{\gamma}_1,\boldsymbol{\gamma}_2,\cdots,\boldsymbol{\gamma}_s$可由$\boldsymbol{A}$的列向量组$\boldsymbol{\alpha}_1,\boldsymbol{\alpha}_2,\cdots,\boldsymbol{\alpha}_n$线性表示，则$r(\boldsymbol{AB})\leqslant r(\boldsymbol{A})$。同理可证$r(\boldsymbol{AB})\leqslant r(\boldsymbol{B})$，因此$r(\boldsymbol{AB})\leqslant\min\{r(\boldsymbol{A}),r(\boldsymbol{B})\}$。

习 题 3.4

1. 判断下列命题是否正确：

(1) 设向量组的秩为r，则向量组中任意$r+1$个向量(如果有)一定线性相关。

(2) 设向量组的秩为r，则向量组中任意含有r个向量的部分组一定线性无关。

(3) 设$\boldsymbol{A}$为$m\times n$阶矩阵，若矩阵$\boldsymbol{A}$的n个列向量线性无关，则$r(\boldsymbol{A})=n$。

(4) 设n阶方阵$\boldsymbol{A}$满足$r(\boldsymbol{A})=r<n$，则在方阵$\boldsymbol{A}$的列向量中必有某r个列向量线性无关。

2. 填空题。

(1) 设向量组 $\boldsymbol{\alpha}_1,\boldsymbol{\alpha}_2,\cdots,\boldsymbol{\alpha}_m$ 的秩为 r，则 $\boldsymbol{\alpha}_1,\boldsymbol{\alpha}_2,\cdots,\boldsymbol{\alpha}_m$ 中任意 r 个 ________ 的向量组成的部分组都是它的极大无关组。

(2) 若向量组 $\boldsymbol{\alpha}_1,\boldsymbol{\alpha}_2,\cdots,\boldsymbol{\alpha}_m$ 与 $\boldsymbol{\beta}_1,\boldsymbol{\beta}_2,\cdots,\boldsymbol{\beta}_s$ 等价，则 $\boldsymbol{\alpha}_1,\boldsymbol{\alpha}_2,\cdots,\boldsymbol{\alpha}_m$ 的秩与 $\boldsymbol{\beta}_1,\boldsymbol{\beta}_2,\cdots,\boldsymbol{\beta}_s$ 的秩________。

3. 求下列向量组的秩及一个极大无关组，并把其余向量(若存在的话)用该极大无关组表示出来。

(1) $\boldsymbol{\alpha}_1=(1,1,1)^{\mathrm{T}},\boldsymbol{\alpha}_2=(1,1,0)^{\mathrm{T}},\boldsymbol{\alpha}_3=(1,0,0)^{\mathrm{T}},\boldsymbol{\alpha}_4=(4,5,6)^{\mathrm{T}}$；

(2) $\boldsymbol{\alpha}_1=(1,1,1,3)^{\mathrm{T}},\boldsymbol{\alpha}_2=(-1,-3,5,1)^{\mathrm{T}},\boldsymbol{\alpha}_3=(3,2,-1,4)^{\mathrm{T}}$；

(3) $\boldsymbol{\alpha}_1=(1,-1,2,4)^{\mathrm{T}},\boldsymbol{\alpha}_2=(0,3,1,2)^{\mathrm{T}},\boldsymbol{\alpha}_3=(3,0,7,14)^{\mathrm{T}},\boldsymbol{\alpha}_4=(2,1,5,6)^{\mathrm{T}},\boldsymbol{\alpha}_5=(1,-1,2,0)^{\mathrm{T}}$。

4. 已知向量组 $\boldsymbol{\alpha}_1=(a,3,1)^{\mathrm{T}},\boldsymbol{\alpha}_2=(2,b,3)^{\mathrm{T}},\boldsymbol{\alpha}_3=(1,2,1)^{\mathrm{T}},\boldsymbol{\alpha}_4=(2,3,1)^{\mathrm{T}}$ 的秩为 2，求 a,b。

5. 设向量组 $\boldsymbol{\alpha}_1,\boldsymbol{\alpha}_2,\boldsymbol{\alpha}_3$ 线性无关，$\boldsymbol{\beta}_1=\boldsymbol{\alpha}_1+\boldsymbol{\alpha}_2+\boldsymbol{\alpha}_3,\boldsymbol{\beta}_2=\boldsymbol{\alpha}_1-\boldsymbol{\alpha}_2+\boldsymbol{\alpha}_3,\boldsymbol{\beta}_3=2\boldsymbol{\alpha}_1+\boldsymbol{\alpha}_2+\boldsymbol{\alpha}_3$，求向量组 $\boldsymbol{\beta}_1,\boldsymbol{\beta}_2,\boldsymbol{\beta}_3$ 的秩。

3.5　向量空间

学习目标：

1. 理解 n 维向量空间、基和维数的概念。
2. 掌握向量在一个基下的坐标的求解方法。
3. 掌握 $\mathbf{R}^3$ 中坐标变换公式、基变换公式、过渡矩阵的求解方法。

3.5.1　向量空间的概念

定义 3.13　设 $\mathbf{R}$ 是实数域，V 为 n 维向量组成的集合。如果集合 V 非空，且对于向量加法及数乘运算封闭，即对任意的 $\boldsymbol{\alpha},\boldsymbol{\beta}\in V$ 和常数 $k\in\mathbf{R}$ 都有

$$\boldsymbol{\alpha}+\boldsymbol{\beta}\in V,k\boldsymbol{\alpha}\in V,$$

就称集合 V 为实数域 $\mathbf{R}$ 上的一个**向量空间**。

例 3.22　所有 n 维向量的全体所组成的集合，记为 $\mathbf{R}^n$，即

$$\mathbf{R}^n=\{(a_1,a_2,\cdots,a_n)^{\mathrm{T}}\mid a_i\in\mathbf{R},i=1,2,\cdots,n\}。$$

由于 $\mathbf{R}^n$ 对加法及数乘两种运算封闭，因此 $\mathbf{R}^n$ 构成实数域 $\mathbf{R}$ 上的一个向量空间，称 $\mathbf{R}^n$ 为 **n 维向量空间**，它是 $\mathbf{R}^2$ 和 $\mathbf{R}^3$ 的推广。

例 3.23　判断下列集合是否构成向量空间：

(1) $V_1=\{(0,x_2,\cdots,x_n)\mid x_2,\cdots,x_n\in\mathbf{R}\}$；(2) $V_2=\{(1,x_2,\cdots,x_n)\mid x_2,\cdots,x_n\in\mathbf{R}\}$。

解 (1) 对任意 $\boldsymbol{\alpha}=(0,x_2,\cdots,x_n)$，$\boldsymbol{\beta}=(0,y_2,\cdots,y_n)\in V_1$，有

$$\boldsymbol{\alpha}+\boldsymbol{\beta}=(0,x_2+y_2,\cdots,x_n+y_n)\in V_1,$$

对任意常数 $k\in\mathbf{R}$，有

$$k\boldsymbol{\alpha}=(0,kx_2,\cdots,kx_n)\in V_1。$$

因此，集合 V_1 构成实数域 $\mathbf{R}$ 上的一个向量空间。

(2) 因为对任意 $\boldsymbol{\alpha}=(1,x_2,\cdots,x_n)\in V_2$，而 $2\boldsymbol{\alpha}=(2,2x_2,\cdots,2x_n)\notin V_2$。因此集合 V_2 不构成实数域 $\mathbf{R}$ 上的向量空间。

例 3.24 齐次线性方程组 $\boldsymbol{Ax}=\mathbf{0}$ 的全部解构成的集合 $V=\{\boldsymbol{x}\mid\boldsymbol{Ax}=\mathbf{0}\}$，$V$ 构成实数域 $\mathbf{R}$ 上的一个向量空间。

证 显然 V 非空(因 $\mathbf{0}\in V$)。任取 $\boldsymbol{\xi}_1\in V$，$\boldsymbol{\xi}_2\in V$，有

$$\boldsymbol{A}(\boldsymbol{\xi}_1+\boldsymbol{\xi}_2)=\boldsymbol{A}\boldsymbol{\xi}_1+\boldsymbol{A}\boldsymbol{\xi}_2=\mathbf{0}+\mathbf{0}=\mathbf{0},$$

即 $\boldsymbol{\xi}_1+\boldsymbol{\xi}_2\in V$。任取 $\boldsymbol{\xi}\in V$，对于任意常数 $k\in\mathbf{R}$，有

$$\boldsymbol{A}(k\boldsymbol{\xi})=k(\boldsymbol{A\xi})=k\mathbf{0}=\mathbf{0},$$

即 $k\boldsymbol{\xi}\in V$。因此 $V=\{\boldsymbol{x}\mid\boldsymbol{Ax}=\mathbf{0}\}$ 构成实数域 $\mathbf{R}$ 上的一个向量空间。

定义 3.14 称 $V=\{\boldsymbol{x}\mid\boldsymbol{Ax}=\mathbf{0}\}$ 为齐次线性方程组 $\boldsymbol{Ax}=\mathbf{0}$ 的**解空间**。

3.5.2 向量空间的基与维数

定义 3.15 设 V 为一个向量空间，如果 V 中的向量组 $\boldsymbol{\alpha}_1,\boldsymbol{\alpha}_2,\cdots,\boldsymbol{\alpha}_r$ 满足

(1) $\boldsymbol{\alpha}_1,\boldsymbol{\alpha}_2,\cdots,\boldsymbol{\alpha}_r$ 线性无关；

(2) $\mathbf{V}$ 中任意一个向量都可由 $\boldsymbol{\alpha}_1,\boldsymbol{\alpha}_2,\cdots,\boldsymbol{\alpha}_r$ 线性表示；

则称向量组 $\boldsymbol{\alpha}_1,\boldsymbol{\alpha}_2,\cdots,\boldsymbol{\alpha}_r$ 为 V 的一个**基**(一组**基**)，r 称为 V 的**维数**，记作 $\dim V$，并称 V 为 r 维向量空间。

只含零向量的向量空间称为 0 维向量空间，它没有基。

如果把向量空间 V 看作向量组，那么 V 的基就是它的极大无关组，V 的维数就是它的秩。向量组的极大无关组可以不唯一，因此向量空间的基也不唯一，但维数却是唯一确定的。

例 3.25 判断向量空间 $\mathbf{R}^1,\mathbf{R}^2,\mathbf{R}^3,\mathbf{R}^n$ 的维数。

解 在 $\mathbf{R}^1$ 中，任何非零数都可以作为 $\mathbf{R}^1$ 的一个基，例如 1 就是 $\mathbf{R}^1$ 的一个基，所以 $\mathbf{R}^1$ 是一维向量空间；

在 $\mathbf{R}^2$ 中，$(1,0)^{\mathrm{T}},(0,1)^{\mathrm{T}}$ 是 $\mathbf{R}^2$ 的一个基，所以 $\mathbf{R}^2$ 是二维向量空间；

在 $\mathbf{R}^3$ 中，$(1,0,0)^{\mathrm{T}},(0,1,0)^{\mathrm{T}},(0,0,1)^{\mathrm{T}}$ 是 $\mathbf{R}^3$ 的一个基，所以 $\mathbf{R}^3$ 是三维向量空间；

在 $\mathbf{R}^n$ 中，任意 n 个线性无关的向量都可以作为向量空间 $\mathbf{R}^n$ 的一个基，特别地，n 个单位坐标向量组 $\boldsymbol{e}_1=(1,0,\cdots,0)^{\mathrm{T}},\boldsymbol{e}_2=(0,1,\cdots,0)^{\mathrm{T}},\cdots,\boldsymbol{e}_n=(0,0,\cdots,1)^{\mathrm{T}}$ 是 $\mathbf{R}^n$ 的一个基，所以 $\mathbf{R}^n$ 是 n 维向量空间。

例 3.26　设 $\boldsymbol{\alpha}_1=(1,-1,0)$，$\boldsymbol{\alpha}_2=(2,1,3)$，$\boldsymbol{\alpha}_3=(3,1,2)$，$\boldsymbol{\beta}=(-9,-8,-13)$，证明：$\boldsymbol{\alpha}_1,\boldsymbol{\alpha}_2,\boldsymbol{\alpha}_3$ 可以作为三维空间 $\mathbf{R}^3$ 的一个基，并把 $\boldsymbol{\beta}$ 用这个基线性表示出来。

解　由于 $\dim\mathbf{R}^3=3$，要证明 $\boldsymbol{\alpha}_1,\boldsymbol{\alpha}_2,\boldsymbol{\alpha}_3$ 是 $\mathbf{R}^3$ 的一个基，只需要证明 $\boldsymbol{\alpha}_1,\boldsymbol{\alpha}_2,\boldsymbol{\alpha}_3$ 线性无关。

再设 $\boldsymbol{\beta}=x_1\boldsymbol{\alpha}_1+x_2\boldsymbol{\alpha}_2+x_3\boldsymbol{\alpha}_3$，要求解这个线性方程组，则需要对其增广矩阵 $\widetilde{\mathbf{A}}=(\boldsymbol{\alpha}_1,\boldsymbol{\alpha}_2,\boldsymbol{\alpha}_3,\boldsymbol{\beta})$ 施行初等行变换。

$$\widetilde{\mathbf{A}}=(\boldsymbol{\alpha}_1,\boldsymbol{\alpha}_2,\boldsymbol{\alpha}_3,\boldsymbol{\beta})=\begin{pmatrix}1&2&3&-9\\-1&1&1&-8\\0&3&2&-13\end{pmatrix}\to\begin{pmatrix}1&2&3&-9\\0&3&4&-17\\0&3&2&-13\end{pmatrix}\to\begin{pmatrix}1&2&3&-9\\0&3&4&-17\\0&0&-2&4\end{pmatrix}。$$

由行阶梯形矩阵的前三列知 $r(\boldsymbol{\alpha}_1,\boldsymbol{\alpha}_2,\boldsymbol{\alpha}_3)=3$，故 $\boldsymbol{\alpha}_1,\boldsymbol{\alpha}_2,\boldsymbol{\alpha}_3$ 线性无关，即证 $\boldsymbol{\alpha}_1,\boldsymbol{\alpha}_2,\boldsymbol{\alpha}_3$ 是 $\mathbf{R}^3$ 的一个基。继续将 $\widetilde{\mathbf{A}}$ 变成行最简形矩阵有

$$\widetilde{\mathbf{A}}\to\begin{pmatrix}1&2&3&-9\\0&3&4&-17\\0&0&1&-2\end{pmatrix}\to\begin{pmatrix}1&0&0&3\\0&1&0&-3\\0&0&1&-2\end{pmatrix},$$

所以 $\boldsymbol{\beta}=3\boldsymbol{\alpha}_1-3\boldsymbol{\alpha}_2-2\boldsymbol{\alpha}_3$。

定义 3.16　设 $\boldsymbol{\alpha}_1,\boldsymbol{\alpha}_2,\cdots,\boldsymbol{\alpha}_r$ 是 r 维向量空间 V 的一个基，则对于任一向量 $\boldsymbol{\alpha}\in V$，有且仅有一组数 $x_1,x_2,\cdots,x_r$，使

$$\boldsymbol{\alpha}=x_1\boldsymbol{\alpha}_1+x_2\boldsymbol{\alpha}_2+\cdots+x_r\boldsymbol{\alpha}_r,$$

则称有序数组 $x_1,x_2,\cdots,x_r$ 为向量 $\boldsymbol{\alpha}$ 在基 $\boldsymbol{\alpha}_1,\boldsymbol{\alpha}_2,\cdots,\boldsymbol{\alpha}_r$ 下的**坐标**，记为 $(x_1,x_2,\cdots,x_r)$。

例如，在例 3.26 中向量 $\boldsymbol{\beta}$ 在基 $\boldsymbol{\alpha}_1,\boldsymbol{\alpha}_2,\boldsymbol{\alpha}_3$ 下的坐标为 $(3,-3,-2)$。

特别地，取 n 维向量空间 $\mathbf{R}^n$ 中的单位坐标向量组 $\boldsymbol{e}_1=(1,0,\cdots,0)^{\mathrm{T}}$，$\boldsymbol{e}_2=(0,1,\cdots,0)^{\mathrm{T}}$，$\cdots$，$\boldsymbol{e}_n=(0,0,\cdots,1)^{\mathrm{T}}$ 为 $\mathbf{R}^n$ 的基，任意 n 维向量 $\boldsymbol{x}=(x_1,x_2,\cdots,x_n)^{\mathrm{T}}$ 可表示为

$$\boldsymbol{x}=x_1\boldsymbol{e}_1+x_2\boldsymbol{e}_2+\cdots+x_n\boldsymbol{e}_n。$$

可见任一向量在基 $\boldsymbol{e}_1,\boldsymbol{e}_2,\cdots,\boldsymbol{e}_n$ 下的坐标就是该向量的分量。因此，$\boldsymbol{e}_1,\boldsymbol{e}_2,\cdots,\boldsymbol{e}_n$ 称为 n 维向量空间 $\mathbf{R}^n$ 的**自然基**。

例 3.27　在 $\mathbf{R}^3$ 中，求向量 $\boldsymbol{\alpha}=(1,2,1)^{\mathrm{T}}$ 在基 $\boldsymbol{\alpha}_1=(1,3,5)^{\mathrm{T}}$，$\boldsymbol{\alpha}_2=(6,3,2)^{\mathrm{T}}$，$\boldsymbol{\alpha}_3=(3,1,0)^{\mathrm{T}}$ 下的坐标。

解　设 $\boldsymbol{\alpha}=x_1\boldsymbol{\alpha}_1+x_2\boldsymbol{\alpha}_2+x_3\boldsymbol{\alpha}_3$，则有

$$\begin{cases}x_1+6x_2+3x_3=1,\\3x_1+3x_2+x_3=2,\\5x_1+2x_2=1。\end{cases}$$

解之得 $x_1=7$，$x_2=-17$，$x_3=32$，故 $\boldsymbol{\alpha}$ 在基 $\boldsymbol{\alpha}_1,\boldsymbol{\alpha}_2,\boldsymbol{\alpha}_3$ 下的坐标为 $(7,-17,32)$。

3.5.3 $\mathbf{R}^3$ 中坐标变换公式

同一个向量在不同的基下的坐标一般是不同的，那么一个向量在不同基下的坐标之间有什么关系呢？

定义 3.17 在 $\mathbf{R}^3$ 空间中取定一个基 $\boldsymbol{\alpha}_1,\boldsymbol{\alpha}_2,\boldsymbol{\alpha}_3$（旧基），再取定一个基 $\boldsymbol{\beta}_1,\boldsymbol{\beta}_2,\boldsymbol{\beta}_3$（新基），将 $\mathbf{R}^3$ 中任一向量在这两个基下的坐标之间的关系式称为**坐标变换公式**，将用 $\boldsymbol{\alpha}_1,\boldsymbol{\alpha}_2,\boldsymbol{\alpha}_3$ 表示 $\boldsymbol{\beta}_1,\boldsymbol{\beta}_2,\boldsymbol{\beta}_3$ 的表示式称为**基变换公式**，即

$$(\boldsymbol{\beta}_1,\boldsymbol{\beta}_2,\boldsymbol{\beta}_3)=(\boldsymbol{\alpha}_1,\boldsymbol{\alpha}_2,\boldsymbol{\alpha}_3)\boldsymbol{P},$$

其中，表示式的系数矩阵 $\boldsymbol{P}$ 称为从旧基 $\boldsymbol{\alpha}_1,\boldsymbol{\alpha}_2,\boldsymbol{\alpha}_3$ 到新基 $\boldsymbol{\beta}_1,\boldsymbol{\beta}_2,\boldsymbol{\beta}_3$ 的**过渡矩阵**。

下面讨论坐标变换公式、基变换公式、过渡矩阵的求解方法。

记 $\boldsymbol{A}=(\boldsymbol{\alpha}_1,\boldsymbol{\alpha}_2,\boldsymbol{\alpha}_3)$，$\boldsymbol{B}=(\boldsymbol{\beta}_1,\boldsymbol{\beta}_2,\boldsymbol{\beta}_3)$，因 $(\boldsymbol{\alpha}_1,\boldsymbol{\alpha}_2,\boldsymbol{\alpha}_3)=(e_1,e_2,e_3)\boldsymbol{A}$，则

$$(e_1,e_2,e_3)=(\boldsymbol{\alpha}_1,\boldsymbol{\alpha}_2,\boldsymbol{\alpha}_3)\boldsymbol{A}^{-1},$$

故 $(\boldsymbol{\beta}_1,\boldsymbol{\beta}_2,\boldsymbol{\beta}_3)=(e_1,e_2,e_3)\boldsymbol{B}=(\boldsymbol{\alpha}_1,\boldsymbol{\alpha}_2,\boldsymbol{\alpha}_3)\boldsymbol{A}^{-1}\boldsymbol{B}$，即为基变换公式。该表示式的系数矩阵 $\boldsymbol{A}^{-1}\boldsymbol{B}$ 即为从旧基 $\boldsymbol{\alpha}_1,\boldsymbol{\alpha}_2,\boldsymbol{\alpha}_3$ 到新基 $\boldsymbol{\beta}_1,\boldsymbol{\beta}_2,\boldsymbol{\beta}_3$ 的过渡矩阵。

设向量 $\boldsymbol{x}$ 在旧基和新基下的坐标分别为 (x_1,x_2,x_3) 和 (y_1,y_2,y_3)，即

$$\boldsymbol{x}=(\boldsymbol{\alpha}_1,\boldsymbol{\alpha}_2,\boldsymbol{\alpha}_3)\begin{pmatrix}x_1\\x_2\\x_3\end{pmatrix},\quad \boldsymbol{x}=(\boldsymbol{\beta}_1,\boldsymbol{\beta}_2,\boldsymbol{\beta}_3)\begin{pmatrix}y_1\\y_2\\y_3\end{pmatrix},$$

故 $\boldsymbol{A}\begin{pmatrix}x_1\\x_2\\x_3\end{pmatrix}=\boldsymbol{B}\begin{pmatrix}y_1\\y_2\\y_3\end{pmatrix}$，得 $\begin{pmatrix}x_1\\x_2\\x_3\end{pmatrix}=\boldsymbol{A}^{-1}\boldsymbol{B}\begin{pmatrix}y_1\\y_2\\y_3\end{pmatrix}$ 即为旧坐标到新坐标的坐标变换公式。

例 3.28 设 $\mathbf{R}^3$ 的两个基

$$\boldsymbol{\alpha}_1=\begin{pmatrix}1\\2\\0\end{pmatrix},\boldsymbol{\alpha}_2=\begin{pmatrix}1\\1\\-1\end{pmatrix},\boldsymbol{\alpha}_3=\begin{pmatrix}0\\0\\1\end{pmatrix};\quad \boldsymbol{\beta}_1=\begin{pmatrix}1\\-1\\1\end{pmatrix},\boldsymbol{\beta}_2=\begin{pmatrix}2\\1\\1\end{pmatrix},\boldsymbol{\beta}_3=\begin{pmatrix}1\\0\\2\end{pmatrix}。$$

(1) 求由基 $\boldsymbol{\alpha}_1,\boldsymbol{\alpha}_2,\boldsymbol{\alpha}_3$ 到 $\boldsymbol{\beta}_1,\boldsymbol{\beta}_2,\boldsymbol{\beta}_3$ 的过渡矩阵；

(2) 已知向量 $\boldsymbol{\alpha}=\boldsymbol{\alpha}_1-2\boldsymbol{\alpha}_2+4\boldsymbol{\alpha}_3$，求此向量 $\boldsymbol{\alpha}$ 在基 $\boldsymbol{\beta}_1,\boldsymbol{\beta}_2,\boldsymbol{\beta}_3$ 下的坐标。

解 (1) 依题意，记

$$\boldsymbol{A}=(\boldsymbol{\alpha}_1,\boldsymbol{\alpha}_2,\boldsymbol{\alpha}_3)=\begin{pmatrix}1&1&0\\2&1&0\\0&-1&1\end{pmatrix},\quad \boldsymbol{B}=(\boldsymbol{\beta}_1,\boldsymbol{\beta}_2,\boldsymbol{\beta}_3)=\begin{pmatrix}1&2&1\\-1&1&0\\1&1&2\end{pmatrix}。$$

则由基 $\boldsymbol{\alpha}_1,\boldsymbol{\alpha}_2,\boldsymbol{\alpha}_3$ 到 $\boldsymbol{\beta}_1,\boldsymbol{\beta}_2,\boldsymbol{\beta}_3$ 的过渡矩阵为

$$P=A^{-1}B=\begin{pmatrix}-1&1&0\\2&-1&0\\2&-1&1\end{pmatrix}\begin{pmatrix}1&2&1\\-1&1&0\\1&1&2\end{pmatrix}=\begin{pmatrix}-2&-1&-1\\3&3&2\\4&4&4\end{pmatrix}。$$

(2) 由(1)有$(\boldsymbol{\beta}_1,\boldsymbol{\beta}_2,\boldsymbol{\beta}_3)=(\boldsymbol{\alpha}_1,\boldsymbol{\alpha}_2,\boldsymbol{\alpha}_3)\boldsymbol{P}$,即$(\boldsymbol{\alpha}_1,\boldsymbol{\alpha}_2,\boldsymbol{\alpha}_3)=(\boldsymbol{\beta}_1,\boldsymbol{\beta}_2,\boldsymbol{\beta}_3)\boldsymbol{P}^{-1}$。

又因为

$$\boldsymbol{\alpha}=\boldsymbol{\alpha}_1-2\boldsymbol{\alpha}_2+4\boldsymbol{\alpha}_3=(\boldsymbol{\alpha}_1,\boldsymbol{\alpha}_2,\boldsymbol{\alpha}_3)\begin{pmatrix}1\\-2\\4\end{pmatrix}=(\boldsymbol{\beta}_1,\boldsymbol{\beta}_2,\boldsymbol{\beta}_3)\boldsymbol{P}^{-1}\begin{pmatrix}1\\-2\\4\end{pmatrix}$$

$$=(\boldsymbol{\beta}_1,\boldsymbol{\beta}_2,\boldsymbol{\beta}_3)\begin{pmatrix}-1&0&-\frac{1}{4}\\1&1&-\frac{1}{4}\\0&-1&\frac{3}{4}\end{pmatrix}\begin{pmatrix}1\\-2\\4\end{pmatrix}=(\boldsymbol{\beta}_1,\boldsymbol{\beta}_2,\boldsymbol{\beta}_3)\begin{pmatrix}-2\\-2\\5\end{pmatrix}。$$

故$\boldsymbol{\alpha}$在基$\boldsymbol{\beta}_1,\boldsymbol{\beta}_2,\boldsymbol{\beta}_3$下的坐标为$(-2,-2,5)$。

习　题　3.5

1. 判断下列集合对向量加法和数乘运算是否构成实数域$\mathbf{R}$上的一个向量空间,并说明理由:

(1) $V_1=\{\boldsymbol{x}=(x_1,x_2,\cdots,x_n)^{\mathrm{T}}\mid x_1,\cdots,x_n\in\mathbf{R}$且$x_1+\cdots+x_n=0\}$;

(2) 若非齐次线性方程组$\boldsymbol{Ax}=\boldsymbol{b}$有无穷多个解,它的全部解向量组成的集合$V_2=\{\boldsymbol{x}\mid\boldsymbol{Ax}=\boldsymbol{b}\}$。

2. 证明:$\boldsymbol{\alpha}_1=(1,0,1)^{\mathrm{T}},\boldsymbol{\alpha}_2=(2,1,-1)^{\mathrm{T}},\boldsymbol{\alpha}_3=(-1,1,-3)^{\mathrm{T}}$是$\mathbf{R}^3$的一个基,并求出向量$\boldsymbol{\beta}=(2,-1,6)^{\mathrm{T}}$在这个基下的坐标。

3. 设$\boldsymbol{\xi}_1,\boldsymbol{\xi}_2,\boldsymbol{\xi}_3$是$\mathbf{R}^3$的一个基,已知$\boldsymbol{\alpha}_1=\boldsymbol{\xi}_1+\boldsymbol{\xi}_2-2\boldsymbol{\xi}_3,\boldsymbol{\alpha}_2=\boldsymbol{\xi}_1-\boldsymbol{\xi}_2-\boldsymbol{\xi}_3,\boldsymbol{\alpha}_3=\boldsymbol{\xi}_1+\boldsymbol{\xi}_3$,证明:$\boldsymbol{\alpha}_1,\boldsymbol{\alpha}_2,\boldsymbol{\alpha}_3$是$\mathbf{R}^3$的一个基,并求出向量$\boldsymbol{\beta}=6\boldsymbol{\xi}_1-\boldsymbol{\xi}_2-\boldsymbol{\xi}_3$在基$\boldsymbol{\alpha}_1,\boldsymbol{\alpha}_2,\boldsymbol{\alpha}_3$下的坐标。

4. 已知$\mathbf{R}^3$的两个基为

$$\boldsymbol{\alpha}_1=\begin{pmatrix}0\\1\\1\end{pmatrix},\boldsymbol{\alpha}_2=\begin{pmatrix}1\\0\\1\end{pmatrix},\boldsymbol{\alpha}_3=\begin{pmatrix}1\\1\\0\end{pmatrix},及\boldsymbol{\beta}_1=\begin{pmatrix}1\\-1\\0\end{pmatrix},\boldsymbol{\beta}_2=\begin{pmatrix}2\\1\\3\end{pmatrix},\boldsymbol{\beta}_3=\begin{pmatrix}3\\1\\2\end{pmatrix},$$

求由基$\boldsymbol{\alpha}_1,\boldsymbol{\alpha}_2,\boldsymbol{\alpha}_3$到基$\boldsymbol{\beta}_1,\boldsymbol{\beta}_2,\boldsymbol{\beta}_3$的过渡矩阵。

3.6 线性方程组解的结构

学习目标：

1. 理解齐次线性方程组基础解系的概念。
2. 掌握求齐次线性方程组通解及基础解系的方法。
3. 掌握求非齐次线性方程组通解的方法。
4. 熟记线性方程组解的结构。

3.1 节已经介绍了利用高斯消元法求解线性方程组，并给出了线性方程组解的情况的重要判定定理。下面应用向量组的线性相关性理论来研究线性方程组解的结构。

3.6.1 齐次线性方程组解的结构

设有齐次线性方程组

$$\begin{cases} a_{11}x_1 + a_{12}x_2 + \cdots + a_{1n}x_n = 0, \\ a_{21}x_1 + a_{22}x_2 + \cdots + a_{2n}x_n = 0, \\ \quad\cdots\cdots \\ a_{m1}x_1 + a_{m2}x_2 + \cdots + a_{mn}x_n = 0。 \end{cases} \tag{3-11}$$

记

$$\boldsymbol{A} = \begin{pmatrix} a_{11} & a_{12} & \cdots & a_{1n} \\ a_{21} & a_{22} & \cdots & a_{2n} \\ \vdots & \vdots & & \vdots \\ a_{m1} & a_{m2} & \cdots & a_{mn} \end{pmatrix}, \boldsymbol{x} = \begin{pmatrix} x_1 \\ x_2 \\ \vdots \\ x_n \end{pmatrix},$$

则式(3-11) 可改写为向量方程

$$\boldsymbol{Ax} = \boldsymbol{0}。$$

若 $x_1 = \xi_{11}, x_2 = \xi_{21}, \cdots, x_n = \xi_{n1}$ 为 $\boldsymbol{Ax} = \boldsymbol{0}$ 的解，则

$$\boldsymbol{x} = \boldsymbol{\xi}_1 = \begin{pmatrix} \xi_{11} \\ \xi_{21} \\ \vdots \\ \xi_{n1} \end{pmatrix}$$

称为齐次线性方程组 $\boldsymbol{Ax} = \boldsymbol{0}$ 的**解向量**。

由于 $\boldsymbol{x} = \boldsymbol{0}$ 总是齐次线性方程组 $\boldsymbol{Ax} = \boldsymbol{0}$ 的解，所以对齐次线性方程组，我们需要研究在有非零解时如何求出其全部解。

齐次线性方程组 $\boldsymbol{Ax} = \boldsymbol{0}$ 的解具有下列性质：

性质 1 若 $\boldsymbol{\xi}_1, \boldsymbol{\xi}_2$ 是齐次线性方程组 $\boldsymbol{Ax} = \boldsymbol{0}$ 的两个解，则 $\boldsymbol{\xi}_1 + \boldsymbol{\xi}_2$ 也是该方程组的解。

性质2　若 ξ 是齐次线性方程组 $\boldsymbol{Ax}=\boldsymbol{0}$ 的一个解，k 为实数，则 $k\xi$ 也是该方程组的解。

性质3　若 $\xi_1,\xi_2,\cdots,\xi_s$ 是齐次线性方程组 $\boldsymbol{Ax}=\boldsymbol{0}$ 的解，则

$$k_1\xi_1+k_2\xi_2+\cdots+k_s\xi_s$$

也是该方程组的解(其中 $k_1,k_2,\cdots,k_s$ 为任意实数)。

由以上性质可知，若齐次线性方程组 $\boldsymbol{Ax}=\boldsymbol{0}$ 有非零解，则它一定有无穷多个解。

由3.5节向量空间的定义知：齐次线性方程组 $\boldsymbol{Ax}=\boldsymbol{0}$ 的全体解向量所构成的集合 V 构成解空间，当 $\boldsymbol{Ax}=\boldsymbol{0}$ 有非零解时，我们只要找到解空间的基，就可以求出其方程组的全部解。

定义3.18　设 $\xi_1,\xi_2,\cdots,\xi_s$ 是 $\boldsymbol{Ax}=\boldsymbol{0}$ 的解向量，如果：

(1) $\xi_1,\xi_2,\cdots,\xi_s$ 线性无关；

(2) $\boldsymbol{Ax}=\boldsymbol{0}$ 的任一解向量均可由 $\xi_1,\xi_2,\cdots,\xi_s$ 线性表示；

则称 $\xi_1,\xi_2,\cdots,\xi_s$ 为 $\boldsymbol{Ax}=\boldsymbol{0}$ 的一个**基础解系**。

定理3.16　齐次线性方程组 $\boldsymbol{Ax}=\boldsymbol{0}$ 有非零解的充分必要条件是：它的系数矩阵的秩 r 小于它的未知量的个数 n。

当齐次线性方程组 $\boldsymbol{Ax}=\boldsymbol{0}$ 的未知量个数与方程的个数相同时，方程组的系数矩阵是一个 n 阶方阵。由定理3.16，我们立即得到：

推论　含有 n 个未知量 n 个方程的齐次线性方程组有非零解的充分必要条件是其系数行列式等于零。

定理3.17　设有齐次线性方程组 $\boldsymbol{Ax}=\boldsymbol{0}$，其中 $\boldsymbol{A}$ 为 $m\times n$ 阶矩阵，若 $r(\boldsymbol{A})=r<n$，则该方程组的基础解系一定存在，且每个基础解系含有 $n-r$ 个解向量。

证　设齐次线性方程组 $\boldsymbol{Ax}=\boldsymbol{0}$ 的系数矩阵为

$$\boldsymbol{A}=\begin{pmatrix} a_{11} & a_{12} & \cdots & a_{1n} \\ a_{21} & a_{22} & \cdots & a_{2n} \\ \vdots & \vdots & & \vdots \\ a_{m1} & a_{m2} & \cdots & a_{mn} \end{pmatrix}。$$

由于 $r(\boldsymbol{A})=r<n$，因此对 $\boldsymbol{A}$ 施行若干次初等行变换后，$\boldsymbol{A}$ 可化为

$$\begin{pmatrix} 1 & 0 & \cdots & 0 & c_{1,r+1} & \cdots & c_{1n} \\ 0 & 1 & \cdots & 0 & c_{2,r+1} & \cdots & c_{2n} \\ \vdots & \vdots & & \vdots & \vdots & & \vdots \\ 0 & 0 & \cdots & 1 & c_{r,r+1} & \cdots & c_{rn} \\ 0 & 0 & \cdots & 0 & 0 & \cdots & 0 \\ \vdots & \vdots & & \vdots & \vdots & & \vdots \\ 0 & 0 & \cdots & 0 & 0 & \cdots & 0 \end{pmatrix}。$$

与之对应的方程组为

$$\begin{cases} x_1 + c_{1,r+1}x_{r+1} + \cdots + c_{1n}x_n = 0, \\ x_2 + c_{2,r+1}x_{r+1} + \cdots + c_{2n}x_n = 0, \\ \cdots\cdots \\ x_r + c_{r,r+1}x_{r+1} + \cdots + c_{rn}x_n = 0。 \end{cases}$$

取 $x_{r+1}, x_{r+2}, \cdots, x_n$ 为自由未知量，得

$$\begin{cases} x_1 = -c_{1,r+1}x_{r+1} - \cdots - c_{1n}x_n, \\ x_2 = -c_{2,r+1}x_{r+1} - \cdots - c_{2n}x_n, \\ \cdots\cdots \\ x_r = -c_{r,r+1}x_{r+1} - \cdots - c_{rn}x_n。 \end{cases} \tag{3-12}$$

令 $\begin{pmatrix} x_{r+1} \\ x_{r+2} \\ \vdots \\ x_n \end{pmatrix}$ 分别为 $\begin{pmatrix} 1 \\ 0 \\ \vdots \\ 0 \end{pmatrix}, \begin{pmatrix} 0 \\ 1 \\ \vdots \\ 0 \end{pmatrix}, \cdots, \begin{pmatrix} 0 \\ 0 \\ \vdots \\ 1 \end{pmatrix}$，由式(3-12)可得齐次方程组 $\boldsymbol{Ax} = \boldsymbol{0}$ 的 $n-r$ 个解向量，

$$\boldsymbol{\xi}_1 = \begin{pmatrix} -c_{1,r+1} \\ -c_{2,r+1} \\ \vdots \\ -c_{r,r+1} \\ 1 \\ 0 \\ \vdots \\ 0 \end{pmatrix}, \boldsymbol{\xi}_2 = \begin{pmatrix} -c_{1,r+2} \\ -c_{2,r+2} \\ \vdots \\ -c_{r,r+2} \\ 0 \\ 1 \\ \vdots \\ 0 \end{pmatrix}, \cdots, \boldsymbol{\xi}_{n-r} = \begin{pmatrix} -c_{1n} \\ -c_{2n} \\ \vdots \\ -c_{rn} \\ 0 \\ 0 \\ \vdots \\ 1 \end{pmatrix}。$$

下面我们证明 $\boldsymbol{\xi}_1, \boldsymbol{\xi}_2, \cdots, \boldsymbol{\xi}_{n-r}$ 就是齐次方程组 $\boldsymbol{Ax} = \boldsymbol{0}$ 的基础解系。

首先，证明这 $n-r$ 个解向量线性无关。设

$$\boldsymbol{C} = \begin{pmatrix} -c_{1,r+1} & -c_{1,r+2} & \cdots & -c_{1n} \\ -c_{2,r+1} & -c_{2,r+2} & \cdots & -c_{2n} \\ \vdots & \vdots & & \vdots \\ -c_{r,r+1} & -c_{r,r+2} & \cdots & -c_{rn} \\ 1 & 0 & \cdots & 0 \\ 0 & 1 & \cdots & 0 \\ \vdots & \vdots & & \vdots \\ 0 & 0 & \cdots & 1 \end{pmatrix}_{n\times(n-r)}。$$

由于矩阵 $\boldsymbol{C}$ 中存在一个 $n-r$ 阶子式 $\begin{vmatrix} 1 & 0 & \cdots & 0 \\ 0 & 1 & \cdots & 0 \\ \vdots & \vdots & & \vdots \\ 0 & 0 & \cdots & 1 \end{vmatrix} = 1 \neq 0$，因此 $r(\boldsymbol{C}) = n-r$，

即 $\boldsymbol{\xi}_1,\boldsymbol{\xi}_2,\cdots,\boldsymbol{\xi}_{n-r}$ 线性无关。

其次，证明 $\boldsymbol{Ax}=\boldsymbol{0}$ 的任意解向量均可由 $\boldsymbol{\xi}_1,\boldsymbol{\xi}_2,\cdots,\boldsymbol{\xi}_{n-r}$ 线性表示。设 $\boldsymbol{\xi}=(k_1,k_2,\cdots,k_n)^{\mathrm{T}}$ 是方程组 $\boldsymbol{Ax}=\boldsymbol{0}$ 的任意一个解向量，代入(3-12)式得

$$\begin{cases} k_1=-c_{1,r+1}k_{r+1}-\cdots-c_{1n}k_n, \\ k_2=-c_{2,r+1}k_{r+1}-\cdots-c_{2n}k_n, \\ \qquad\cdots\cdots \\ k_r=-c_{r,r+1}k_{r+1}-\cdots-c_{rn}k_n, \\ k_{r+1}=k_{r+1}, \\ \quad\cdots\cdots \\ k_n=k_n。\end{cases}$$

于是

$$\boldsymbol{\xi}=\begin{pmatrix} k_1 \\ k_2 \\ \vdots \\ k_n \end{pmatrix}=\begin{pmatrix} -c_{1,r+1}k_{r+1}-\cdots-c_{1n}k_n \\ -c_{2,r+1}k_{r+1}-\cdots-c_{2n}k_n \\ \vdots \\ -c_{r,r+1}k_{r+1}-\cdots-c_{rn}k_n \\ k_{r+1} \\ \vdots \\ k_n \end{pmatrix}=k_{r+1}\boldsymbol{\xi}_1+k_{r+2}\boldsymbol{\xi}_2+\cdots+k_n\boldsymbol{\xi}_{n-r},$$

即 $\boldsymbol{\xi}$ 可由 $\boldsymbol{\xi}_1,\boldsymbol{\xi}_2,\cdots,\boldsymbol{\xi}_{n-r}$ 线性表示。

这样就证明了 $\boldsymbol{\xi}_1,\boldsymbol{\xi}_2,\cdots,\boldsymbol{\xi}_{n-r}$ 是齐次线性方程组 $\boldsymbol{Ax}=\boldsymbol{0}$ 的一个基础解系，从而知解空间的维数为 $n-r$。

注　(1) 齐次线性方程组 $\boldsymbol{Ax}=\boldsymbol{0}$ 如果有非零解，则它的全部解(通解)就是基础解系的线性组合，即

$$\boldsymbol{x}=k_{r+1}\boldsymbol{\xi}_1+k_{r+2}\boldsymbol{\xi}_2+\cdots+k_n\boldsymbol{\xi}_{n-r}。$$

(2) 自由未知量的选取不是唯一的，基础解系也不唯一。

例 3.29　求齐次线性方程组

$$\begin{cases} x_1-x_2+x_3-x_4=0, \\ x_1-x_2-x_3+3x_4=0, \\ x_1-x_2-2x_3+5x_4=0 \end{cases}$$

的一个基础解系与通解。

解　齐次线性方程组的系数矩阵为

$$\boldsymbol{A}=\begin{pmatrix} 1 & -1 & 1 & -1 \\ 1 & -1 & -1 & 3 \\ 1 & -1 & -2 & 5 \end{pmatrix},$$

对 $\boldsymbol{A}$ 施行初等行变换，得

$$\boldsymbol{A}=\begin{pmatrix}1&-1&1&-1\\1&-1&-1&3\\1&-1&-2&5\end{pmatrix}\to\begin{pmatrix}1&-1&1&-1\\0&0&-2&4\\0&0&-3&6\end{pmatrix}\to\begin{pmatrix}1&-1&1&-1\\0&0&-1&2\\0&0&-3&6\end{pmatrix}$$

$$\to\begin{pmatrix}1&-1&1&-1\\0&0&-1&2\\0&0&0&0\end{pmatrix}\to\begin{pmatrix}1&-1&0&1\\0&0&-1&2\\0&0&0&0\end{pmatrix}\to\begin{pmatrix}1&-1&0&1\\0&0&1&-2\\0&0&0&0\end{pmatrix}。$$

由此可看出，$r(\boldsymbol{A})=2<4$，故原方程组有非零解，上述矩阵对应的同解方程组为

$$\begin{cases}x_1-x_2+\quad x_4=0,\\ \qquad x_3-2x_4=0。\end{cases}$$

取 x_2,x_4 作为自由未知量，得

$$\begin{cases}x_1=x_2-x_4,\\x_3=\quad 2x_4,\end{cases}$$

将其写成

$$\begin{cases}x_1=x_2-x_4,\\x_2=x_2,\\x_3=\quad 2x_4,\\x_4=\quad x_4。\end{cases}$$

令 $x_2=k_1,x_4=k_2$，则原方程组的解可写出向量形式

$$\begin{pmatrix}x_1\\x_2\\x_3\\x_4\end{pmatrix}=k_1\begin{pmatrix}1\\1\\0\\0\end{pmatrix}+k_2\begin{pmatrix}-1\\0\\2\\1\end{pmatrix},$$

从而得基础解系为

$$\boldsymbol{\xi}_1=\begin{pmatrix}1\\1\\0\\0\end{pmatrix},\quad\boldsymbol{\xi}_2=\begin{pmatrix}-1\\0\\2\\1\end{pmatrix}。$$

因此齐次线性方程组的通解为 $\boldsymbol{x}=k_1\boldsymbol{\xi}_1+k_2\boldsymbol{\xi}_2$（其中 k_1,k_2 为任意实数）。

例 3.30 设 $\boldsymbol{A},\boldsymbol{B}$ 分别为 $m\times n$ 阶和 $n\times s$ 阶矩阵，且 $\boldsymbol{AB}=\boldsymbol{O}$，证明：$r(\boldsymbol{A})+r(\boldsymbol{B})\leqslant n$。

证 将 $\boldsymbol{B}$ 按列分块为 $\boldsymbol{B}=(\boldsymbol{\beta}_1,\boldsymbol{\beta}_2,\cdots,\boldsymbol{\beta}_s)$，由 $\boldsymbol{AB}=\boldsymbol{O}$ 得

$$\boldsymbol{A\beta}_j=\boldsymbol{0}(j=1,2,\cdots,s),$$

即 $\boldsymbol{B}$ 的每一列都是齐次线性方程组 $\boldsymbol{Ax}=\boldsymbol{0}$ 的解向量。

若 $\boldsymbol{B}=\boldsymbol{O}$，则显然有 $r(\boldsymbol{A})+r(\boldsymbol{B})\leqslant n$。

若 $\boldsymbol{B}\neq\boldsymbol{O}$，则齐次方程组 $\boldsymbol{Ax}=\boldsymbol{0}$ 有非零解，此时 $\boldsymbol{Ax}=\boldsymbol{0}$ 的基础解系含有 $n-r(\boldsymbol{A})$ 个解向量，即 $\boldsymbol{Ax}=\boldsymbol{0}$ 的任何一组解中至多含有 $n-r(\boldsymbol{A})$ 个线性无关的解向量，因此

$$r(\boldsymbol{B})=r(\boldsymbol{\beta}_1,\boldsymbol{\beta}_2,\cdots,\boldsymbol{\beta}_s)\leqslant n-r(\boldsymbol{A}),$$

故有

$$r(\boldsymbol{A})+r(\boldsymbol{B})\leqslant n。$$

例 3.31　问 λ 取何值时，方程组

$$\begin{cases} x_1+x_2+\lambda x_3=0, \\ -x_1+\lambda x_2+x_3=0, \\ x_1-x_2+2x_3=0 \end{cases}$$

有非零解，并求其通解。

解　由于所给方程组是属于方程个数与未知量的个数相同的特殊情形，可以通过判断其系数行列式是否为零，来确定方程组是否有非零解。其系数行列式为

$$|\boldsymbol{A}|=\begin{vmatrix} 1 & 1 & \lambda \\ -1 & \lambda & 1 \\ 1 & -1 & 2 \end{vmatrix}=-(\lambda+1)(\lambda-4),$$

当 $|\boldsymbol{A}|=0$，即 $\lambda=-1$ 或 $\lambda=4$ 时，方程组有非零解。

将 $\lambda=-1$ 代入原方程组，得

$$\begin{cases} x_1+x_2-x_3=0, \\ -x_1-x_2+x_3=0, \\ x_1-x_2+2x_3=0。 \end{cases}$$

方程组的系数矩阵

$$\boldsymbol{A}=\begin{pmatrix} 1 & 1 & -1 \\ -1 & -1 & 1 \\ 1 & -1 & 2 \end{pmatrix}\to\begin{pmatrix} 1 & 1 & -1 \\ 0 & -2 & 3 \\ 0 & 0 & 0 \end{pmatrix}\to\begin{pmatrix} 1 & 0 & \frac{1}{2} \\ 0 & 1 & -\frac{3}{2} \\ 0 & 0 & 0 \end{pmatrix},$$

得同解方程组

$$\begin{cases} x_1+\frac{1}{2}x_3=0, \\ x_2-\frac{3}{2}x_3=0。 \end{cases}$$

取 x_3 为自由未知量，得基础解系为

$$\boldsymbol{\xi}=\begin{pmatrix} -\frac{1}{2} \\ \frac{3}{2} \\ 1 \end{pmatrix},$$

所以，方程组的通解为 $\boldsymbol{x}=k\boldsymbol{\xi}$（$k$ 为任意实数）。

同理，当 $\lambda=4$ 时，可求得方程组的通解为 $\boldsymbol{x}=k\begin{pmatrix}-3\\-1\\1\end{pmatrix}$（$k$ 为任意实数）。

例 3.32 已知三阶非零方阵 $\boldsymbol{B}$ 的每一列向量均是以下方程组的解：

$$\begin{cases}x_1+2x_2-2x_3=0,\\2x_1-x_2+\lambda x_3=0,\\3x_1+x_2-x_3=0。\end{cases}$$

(1) 求 λ；

(2) 证明 $|\boldsymbol{B}|=0$。

解 (1) 记方程组为 $\boldsymbol{Ax}=\boldsymbol{0}$，并记 $\boldsymbol{B}=(\boldsymbol{\beta}_1,\boldsymbol{\beta}_2,\boldsymbol{\beta}_3)$，由题设知 $\boldsymbol{\beta}_1,\boldsymbol{\beta}_2,\boldsymbol{\beta}_3$ 均为方程组的解。由 $\boldsymbol{B}$ 为非零矩阵，得 $\boldsymbol{Ax}=\boldsymbol{0}$ 有非零解，则系数行列式

$$|\boldsymbol{A}|=\begin{vmatrix}1&2&-2\\2&-1&\lambda\\3&1&-1\end{vmatrix}=5(\lambda-1)=0,$$

得 $\lambda=1$。

(2) 通过计算可得 $r(\boldsymbol{A})=2$，则 $\boldsymbol{Ax}=\boldsymbol{0}$ 的基础解系只含一个解向量，则 $\boldsymbol{\beta}_1,\boldsymbol{\beta}_2,\boldsymbol{\beta}_3$ 线性相关，所以 $|\boldsymbol{B}|=0$。

3.6.2 非齐次线性方程组解的结构

设有非齐次线性方程组

$$\begin{cases}a_{11}x_1+a_{12}x_2+\cdots+a_{1n}x_n=b_1,\\a_{21}x_1+a_{22}x_2+\cdots+a_{2n}x_n=b_2,\\\qquad\qquad\cdots\cdots\\a_{m1}x_1+a_{m2}x_2+\cdots+a_{mn}x_n=b_m,\end{cases}$$

它也可写成向量方程

$$\boldsymbol{Ax}=\boldsymbol{b},$$

其中 $\boldsymbol{A}$ 为 $m\times n$ 阶矩阵，$\boldsymbol{b}$ 为 m 维列向量，$\boldsymbol{x}$ 为 n 维列向量。

定义 3.19 $\boldsymbol{Ax}=\boldsymbol{0}$ 称为非齐次线性方程组 $\boldsymbol{Ax}=\boldsymbol{b}$ 的导出组。

非齐次线性方程组的解具有如下性质：

性质 4 若 $\boldsymbol{\eta}_1,\boldsymbol{\eta}_2$ 都是 $\boldsymbol{Ax}=\boldsymbol{b}$ 的解，则 $\boldsymbol{\eta}_1-\boldsymbol{\eta}_2$ 是导出组 $\boldsymbol{Ax}=\boldsymbol{0}$ 的解。

证 因为

$$\boldsymbol{A}(\boldsymbol{\eta}_1-\boldsymbol{\eta}_2)=\boldsymbol{A\eta}_1-\boldsymbol{A\eta}_2=\boldsymbol{b}-\boldsymbol{b}=\boldsymbol{0},$$

所以 $\boldsymbol{\eta}_1-\boldsymbol{\eta}_2$ 是 $\boldsymbol{Ax}=\boldsymbol{0}$ 的解。

性质 5 设 $\boldsymbol{\eta}$ 是非齐次线性方程组 $\boldsymbol{Ax}=\boldsymbol{b}$ 的解，$\boldsymbol{\xi}$ 是导出组 $\boldsymbol{Ax}=\boldsymbol{0}$ 的解，则 $\boldsymbol{\eta}+\boldsymbol{\xi}$ 是

非齐次线性方程组 $\boldsymbol{Ax}=\boldsymbol{b}$ 的解。

证　由已知有 $\boldsymbol{A\eta}=\boldsymbol{b}$，$\boldsymbol{A\xi}=\boldsymbol{0}$，因此

$$\boldsymbol{A}(\boldsymbol{\eta}+\boldsymbol{\xi})=\boldsymbol{A\eta}+\boldsymbol{A\xi}=\boldsymbol{b}+\boldsymbol{0}=\boldsymbol{b},$$

即 $\boldsymbol{\eta}+\boldsymbol{\xi}$ 是 $\boldsymbol{Ax}=\boldsymbol{b}$ 的解。

定理 3.18　设 $\boldsymbol{\eta}^*$ 是非齐次线性方程组 $\boldsymbol{Ax}=\boldsymbol{b}$ 的一个解，$\boldsymbol{\xi}$ 是其导出组 $\boldsymbol{Ax}=\boldsymbol{0}$ 的通解，则 $\boldsymbol{\xi}+\boldsymbol{\eta}^*$ 是非齐次线性方程组 $\boldsymbol{Ax}=\boldsymbol{b}$ 的通解。

证　根据性质 5 知 $\boldsymbol{\xi}+\boldsymbol{\eta}^*$ 是非齐次线性方程组 $\boldsymbol{Ax}=\boldsymbol{b}$ 的解，只需证明非齐次线性方程组的任意一个解 $\boldsymbol{\eta}$ 一定能表示为 $\boldsymbol{\eta}^*$ 与 $\boldsymbol{Ax}=\boldsymbol{0}$ 的某一解 $\boldsymbol{\xi}_1$ 的和。为此取 $\boldsymbol{\xi}_1=\boldsymbol{\eta}-\boldsymbol{\eta}^*$，由性质 4 知，$\boldsymbol{\xi}_1$ 是 $\boldsymbol{Ax}=\boldsymbol{0}$ 的一个解，故

$$\boldsymbol{\eta}=\boldsymbol{\xi}_1+\boldsymbol{\eta}^*,$$

即非齐次线性方程组的任意一个解都能表示为该方程组的一个解 $\boldsymbol{\eta}^*$ 与其对应的齐次线性方程组某一个解的和。因此 $\boldsymbol{\xi}+\boldsymbol{\eta}^*$ 是非齐次线性方程组 $\boldsymbol{Ax}=\boldsymbol{b}$ 的通解。

由定理 3.18 知，当非齐次线性方程组有无穷多个解时，如果 $\boldsymbol{\eta}^*$ 是非齐次线性方程组 $\boldsymbol{Ax}=\boldsymbol{b}$ 的一个解(称为**特解**)，$\boldsymbol{\xi}_1,\boldsymbol{\xi}_2,\cdots,\boldsymbol{\xi}_{n-r}$ 为其导出组 $\boldsymbol{Ax}=\boldsymbol{0}$ 的基础解系，那么非齐次线性方程组 $\boldsymbol{Ax}=\boldsymbol{b}$ 的通解可表示为

$$\boldsymbol{x}=k_1\boldsymbol{\xi}_1+k_2\boldsymbol{\xi}_2+\cdots+k_{n-r}\boldsymbol{\xi}_{n-r}+\boldsymbol{\eta}^*,$$

其中 $k_1,k_2,\cdots,k_{n-r}$ 为任意实数。至此我们得到了非齐次线性方程组解的结构：

非齐次方程组的通解 = 对应的齐次方程组的通解 + 非齐次方程组的一个特解。

例 3.33　解线性方程组

$$\begin{cases}x_1+2x_2-2x_3+3x_4=2,\\2x_1+4x_2-3x_3+4x_4=5,\\5x_1+10x_2-8x_3+11x_4=12。\end{cases}$$

解　对增广矩阵施行初等行变换，化为行最简形矩阵，有

$$\widetilde{\boldsymbol{A}}=\left(\begin{array}{cccc:c}1&2&-2&3&2\\2&4&-3&4&5\\5&10&-8&11&12\end{array}\right)\to\left(\begin{array}{cccc:c}1&2&-2&3&2\\0&0&1&-2&1\\0&0&2&-4&2\end{array}\right)$$

$$\to\left(\begin{array}{cccc:c}1&2&0&-1&4\\0&0&1&-2&1\\0&0&0&0&0\end{array}\right)。$$

可见 $r(\widetilde{\boldsymbol{A}})=r(\boldsymbol{A})=2<4$，故方程组有无穷多个解。

取 x_2,x_4 为自由未知量，方程组的同解方程组为

$$\begin{cases}x_1=-2x_2+x_4+4,\\x_3=\qquad\quad 2x_4+1,\end{cases}$$

将其写成

$$\begin{cases} x_1 = -2x_2 + x_4 + 4, \\ x_2 = \quad x_2, \\ x_3 = \quad 2x_4 + 1, \\ x_4 = \quad x_4, \end{cases}$$

再写成下面列向量的形式：

$$\begin{pmatrix} x_1 \\ x_2 \\ x_3 \\ x_4 \end{pmatrix} = x_2 \begin{pmatrix} -2 \\ 1 \\ 0 \\ 0 \end{pmatrix} + x_4 \begin{pmatrix} 1 \\ 0 \\ 2 \\ 1 \end{pmatrix} + \begin{pmatrix} 4 \\ 0 \\ 1 \\ 0 \end{pmatrix}。$$

即得原方程组的一个特解：$\boldsymbol{\eta}^* = \begin{pmatrix} 4 \\ 0 \\ 1 \\ 0 \end{pmatrix}$，导出组的一个基础解系为 $\boldsymbol{\xi}_1 = \begin{pmatrix} -2 \\ 1 \\ 0 \\ 0 \end{pmatrix}$，$\boldsymbol{\xi}_2 = \begin{pmatrix} 1 \\ 0 \\ 2 \\ 1 \end{pmatrix}$。

于是，原方程组的通解为 $\boldsymbol{x} = k_1\boldsymbol{\xi}_1 + k_2\boldsymbol{\xi}_2 + \boldsymbol{\eta}^*$，其中 k_1, k_2 为任意实数。

例 3.34 设线性方程组

$$\begin{cases} px_1 + x_2 + x_3 = 4, \\ x_1 + tx_2 + x_3 = 3, \\ x_1 + 2tx_2 + x_3 = 4。 \end{cases}$$

当 p, t 为何值时，方程组有唯一解、无解、无穷多个解？若有解时，求出其全部解。

解 对增广矩阵施行初等行变换，有

$$\widetilde{\mathbf{A}} = \begin{pmatrix} p & 1 & 1 & 4 \\ 1 & t & 1 & 3 \\ 1 & 2t & 1 & 4 \end{pmatrix} \to \begin{pmatrix} 1 & t & 1 & 3 \\ 0 & t & 0 & 1 \\ 0 & 1-pt & 1-p & 4-3p \end{pmatrix}$$

$$\to \begin{pmatrix} 1 & t & 1 & 3 \\ 0 & t & 0 & 1 \\ 0 & 1 & 1-p & 4-2p \end{pmatrix} \to \begin{pmatrix} 1 & t & 1 & 3 \\ 0 & 1 & 1-p & 4-2p \\ 0 & 0 & (p-1)t & 1-4t+2pt \end{pmatrix}。$$

当 $(p-1)t \neq 0$，即 $p \neq 1$ 且 $t \neq 0$ 时，$r(\widetilde{\mathbf{A}}) = r(\mathbf{A}) = 3$，方程组有唯一解

$$x_1 = \frac{2t-1}{(p-1)t}, \quad x_2 = \frac{1}{t}, \quad x_3 = \frac{1-4t+2pt}{(p-1)t}。$$

当 $p = 1$，且 $1-4t+2pt = 1-2t = 0$，即 $t = \frac{1}{2}$ 时，$r(\widetilde{\mathbf{A}}) = r(\mathbf{A}) = 2 < 3$，方程组有无穷多个解，此时

$$\widetilde{\boldsymbol{A}} \to \begin{pmatrix} 1 & 1 & 1 & 4 \\ 0 & -\frac{1}{2} & 0 & -1 \\ 0 & 0 & 0 & 0 \end{pmatrix} \to \begin{pmatrix} 1 & 1 & 1 & 4 \\ 0 & 1 & 0 & 2 \\ 0 & 0 & 0 & 0 \end{pmatrix} \to \begin{pmatrix} 1 & 0 & 1 & 2 \\ 0 & 1 & 0 & 2 \\ 0 & 0 & 0 & 0 \end{pmatrix}。$$

于是方程组的通解为

$$\boldsymbol{x} = \begin{pmatrix} 2 \\ 2 \\ 0 \end{pmatrix} + k \begin{pmatrix} -1 \\ 0 \\ 1 \end{pmatrix},$$

其中 k 为任意实数。

当 $p=1$，但 $1-4t+2pt=1-2t\neq 0$，即 $t\neq\frac{1}{2}$ 时，$r(\widetilde{\boldsymbol{A}})\neq r(\boldsymbol{A})$，方程组无解。

当 $t=0$ 时，$1-4t+2pt=1\neq 0$，$r(\widetilde{\boldsymbol{A}})\neq r(\boldsymbol{A})$，方程组也无解。

例 3.35　设四元非齐次方程组 $\boldsymbol{Ax}=\boldsymbol{b}$ 的系数矩阵 $\boldsymbol{A}$ 的秩为 3，已知它的三个解向量为 $\boldsymbol{\eta}_1,\boldsymbol{\eta}_2,\boldsymbol{\eta}_3$，其中

$$\boldsymbol{\eta}_1 = \begin{pmatrix} 3 \\ -4 \\ 1 \\ 2 \end{pmatrix}, \boldsymbol{\eta}_2 + \boldsymbol{\eta}_3 = \begin{pmatrix} 4 \\ 6 \\ 8 \\ 0 \end{pmatrix},$$

求该方程组的通解。

解　因四元非齐次方程组 $\boldsymbol{Ax}=\boldsymbol{b}$ 的系数矩阵 $\boldsymbol{A}$ 的秩为 3，则其导出组 $\boldsymbol{Ax}=\boldsymbol{0}$ 的基础解系含有 $4-3=1$ 个解向量，故导出组 $\boldsymbol{Ax}=\boldsymbol{0}$ 的任何一个非零解都可作为其导出组的基础解系。由

$$\boldsymbol{A}\left(\boldsymbol{\eta}_1 - \frac{\boldsymbol{\eta}_2+\boldsymbol{\eta}_3}{2}\right) = \boldsymbol{0},$$

知 $\boldsymbol{\eta}_1 - \frac{1}{2}(\boldsymbol{\eta}_2+\boldsymbol{\eta}_3)$ 是导出组 $\boldsymbol{Ax}=\boldsymbol{0}$ 的一个解向量。

取

$$\boldsymbol{\eta}_1 - \frac{1}{2}(\boldsymbol{\eta}_2+\boldsymbol{\eta}_3) = \begin{pmatrix} 3 \\ -4 \\ 1 \\ 2 \end{pmatrix} - \frac{1}{2}\begin{pmatrix} 4 \\ 6 \\ 8 \\ 0 \end{pmatrix} = \begin{pmatrix} 1 \\ -7 \\ -3 \\ 2 \end{pmatrix} \neq \boldsymbol{0}$$

为导出组 $\boldsymbol{Ax}=\boldsymbol{0}$ 的基础解系，故原方程组的通解为

$$\boldsymbol{x} = k\left[\boldsymbol{\eta}_1 - \frac{1}{2}(\boldsymbol{\eta}_2+\boldsymbol{\eta}_3)\right] + \boldsymbol{\eta}_1 = k\begin{pmatrix} 1 \\ -7 \\ -3 \\ 2 \end{pmatrix} + \begin{pmatrix} 3 \\ -4 \\ 1 \\ 2 \end{pmatrix}\ (k\text{ 为任意实数})。$$

习　题　3.6

1. 填空题。

(1) 设齐次线性方程组$\boldsymbol{Ax}=\boldsymbol{0}$有非零解，则$\boldsymbol{A}$的列向量组线性________(填"相关"或"无关")。

(2) 如果五元齐次线性方程组$\boldsymbol{Ax}=\boldsymbol{0}$的同解方程组为

$$\begin{cases} x_1+2x_2+x_3=0, \\ x_2 \qquad\qquad =0, \end{cases}$$

则$r(\boldsymbol{A})=$________，自由未知量的个数为________个，$\boldsymbol{Ax}=\boldsymbol{0}$的基础解系含有________个解向量。

(3) 若线性方程组$\begin{cases} x_1+x_2+2x_3=0, \\ x_1+2x_2+x_3=0, \\ 2x_1+x_2+\lambda x_3=0 \end{cases}$有非零解，则$\lambda=$________。

2. 选择题。

(1) 设$\boldsymbol{A}$是$m\times n$阶矩阵，$\boldsymbol{Ax}=\boldsymbol{0}$是非齐次线性方程组$\boldsymbol{Ax}=\boldsymbol{b}$所对应的齐次线性方程组，则下列结论正确的是(　　)。

A. 若$\boldsymbol{Ax}=\boldsymbol{0}$仅有零解，则$\boldsymbol{Ax}=\boldsymbol{b}$有唯一解

B. 若$\boldsymbol{Ax}=\boldsymbol{0}$有非零解，则$\boldsymbol{Ax}=\boldsymbol{b}$有无穷多个解

C. 若$\boldsymbol{Ax}=\boldsymbol{b}$有无穷多个解，则$\boldsymbol{Ax}=\boldsymbol{0}$有非零解

D. 若$\boldsymbol{Ax}=\boldsymbol{b}$有无穷多个解，则$\boldsymbol{Ax}=\boldsymbol{0}$只有零解

(2) 非齐次线性方程组$\boldsymbol{Ax}=\boldsymbol{b}$有解的一个充分条件是(　　)。

A. 向量$\boldsymbol{b}$可由$\boldsymbol{A}$的行向量组线性表示

B. 向量$\boldsymbol{b}$可由$\boldsymbol{A}$的列向量组线性表示

C. $\boldsymbol{A}$的行向量组线性无关

D. $\boldsymbol{A}$的列向量组线性无关

3. 求下列齐次线性方程组的基础解系和通解：

(1) $\begin{cases} x_1+x_2-7x_3-7x_4=0, \\ 2x_1-5x_2+21x_3+14x_4=0, \\ x_1-x_2+3x_3+x_4=0; \end{cases}$　　(2) $\begin{cases} x_1-x_2+5x_3-x_4+x_5=0, \\ x_1+x_2-2x_3+3x_4-x_5=0, \\ 3x_1-x_2+8x_3+x_4+2x_5=0, \\ x_1+3x_2-9x_3+7x_4-3x_5=0。 \end{cases}$

4. 求下列非齐次线性方程组的通解：

(1) $\begin{cases} x_1-5x_2+2x_3-3x_4=11, \\ 5x_1+3x_2+6x_3-x_4=-1, \\ 2x_1+4x_2+2x_3+x_4=-6; \end{cases}$　　(2) $\begin{cases} x_1+2x_2+3x_3+x_4-3x_5=5, \\ 2x_1+x_2+2x_4-6x_5=1, \\ 3x_1+4x_2+5x_3+6x_4-3x_5=12, \\ x_1+x_2+x_3+3x_4+x_5=4。 \end{cases}$

5. 设 $\boldsymbol{\alpha}_1,\boldsymbol{\alpha}_2,\boldsymbol{\alpha}_3$ 是齐次线性方程组 $\boldsymbol{Ax}=\boldsymbol{0}$ 的基础解系，证明：$\boldsymbol{\alpha}_1+\boldsymbol{\alpha}_2,\boldsymbol{\alpha}_2+\boldsymbol{\alpha}_3,\boldsymbol{\alpha}_3+\boldsymbol{\alpha}_1$ 也是该线性方程组的基础解系。

6. 求一个齐次线性方程组，使它的基础解系由向量 $\boldsymbol{\xi}_1=(0,1,2,3)^{\mathrm{T}},\boldsymbol{\xi}_2=(3,2,1,0)^{\mathrm{T}}$ 组成。

7. 设 $\boldsymbol{A}$ 是 $m\times 3$ 阶矩阵，且 $r(\boldsymbol{A})=1$，如果非齐次线性方程组 $\boldsymbol{Ax}=\boldsymbol{b}$ 的三个解向量 $\boldsymbol{\eta}_1,\boldsymbol{\eta}_2,\boldsymbol{\eta}_3$ 满足

$$\boldsymbol{\eta}_1+\boldsymbol{\eta}_2=\begin{pmatrix}1\\2\\3\end{pmatrix},\boldsymbol{\eta}_2+\boldsymbol{\eta}_3=\begin{pmatrix}0\\-1\\1\end{pmatrix},\boldsymbol{\eta}_3+\boldsymbol{\eta}_1=\begin{pmatrix}1\\0\\-1\end{pmatrix},$$

求非齐次线性方程组 $\boldsymbol{Ax}=\boldsymbol{b}$ 的通解。

总习题3

1. 填空题。

(1) 设 $\boldsymbol{A}=\begin{pmatrix}1&-1&0\\0&1&-1\\-1&0&1\end{pmatrix},\boldsymbol{b}=\begin{pmatrix}a_1\\a_2\\a_3\end{pmatrix}$，$\boldsymbol{Ax}=\boldsymbol{b}$ 有解的充分必要条件为________。

(2) 若 $\boldsymbol{\beta}=(0,k,k^2)^{\mathrm{T}}$ 能由 $\boldsymbol{\alpha}_1=(1+k,1,1)^{\mathrm{T}},\boldsymbol{\alpha}_2=(1,1+k,1)^{\mathrm{T}},\boldsymbol{\alpha}_3=(1,1,1+k)^{\mathrm{T}}$ 唯一线性表示，则 k 满足________。

(3) 若 $\boldsymbol{\alpha}_1,\boldsymbol{\alpha}_2,\boldsymbol{\alpha}_3$ 线性无关，则 $\boldsymbol{\alpha}_1+\boldsymbol{\alpha}_2,\boldsymbol{\alpha}_2+\boldsymbol{\alpha}_3,\boldsymbol{\alpha}_3+\boldsymbol{\alpha}_1$ 线性________，若 $\boldsymbol{\alpha}_1,\boldsymbol{\alpha}_2,\boldsymbol{\alpha}_3$ 线性相关，则 $\boldsymbol{\alpha}_1+\boldsymbol{\alpha}_2,\boldsymbol{\alpha}_2+\boldsymbol{\alpha}_3,\boldsymbol{\alpha}_3+\boldsymbol{\alpha}_1$ 线性________。

(4) 设 $\boldsymbol{\alpha}_1=(1,1,1)^{\mathrm{T}},\boldsymbol{\alpha}_2=(a,0,b)^{\mathrm{T}},\boldsymbol{\alpha}_3=(1,3,2)^{\mathrm{T}}$，若 $\boldsymbol{\alpha}_1,\boldsymbol{\alpha}_2,\boldsymbol{\alpha}_3$ 线性相关，则 a，b 满足关系式________。

(5) 设 $\boldsymbol{\alpha}_1=(a,b,0)^{\mathrm{T}},\boldsymbol{\alpha}_2=(a,2b,1)^{\mathrm{T}},\boldsymbol{\alpha}_3=(1,2,3)^{\mathrm{T}},\boldsymbol{\alpha}_4=(2,4,6)^{\mathrm{T}}$，若 $\boldsymbol{\alpha}_1,\boldsymbol{\alpha}_2,\boldsymbol{\alpha}_3,\boldsymbol{\alpha}_4$ 的秩为3，则 a,b 满足关系式________。

(6) 向量组 $\boldsymbol{\alpha}_1,\boldsymbol{\alpha}_2,\boldsymbol{\alpha}_3$ 的秩为3，则向量组 $\boldsymbol{\alpha}_1,\boldsymbol{\alpha}_2-\boldsymbol{\alpha}_3$ 的秩为________。

(7) 设 $\boldsymbol{A}$ 是 $m\times n$ 阶矩阵，且 $r(\boldsymbol{A})=n-1$，已知 $\boldsymbol{\eta}_1,\boldsymbol{\eta}_2$ 是线性方程组 $\boldsymbol{Ax}=\boldsymbol{b}$ 的两个不同的解，则 $\boldsymbol{Ax}=\boldsymbol{0}$ 的通解是________。

(8) 设齐次线性方程组为 $x_1+2x_2+\cdots+nx_n=0$，则它的基础解系中所含向量的个

数为________。

2. 设$A=\begin{pmatrix}1&1&2\\2&2&4\\3&3&6\end{pmatrix}$,求一秩为 2 的三阶方阵 B 使 $AB=O$。

3. 设线性方程组为

$$\begin{cases}x_1+2x_3+2x_4=6,\\2x_1+x_2+3x_3+ax_4=0,\\3x_1+ax_3+6x_4=18,\\4x_1-x_2+9x_3+13x_4=b。\end{cases}$$

问 a,b 取何值时,线性方程组有唯一解,无解或有无穷多个解?在有无穷多个解时,求出其通解。

4. 设向量 $\boldsymbol{\alpha}_1=(1,1,0)^{\mathrm{T}}$,$\boldsymbol{\alpha}_2=(0,1,1)^{\mathrm{T}}$,$\boldsymbol{\alpha}_3=(1,0,1)^{\mathrm{T}}$,若三阶方阵 A 满足

$$A\boldsymbol{\alpha}_1=\boldsymbol{\alpha}_1-\boldsymbol{\alpha}_2,A\boldsymbol{\alpha}_2=2\boldsymbol{\alpha}_2-3\boldsymbol{\alpha}_3,A\boldsymbol{\alpha}_3=\boldsymbol{\alpha}_3-\boldsymbol{\alpha}_1。$$

(1) 将向量 $\boldsymbol{\alpha}_3$ 表示为 $A\boldsymbol{\alpha}_1,A\boldsymbol{\alpha}_2,A\boldsymbol{\alpha}_3$ 的线性组合;

(2) 求出矩阵 A。

5. 已知 $\boldsymbol{\alpha}_1=(1,0,2,3)^{\mathrm{T}}$,$\boldsymbol{\alpha}_2=(1,1,3,5)^{\mathrm{T}}$,$\boldsymbol{\alpha}_3=(1,-1,a+2,1)^{\mathrm{T}}$,$\boldsymbol{\alpha}_4=(1,2,4,a+8)^{\mathrm{T}}$ 和 $\boldsymbol{\beta}=(1,1,b+3,5)^{\mathrm{T}}$,问:

(1) a,b 为何值时,$\boldsymbol{\beta}$ 不能表示成 $\boldsymbol{\alpha}_1,\boldsymbol{\alpha}_2,\boldsymbol{\alpha}_3,\boldsymbol{\alpha}_4$ 的线性组合?

(2) a,b 为何值时,$\boldsymbol{\beta}$ 能由 $\boldsymbol{\alpha}_1,\boldsymbol{\alpha}_2,\boldsymbol{\alpha}_3,\boldsymbol{\alpha}_4$ 唯一线性表示?并写出表示式。

6. 设有向量组(Ⅰ):$\boldsymbol{\alpha}_1=(1,0,2)^{\mathrm{T}}$,$\boldsymbol{\alpha}_2=(1,1,3)^{\mathrm{T}}$,$\boldsymbol{\alpha}_3=(1,-1,a+2)^{\mathrm{T}}$ 和向量组(Ⅱ):$\boldsymbol{\beta}_1=(1,2,a+3)^{\mathrm{T}}$,$\boldsymbol{\beta}_2=(2,1,a+6)^{\mathrm{T}}$,$\boldsymbol{\beta}_3=(2,1,a+4)^{\mathrm{T}}$。试问:

(1) 当 a 为何值时,向量组(Ⅰ)与向量组(Ⅱ)等价?

(2) 当 a 为何值时,向量组(Ⅰ)与向量组(Ⅱ)不等价?

7. 已知向量组 $\boldsymbol{\alpha}_1=(1,1,2,1)^{\mathrm{T}}$,$\boldsymbol{\alpha}_2=(1,0,0,2)^{\mathrm{T}}$,$\boldsymbol{\alpha}_3=(-1,-4,-8,k)^{\mathrm{T}}$ 线性相关,求 k。

8. 设 A 为 4×3 矩阵,B 为 3×3 矩阵,且 $AB=O$,其中

$$A=\begin{pmatrix}1&1&-1\\1&2&1\\2&3&0\\0&-1&-2\end{pmatrix},$$

证明:B 的列向量组线性相关。

9. 已知三阶方阵 A 与三维列向量 x 满足 $A^3x=3Ax-2A^2x$,且向量组 x,Ax,A^2x 线性无关。

(1) 记 $\boldsymbol{P}=(\boldsymbol{x},\boldsymbol{A}\boldsymbol{x},\boldsymbol{A}^2\boldsymbol{x})$，求三阶方阵 $\boldsymbol{B}$，使 $\boldsymbol{AP}=\boldsymbol{PB}$；

(2) 求 $|\boldsymbol{A}|$。

10. 设 n 维向量组 $\boldsymbol{\alpha}_1,\boldsymbol{\alpha}_2,\cdots,\boldsymbol{\alpha}_n$ 线性无关，令

$$\boldsymbol{\beta}_1=a_{11}\boldsymbol{\alpha}_1+a_{12}\boldsymbol{\alpha}_2+\cdots+a_{1n}\boldsymbol{\alpha}_n,$$
$$\boldsymbol{\beta}_2=a_{21}\boldsymbol{\alpha}_1+a_{22}\boldsymbol{\alpha}_2+\cdots+a_{2n}\boldsymbol{\alpha}_n,$$
$$\vdots$$
$$\boldsymbol{\beta}_n=a_{n1}\boldsymbol{\alpha}_1+a_{n2}\boldsymbol{\alpha}_2+\cdots+a_{nn}\boldsymbol{\alpha}_n。$$

证明：$\boldsymbol{\beta}_1,\boldsymbol{\beta}_2,\cdots,\boldsymbol{\beta}_n$ 线性无关的充分必要条件是

$$\begin{vmatrix} a_{11} & a_{12} & \cdots & a_{1n} \\ a_{21} & a_{22} & \cdots & a_{2n} \\ \vdots & \vdots & & \vdots \\ a_{n1} & a_{n2} & \cdots & a_{nn} \end{vmatrix}\neq 0。$$

11. 设向量组 $\boldsymbol{\alpha}_1=(1,2,1,3)^{\mathrm{T}},\boldsymbol{\alpha}_2=(1,1,1,2)^{\mathrm{T}},\boldsymbol{\alpha}_3=(2,-1,1,1)^{\mathrm{T}},\boldsymbol{\alpha}_4=(2,3,2,5)^{\mathrm{T}}$，问 a 为何值时，向量 $\boldsymbol{\beta}=(6,-3,2,a)^{\mathrm{T}}$ 能由向量组 $\boldsymbol{\alpha}_1,\boldsymbol{\alpha}_2,\boldsymbol{\alpha}_3,\boldsymbol{\alpha}_4$ 的极大无关组线性表示，并写出表示式。

12. 已知向量组 $\boldsymbol{\alpha}_1=(2,1,2,1)^{\mathrm{T}},\boldsymbol{\alpha}_2=(-1,1,-5,7)^{\mathrm{T}},\boldsymbol{\alpha}_3=(1,2,-3,8)^{\mathrm{T}},\boldsymbol{\alpha}_4=(1,-1,a,6)^{\mathrm{T}},\boldsymbol{\alpha}_5=(3,0,4,7)^{\mathrm{T}}$ 的秩为3，求 a 及该向量组的一个极大无关组。

13. 设向量组(Ⅰ)：$\boldsymbol{\alpha}_1,\boldsymbol{\alpha}_2,\boldsymbol{\alpha}_3$；向量组(Ⅱ)：$\boldsymbol{\alpha}_1,\boldsymbol{\alpha}_2,\boldsymbol{\alpha}_3,\boldsymbol{\alpha}_4$；向量组(Ⅲ)：$\boldsymbol{\alpha}_1,\boldsymbol{\alpha}_2,\boldsymbol{\alpha}_3,\boldsymbol{\alpha}_5$。如果各向量组的秩分别为 $r(\boldsymbol{\alpha}_1,\boldsymbol{\alpha}_2,\boldsymbol{\alpha}_3)=r(\boldsymbol{\alpha}_1,\boldsymbol{\alpha}_2,\boldsymbol{\alpha}_3,\boldsymbol{\alpha}_4)=3,r(\boldsymbol{\alpha}_1,\boldsymbol{\alpha}_2,\boldsymbol{\alpha}_3,\boldsymbol{\alpha}_5)=4$，证明：向量组 $\boldsymbol{\alpha}_1,\boldsymbol{\alpha}_2,\boldsymbol{\alpha}_3,\boldsymbol{\alpha}_5-\boldsymbol{\alpha}_4$ 的秩为4。

14. 设 $m\times n$ 阶矩阵 $\boldsymbol{A}=(\boldsymbol{\alpha}_1,\boldsymbol{\alpha}_2,\cdots,\boldsymbol{\alpha}_n)$ 的秩为 r，如果 $\boldsymbol{A}$ 的 r 阶子式 D_r 非零，证明：D_r 所在的 r 个列向量是矩阵 $\boldsymbol{A}$ 的列向量组的一个极大无关组。

15. 已知 $\mathbf{R}^3$ 的两个基

$$\boldsymbol{\alpha}_1=(1,0,-1)^{\mathrm{T}},\boldsymbol{\alpha}_2=(2,1,1)^{\mathrm{T}},\boldsymbol{\alpha}_3=(1,1,1)^{\mathrm{T}};$$
$$\boldsymbol{\beta}_1=(0,1,1)^{\mathrm{T}},\boldsymbol{\beta}_2=(-1,1,0)^{\mathrm{T}},\boldsymbol{\beta}_3=(1,2,1)^{\mathrm{T}}。$$

(1) 求由基 $\boldsymbol{\alpha}_1,\boldsymbol{\alpha}_2,\boldsymbol{\alpha}_3$ 到基 $\boldsymbol{\beta}_1,\boldsymbol{\beta}_2,\boldsymbol{\beta}_3$ 的过渡矩阵；

(2) 求 $\boldsymbol{\gamma}=(9,6,5)^{\mathrm{T}}$ 在这两个基下的坐标；

(3) 求向量 $\boldsymbol{\xi}$，使它在这两个基下有相同的坐标。

16. 求线性方程组 $\boldsymbol{Ax}=\boldsymbol{0}$，其解空间的基为向量组 $\boldsymbol{\alpha}_1=(1,-1,1,0)^{\mathrm{T}},\boldsymbol{\alpha}_2=(1,1,0,1)^{\mathrm{T}}$。

17. 设 $\boldsymbol{A}=\begin{pmatrix}\lambda & 1 & 1\\ 0 & \lambda-1 & 0\\ 1 & 1 & \lambda\end{pmatrix},\boldsymbol{b}=\begin{pmatrix}a\\1\\1\end{pmatrix}$，已知线性方程组 $\boldsymbol{Ax}=\boldsymbol{b}$ 存在两个不同的解，

(1) 求λ, a；

(2) 求线性方程组$\boldsymbol{Ax}=\boldsymbol{b}$的通解。

18. 设向量组$\boldsymbol{\alpha}_1,\boldsymbol{\alpha}_2,\cdots,\boldsymbol{\alpha}_s$是齐次线性方程组$\boldsymbol{Ax}=\boldsymbol{0}$的一个基础解系，向量$\boldsymbol{\beta}$不是$\boldsymbol{Ax}=\boldsymbol{0}$的解，即$\boldsymbol{A\beta}\neq 0$，证明：$\boldsymbol{\beta},\boldsymbol{\beta}+\boldsymbol{\alpha}_1,\boldsymbol{\beta}+\boldsymbol{\alpha}_2,\cdots,\boldsymbol{\beta}+\boldsymbol{\alpha}_s$线性无关。

19. 已知两个非齐次线性方程组$\begin{cases} x_1+ax_2+x_3+x_4=1, \\ 2x_1+x_2+bx_3+x_4=4, \\ 2x_1+2x_2+3x_3+cx_4=1 \end{cases}$和$\begin{cases} x_1+x_2+x_3+x_4=1, \\ -x_2+2x_3-x_4=2, \\ x_3+x_4=-1 \end{cases}$同解，确定$a,b,c$的值。

20. 设矩阵$\boldsymbol{A}=\begin{pmatrix} 1 & 2 & 1 & 2 \\ 0 & 1 & k & k \\ 1 & k & 0 & 1 \end{pmatrix}$，齐次线性方程组$\boldsymbol{Ax}=\boldsymbol{0}$的基础解系含有2个线性无关的解向量，试求方程组$\boldsymbol{Ax}=\boldsymbol{0}$的全部解。

21. 已知四阶方阵$\boldsymbol{A}=(\boldsymbol{\alpha}_1\quad\boldsymbol{\alpha}_2\quad\boldsymbol{\alpha}_3\quad\boldsymbol{\alpha}_4)$，$\boldsymbol{\alpha}_1,\boldsymbol{\alpha}_2,\boldsymbol{\alpha}_3,\boldsymbol{\alpha}_4$均为四维列向量，其中$\boldsymbol{\alpha}_2,\boldsymbol{\alpha}_3,\boldsymbol{\alpha}_4$线性无关，$\boldsymbol{\alpha}_1=2\boldsymbol{\alpha}_2-\boldsymbol{\alpha}_3$，若$\boldsymbol{\beta}=\boldsymbol{\alpha}_1+\boldsymbol{\alpha}_2+\boldsymbol{\alpha}_3+\boldsymbol{\alpha}_4$，求$\boldsymbol{Ax}=\boldsymbol{\beta}$的通解。

22. 求一个非齐次线性方程组，使它的全部解为

$$\begin{pmatrix} x_1 \\ x_2 \\ x_3 \end{pmatrix}=\begin{pmatrix} 1 \\ -1 \\ 3 \end{pmatrix}+c_1\begin{pmatrix} -1 \\ 3 \\ 2 \end{pmatrix}+c_2\begin{pmatrix} 2 \\ -3 \\ 1 \end{pmatrix}\quad (c_1,c_2\text{为任意实数})。$$

23. 设$\boldsymbol{\alpha}_0,\boldsymbol{\alpha}_1,\cdots,\boldsymbol{\alpha}_{n-r}$为$\boldsymbol{Ax}=\boldsymbol{b}(\boldsymbol{b}\neq\boldsymbol{0})$的$n-r+1$个线性无关的解向量，$\boldsymbol{A}$的秩为$r$，证明：$\boldsymbol{\alpha}_1-\boldsymbol{\alpha}_0,\boldsymbol{\alpha}_2-\boldsymbol{\alpha}_0,\cdots,\boldsymbol{\alpha}_{n-r}-\boldsymbol{\alpha}_0$是对应的齐次线性方程组$\boldsymbol{Ax}=\boldsymbol{0}$的基础解系。

24. 设$\boldsymbol{\eta}_1,\boldsymbol{\eta}_2,\cdots,\boldsymbol{\eta}_s$是非齐次线性方程组$\boldsymbol{Ax}=\boldsymbol{b}(\boldsymbol{b}\neq\boldsymbol{0})$的$s$个解，$k_1,k_2,\cdots,k_s$为实数，满足

$$k_1+k_2+\cdots+k_s=1,$$

证明：$\boldsymbol{x}=k_1\boldsymbol{\eta}_1+k_2\boldsymbol{\eta}_2+\cdots+k_s\boldsymbol{\eta}_s$也是它的解。

第 4 章

矩阵的特征值与特征向量

矩阵的特征值与特征向量是矩阵理论的重要组成部分。数学中方阵的对角化、微分方程组的求解问题，工程技术中的振动问题、图像处理和稳定性问题等，都可归结为求一个矩阵的特征值和特征向量问题。

本章首先引入向量的内积，给出如何将线性无关的向量组进行标准正交化的方法；然后给出矩阵的特征值与特征向量的定义、性质及计算方法；再给出相似矩阵的定义、性质以及方阵相似于对角矩阵的判定方法；最后给出将实对称矩阵对角化的方法。

4.1　向量的内积及正交矩阵

学习目标：

1. 理解向量的内积、正交向量组、规范正交基、正交矩阵的相关定义与性质。
2. 掌握向量内积的求法、施密特正交化过程、正交矩阵的判定方法。
3. 熟悉正交向量组的性质。

4.1.1　向量的内积及长度

定义 4.1　设有 n 维向量

$$\boldsymbol{x}=\begin{pmatrix}x_1\\x_2\\\vdots\\x_n\end{pmatrix},\quad \boldsymbol{y}=\begin{pmatrix}y_1\\y_2\\\vdots\\y_n\end{pmatrix},$$

$\boldsymbol{x}$ 与 $\boldsymbol{y}$ 的内积定义为

$$[\boldsymbol{x},\boldsymbol{y}]=x_1y_1+x_2y_2+\cdots+x_ny_n。$$

内积是两个向量之间的一种运算，其结果是一个实数，用矩阵形式可表示为

$$[\boldsymbol{x},\boldsymbol{y}]=\boldsymbol{x}^{\mathrm{T}}\boldsymbol{y}=(x_1,x_2,\cdots,x_n)\begin{pmatrix}y_1\\y_2\\\vdots\\y_n\end{pmatrix}。$$

特别地，当 $n=2,3$ 时，内积即为解析几何中的数量积。

例 4.1 计算$[\boldsymbol{x},\boldsymbol{y}]$，其中$\boldsymbol{x}=(0,1,5,-2)^{\mathrm{T}}$，$\boldsymbol{y}=(-2,0,-1,3)^{\mathrm{T}}$。

解 $[\boldsymbol{x},\boldsymbol{y}]=0\times(-2)+1\times0+5\times(-1)+(-2)\times3=-11$。

内积的运算性质(其中$\boldsymbol{x},\boldsymbol{y},\boldsymbol{z}$为$n$维向量，$\lambda\in\mathbf{R}$)：

(1) $[\boldsymbol{x},\boldsymbol{y}]=[\boldsymbol{y},\boldsymbol{x}]$；

(2) $[\lambda\boldsymbol{x},\boldsymbol{y}]=\lambda[\boldsymbol{x},\boldsymbol{y}]$；

(3) $[\boldsymbol{x}+\boldsymbol{y},\boldsymbol{z}]=[\boldsymbol{x},\boldsymbol{z}]+[\boldsymbol{y},\boldsymbol{z}]$；

(4) $[\boldsymbol{x},\boldsymbol{x}]\geqslant0$，当且仅当$\boldsymbol{x}=\mathbf{0}$时，$[\boldsymbol{x},\boldsymbol{x}]=0$。

定义 4.2 称$\|\boldsymbol{x}\|=\sqrt{[\boldsymbol{x},\boldsymbol{x}]}=\sqrt{x_1^2+x_2^2+\cdots+x_n^2}$为向量$\boldsymbol{x}$的**长度**(**或范数**)。

向量的长度具有下述性质：

(1) 非负性 $\|\boldsymbol{x}\|\geqslant0$，当且仅当$\boldsymbol{x}=\mathbf{0}$时$\|\boldsymbol{x}\|=0$；

(2) 齐次性 $\|\lambda\boldsymbol{x}\|=|\lambda|\,\|\boldsymbol{x}\|$；

(3) 三角不等式 $\|\boldsymbol{x}+\boldsymbol{y}\|\leqslant\|\boldsymbol{x}\|+\|\boldsymbol{y}\|$；

(4) 对任意n维向量$\boldsymbol{x},\boldsymbol{y}$，有$|[\boldsymbol{x},\boldsymbol{y}]|\leqslant\|\boldsymbol{x}\|\cdot\|\boldsymbol{y}\|$。

如果令$\boldsymbol{x}=(x_1,x_2,\cdots,x_n)^{\mathrm{T}}$，$\boldsymbol{y}=(y_1,y_2,\cdots,y_n)^{\mathrm{T}}$，则性质(4)可表示为

$$\left|\sum_{i=1}^{n}x_iy_i\right|\leqslant\sqrt{\sum_{i=1}^{n}x_i^2}\cdot\sqrt{\sum_{i=1}^{n}y_i^2}。$$

上述不等式称为**柯西-布涅柯夫斯基不等式**，它给出了$\mathbf{R}^n$中任意两个向量的内积与它们长度之间的关系。

定义 4.3 当$\|\boldsymbol{x}\|=1$时，称$\boldsymbol{x}$为**单位向量**。

对$\mathbf{R}^n$中的任一非零向量$\boldsymbol{\alpha}$，向量$\dfrac{\boldsymbol{\alpha}}{\|\boldsymbol{\alpha}\|}$是一个单位向量，因为

$$\left\|\frac{\boldsymbol{\alpha}}{\|\boldsymbol{\alpha}\|}\right\|=\frac{1}{\|\boldsymbol{\alpha}\|}\|\boldsymbol{\alpha}\|=1,$$

这一过程通常称为**将向量$\boldsymbol{\alpha}$单位化**。

定义 4.4 当$\|\boldsymbol{x}\|\neq0$，$\|\boldsymbol{y}\|\neq0$时，定义

$$\theta=\arccos\frac{[\boldsymbol{x},\boldsymbol{y}]}{\|\boldsymbol{x}\|\cdot\|\boldsymbol{y}\|}\quad(0\leqslant\theta\leqslant\pi),$$

称θ为n维向量$\boldsymbol{x}$与$\boldsymbol{y}$的**夹角**。

例 4.2 求向量$\boldsymbol{\alpha}=(2,1,3,2)^{\mathrm{T}}$，$\boldsymbol{\beta}=(1,2,-2,1)^{\mathrm{T}}$的夹角。

解 由题意$\|\boldsymbol{\alpha}\|=3\sqrt{2}$，$\|\boldsymbol{\beta}\|=\sqrt{10}$，$[\boldsymbol{\alpha},\boldsymbol{\beta}]=0$，得

$$\cos\theta=\frac{[\boldsymbol{\alpha},\boldsymbol{\beta}]}{\|\boldsymbol{\alpha}\|\,\|\boldsymbol{\beta}\|}=0，即\ \theta=\frac{\pi}{2}。$$

4.1.2 正交向量组

定义 4.5 若两向量$\boldsymbol{\alpha}$与$\boldsymbol{\beta}$的内积等于零，即

$$[\boldsymbol{\alpha},\boldsymbol{\beta}]=0,$$

则称向量$\boldsymbol{\alpha}$与$\boldsymbol{\beta}$**正交**，记作$\boldsymbol{\alpha}\perp\boldsymbol{\beta}$。

例 4.2 中向量 $\boldsymbol{\alpha},\boldsymbol{\beta}$ 满足 $[\boldsymbol{\alpha},\boldsymbol{\beta}]=0$，因此向量 $\boldsymbol{\alpha}$ 与 $\boldsymbol{\beta}$ 正交。

显然，零向量与任何向量都正交。

定义 4.6　若一个非零向量组（即该向量组中的向量都不是零向量）中的向量两两正交，则称该向量组为**正交向量组**。

定义 4.7　若一个正交向量组中每一个向量都是单位向量，则称该向量组为**规范正交向量组**（或**标准正交向量组**）。

例如，$\mathbf{R}^n$ 中单位向量组 $\boldsymbol{e}_1=(1,0,\cdots,0)^{\mathrm{T}},\boldsymbol{e}_2=(0,1,\cdots,0)^{\mathrm{T}},\cdots,\boldsymbol{e}_n=(0,0,\cdots,1)^{\mathrm{T}}$，当 $i\neq j$ 时，有 $[\boldsymbol{e}_i,\boldsymbol{e}_j]=0$，即它们两两正交，并且 $\|\boldsymbol{e}_i\|=1(i=1,2,\cdots,n)$，因此 $\boldsymbol{e}_1,\boldsymbol{e}_2,\cdots,\boldsymbol{e}_n$ 为规范正交向量组。

定理 4.1　正交向量组必是线性无关的向量组。

证　设 n 维向量 $\boldsymbol{\alpha}_1,\boldsymbol{\alpha}_2,\cdots,\boldsymbol{\alpha}_r$ 是正交向量组，即有

$$[\boldsymbol{\alpha}_i,\boldsymbol{\alpha}_j]=0(i\neq j)。\tag{4-1}$$

设存在一组数 $k_1,k_2,\cdots,k_r$，使

$$k_1\boldsymbol{\alpha}_1+k_2\boldsymbol{\alpha}_2+\cdots+k_r\boldsymbol{\alpha}_r=\mathbf{0}。$$

以 $\boldsymbol{\alpha}_i(i=1,2,\cdots,r)$ 与上式两端同时做内积运算，并利用(4-1)式可得

$$\begin{aligned}&[\boldsymbol{\alpha}_i,k_1\boldsymbol{\alpha}_1+k_2\boldsymbol{\alpha}_2+\cdots+k_r\boldsymbol{\alpha}_r]\\=&k_1[\boldsymbol{\alpha}_i,\boldsymbol{\alpha}_1]+k_2[\boldsymbol{\alpha}_i,\boldsymbol{\alpha}_2]+\cdots+k_r[\boldsymbol{\alpha}_i,\boldsymbol{\alpha}_r]\\=&k_i[\boldsymbol{\alpha}_i,\boldsymbol{\alpha}_i]=0。\end{aligned}$$

由 $\boldsymbol{\alpha}_i\neq\mathbf{0}$ 知，$[\boldsymbol{\alpha}_i,\boldsymbol{\alpha}_i]>0$，于是必有

$$k_i=0(i=1,2,\cdots,r),$$

因此 $\boldsymbol{\alpha}_1,\boldsymbol{\alpha}_2,\cdots,\boldsymbol{\alpha}_r$ 线性无关。

例 4.3　已知两个向量 $\boldsymbol{\alpha}_1=\begin{pmatrix}1\\1\\1\end{pmatrix},\boldsymbol{\alpha}_2=\begin{pmatrix}1\\1\\-2\end{pmatrix}$ 正交，求一个非零向量 $\boldsymbol{\alpha}_3$，使 $\boldsymbol{\alpha}_1,\boldsymbol{\alpha}_2,\boldsymbol{\alpha}_3$ 为正交向量组。

解　设 $\boldsymbol{\alpha}_3=\begin{pmatrix}x_1\\x_2\\x_3\end{pmatrix}$，则 $[\boldsymbol{\alpha}_1,\boldsymbol{\alpha}_3]=\boldsymbol{\alpha}_1^{\mathrm{T}}\boldsymbol{\alpha}_3=0,[\boldsymbol{\alpha}_2,\boldsymbol{\alpha}_3]=\boldsymbol{\alpha}_2^{\mathrm{T}}\boldsymbol{\alpha}_3=0$，即

$$\begin{pmatrix}\boldsymbol{\alpha}_1^{\mathrm{T}}\\\boldsymbol{\alpha}_2^{\mathrm{T}}\end{pmatrix}\begin{pmatrix}x_1\\x_2\\x_3\end{pmatrix}=\begin{pmatrix}0\\0\end{pmatrix},\begin{pmatrix}1&1&1\\1&1&-2\end{pmatrix}\begin{pmatrix}x_1\\x_2\\x_3\end{pmatrix}=\begin{pmatrix}0\\0\end{pmatrix}。$$

由

$$\boldsymbol{A}=\begin{pmatrix}1&1&1\\1&1&-2\end{pmatrix}\rightarrow\begin{pmatrix}1&1&1\\0&0&-3\end{pmatrix}\rightarrow\begin{pmatrix}1&1&0\\0&0&1\end{pmatrix}$$

得 $\begin{cases}x_1=-x_2,\\x_3=0,\end{cases}$ 从而有基础解系 $\boldsymbol{\xi}=\begin{pmatrix}-1\\1\\0\end{pmatrix}$。取 $\boldsymbol{\alpha}_3=\boldsymbol{\xi}$，即可使 $\boldsymbol{\alpha}_1,\boldsymbol{\alpha}_2,\boldsymbol{\alpha}_3$ 为正交向量组。

实际上，给定 n 维向量空间 $\mathbf{R}^n$ 中的一组线性无关的向量组 $\boldsymbol{\alpha}_1,\boldsymbol{\alpha}_2,\cdots,\boldsymbol{\alpha}_r$，则可以生成正交向量组 $\boldsymbol{\beta}_1,\boldsymbol{\beta}_2,\cdots,\boldsymbol{\beta}_r$，并使得这两个向量组等价。

由一个线性无关的向量组生成等价的正交向量组的过程，称为将该向量组**正交化**。可以应用**施密特**(Schmidt) **正交化方法**将一个线性无关的向量组化为等价的正交向量组。施密特正交化方法如下：令

$$\boldsymbol{\beta}_1=\boldsymbol{\alpha}_1;$$

$$\boldsymbol{\beta}_2=\boldsymbol{\alpha}_2-\frac{[\boldsymbol{\alpha}_2,\boldsymbol{\beta}_1]}{[\boldsymbol{\beta}_1,\boldsymbol{\beta}_1]}\boldsymbol{\beta}_1;$$

$$\boldsymbol{\beta}_3=\boldsymbol{\alpha}_3-\frac{[\boldsymbol{\alpha}_3,\boldsymbol{\beta}_1]}{[\boldsymbol{\beta}_1,\boldsymbol{\beta}_1]}\boldsymbol{\beta}_1-\frac{[\boldsymbol{\alpha}_3,\boldsymbol{\beta}_2]}{[\boldsymbol{\beta}_2,\boldsymbol{\beta}_2]}\boldsymbol{\beta}_2;$$

……

$$\boldsymbol{\beta}_r=\boldsymbol{\alpha}_r-\frac{[\boldsymbol{\alpha}_r,\boldsymbol{\beta}_1]}{[\boldsymbol{\beta}_1,\boldsymbol{\beta}_1]}\boldsymbol{\beta}_1-\frac{[\boldsymbol{\alpha}_r,\boldsymbol{\beta}_2]}{[\boldsymbol{\beta}_2,\boldsymbol{\beta}_2]}\boldsymbol{\beta}_2-\cdots-\frac{[\boldsymbol{\alpha}_r,\boldsymbol{\beta}_{r-1}]}{[\boldsymbol{\beta}_{r-1},\boldsymbol{\beta}_{r-1}]}\boldsymbol{\beta}_{r-1}。$$

容易验证 $\boldsymbol{\beta}_1,\boldsymbol{\beta}_2,\cdots,\boldsymbol{\beta}_r$ 两两正交，且 $\boldsymbol{\beta}_1,\boldsymbol{\beta}_2,\cdots,\boldsymbol{\beta}_r$ 与 $\boldsymbol{\alpha}_1,\boldsymbol{\alpha}_2,\cdots,\boldsymbol{\alpha}_r$ 等价。

进一步，将 $\boldsymbol{\beta}_1,\boldsymbol{\beta}_2,\cdots,\boldsymbol{\beta}_r$ 单位化，即取

$$\boldsymbol{\varepsilon}_1=\frac{\boldsymbol{\beta}_1}{\|\boldsymbol{\beta}_1\|},\boldsymbol{\varepsilon}_2=\frac{\boldsymbol{\beta}_2}{\|\boldsymbol{\beta}_2\|},\cdots,\boldsymbol{\varepsilon}_r=\frac{\boldsymbol{\beta}_r}{\|\boldsymbol{\beta}_r\|},$$

则 $\boldsymbol{\varepsilon}_1,\boldsymbol{\varepsilon}_2,\cdots,\boldsymbol{\varepsilon}_r$ 就是一个规范正交向量组。

例 4.4 已知 $\boldsymbol{\alpha}_1=\begin{pmatrix}1\\-1\\0\end{pmatrix},\boldsymbol{\alpha}_2=\begin{pmatrix}1\\0\\1\end{pmatrix},\boldsymbol{\alpha}_3=\begin{pmatrix}1\\-1\\1\end{pmatrix}$，试用施密特正交化方法，将这组向量正交化，并单位化。

解 不难证明 $\boldsymbol{\alpha}_1,\boldsymbol{\alpha}_2,\boldsymbol{\alpha}_3$ 是线性无关的，取

$$\boldsymbol{\beta}_1=\boldsymbol{\alpha}_1=\begin{pmatrix}1\\-1\\0\end{pmatrix},$$

$$\boldsymbol{\beta}_2=\boldsymbol{\alpha}_2-\frac{[\boldsymbol{\alpha}_2,\boldsymbol{\beta}_1]}{[\boldsymbol{\beta}_1,\boldsymbol{\beta}_1]}\boldsymbol{\beta}_1=\begin{pmatrix}1\\0\\1\end{pmatrix}-\frac{1}{2}\begin{pmatrix}1\\-1\\0\end{pmatrix}=\begin{pmatrix}\frac{1}{2}\\\frac{1}{2}\\1\end{pmatrix},$$

$$\boldsymbol{\beta}_3=\boldsymbol{\alpha}_3-\frac{[\boldsymbol{\alpha}_3,\boldsymbol{\beta}_1]}{[\boldsymbol{\beta}_1,\boldsymbol{\beta}_1]}\boldsymbol{\beta}_1-\frac{[\boldsymbol{\alpha}_3,\boldsymbol{\beta}_2]}{[\boldsymbol{\beta}_2,\boldsymbol{\beta}_2]}\boldsymbol{\beta}_2=\begin{pmatrix}1\\-1\\1\end{pmatrix}-\begin{pmatrix}1\\-1\\0\end{pmatrix}-\frac{2}{3}\begin{pmatrix}\frac{1}{2}\\\frac{1}{2}\\1\end{pmatrix}=\frac{1}{3}\begin{pmatrix}-1\\-1\\1\end{pmatrix},$$

再将 $\boldsymbol{\beta}_1,\boldsymbol{\beta}_2,\boldsymbol{\beta}_3$ 单位化，得

$$\boldsymbol{\varepsilon}_1=\frac{\boldsymbol{\beta}_1}{\|\boldsymbol{\beta}_1\|}=\frac{1}{\sqrt{2}}\begin{pmatrix}1\\-1\\0\end{pmatrix},\quad \boldsymbol{\varepsilon}_2=\frac{\boldsymbol{\beta}_2}{\|\boldsymbol{\beta}_2\|}=\frac{1}{\sqrt{6}}\begin{pmatrix}1\\1\\2\end{pmatrix},\quad \boldsymbol{\varepsilon}_3=\frac{\boldsymbol{\beta}_3}{\|\boldsymbol{\beta}_3\|}=\frac{1}{\sqrt{3}}\begin{pmatrix}-1\\-1\\1\end{pmatrix},$$

故 $\boldsymbol{\varepsilon}_1,\boldsymbol{\varepsilon}_2,\boldsymbol{\varepsilon}_3$ 即为所求。

例 4.5　已知 $\boldsymbol{\alpha}_1=(1,1,1)^{\mathrm{T}}$，求一组非零向量 $\boldsymbol{\alpha}_2,\boldsymbol{\alpha}_3$，使 $\boldsymbol{\alpha}_1,\boldsymbol{\alpha}_2,\boldsymbol{\alpha}_3$ 两两正交。

解　由题意知 $\boldsymbol{\alpha}_2,\boldsymbol{\alpha}_3$ 应满足 $\boldsymbol{\alpha}_1^{\mathrm{T}}\boldsymbol{\alpha}_i=0(i=2,3)$，即

$$x_1+x_2+x_3=0。$$

它的一个基础解系为

$$\xi_1=\begin{pmatrix}1\\0\\-1\end{pmatrix},\quad \xi_2=\begin{pmatrix}1\\-2\\1\end{pmatrix},$$

ξ_1 与 ξ_2 恰好正交，所以取 $\boldsymbol{\alpha}_2=\xi_1,\boldsymbol{\alpha}_3=\xi_2$ 即为所求。

注　齐次线性方程组的基础解系不唯一，如果求出基础解系为 $\xi_1=(1,0,-1)^{\mathrm{T}}$，$\xi_2=(0,1,-1)^{\mathrm{T}}$，则需把 ξ_1,ξ_2 正交化。

4.1.3　规范正交基

定义 4.8　(1) 若 $\boldsymbol{\alpha}_1,\boldsymbol{\alpha}_2,\cdots,\boldsymbol{\alpha}_r$ 是向量空间 V 的一个基，且两两正交，则称 $\boldsymbol{\alpha}_1,\boldsymbol{\alpha}_2,\cdots,\boldsymbol{\alpha}_r$ 是向量空间 V 的**正交基**。

(2) 若 $\boldsymbol{\varepsilon}_1,\boldsymbol{\varepsilon}_2,\cdots,\boldsymbol{\varepsilon}_r$ 是向量空间 V 的一个基，且是两两正交的单位向量组，则称 $\boldsymbol{\varepsilon}_1,\boldsymbol{\varepsilon}_2,\cdots,\boldsymbol{\varepsilon}_r$ 是向量空间 V 的**规范正交基**(或**标准正交基**)。

例如，向量组

$$\boldsymbol{\varepsilon}_1=\begin{pmatrix}\frac{1}{\sqrt{2}}\\\frac{1}{\sqrt{2}}\\0\\0\end{pmatrix},\quad \boldsymbol{\varepsilon}_2=\begin{pmatrix}\frac{1}{\sqrt{2}}\\-\frac{1}{\sqrt{2}}\\0\\0\end{pmatrix},\quad \boldsymbol{\varepsilon}_3=\begin{pmatrix}0\\0\\\frac{1}{\sqrt{2}}\\\frac{1}{\sqrt{2}}\end{pmatrix},\quad \boldsymbol{\varepsilon}_4=\begin{pmatrix}0\\0\\\frac{1}{\sqrt{2}}\\-\frac{1}{\sqrt{2}}\end{pmatrix}$$

是向量空间 $\mathbf{R}^4$ 的一个规范正交基。

又如，n 维单位向量组 $\boldsymbol{e}_1,\boldsymbol{e}_2,\cdots,\boldsymbol{e}_n$ 是 $\mathbf{R}^n$ 的一个规范正交基。

设 $\boldsymbol{\alpha}_1,\boldsymbol{\alpha}_2,\cdots,\boldsymbol{\alpha}_r$ 是向量空间 V 的一个基，则通过对 $\boldsymbol{\alpha}_1,\boldsymbol{\alpha}_2,\cdots,\boldsymbol{\alpha}_r$ 应用施密特正交化方法，再单位化，就可以得到向量空间 V 的一个规范正交基。

4.1.4　正交矩阵

定义 4.9　若 n 阶方阵满足 $\boldsymbol{A}^{\mathrm{T}}\boldsymbol{A}=\boldsymbol{E}$，则称 $\boldsymbol{A}$ 为**正交矩阵**，简称**正交阵**。

例如，矩阵

$$\boldsymbol{A}=\begin{pmatrix}-\cos\theta & \sin\theta\\ \sin\theta & \cos\theta\end{pmatrix},\quad \boldsymbol{B}=\begin{pmatrix}0 & 1\\1 & 0\end{pmatrix}$$

都是正交矩阵。

正交矩阵具有如下性质：

(1) $\boldsymbol{A}^{\mathrm{T}}=\boldsymbol{A}^{-1}$，即 $\boldsymbol{A}\boldsymbol{A}^{\mathrm{T}}=\boldsymbol{A}^{\mathrm{T}}\boldsymbol{A}=\boldsymbol{E}$；

(2) 正交矩阵的行列式等于 1 或 -1；

(3) 若 $\boldsymbol{A}$ 为正交矩阵，则 $\boldsymbol{A}^{\mathrm{T}}$（或 $\boldsymbol{A}^{-1}$）也是正交矩阵；

(4) 若 $\boldsymbol{A},\boldsymbol{B}$ 都是正交矩阵，则 $\boldsymbol{AB}$ 也是正交矩阵。

上述性质都可以根据正交矩阵的定义直接证得，请读者自行证明。

定理 4.2 方阵 $\boldsymbol{A}$ 为正交矩阵的充分必要条件是 $\boldsymbol{A}$ 的列(行)向量组是规范正交向量组。

证 设 $\boldsymbol{A}$ 的列向量组为 $\boldsymbol{\alpha}_1,\boldsymbol{\alpha}_2,\cdots,\boldsymbol{\alpha}_n$，即 $\boldsymbol{A}=(\boldsymbol{\alpha}_1,\boldsymbol{\alpha}_2,\cdots,\boldsymbol{\alpha}_n)$，则 $\boldsymbol{A}^{\mathrm{T}}\boldsymbol{A}=\boldsymbol{E}$ 等价于

$$\begin{pmatrix}\boldsymbol{\alpha}_1^{\mathrm{T}}\\ \boldsymbol{\alpha}_2^{\mathrm{T}}\\ \vdots\\ \boldsymbol{\alpha}_n^{\mathrm{T}}\end{pmatrix}(\boldsymbol{\alpha}_1,\boldsymbol{\alpha}_2,\cdots,\boldsymbol{\alpha}_n)=\begin{pmatrix}\boldsymbol{\alpha}_1^{\mathrm{T}}\boldsymbol{\alpha}_1 & \boldsymbol{\alpha}_1^{\mathrm{T}}\boldsymbol{\alpha}_2 & \cdots & \boldsymbol{\alpha}_1^{\mathrm{T}}\boldsymbol{\alpha}_n\\ \boldsymbol{\alpha}_2^{\mathrm{T}}\boldsymbol{\alpha}_1 & \boldsymbol{\alpha}_2^{\mathrm{T}}\boldsymbol{\alpha}_2 & \cdots & \boldsymbol{\alpha}_2^{\mathrm{T}}\boldsymbol{\alpha}_n\\ \vdots & \vdots & & \vdots\\ \boldsymbol{\alpha}_n^{\mathrm{T}}\boldsymbol{\alpha}_1 & \boldsymbol{\alpha}_n^{\mathrm{T}}\boldsymbol{\alpha}_2 & \cdots & \boldsymbol{\alpha}_n^{\mathrm{T}}\boldsymbol{\alpha}_n\end{pmatrix}=\boldsymbol{E},$$

即

$$\boldsymbol{\alpha}_i^{\mathrm{T}}\boldsymbol{\alpha}_j=\begin{cases}1, & i=j,\\ 0, & i\neq j\end{cases}(i,j=1,2,\cdots,n),$$

故 $\boldsymbol{\alpha}_1,\boldsymbol{\alpha}_2,\cdots,\boldsymbol{\alpha}_n$ 是规范正交向量组。

同理可得，$\boldsymbol{A}$ 为正交矩阵的充分必要条件是 $\boldsymbol{A}$ 的行向量组是规范正交向量组。

例 4.6 判别下列矩阵是否为正交矩阵：

(1) $\boldsymbol{A}=\begin{pmatrix}1 & -\frac{1}{2} & \frac{1}{3}\\ -\frac{1}{2} & 1 & \frac{1}{2}\\ \frac{1}{3} & \frac{1}{2} & -1\end{pmatrix}$；　　(2) $\boldsymbol{B}=\frac{\sqrt{2}}{2}\begin{pmatrix}1 & 0 & 1 & 0\\ 1 & 0 & -1 & 0\\ 0 & 1 & 0 & 1\\ 0 & -1 & 0 & 1\end{pmatrix}$。

解 (1) 考察矩阵 $\boldsymbol{A}$ 的第 1 列和第 2 列，因

$$1\times\left(-\frac{1}{2}\right)+\left(-\frac{1}{2}\right)\times 1+\frac{1}{3}\times\frac{1}{2}\neq 0,$$

所以 $\boldsymbol{A}$ 不是正交矩阵。

(2) 容易验证 $\boldsymbol{B}$ 的每个列向量都是单位向量，且两两正交，所以 $\boldsymbol{B}$ 是正交矩阵。

习　题　4.1

1. 求向量 $\boldsymbol{\alpha}$ 与 $\boldsymbol{\beta}$ 的内积：

(1) $\boldsymbol{\alpha}=(1,-3,2)^{\mathrm{T}},\boldsymbol{\beta}=(2,1,-1)^{\mathrm{T}}$；

(2) $\boldsymbol{\alpha}=\left(\frac{2}{\sqrt{2}},-\frac{1}{2},2,\frac{\sqrt{2}}{4}\right)^{\mathrm{T}},\boldsymbol{\beta}=\left(-\frac{\sqrt{2}}{2},-2,\frac{1}{2},\sqrt{2}\right)^{\mathrm{T}}$。

2. 设 $\boldsymbol{\alpha}_1,\boldsymbol{\alpha}_2,\boldsymbol{\alpha}_3$ 是一个规范正交向量组,求 $\|2\boldsymbol{\alpha}_1-3\boldsymbol{\alpha}_2+4\boldsymbol{\alpha}_3\|$。

3. 将下列向量组正交化、单位化:

(1) $\boldsymbol{\alpha}_1=\begin{pmatrix}1\\1\\2\end{pmatrix},\boldsymbol{\alpha}_2=\begin{pmatrix}1\\2\\3\end{pmatrix},\boldsymbol{\alpha}_3=\begin{pmatrix}-1\\3\\5\end{pmatrix}$; (2) $\boldsymbol{\alpha}_1=\begin{pmatrix}1\\0\\-1\\1\end{pmatrix},\boldsymbol{\alpha}_2=\begin{pmatrix}1\\-1\\0\\1\end{pmatrix},\boldsymbol{\alpha}_3=\begin{pmatrix}-1\\1\\1\\0\end{pmatrix}$。

4. 已知 $\boldsymbol{\alpha}_1=\begin{pmatrix}1\\2\\3\end{pmatrix}$,求非零向量 $\boldsymbol{\alpha}_2,\boldsymbol{\alpha}_3$,使 $\boldsymbol{\alpha}_1,\boldsymbol{\alpha}_2,\boldsymbol{\alpha}_3$ 为三维空间的一组正交基。

5. 判断下列矩阵是否为正交矩阵,并说明理由:

(1) $\begin{pmatrix}\frac{\sqrt{3}}{2} & -\frac{1}{2}\\ \frac{1}{2} & \frac{\sqrt{3}}{2}\end{pmatrix}$;　　(2) $\begin{pmatrix}3 & -3 & 1\\ -3 & 1 & 3\\ 1 & 3 & -3\end{pmatrix}$;

(3) $\begin{pmatrix}\frac{1}{9} & -\frac{8}{9} & -\frac{4}{9}\\ -\frac{8}{9} & \frac{1}{9} & -\frac{4}{9}\\ -\frac{4}{9} & -\frac{4}{9} & \frac{7}{9}\end{pmatrix}$。

6. 若 $\boldsymbol{A}$ 为正交矩阵,证明:$\boldsymbol{A}^{-1}=\boldsymbol{A}^{\mathrm{T}}$ 也是正交矩阵,且 $|\boldsymbol{A}|=1$ 或 -1。

7. 设 $\boldsymbol{A},\boldsymbol{B}$ 都是正交矩阵,证明:$\boldsymbol{AB}$ 也是正交矩阵。

4.2　特征值与特征向量

学习目标:

1. 理解矩阵的特征值、特征向量的概念。
2. 熟悉矩阵的特征值、特征向量的求解方法。
3. 掌握特征值、特征向量的性质。

4.2.1　矩阵的特征值与特征向量的概念

定义 4.10　设 $\boldsymbol{A}$ 是 n 阶方阵,如果存在数 λ 和 n 维非零列向量 $\boldsymbol{x}$,使得

$$\boldsymbol{Ax}=\lambda\boldsymbol{x}$$

成立，则称数 λ 为矩阵 $\boldsymbol{A}$ 的**特征值**，非零列向量 $\boldsymbol{x}$ 称为 $\boldsymbol{A}$ 的对应于(或属于)特征值 λ 的**特征向量**。

例如，对方阵 $\boldsymbol{A}=\begin{pmatrix}1&1\\4&1\end{pmatrix}$ 与非零列向量 $\boldsymbol{x}=\begin{pmatrix}1\\2\end{pmatrix}$，因为

$$\boldsymbol{Ax}=\begin{pmatrix}3\\6\end{pmatrix}=3\boldsymbol{x},$$

由定义 4.10 知，实数 3 为方阵 $\boldsymbol{A}$ 的一个特征值，非零列向量 $\boldsymbol{x}$ 为 $\boldsymbol{A}$ 的对应于特征值 3 的特征向量，而 $k\boldsymbol{x}(k\neq 0)$ 为 $\boldsymbol{A}$ 的对应于特征值 3 的全部特征向量(见图 4-1)。

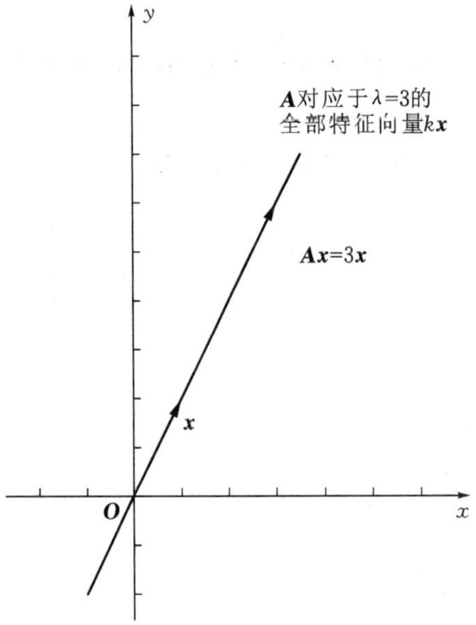

图 4-1

注 特征值问题只是对方阵而言的，并且特征向量必须是非零向量。

矩阵 $\boldsymbol{A}$ 的对应于某一个特征值的特征向量是不唯一的。事实上，若 $\boldsymbol{x}$ 为对应于特征值 λ 的特征向量，对于任意的非零数 k，显然

$$\boldsymbol{A}(k\boldsymbol{x})=k(\boldsymbol{Ax})=k(\lambda\boldsymbol{x})=\lambda(k\boldsymbol{x}),$$

则非零向量 $k\boldsymbol{x}$ 也是矩阵 $\boldsymbol{A}$ 对应于特征值 λ 的特征向量。

若 $\boldsymbol{x}_1$ 和 $\boldsymbol{x}_2$ 是 $\boldsymbol{A}$ 的对应于同一特征值 λ 的特征向量，那么由

$$\boldsymbol{A}(\boldsymbol{x}_1+\boldsymbol{x}_2)=\boldsymbol{Ax}_1+\boldsymbol{Ax}_2=\lambda\boldsymbol{x}_1+\lambda\boldsymbol{x}_2=\lambda(\boldsymbol{x}_1+\boldsymbol{x}_2)$$

可知，当 $\boldsymbol{x}_1+\boldsymbol{x}_2\neq\boldsymbol{0}$ 时，$\boldsymbol{x}_1+\boldsymbol{x}_2$ 也是对应于特征值 λ 的特征向量。

综上所述，可知对应于同一特征值的特征向量的任意非零线性组合也是对应于此特征值的特征向量。

下面探讨矩阵 $\boldsymbol{A}$ 的特征值与特征向量的求法。

将 $\boldsymbol{Ax}=\lambda\boldsymbol{x}$ 写成

$$(\boldsymbol{A}-\lambda \boldsymbol{E})\boldsymbol{x}=\boldsymbol{0},$$

这是含 n 个未知量 n 个方程的齐次线性方程组，它有非零解的充分必要条件是系数行列式

$$|\boldsymbol{A}-\lambda \boldsymbol{E}|=0,$$

即

$$\begin{vmatrix} a_{11}-\lambda & a_{12} & \cdots & a_{1n} \\ a_{21} & a_{22}-\lambda & \cdots & a_{2n} \\ \vdots & \vdots & & \vdots \\ a_{n1} & a_{n2} & \cdots & a_{nn}-\lambda \end{vmatrix}=0。$$

上式是以 λ 为未知量的一元 n 次方程，称为矩阵 $\boldsymbol{A}$ 的**特征方程**。其左端 $|\boldsymbol{A}-\lambda \boldsymbol{E}|$ 是关于 λ 的 n 次多项式，记作 $f(\lambda)$，称为矩阵 $\boldsymbol{A}$ 的**特征多项式**。显然，$\boldsymbol{A}$ 的特征值就是特征方程的根。根据代数基本定理，这个方程在复数域上有且仅有 n 个根，因此 n 阶方阵 $\boldsymbol{A}$ 在复数范围内有 n 个特征值(重根按重数计算)。

对所求得的每个特征值 $\lambda=\lambda_i$，由齐次线性方程组

$$(\boldsymbol{A}-\lambda_i \boldsymbol{E})\boldsymbol{x}=\boldsymbol{0}$$

可求得其全部非零解，这些非零解就是 $\boldsymbol{A}$ 的对应于特征值 λ_i 的全部特征向量。

例 4.7　求矩阵 $\boldsymbol{A}=\begin{pmatrix} 1 & 0 & 0 \\ -2 & 5 & -2 \\ -2 & 4 & -1 \end{pmatrix}$ 的特征值与特征向量。

解　$\boldsymbol{A}$ 的特征多项式为

$$|\boldsymbol{A}-\lambda \boldsymbol{E}|=\begin{vmatrix} 1-\lambda & 0 & 0 \\ -2 & 5-\lambda & -2 \\ -2 & 4 & -1-\lambda \end{vmatrix}=(3-\lambda)(1-\lambda)^2,$$

所以，$\boldsymbol{A}$ 的特征值为 $\lambda_1=3,\lambda_2=\lambda_3=1$。

当 $\lambda_1=3$ 时，解方程组 $(\boldsymbol{A}-3\boldsymbol{E})\boldsymbol{x}=\boldsymbol{0}$，由

$$\boldsymbol{A}-3\boldsymbol{E}=\begin{pmatrix} -2 & 0 & 0 \\ -2 & 2 & -2 \\ -2 & 4 & -4 \end{pmatrix}\xrightarrow{r}\begin{pmatrix} 1 & 0 & 0 \\ 0 & 1 & -1 \\ 0 & 0 & 0 \end{pmatrix}$$

得基础解系 $\boldsymbol{p}_1=\begin{pmatrix} 0 \\ 1 \\ 1 \end{pmatrix}$，所以 $\boldsymbol{A}$ 的对应于特征值 $\lambda_1=3$ 的全部特征向量为 $k_1\boldsymbol{p}_1$，其中 k_1 为任意非零数。

当 $\lambda_2=\lambda_3=1$ 时，解方程组 $(\boldsymbol{A}-\boldsymbol{E})\boldsymbol{x}=\boldsymbol{0}$，由

$$\boldsymbol{A}-\boldsymbol{E}=\begin{pmatrix} 0 & 0 & 0 \\ -2 & 4 & -2 \\ -2 & 4 & -2 \end{pmatrix}\xrightarrow{r}\begin{pmatrix} 1 & -2 & 1 \\ 0 & 0 & 0 \\ 0 & 0 & 0 \end{pmatrix}$$

得基础解系 $\boldsymbol{p}_2=\begin{pmatrix}2\\1\\0\end{pmatrix}$，$\boldsymbol{p}_3=\begin{pmatrix}-1\\0\\1\end{pmatrix}$，所以 $\boldsymbol{A}$ 的对应于特征值 $\lambda_2=\lambda_3=1$ 的全部特征向量为 $k_2\boldsymbol{p}_2+k_3\boldsymbol{p}_3$，其中 k_2,k_3 不同时为零。

例 4.8 求矩阵 $\boldsymbol{A}=\begin{pmatrix}-1&1&0\\-4&3&0\\1&0&2\end{pmatrix}$ 的特征值与特征向量。

解 $\boldsymbol{A}$ 的特征多项式为

$$|\boldsymbol{A}-\lambda\boldsymbol{E}|=\begin{vmatrix}-1-\lambda&1&0\\-4&3-\lambda&0\\1&0&2-\lambda\end{vmatrix}=(2-\lambda)(1-\lambda)^2,$$

所以，$\boldsymbol{A}$ 的特征值为 $\lambda_1=2,\lambda_2=\lambda_3=1$。

当 $\lambda_1=2$ 时，解方程组 $(\boldsymbol{A}-2\boldsymbol{E})\boldsymbol{x}=\boldsymbol{0}$，由

$$\boldsymbol{A}-2\boldsymbol{E}=\begin{pmatrix}-3&1&0\\-4&1&0\\1&0&0\end{pmatrix}\xrightarrow{r}\begin{pmatrix}1&0&0\\0&1&0\\0&0&0\end{pmatrix}$$

得基础解系 $\boldsymbol{p}_1=\begin{pmatrix}0\\0\\1\end{pmatrix}$，所以 $\boldsymbol{A}$ 的对应于特征值 $\lambda_1=2$ 的全部特征向量为 $k_1\boldsymbol{p}_1$，其中 k_1 为任意非零数。

当 $\lambda_2=\lambda_3=1$ 时，解方程组 $(\boldsymbol{A}-\boldsymbol{E})\boldsymbol{x}=\boldsymbol{0}$，由

$$\boldsymbol{A}-\boldsymbol{E}=\begin{pmatrix}-2&1&0\\-4&2&0\\1&0&1\end{pmatrix}\xrightarrow{r}\begin{pmatrix}1&0&1\\0&1&2\\0&0&0\end{pmatrix}$$

得基础解系 $\boldsymbol{p}_2=\begin{pmatrix}-1\\-2\\1\end{pmatrix}$，所以 $\boldsymbol{A}$ 的对应于特征值 $\lambda_2=\lambda_3=1$ 的全部特征向量为 $k_2\boldsymbol{p}_2$，其中 k_2 是任意非零数。

例 4.9 求矩阵 $\boldsymbol{A}=\begin{pmatrix}-1&2&4\\0&3&8\\0&0&-1\end{pmatrix}$ 的特征值与特征向量。

解 $\boldsymbol{A}$ 的特征多项式为

$$|\boldsymbol{A}-\lambda\boldsymbol{E}|=\begin{vmatrix}-1-\lambda&2&4\\0&3-\lambda&8\\0&0&-1-\lambda\end{vmatrix}=(3-\lambda)(-1-\lambda)^2,$$

得特征值为 $\lambda_1 = 3, \lambda_2 = \lambda_3 = -1$。

当 $\lambda_1 = 3$ 时，解方程组 $(\boldsymbol{A} - 3\boldsymbol{E})\boldsymbol{x} = \boldsymbol{0}$，得基础解系 $\boldsymbol{p}_1 = \begin{pmatrix} 1 \\ 2 \\ 0 \end{pmatrix}$，所以 $\boldsymbol{A}$ 的对应于 $\lambda_1 = 3$ 的全部特征向量为 $k_1\boldsymbol{p}_1$，其中 k_1 为任意非零数。

当 $\lambda_2 = \lambda_3 = -1$ 时，解方程组 $(\boldsymbol{A} + \boldsymbol{E})\boldsymbol{x} = \boldsymbol{0}$，得基础解系 $\boldsymbol{p}_2 = \begin{pmatrix} 1 \\ 0 \\ 0 \end{pmatrix}$，$\boldsymbol{p}_3 = \begin{pmatrix} 0 \\ -2 \\ 1 \end{pmatrix}$，所以 $\boldsymbol{A}$ 的对应于 $\lambda_2 = \lambda_3 = -1$ 的全部特征向量为 $k_2\boldsymbol{p}_2 + k_3\boldsymbol{p}_3$，其中 k_2, k_3 不同时为零。

注　在例 4.9 中，矩阵 $\boldsymbol{A}$ 的特征值恰好等于 $\boldsymbol{A}$ 的对角线上的元素。事实上，上三角形矩阵、下三角形矩阵以及对角矩阵的特征值就是相应矩阵主对角线上的元素。特别地，n 阶单位矩阵 $\boldsymbol{E}$ 的 n 个特征值全为 1，n 阶零矩阵的特征值全为 0。

4.2.2　特征值的性质

性质 1　$\boldsymbol{A}^{\mathrm{T}}$ 与 $\boldsymbol{A}$ 具有相同的特征值。

证　根据行列式的性质，有

$$|\boldsymbol{A}^{\mathrm{T}} - \lambda\boldsymbol{E}| = |(\boldsymbol{A} - \lambda\boldsymbol{E})^{\mathrm{T}}| = |\boldsymbol{A} - \lambda\boldsymbol{E}|,$$

即 $\boldsymbol{A}^{\mathrm{T}}$ 与 $\boldsymbol{A}$ 具有相同的特征多项式，因此 $\boldsymbol{A}^{\mathrm{T}}$ 与 $\boldsymbol{A}$ 具有相同的特征值。

性质 2　设 n 阶方阵 $\boldsymbol{A} = (a_{ij})$ 的 n 个特征值为 $\lambda_1, \lambda_2, \cdots, \lambda_n$，则有

(1) $\lambda_1 + \lambda_2 + \cdots + \lambda_n = a_{11} + a_{22} + \cdots + a_{nn}$；

(2) $\lambda_1\lambda_2\cdots\lambda_n = |\boldsymbol{A}|$，

其中，$a_{11} + a_{22} + \cdots + a_{nn}$ 称为方阵 $\boldsymbol{A}$ 的**迹**，记为 $\mathrm{tr}(\boldsymbol{A})$。

证　$\boldsymbol{A}$ 的特征多项式为 $|\boldsymbol{A} - \lambda\boldsymbol{E}|$，而 $|\boldsymbol{A} - \lambda\boldsymbol{E}| = (-1)^n|\lambda\boldsymbol{E} - \boldsymbol{A}|$，可考虑特征方程 $|\lambda\boldsymbol{E} - \boldsymbol{A}| = 0$，而

$$|\lambda\boldsymbol{E} - \boldsymbol{A}| = \begin{vmatrix} \lambda - a_{11} & -a_{12} & \cdots & -a_{1n} \\ -a_{21} & \lambda - a_{22} & \cdots & -a_{2n} \\ \vdots & \vdots & & \vdots \\ -a_{n1} & -a_{n2} & \cdots & \lambda - a_{nn} \end{vmatrix}$$

$$= \lambda^n - (a_{11} + a_{22} + \cdots + a_{nn})\lambda^{n-1} + \cdots + (-1)^n|\boldsymbol{A}|。$$

又因为 $\lambda_1, \lambda_2, \cdots, \lambda_n$ 为 $\boldsymbol{A}$ 的 n 个特征值，所以

$$|\lambda\boldsymbol{E} - \boldsymbol{A}| = (\lambda - \lambda_1)(\lambda - \lambda_2)\cdots(\lambda - \lambda_n)。$$

比较 λ^{n-1} 的系数可得 $\lambda_1 + \lambda_2 + \cdots + \lambda_n = a_{11} + a_{22} + \cdots + a_{nn}$，比较 λ^0 的系数可得 $\lambda_1\lambda_2\cdots\lambda_n = |\boldsymbol{A}|$。

由性质 2 可以得出如下推论：

推论　n 阶方阵 $\boldsymbol{A}$ 可逆的充分必要条件是它的 n 个特征值全不为零。

性质 3 设 λ 为 n 阶方阵 $\boldsymbol{A}$ 的特征值，则

(1) λ^2 为 $\boldsymbol{A}^2$ 的特征值；

(2) 当 $\boldsymbol{A}$ 可逆时，$\dfrac{1}{\lambda}$ 为 $\boldsymbol{A}^{-1}$ 的特征值。

证 因 λ 是 $\boldsymbol{A}$ 的特征值，故有 n 维向量 $\boldsymbol{p} \neq \boldsymbol{0}$，使 $\boldsymbol{Ap} = \lambda\boldsymbol{p}$。于是

(1) 因为 $\boldsymbol{A}^2\boldsymbol{p} = \boldsymbol{A}(\boldsymbol{Ap}) = \boldsymbol{A}(\lambda\boldsymbol{p}) = \lambda(\boldsymbol{Ap}) = \lambda^2\boldsymbol{p}$，所以 λ^2 是 $\boldsymbol{A}^2$ 的特征值。

(2) 当 $\boldsymbol{A}$ 可逆时，由 $\boldsymbol{Ap} = \lambda\boldsymbol{p}$，有 $\boldsymbol{p} = \lambda\boldsymbol{A}^{-1}\boldsymbol{p}$，由性质 2 的推论知 $\lambda \neq 0$，故

$$\boldsymbol{A}^{-1}\boldsymbol{p} = \frac{1}{\lambda}\boldsymbol{p},$$

所以$\dfrac{1}{\lambda}$ 为 $\boldsymbol{A}^{-1}$ 的特征值。

例 4.10 设 λ_0 为 n 阶方阵 $\boldsymbol{A}$ 的特征值，证明：当 $\boldsymbol{A}$ 可逆时，$3\lambda_0^2 + 1 - \dfrac{5}{\lambda_0}$ 为 $3\boldsymbol{A}^2 + \boldsymbol{E} - 5\boldsymbol{A}^{-1}$ 的特征值。

证 因为 λ_0 为 $\boldsymbol{A}$ 的特征值，故存在 n 维向量 $\boldsymbol{p} \neq \boldsymbol{0}$，使得 $\boldsymbol{Ap} = \lambda_0\boldsymbol{p}$。由性质 3 有

$$\begin{aligned}(3\boldsymbol{A}^2 + \boldsymbol{E} - 5\boldsymbol{A}^{-1})\boldsymbol{p} &= 3\boldsymbol{A}^2\boldsymbol{p} + \boldsymbol{Ep} - 5\boldsymbol{A}^{-1}\boldsymbol{p} \\ &= 3\lambda_0^2\boldsymbol{p} + \boldsymbol{p} - \frac{5}{\lambda_0}\boldsymbol{p} = \left(3\lambda_0^2 + 1 - \frac{5}{\lambda_0}\right)\boldsymbol{p},\end{aligned}$$

所以 $3\lambda_0^2 + 1 - \dfrac{5}{\lambda_0}$ 为 $3\boldsymbol{A}^2 + \boldsymbol{E} - 5\boldsymbol{A}^{-1}$ 的特征值。

注 进一步容易证明：若 λ_0 是 $\boldsymbol{A}$ 的特征值，则 λ_0^m 是 $\boldsymbol{A}^m$ 的特征值（m 为正整数），$\varphi(\lambda) = a_0 + a_1\lambda + a_2\lambda^2 + \cdots + a_m\lambda^m$ 是 $\varphi(\boldsymbol{A}) = a_0\boldsymbol{E} + a_1\boldsymbol{A} + a_2\boldsymbol{A}^2 + \cdots + a_m\boldsymbol{A}^m$ 的特征值。这是特征值的一个重要性质。

例 4.11 设三阶方阵 $\boldsymbol{A}$ 的特征值为 $-1,1,2$，求

(1) $|2\boldsymbol{A}^2 + 3\boldsymbol{A} - \boldsymbol{E}|$； (2) $|\boldsymbol{A}^* + 3\boldsymbol{A} - 2\boldsymbol{E}|$。

解 (1) 设 $\varphi(\lambda) = 2\lambda^2 + 3\lambda - 1$，则矩阵 $\varphi(\boldsymbol{A}) = 2\boldsymbol{A}^2 + 3\boldsymbol{A} - \boldsymbol{E}$ 的特征值为 $\varphi(-1) = -2, \varphi(1) = 4, \varphi(2) = 13$，由性质 2 有

$$|2\boldsymbol{A}^2 + 3\boldsymbol{A} - \boldsymbol{E}| = (-2) \times 4 \times 13 = -104。$$

(2) 由 $|\boldsymbol{A}| = \lambda_1\lambda_2\lambda_3 = -2$，知 $\boldsymbol{A}$ 可逆，故 $\boldsymbol{A}^* = |\boldsymbol{A}|\boldsymbol{A}^{-1} = -2\boldsymbol{A}^{-1}$，所以

$$\boldsymbol{A}^* + 3\boldsymbol{A} - 2\boldsymbol{E} = -2\boldsymbol{A}^{-1} + 3\boldsymbol{A} - 2\boldsymbol{E}。$$

将上式右端记作 $\varphi(\boldsymbol{A})$，有 $\varphi(\lambda) = -\dfrac{2}{\lambda} + 3\lambda - 2$，故 $\varphi(\boldsymbol{A})$ 的特征值为

$$\varphi(-1) = -3, \varphi(1) = -1, \varphi(2) = 3,$$

于是

$$|\boldsymbol{A}^* + 3\boldsymbol{A} - 2\boldsymbol{E}| = (-3) \times (-1) \times 3 = 9。$$

4.2.3 特征向量的性质

定理 4.3 设 $\boldsymbol{A}$ 为 n 阶方阵，$\lambda_1, \lambda_2, \cdots, \lambda_m$ 是 $\boldsymbol{A}$ 的 m 个特征值，$\boldsymbol{p}_1, \boldsymbol{p}_2, \cdots, \boldsymbol{p}_m$ 是依次与

之对应的特征向量。如果 $\lambda_1,\lambda_2,\cdots,\lambda_m$ 互不相等,则 $\boldsymbol{p}_1,\boldsymbol{p}_2,\cdots,\boldsymbol{p}_m$ 线性无关。

证　设有常数 $k_1,k_2,\cdots,k_m$,使

$$k_1\boldsymbol{p}_1+k_2\boldsymbol{p}_2+\cdots+k_m\boldsymbol{p}_m=\boldsymbol{0},$$

则

$$\boldsymbol{A}(k_1\boldsymbol{p}_1+k_2\boldsymbol{p}_2+\cdots+k_m\boldsymbol{p}_m)=\boldsymbol{0},$$

即

$$\lambda_1k_1\boldsymbol{p}_1+\lambda_2k_2\boldsymbol{p}_2+\cdots+\lambda_mk_m\boldsymbol{p}_m=\boldsymbol{0}。$$

进行类推,有

$$\lambda_1^kk_1\boldsymbol{p}_1+\lambda_2^kk_2\boldsymbol{p}_2+\cdots+\lambda_m^kk_m\boldsymbol{p}_m=\boldsymbol{0}(k=1,2,\cdots,m-1)。$$

把上列各式合写成矩阵形式,得

$$(k_1\boldsymbol{p}_1,k_2\boldsymbol{p}_2,\cdots,k_m\boldsymbol{p}_m)\begin{pmatrix}1&\lambda_1&\cdots&\lambda_1^{m-1}\\1&\lambda_2&\cdots&\lambda_2^{m-1}\\\vdots&\vdots&&\vdots\\1&\lambda_m&\cdots&\lambda_m^{m-1}\end{pmatrix}=(\boldsymbol{0},\boldsymbol{0},\cdots,\boldsymbol{0})。$$

上式等号左边第 2 个矩阵的行列式为范德蒙行列式,当 λ_i 各不相同时,该行列式不为 0,从而该矩阵可逆,于是有

$$(k_1\boldsymbol{p}_1,k_2\boldsymbol{p}_2,\cdots,k_m\boldsymbol{p}_m)=(\boldsymbol{0},\boldsymbol{0},\cdots,\boldsymbol{0})。$$

即有 $k_j\boldsymbol{p}_j=\boldsymbol{0}(j=1,2,\cdots,m)$,由 $\boldsymbol{p}_j\neq\boldsymbol{0}$ 可知 $k_j=0(j=1,2,\cdots,m)$,所以 $\boldsymbol{p}_1,\boldsymbol{p}_2,\cdots,\boldsymbol{p}_m$ 线性无关。

利用类似的方法,可以证明下面的推广情形:

定理 4.4　设 $\lambda_1,\lambda_2,\cdots,\lambda_m$ 为 n 阶方阵 $\boldsymbol{A}$ 的互不相同的特征值,$\boldsymbol{p}_{i1},\boldsymbol{p}_{i2},\cdots,\boldsymbol{p}_{is_i}$ 是对应于 λ_i 的线性无关的特征向量$(i=1,2,\cdots,m)$,则向量组

$$\boldsymbol{p}_{11},\boldsymbol{p}_{12},\cdots,\boldsymbol{p}_{1s_1},\boldsymbol{p}_{21},\boldsymbol{p}_{22},\cdots,\boldsymbol{p}_{2s_2},\cdots,\boldsymbol{p}_{m1},\boldsymbol{p}_{m2},\cdots,\boldsymbol{p}_{ms_m}$$

线性无关。

例 4.12　设 λ_1 和 λ_2 是矩阵 $\boldsymbol{A}$ 的两个不同的特征值,对应的特征向量分别为 $\boldsymbol{p}_1$ 和 $\boldsymbol{p}_2$,证明:$\boldsymbol{p}_1+\boldsymbol{p}_2$ 不是 $\boldsymbol{A}$ 的特征向量。

证　用反证法。假设 $\boldsymbol{p}_1+\boldsymbol{p}_2$ 是 $\boldsymbol{A}$ 的对应于某特征值 λ_0 的特征向量,即

$$\boldsymbol{A}(\boldsymbol{p}_1+\boldsymbol{p}_2)=\lambda_0(\boldsymbol{p}_1+\boldsymbol{p}_2)=\lambda_0\boldsymbol{p}_1+\lambda_0\boldsymbol{p}_2。$$

依题设有 $\boldsymbol{A}\boldsymbol{p}_1=\lambda_1\boldsymbol{p}_1,\boldsymbol{A}\boldsymbol{p}_2=\lambda_2\boldsymbol{p}_2$,故

$$\boldsymbol{A}(\boldsymbol{p}_1+\boldsymbol{p}_2)=\boldsymbol{A}\boldsymbol{p}_1+\boldsymbol{A}\boldsymbol{p}_2=\lambda_1\boldsymbol{p}_1+\lambda_2\boldsymbol{p}_2,$$

于是

$$\lambda_1\boldsymbol{p}_1+\lambda_2\boldsymbol{p}_2=\lambda_0\boldsymbol{p}_1+\lambda_0\boldsymbol{p}_2,$$

即

$$(\lambda_1-\lambda_0)\boldsymbol{p}_1+(\lambda_2-\lambda_0)\boldsymbol{p}_2=\boldsymbol{0}。$$

按定理 4.3 知,$\boldsymbol{p}_1,\boldsymbol{p}_2$ 线性无关,故由上式得

$$\lambda_1-\lambda_0=0,\lambda_2-\lambda_0=0,$$

即 $\lambda_1=\lambda_2$，与题设 $\lambda_1\neq\lambda_2$ 矛盾。

因此 $\boldsymbol{p}_1+\boldsymbol{p}_2$ 不是 $\boldsymbol{A}$ 的特征向量。

定理 4.5 若 λ 是方阵 $\boldsymbol{A}$ 的 k 重特征值，则 $\boldsymbol{A}$ 的对应于特征值 λ 的线性无关的特征向量的个数不超过 k 个。

尽管 n 阶方阵 $\boldsymbol{A}$ 的特征向量有无穷多个，但 n 阶方阵 $\boldsymbol{A}$ 的线性无关的特征向量的个数不超过 n 个。事实上，设 $\lambda_1,\lambda_2,\cdots,\lambda_m$ 为 n 阶方阵 $\boldsymbol{A}$ 的互不相同的特征值，其重数分别为 n_1，$n_2,\cdots,n_m$ 且满足 $n_1+n_2+\cdots+n_m=n$。假定 $\boldsymbol{p}_{i1},\boldsymbol{p}_{i2},\cdots,\boldsymbol{p}_{is_i}$ $(i=1,2,\cdots,m)$ 为齐次线性方程组 $(\boldsymbol{A}-\lambda_i\boldsymbol{E})\boldsymbol{x}=\boldsymbol{0}$ 的基础解系，则由定理 4.5，有 $s_i\leqslant n_i$。又由定理 4.4 可知，$\boldsymbol{p}_{11}$，$\boldsymbol{p}_{12},\cdots,\boldsymbol{p}_{1s_1},\boldsymbol{p}_{21},\boldsymbol{p}_{22},\cdots,\boldsymbol{p}_{2s_2},\cdots,\boldsymbol{p}_{m1},\boldsymbol{p}_{m2},\cdots,\boldsymbol{p}_{ms_m}$ 线性无关，故 n 阶方阵 $\boldsymbol{A}$ 的线性无关的特征向量的个数最多为

$$s_1+s_2+\cdots+s_m\leqslant n_1+n_2+\cdots+n_m=n。$$

习　题　4.2

1. 设 $\boldsymbol{A}=\begin{pmatrix}3&1\\5&-1\end{pmatrix}$，$\boldsymbol{\alpha}=\begin{pmatrix}1\\-5\end{pmatrix}$，$\boldsymbol{\beta}=\begin{pmatrix}1\\2\end{pmatrix}$，判断 $\boldsymbol{\alpha}$ 和 $\boldsymbol{\beta}$ 是否为 $\boldsymbol{A}$ 的特征向量。

2. 求下列矩阵的特征值与特征向量。

(1) $\boldsymbol{A}=\begin{pmatrix}3&4\\5&2\end{pmatrix}$；　　(2) $\boldsymbol{A}=\begin{pmatrix}2&3&1\\0&3&0\\1&2&2\end{pmatrix}$；

(3) $\boldsymbol{A}=\begin{pmatrix}0&1&1\\1&0&1\\1&1&0\end{pmatrix}$。

3. 已知三阶方阵 $\boldsymbol{A}$ 的特征值为 $-3,1,2$，求：

(1) $4\boldsymbol{A}$ 的特征值；　　(2) $\boldsymbol{A}^{-1}$ 的特征值。

4. 设方阵 $\boldsymbol{A}$ 满足 $\boldsymbol{A}^2-4\boldsymbol{A}+3\boldsymbol{E}=\boldsymbol{O}$，证明：$\boldsymbol{A}$ 的特征值只能是 1 或 3。

5. 已知 0 是矩阵 $\boldsymbol{A}=\begin{pmatrix}1&0&1\\0&2&0\\1&0&a\end{pmatrix}$ 的特征值，求常数 a 及 $\boldsymbol{A}$ 的特征值和特征向量。

6. 已知三阶方阵 $\boldsymbol{A}$ 的特征值为 $2,-1,0$，求矩阵 $2\boldsymbol{A}^3-5\boldsymbol{A}^2+3\boldsymbol{E}$ 的特征值与 $|2\boldsymbol{A}^3-5\boldsymbol{A}^2+3\boldsymbol{E}|$。

7. $\boldsymbol{A}$ 为 n 阶方阵，λ 是 $\boldsymbol{A}$ 的一个特征值，则 $\boldsymbol{A}^*$ 必有一个特征值是________。

8. 已知三阶方阵 $\boldsymbol{A}$ 的特征值为 $-3,1,2$，则 $|\boldsymbol{A}^*-3\boldsymbol{A}+2\boldsymbol{E}|=$________。

4.3　相似矩阵

学习目标：

1. 了解相似矩阵的概念。
2. 掌握相似矩阵的性质。
3. 掌握矩阵对角化的条件，会用可逆变换将矩阵对角化。

4.3.1　相似矩阵的概念与性质

定义 4.11　设 $\boldsymbol{A},\boldsymbol{B}$ 都是 n 阶方阵，如果存在可逆矩阵 $\boldsymbol{P}$，使

$$\boldsymbol{P}^{-1}\boldsymbol{A}\boldsymbol{P}=\boldsymbol{B}$$

成立，则称 $\boldsymbol{A}$ 与 $\boldsymbol{B}$ **相似**，记为 $\boldsymbol{A}\sim\boldsymbol{B}$，可逆矩阵 $\boldsymbol{P}$ 称为**相似变换矩阵**。

例 4.13　设有两个矩阵 $\boldsymbol{A}=\begin{pmatrix}3&-1\\-1&3\end{pmatrix}$，$\boldsymbol{B}=\begin{pmatrix}4&0\\0&2\end{pmatrix}$，验证存在可逆矩阵 $\boldsymbol{P}=\begin{pmatrix}-1&1\\1&1\end{pmatrix}$，使得 $\boldsymbol{A}\sim\boldsymbol{B}$。

证　易知 $\boldsymbol{P}$ 可逆，且 $\boldsymbol{P}^{-1}=\begin{pmatrix}-\frac{1}{2}&\frac{1}{2}\\ \frac{1}{2}&\frac{1}{2}\end{pmatrix}$，由

$$\boldsymbol{P}^{-1}\boldsymbol{A}\boldsymbol{P}=\begin{pmatrix}-1&1\\1&1\end{pmatrix}^{-1}\begin{pmatrix}3&-1\\-1&3\end{pmatrix}\begin{pmatrix}-1&1\\1&1\end{pmatrix}=\begin{pmatrix}4&0\\0&2\end{pmatrix}=\boldsymbol{B}$$

得 $\boldsymbol{A}\sim\boldsymbol{B}$。

再设 $\boldsymbol{Q}=\begin{pmatrix}1&-1\\-1&2\end{pmatrix}$，由

$$\boldsymbol{Q}^{-1}\boldsymbol{A}\boldsymbol{Q}=\begin{pmatrix}1&-1\\-1&2\end{pmatrix}^{-1}\begin{pmatrix}3&-1\\-1&3\end{pmatrix}\begin{pmatrix}1&-1\\-1&2\end{pmatrix}=\begin{pmatrix}4&-3\\0&2\end{pmatrix}=\boldsymbol{C}$$

得 $\boldsymbol{A}\sim\boldsymbol{C}$。

由此可知，与 $\boldsymbol{A}$ 相似的矩阵并不唯一，也不一定是对角矩阵。特别地，若矩阵 $\boldsymbol{A}$ 与一个对角矩阵 $\boldsymbol{\Lambda}$ 相似，则有 $\boldsymbol{P}^{-1}\boldsymbol{A}\boldsymbol{P}=\boldsymbol{\Lambda}$。矩阵间的相似关系实质上考虑的是矩阵的一种分解，这种分解使得对于较大的 k 值能快速地计算 $\boldsymbol{A}^k$，这也是线性代数很多应用中的一个基本思想。

例如，若 $\boldsymbol{A}\sim\boldsymbol{\Lambda}$，则 $\boldsymbol{P}^{-1}\boldsymbol{A}\boldsymbol{P}=\boldsymbol{\Lambda}$，即 $\boldsymbol{A}=\boldsymbol{P}\boldsymbol{\Lambda}\boldsymbol{P}^{-1}$，而

$$A^k = \underbrace{P\Lambda P^{-1}P\Lambda P^{-1}\cdots P\Lambda P^{-1}}_{k个} = P\Lambda^k P^{-1}$$

$$= P\begin{pmatrix} \lambda_1^k & & & \\ & \lambda_2^k & & \\ & & \ddots & \\ & & & \lambda_n^k \end{pmatrix}P^{-1}。$$

矩阵的相似关系是一种等价关系，满足：

(1) 自反性：A 与本身相似；

(2) 对称性：若 A 与 B 相似，则 B 与 A 相似；

(3) 传递性：若 A 与 B 相似，B 与 C 相似，则 A 与 C 相似。

证 (1) 因为 $E^{-1}AE = A$。

(2) 因为 $P^{-1}AP = B$，则 $(P^{-1})^{-1}BP^{-1} = A$。

(3) 因为 $P^{-1}AP = B$，$Q^{-1}BQ = C$，则 $Q^{-1}(P^{-1}AP)Q = C$，即 $(PQ)^{-1}A(PQ) = C$。

相似矩阵具有如下性质：

定理 4.6 若 A 与 B 相似，则 $|A| = |B|$。

证 由于 A 与 B 相似，则存在可逆矩阵 P，使得 $P^{-1}AP = B$。故

$$|B| = |P^{-1}AP| = |P^{-1}||A||P| = |A|。$$

定理 4.7 若 A 与 B 相似，则 A 与 B 的特征多项式相同，从而 A 与 B 的特征值也相同。

证 由于 A 与 B 相似，则存在可逆矩阵 P，使得 $P^{-1}AP = B$。故

$$\begin{aligned}|B-\lambda E| &= |P^{-1}AP-\lambda E| = |P^{-1}AP - P^{-1}(\lambda E)P| \\ &= |P^{-1}(A-\lambda E)P| = |P^{-1}||A-\lambda E||P| \\ &= |A-\lambda E|,\end{aligned}$$

即 A 与 B 具有相同的特征多项式，从而也具有相同的特征值。

注 定理 4.7 的逆命题并不成立，即特征多项式相同的矩阵不一定相似。例如

$$A = \begin{pmatrix} 1 & 1 \\ 0 & 1 \end{pmatrix}, \quad E = \begin{pmatrix} 1 & 0 \\ 0 & 1 \end{pmatrix},$$

A 与 E 的特征多项式相同，但 A 与 E 不相似，因为 E 只能与自身相似。

推论 若 n 阶方阵与对角矩阵

$$\Lambda = \begin{pmatrix} \lambda_1 & & & \\ & \lambda_2 & & \\ & & \ddots & \\ & & & \lambda_n \end{pmatrix}$$

相似，则 $\lambda_1, \lambda_2, \cdots, \lambda_n$ 即是 A 的 n 个特征值。

对于相似矩阵，还具有下述性质(证明留给读者)：

(1) 若 $A \sim B$，则 $r(A) = r(B)$；

(2) 若 $A \sim B$，则 $\mathrm{tr}(A) = \mathrm{tr}(B)$；

(3) 若 $A \sim B$，则 $A^m \sim B^m$，其中 m 为正整数；

(4) 若 $\boldsymbol{A} \sim \boldsymbol{B}$，则 $\boldsymbol{A}^{\mathrm{T}} \sim \boldsymbol{B}^{\mathrm{T}}$；

(5) 若 $\boldsymbol{A} \sim \boldsymbol{B}$，则 $\boldsymbol{A}$ 与 $\boldsymbol{B}$ 有相同的可逆性，且当 $\boldsymbol{A}$ 与 $\boldsymbol{B}$ 都可逆时，$\boldsymbol{A}^{-1} \sim \boldsymbol{B}^{-1}$。

例 4.14　已知矩阵 $\boldsymbol{A} = \begin{pmatrix} 1 & 1 & 1 \\ 1 & x & 1 \\ 1 & 1 & 1 \end{pmatrix}$ 与 $\boldsymbol{B} = \begin{pmatrix} y & & \\ & 1 & \\ & & 4 \end{pmatrix}$ 相似，试求 x 和 y 的值。

解　由于矩阵 $\boldsymbol{A}$ 与 $\boldsymbol{B}$ 相似，可得 $\mathrm{tr}(\boldsymbol{A}) = \mathrm{tr}(\boldsymbol{B})$，$|\boldsymbol{A}| = |\boldsymbol{B}|$，故有

$$\begin{cases} 1 + x + 1 = y + 1 + 4, \\ 0 = 4y, \end{cases}$$

解得 $x = 3, y = 0$。

4.3.2　矩阵的对角化

下面讨论的主要问题是：对 n 阶方阵 $\boldsymbol{A}$，在什么条件下能与一个对角矩阵相似？其相似变换矩阵具有什么样的结构？这就是矩阵的对角化问题。

定义 4.12　若 n 阶方阵 $\boldsymbol{A}$ 与对角矩阵 $\boldsymbol{\Lambda} = \mathrm{diag}(\lambda_1, \lambda_2, \cdots, \lambda_n)$ 相似，则称 $\boldsymbol{A}$ **可对角化**。

定理 4.8　n 阶方阵 $\boldsymbol{A}$ 可对角化的充分必要条件是 $\boldsymbol{A}$ 有 n 个线性无关的特征向量。

证　必要性　由于 n 阶方阵 $\boldsymbol{A}$ 可对角化，则存在可逆矩阵 $\boldsymbol{P}$ 及对角矩阵

$$\boldsymbol{\Lambda} = \begin{pmatrix} \lambda_1 & & & \\ & \lambda_2 & & \\ & & \ddots & \\ & & & \lambda_n \end{pmatrix},$$

使得 $\boldsymbol{P}^{-1}\boldsymbol{A}\boldsymbol{P} = \boldsymbol{\Lambda}$，即 $\boldsymbol{A}\boldsymbol{P} = \boldsymbol{P}\boldsymbol{\Lambda}$，将 $\boldsymbol{P}$ 按列分块，记 $\boldsymbol{P} = (\boldsymbol{p}_1, \boldsymbol{p}_2, \cdots, \boldsymbol{p}_n)$，则有

$$\boldsymbol{A}(\boldsymbol{p}_1, \boldsymbol{p}_2, \cdots, \boldsymbol{p}_n) = (\lambda_1 \boldsymbol{p}_1, \lambda_2 \boldsymbol{p}_2, \cdots, \lambda_n \boldsymbol{p}_n),$$

于是，

$$\boldsymbol{A}\boldsymbol{p}_1 = \lambda_1 \boldsymbol{p}_1, \boldsymbol{A}\boldsymbol{p}_2 = \lambda_2 \boldsymbol{p}_2, \cdots, \boldsymbol{A}\boldsymbol{p}_n = \lambda_n \boldsymbol{p}_n,$$

故 $\lambda_1, \lambda_2, \cdots, \lambda_n$ 为 $\boldsymbol{A}$ 的特征值。由于 $\boldsymbol{P}$ 可逆，所以 $\boldsymbol{p}_1, \boldsymbol{p}_2, \cdots, \boldsymbol{p}_n$ 线性无关，且每个列向量 $\boldsymbol{p}_i$ 都是非零向量，因此 $\boldsymbol{p}_1, \boldsymbol{p}_2, \cdots, \boldsymbol{p}_n$ 为 $\boldsymbol{A}$ 的分别对应于特征值 $\lambda_1, \lambda_2, \cdots, \lambda_n$ 的特征向量，即 $\boldsymbol{A}$ 有 n 个线性无关的特征向量。

充分性　若 $\boldsymbol{A}$ 有 n 个线性无关的特征向量，记为 $\boldsymbol{p}_1, \boldsymbol{p}_2, \cdots, \boldsymbol{p}_n$，假设它们对应的特征值分别为 $\lambda_1, \lambda_2, \cdots, \lambda_n$ 则

$$\boldsymbol{A}\boldsymbol{p}_i = \lambda_i \boldsymbol{p}_i (i = 1, 2, \cdots, n),$$

$$\begin{aligned} \boldsymbol{A}(\boldsymbol{p}_1, \boldsymbol{p}_2, \cdots, \boldsymbol{p}_n) &= (\boldsymbol{A}\boldsymbol{p}_1, \boldsymbol{A}\boldsymbol{p}_2, \cdots, \boldsymbol{A}\boldsymbol{p}_n) = (\lambda_1 \boldsymbol{p}_1, \lambda_2 \boldsymbol{p}_2, \cdots, \lambda_n \boldsymbol{p}_n) \\ &= (\boldsymbol{p}_1, \boldsymbol{p}_2, \cdots, \boldsymbol{p}_n) \begin{pmatrix} \lambda_1 & & & \\ & \lambda_2 & & \\ & & \ddots & \\ & & & \lambda_n \end{pmatrix}. \end{aligned}$$

因为$\boldsymbol{p}_1,\boldsymbol{p}_2,\cdots,\boldsymbol{p}_n$线性无关，则$\boldsymbol{P}=(\boldsymbol{p}_1,\boldsymbol{p}_2,\cdots,\boldsymbol{p}_n)$为可逆矩阵，从而

$$\boldsymbol{P}^{-1}\boldsymbol{AP}=\boldsymbol{\Lambda}=\begin{pmatrix}\lambda_1 & & & \\ & \lambda_2 & & \\ & & \ddots & \\ & & & \lambda_n\end{pmatrix},$$

所以$\boldsymbol{A}$可对角化。

注 (1) 若n阶方阵$\boldsymbol{A}$可对角化，则$\boldsymbol{A}$的n个线性无关的特征向量为列构成可逆矩阵$\boldsymbol{P}$，使得$\boldsymbol{P}^{-1}\boldsymbol{AP}=\boldsymbol{\Lambda}=\mathrm{diag}(\lambda_1,\lambda_2,\cdots,\lambda_n)$，且对角矩阵$\boldsymbol{\Lambda}$的对角线上的元素$\lambda_1,\lambda_2,\cdots,\lambda_n$即为$\boldsymbol{A}$的$n$个特征值。

(2) 对应于特征值λ_i的特征向量不唯一，因此，可逆矩阵$\boldsymbol{P}$也不唯一。

(3) $\lambda_1,\lambda_2,\cdots,\lambda_n$的排列次序与相应的特征向量$\boldsymbol{p}_1,\boldsymbol{p}_2,\cdots,\boldsymbol{p}_n$的排列次序必须保持一致。

例 4.15 已知矩阵$\boldsymbol{A}=\begin{pmatrix}1 & 0 & 0\\ -2 & 5 & -2\\ -2 & 4 & -1\end{pmatrix}$，求可逆矩阵$\boldsymbol{P}$，使得$\boldsymbol{P}^{-1}\boldsymbol{AP}$为对角矩阵。

解 $\boldsymbol{A}$的特征多项式为

$$|\boldsymbol{A}-\lambda\boldsymbol{E}|=\begin{vmatrix}1-\lambda & 0 & 0\\ -2 & 5-\lambda & -2\\ -2 & 4 & -1-\lambda\end{vmatrix}=(3-\lambda)(1-\lambda)^2,$$

所以，$\boldsymbol{A}$的特征值为$\lambda_1=3,\lambda_2=\lambda_3=1$。

当$\lambda_1=3$时，解齐次线性方程组$(\boldsymbol{A}-3\boldsymbol{E})\boldsymbol{x}=\boldsymbol{0}$，取基础解系$\boldsymbol{p}_1=\begin{pmatrix}0\\1\\1\end{pmatrix}$。

当$\lambda_2=\lambda_3=1$时，解齐次线性方程组$(\boldsymbol{A}-\boldsymbol{E})\boldsymbol{x}=\boldsymbol{0}$，取基础解系$\boldsymbol{p}_2=\begin{pmatrix}2\\1\\0\end{pmatrix}$，$\boldsymbol{p}_3=\begin{pmatrix}-1\\0\\1\end{pmatrix}$。

易知，$\boldsymbol{p}_1,\boldsymbol{p}_2,\boldsymbol{p}_3$线性无关，即方阵$\boldsymbol{A}$有3个线性无关的特征向量，故$\boldsymbol{A}$可对角化，且令

$$\boldsymbol{P}=(\boldsymbol{p}_1,\boldsymbol{p}_2,\boldsymbol{p}_3)=\begin{pmatrix}0 & 2 & -1\\ 1 & 1 & 0\\ 1 & 0 & 1\end{pmatrix},$$

则

$$P^{-1}AP=\begin{pmatrix}3&0&0\\0&1&0\\0&0&1\end{pmatrix}。$$

例 4.16　设 $A=\begin{pmatrix}-1&1&0\\-4&3&0\\1&0&2\end{pmatrix}$，判断 A 能否对角化。

解　A 的特征多项式为

$$|A-\lambda E|=\begin{vmatrix}-1-\lambda&1&0\\-4&3-\lambda&0\\1&0&2-\lambda\end{vmatrix}=(2-\lambda)(1-\lambda)^2,$$

所以 A 的特征值为 $\lambda_1=2,\lambda_2=\lambda_3=1$。

当 $\lambda_1=2$ 时，解齐次线性方程组 $(A-2E)x=0$，取基础解系 $p_1=\begin{pmatrix}0\\0\\1\end{pmatrix}$。

当 $\lambda_2=\lambda_3=1$ 时，解齐次线性方程组 $(A-E)x=0$，取基础解系 $p_2=\begin{pmatrix}-1\\-2\\1\end{pmatrix}$。

易知，p_1,p_2 线性无关，即三阶方阵 A 只有 2 个线性无关的特征向量，故 A 不能对角化。

例 4.17　判断方阵 $A=\begin{pmatrix}4&6&0\\-3&-5&0\\-3&-6&1\end{pmatrix}$ 能否对角化。如果可以，写出与 A 相似的对角矩阵以及相应的相似变换矩阵 P。

解　A 的特征多项式为

$$|A-\lambda E|=\begin{vmatrix}4-\lambda&6&0\\-3&-5-\lambda&0\\-3&-6&1-\lambda\end{vmatrix}=(1-\lambda)\begin{vmatrix}4-\lambda&6\\-3&-5-\lambda\end{vmatrix}=-(\lambda-1)^2(\lambda+2),$$

所以 A 的特征值为 $\lambda_1=-2,\lambda_2=\lambda_3=1$。

当 $\lambda_1=-2$ 时，解齐次线性方程组 $(A+2E)x=0$，由

$$A+2E=\begin{pmatrix}6&6&0\\-3&-3&0\\-3&-6&3\end{pmatrix}\xrightarrow{r}\begin{pmatrix}1&0&1\\0&1&-1\\0&0&0\end{pmatrix}$$

可得

$$\begin{cases}x_1+x_3=0,\\x_2-x_3=0,\end{cases}$$

取基础解系

$$p_1=\begin{pmatrix}-1\\1\\1\end{pmatrix}。$$

当 $\lambda_2=\lambda_3=1$ 时，解齐次线性方程组 $(\boldsymbol{A}-\boldsymbol{E})\boldsymbol{x}=\boldsymbol{0}$，由

$$\boldsymbol{A}-\boldsymbol{E}=\begin{pmatrix}3&6&0\\-3&-6&0\\-3&-6&0\end{pmatrix}\xrightarrow{r}\begin{pmatrix}1&2&0\\0&0&0\\0&0&0\end{pmatrix}$$

可得

$$x_1+2x_2=0,$$

取基础解系

$$\boldsymbol{p}_2=\begin{pmatrix}-2\\1\\0\end{pmatrix},\quad \boldsymbol{p}_3=\begin{pmatrix}0\\0\\1\end{pmatrix}。$$

由于 $\boldsymbol{p}_1,\boldsymbol{p}_2,\boldsymbol{p}_3$ 线性无关，故 $\boldsymbol{A}$ 可对角化。令相似变换矩阵

$$\boldsymbol{P}=(\boldsymbol{p}_1,\boldsymbol{p}_2,\boldsymbol{p}_3)=\begin{pmatrix}-1&-2&0\\1&1&0\\1&0&1\end{pmatrix},$$

则

$$\boldsymbol{P}^{-1}\boldsymbol{A}\boldsymbol{P}=\begin{pmatrix}-2&0&0\\0&1&0\\0&0&1\end{pmatrix}。$$

因为不同的特征值对应的特征向量一定是线性无关的，所以有：

定理 4.9 若 n 阶方阵 $\boldsymbol{A}$ 有 n 个不同的特征值，则 $\boldsymbol{A}$ 一定可对角化。

当 $\boldsymbol{A}$ 的特征方程有重根时，就不一定有 n 个线性无关的特征向量，从而不一定能对角化，如例 4.16。但是在例 4.17 中 $\boldsymbol{A}$ 的特征方程虽有重根，却能找到 3 个线性无关的特征向量，因此例 4.17 中的 $\boldsymbol{A}$ 能对角化。

定理 4.10 n 阶方阵 $\boldsymbol{A}$ 可对角化的充分必要条件是对应于 $\boldsymbol{A}$ 的每个特征值 λ_i 的线性无关的特征向量的个数恰好等于该特征值的重数 k_i，即

$$r(\boldsymbol{A}-\lambda_i\boldsymbol{E})=n-k_i。$$

例 4.18 设 $\boldsymbol{A}=\begin{pmatrix}3&2&-2\\-k&-1&k\\4&2&-3\end{pmatrix}$，问 k 为何值时，矩阵 $\boldsymbol{A}$ 可对角化？

解 由

$$|\boldsymbol{A}-\lambda\boldsymbol{E}|=\begin{vmatrix}3-\lambda&2&-2\\-k&-1-\lambda&k\\4&2&-3-\lambda\end{vmatrix}=\begin{vmatrix}1-\lambda&2&-2\\0&-1-\lambda&k\\0&0&-1-\lambda\end{vmatrix}$$
$$=-(\lambda+1)^2(\lambda-1),$$

可得 $\boldsymbol{A}$ 的特征值为

$$\lambda_1=1,\lambda_2=\lambda_3=-1。$$

对应于单根$\lambda_1=1$,可求得线性无关的特征向量恰有1个,而对应于二重根$\lambda_2=\lambda_3=-1$,应有 2 个线性无关的特征向量,即齐次线性方程组

$$(\boldsymbol{A}+\boldsymbol{E})\boldsymbol{x}=\boldsymbol{0}$$

的基础解系含有 2 个解,即

$$r(\boldsymbol{A}+\boldsymbol{E})=3-2=1。$$

由

$$\boldsymbol{A}+\boldsymbol{E}=\begin{pmatrix}4&2&-2\\-k&0&k\\4&2&-2\end{pmatrix}\to\begin{pmatrix}4&2&-2\\-k&0&k\\0&0&0\end{pmatrix},$$

要使$r(\boldsymbol{A}+\boldsymbol{E})=1$,必须有$k=0$。

因此,当$k=0$时,矩阵$\boldsymbol{A}$可对角化。

习　题　4.3

1. 选择题。

(1) 若矩阵$\boldsymbol{A}=\begin{pmatrix}4&2\\x&5\end{pmatrix}$与$\boldsymbol{B}=\begin{pmatrix}6&2\\-1&3\end{pmatrix}$相似,则$x$的值为(　　)。

A. -1　　B. 0　　C. 1　　D. 2

(2) 设三阶方阵$\boldsymbol{A}$的特征值分别为$\lambda_1=1,\lambda_2=3,\lambda_3=-2$,$\boldsymbol{p}_1,\boldsymbol{p}_2,\boldsymbol{p}_3$分别为$\boldsymbol{A}$对应于上述 3 个特征值的特征向量,若$\boldsymbol{P}=(\boldsymbol{p}_3,\boldsymbol{p}_1,\boldsymbol{p}_2)$,则$\boldsymbol{P}^{-1}\boldsymbol{A}\boldsymbol{P}=$(　　)。

A. $\begin{pmatrix}1&0&0\\0&3&0\\0&0&-2\end{pmatrix}$　　B. $\begin{pmatrix}3&0&0\\0&1&0\\0&0&-2\end{pmatrix}$

C. $\begin{pmatrix}-2&0&0\\0&1&0\\0&0&3\end{pmatrix}$　　D. $\begin{pmatrix}-2&0&0\\0&3&0\\0&0&1\end{pmatrix}$

2. 判断矩阵$\boldsymbol{A}=\begin{pmatrix}-1&-2&2\\0&1&0\\0&0&1\end{pmatrix}$是否可对角化。若$\boldsymbol{A}$可对角化,求出相似变换矩阵以及对角矩阵。

3. 已知$\boldsymbol{A}=\begin{pmatrix}-2&0&0\\2&x&2\\3&1&1\end{pmatrix}$与$\boldsymbol{B}=\begin{pmatrix}-1&0&0\\0&2&0\\0&0&y\end{pmatrix}$相似。

(1) 求x和y;

(2) 求可逆矩阵$\boldsymbol{P}$,使$\boldsymbol{P}^{-1}\boldsymbol{A}\boldsymbol{P}=\boldsymbol{B}$。

4. 判断下列矩阵是否可对角化：

(1) $\begin{pmatrix} 2 & 4 & 0 \\ 3 & 3 & 0 \\ 3 & 3 & 1 \end{pmatrix}$；　　(2) $\begin{pmatrix} 3 & 0 & 0 \\ 1 & 3 & 0 \\ 0 & 0 & 5 \end{pmatrix}$。

5. 设 $\boldsymbol{A} = \begin{pmatrix} 0 & 0 & 1 \\ x & 1 & y \\ 1 & 0 & 0 \end{pmatrix}$ 可对角化，则 x,y 应满足什么关系？

6. 设三阶方阵 $\boldsymbol{A}$ 的特征值为 $\lambda_1 = \lambda_2 = 1, \lambda_3 = 2$，对应的特征向量依次为

$$\boldsymbol{p}_1 = \begin{pmatrix} 1 \\ 2 \\ 1 \end{pmatrix}, \quad \boldsymbol{p}_2 = \begin{pmatrix} 1 \\ 1 \\ 0 \end{pmatrix}, \quad \boldsymbol{p}_3 = \begin{pmatrix} 2 \\ 0 \\ -1 \end{pmatrix},$$

求 $\boldsymbol{A}$。

7. 设 $\boldsymbol{A} = \begin{pmatrix} 1 & 4 & -2 \\ 0 & -1 & 0 \\ 1 & 2 & -2 \end{pmatrix}$，求 $\boldsymbol{A}^{2020}$。

4.4　实对称矩阵的对角化

学习目标：

1. 了解实对称矩阵的概念。
2. 会用正交变换将实对称矩阵对角化。
3. 熟悉实对称矩阵对角化的结论。

在数学建模以及其他实际问题中经常遇到实对称矩阵，实对称矩阵是一定可以对角化的，并且对于实对称矩阵 $\boldsymbol{A}$ 不仅能找到可逆矩阵 $\boldsymbol{P}$，使得 $\boldsymbol{P}^{-1}\boldsymbol{AP}$ 为对角矩阵，而且还能够找到一个正交矩阵 $\boldsymbol{T}$，使 $\boldsymbol{T}^{-1}\boldsymbol{AT}$ 为对角矩阵。

定理 4.11　实对称矩阵的特征值都是实数。

证　设复数 λ 为实对称矩阵 $\boldsymbol{A}$ 的特征值，复向量 $\boldsymbol{x}$ 为对应的特征向量，即 $\boldsymbol{Ax} = \lambda\boldsymbol{x}$ 且 $\boldsymbol{x} \neq \boldsymbol{0}$。

用 $\bar{\lambda}$ 表示 λ 的共轭复数，$\bar{\boldsymbol{x}}$ 表示 $\boldsymbol{x}$ 的共轭复向量(即 $\bar{\boldsymbol{x}}$ 与 $\boldsymbol{x}$ 的对应分量互为共轭复数)，则

$$\boldsymbol{A}\bar{\boldsymbol{x}} = \bar{\boldsymbol{A}}\,\bar{\boldsymbol{x}} = (\overline{\boldsymbol{Ax}}) = (\overline{\lambda\boldsymbol{x}}) = \bar{\lambda}\,\bar{\boldsymbol{x}}。$$

一方面，

$$\bar{\boldsymbol{x}}^{\mathrm{T}}\boldsymbol{Ax} = \bar{\boldsymbol{x}}^{\mathrm{T}}(\boldsymbol{Ax}) = \bar{\boldsymbol{x}}^{\mathrm{T}}\lambda\boldsymbol{x} = \lambda\bar{\boldsymbol{x}}^{\mathrm{T}}\boldsymbol{x}。 \tag{4-2}$$

另一方面，

$$\bar{\boldsymbol{x}}^{\mathrm{T}}\boldsymbol{Ax} = (\bar{\boldsymbol{x}}^{\mathrm{T}}\boldsymbol{A})\boldsymbol{x} = (\bar{\boldsymbol{x}}^{\mathrm{T}}\boldsymbol{A}^{\mathrm{T}})\boldsymbol{x} = (\boldsymbol{A}\bar{\boldsymbol{x}})^{\mathrm{T}}\boldsymbol{x} = \bar{\lambda}\bar{\boldsymbol{x}}^{\mathrm{T}}\boldsymbol{x}。 \tag{4-3}$$

式(4-2)减去式(4-3)得

$$(\lambda-\bar{\lambda})\bar{\boldsymbol{x}}^{\mathrm{T}}\boldsymbol{x}=0。$$

而 $\boldsymbol{x}\neq\boldsymbol{0}$,所以

$$\bar{\boldsymbol{x}}^{\mathrm{T}}\boldsymbol{x}=\sum_{i=1}^{n}\bar{x}_i x_i=\sum_{i=1}^{n}|x_i|^2\neq 0,$$

则 $\lambda-\bar{\lambda}=0$,即 $\lambda=\bar{\lambda}$,这意味着 λ 为实数。

显然,当特征值 λ_i 为实数时,齐次线性方程组

$$(\boldsymbol{A}-\lambda_i\boldsymbol{E})\boldsymbol{x}=\boldsymbol{0}$$

是实系数方程组,则可取实的基础解系,所以对应的特征向量可以取实向量。

定理 4.12　实对称矩阵对应于不同特征值的特征向量必正交。

证　设 λ_1,λ_2 是实对称矩阵 $\boldsymbol{A}$ 的不同特征值,$\boldsymbol{p}_1,\boldsymbol{p}_2$ 分别是对应于 λ_1,λ_2 的特征向量,则

$$\boldsymbol{A}\boldsymbol{p}_1=\lambda_1\boldsymbol{p}_1,\boldsymbol{A}\boldsymbol{p}_2=\lambda_2\boldsymbol{p}_2。$$

由于 $\boldsymbol{A}$ 是实对称矩阵,故

$$\lambda_1\boldsymbol{p}_1^{\mathrm{T}}=(\lambda_1\boldsymbol{p}_1)^{\mathrm{T}}=(\boldsymbol{A}\boldsymbol{p}_1)^{\mathrm{T}}=\boldsymbol{p}_1^{\mathrm{T}}\boldsymbol{A},$$

于是

$$\lambda_1\boldsymbol{p}_1^{\mathrm{T}}\boldsymbol{p}_2=\boldsymbol{p}_1^{\mathrm{T}}\boldsymbol{A}\boldsymbol{p}_2=\boldsymbol{p}_1^{\mathrm{T}}(\lambda_2\boldsymbol{p}_2)=\lambda_2\boldsymbol{p}_1^{\mathrm{T}}\boldsymbol{p}_2,$$

即

$$(\lambda_1-\lambda_2)\boldsymbol{p}_1^{\mathrm{T}}\boldsymbol{p}_2=0。$$

由于 $\lambda_1\neq\lambda_2$,所以 $\boldsymbol{p}_1^{\mathrm{T}}\boldsymbol{p}_2=[\boldsymbol{p}_1,\boldsymbol{p}_2]=0$,即 $\boldsymbol{p}_1$ 与 $\boldsymbol{p}_2$ 正交。

定理 4.13　设 $\boldsymbol{A}$ 为 n 阶实对称矩阵,λ 是 $\boldsymbol{A}$ 的 k 重特征值,则 $r(\boldsymbol{A}-\lambda\boldsymbol{E})=n-k$,从而 $\boldsymbol{A}$ 的对应于特征值 λ 恰有 k 个线性无关的特征向量。

证明略。

定理 4.13 说明,实对称矩阵必可对角化。实际上对实对称矩阵,更有如下重要结论:

定理 4.14　设 $\boldsymbol{A}$ 为 n 阶实对称矩阵,则必存在正交矩阵 $\boldsymbol{P}$,使得

$$\boldsymbol{P}^{-1}\boldsymbol{A}\boldsymbol{P}=\boldsymbol{P}^{\mathrm{T}}\boldsymbol{A}\boldsymbol{P}=\boldsymbol{\Lambda}=\begin{pmatrix}\lambda_1 & & & \\ & \lambda_2 & & \\ & & \ddots & \\ & & & \lambda_n\end{pmatrix},$$

其中 $\lambda_1,\lambda_2,\cdots,\lambda_n$ 是 $\boldsymbol{A}$ 的特征值。

证　设 $\boldsymbol{A}$ 的互不相同的特征值为 $\lambda_1,\lambda_2,\cdots,\lambda_s$,它们的重数分别为

$$r_1,r_2,\cdots,r_s,其中\ r_1+r_2+\cdots+r_s=n。$$

根据定理 4.13,$\boldsymbol{A}$ 中对应于特征值 λ_i 恰有 r_i 个线性无关的特征向量,把它们正交化并单位化,即得 r_i 个规范正交特征向量。由 $r_1+r_2+\cdots+r_s=n$ 知,这样的特征向量共有 n 个。由定理 4.12 知,这 n 个单位特征向量两两正交,以它们为列向量构成正交矩阵 $\boldsymbol{P}$,有

$$\boldsymbol{P}^{-1}\boldsymbol{A}\boldsymbol{P}=\boldsymbol{\Lambda},$$

其中$\boldsymbol{\Lambda}$的对角元素含有r_i个$\lambda_i(i=1,2,\cdots,s)$，恰为$\boldsymbol{A}$的$n$个特征值。

与本章4.3节中将一般矩阵对角化的方法类似，根据上述结论，要求得正交变换矩阵$\boldsymbol{P}$将实对称矩阵$\boldsymbol{A}$对角化，其具体步骤为：

(1) 求出$\boldsymbol{A}$的全部特征值$\lambda_1,\lambda_2,\cdots,\lambda_n$；

(2) 对每一个特征值λ_i，由$(\boldsymbol{A}-\lambda\boldsymbol{E})\boldsymbol{x}=\boldsymbol{0}$求出基础解系(特征向量)；

(3) 将基础解系(特征向量)正交化，再单位化；

(4) 以这些单位向量作为列向量构成一个正交矩阵$\boldsymbol{P}$，使$\boldsymbol{P}^{-1}\boldsymbol{A}\boldsymbol{P}=\boldsymbol{\Lambda}$。

注　$\boldsymbol{P}$中列向量的次序与矩阵$\boldsymbol{\Lambda}$对角线上的特征值的次序要相对应。

例4.19　设$\boldsymbol{A}=\begin{pmatrix}1&2&2\\2&1&2\\2&2&1\end{pmatrix}$，求正交矩阵$\boldsymbol{P}$，使$\boldsymbol{P}^{-1}\boldsymbol{A}\boldsymbol{P}$为对角矩阵。

解　显然$\boldsymbol{A}^{\mathrm{T}}=\boldsymbol{A}$。故一定存在正交矩阵$\boldsymbol{P}$，使$\boldsymbol{P}^{-1}\boldsymbol{A}\boldsymbol{P}$为对角矩阵。

先求$\boldsymbol{A}$的特征值。由

$$|\boldsymbol{A}-\lambda\boldsymbol{E}|=\begin{vmatrix}1-\lambda&2&2\\2&1-\lambda&2\\2&2&1-\lambda\end{vmatrix}=\begin{vmatrix}5-\lambda&2&2\\5-\lambda&1-\lambda&2\\5-\lambda&2&1-\lambda\end{vmatrix}$$

$$=(5-\lambda)\begin{vmatrix}1&2&2\\0&-(\lambda+1)&0\\0&0&-(\lambda+1)\end{vmatrix}=(5-\lambda)(\lambda+1)^2,$$

求得$\boldsymbol{A}$的特征值为$\lambda_1=\lambda_2=-1,\lambda_3=5$。

对于$\lambda_1=\lambda_2=-1$，求解齐次线性方程组$(\boldsymbol{A}+\boldsymbol{E})\boldsymbol{x}=\boldsymbol{0}$，由

$$\boldsymbol{A}+\boldsymbol{E}=\begin{pmatrix}2&2&2\\2&2&2\\2&2&2\end{pmatrix}\xrightarrow{r}\begin{pmatrix}1&1&1\\0&0&0\\0&0&0\end{pmatrix}$$

得基础解系为

$$\boldsymbol{p}_1=\begin{pmatrix}-1\\1\\0\end{pmatrix},\quad \boldsymbol{p}_2=\begin{pmatrix}-1\\0\\1\end{pmatrix}。$$

将$\boldsymbol{p}_1,\boldsymbol{p}_2$正交化：令

$$\boldsymbol{\alpha}_1=\boldsymbol{p}_1=\begin{pmatrix}-1\\1\\0\end{pmatrix},$$

$$\boldsymbol{\alpha}_2=\boldsymbol{p}_2-\frac{[\boldsymbol{p}_2,\boldsymbol{\alpha}_1]}{[\boldsymbol{\alpha}_1,\boldsymbol{\alpha}_1]}\boldsymbol{\alpha}_1=\begin{pmatrix}-1\\0\\1\end{pmatrix}-\frac{1}{2}\begin{pmatrix}-1\\1\\0\end{pmatrix}=\begin{pmatrix}-\frac{1}{2}\\-\frac{1}{2}\\1\end{pmatrix}。$$

再将 $\boldsymbol{\alpha}_1,\boldsymbol{\alpha}_2$ 单位化，令

$$\boldsymbol{\varepsilon}_1=\frac{\boldsymbol{\alpha}_1}{\|\boldsymbol{\alpha}_1\|}=\begin{pmatrix}-\frac{1}{\sqrt{2}}\\ \frac{1}{\sqrt{2}}\\ 0\end{pmatrix},\quad \boldsymbol{\varepsilon}_2=\frac{\boldsymbol{\alpha}_2}{\|\boldsymbol{\alpha}_2\|}=\begin{pmatrix}-\frac{\sqrt{6}}{6}\\ -\frac{\sqrt{6}}{6}\\ \frac{\sqrt{6}}{3}\end{pmatrix}。$$

对于 $\lambda_2=5$，求解齐次线性方程组 $(\boldsymbol{A}-5\boldsymbol{E})\boldsymbol{x}=\boldsymbol{0}$，由

$$\boldsymbol{A}-5\boldsymbol{E}=\begin{pmatrix}-4&2&2\\2&-4&2\\2&2&-4\end{pmatrix}\xrightarrow{r}\begin{pmatrix}1&0&-1\\0&1&-1\\0&0&0\end{pmatrix}$$

得基础解系为

$$\boldsymbol{p}_3=\begin{pmatrix}1\\1\\1\end{pmatrix}。$$

这里只有一个向量，只需要单位化，得

$$\boldsymbol{\varepsilon}_3=\frac{\boldsymbol{p}_3}{\|\boldsymbol{p}_3\|}=\begin{pmatrix}\frac{1}{\sqrt{3}}\\ \frac{1}{\sqrt{3}}\\ \frac{1}{\sqrt{3}}\end{pmatrix}。$$

以 $\boldsymbol{\varepsilon}_1,\boldsymbol{\varepsilon}_2,\boldsymbol{\varepsilon}_3$ 为列向量的矩阵 $\boldsymbol{P}$ 就是所求的正交矩阵，即

$$\boldsymbol{P}=(\boldsymbol{\varepsilon}_1,\boldsymbol{\varepsilon}_2,\boldsymbol{\varepsilon}_3)=\begin{pmatrix}-\frac{1}{\sqrt{2}}&-\frac{\sqrt{6}}{6}&\frac{1}{\sqrt{3}}\\ \frac{1}{\sqrt{2}}&-\frac{\sqrt{6}}{6}&\frac{1}{\sqrt{3}}\\ 0&\frac{\sqrt{6}}{3}&\frac{1}{\sqrt{3}}\end{pmatrix},$$

有

$$\boldsymbol{P}^{-1}\boldsymbol{A}\boldsymbol{P}=\boldsymbol{\Lambda}=\begin{pmatrix}-1&0&0\\0&-1&0\\0&0&5\end{pmatrix}。$$

注　在例 4.19 中，由定理 4.12 知，$\boldsymbol{p}_1\perp\boldsymbol{p}_3,\boldsymbol{p}_2\perp\boldsymbol{p}_3$，因此，要将 $\boldsymbol{p}_1,\boldsymbol{p}_2,\boldsymbol{p}_3$ 正交化，实

际上只需要将 $\boldsymbol{p}_1,\boldsymbol{p}_2$ 正交化(如图 4-2 所示),并且正交化后得到的向量 $\boldsymbol{\alpha}_1$ 与 $\boldsymbol{\alpha}_2$ 以及单位化后的向量 $\boldsymbol{\varepsilon}_1,\boldsymbol{\varepsilon}_2$ 依旧是 $\boldsymbol{A}$ 的对应于特征值 -1 的特征向量。

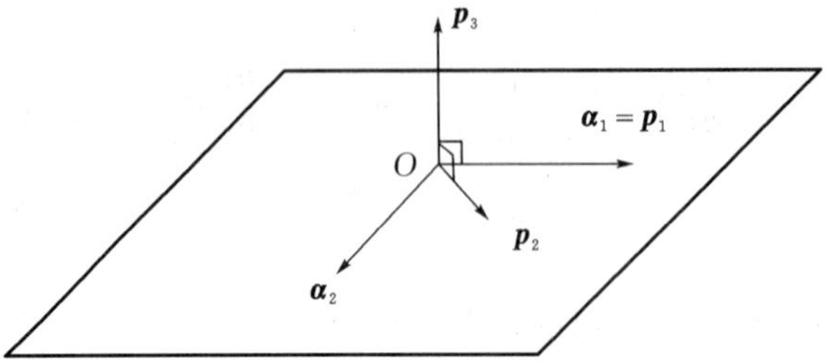

图 4-2

例 4.20 设三阶实对称矩阵 $\boldsymbol{A}$ 的 3 个特征值分别为 $\lambda_1=1,\lambda_2=\lambda_3=-2$,已知对应于 $\lambda_1=1$ 的一个特征向量为 $\boldsymbol{p}_1=(1,0,-1)^{\mathrm{T}}$,求 $\boldsymbol{A}$。

解 设 $\boldsymbol{p}=(x_1,x_2,x_3)^{\mathrm{T}}$ 为对应于特征值 -2 的特征向量,则有

$$[\boldsymbol{p}_1,\boldsymbol{p}]=x_1-x_3=0,$$

由此,可取 $\boldsymbol{p}_2=(0,1,0)^{\mathrm{T}},\boldsymbol{p}_3=(1,0,1)^{\mathrm{T}}$ 为对应于特征值 -2 的特征向量。

易见,$\boldsymbol{p}_1,\boldsymbol{p}_2,\boldsymbol{p}_3$ 为正交向量组,从而只需将其单位化,得

$$\boldsymbol{\varepsilon}_1=\frac{1}{\sqrt{2}}\begin{pmatrix}1\\0\\-1\end{pmatrix},\quad \boldsymbol{\varepsilon}_2=\begin{pmatrix}0\\1\\0\end{pmatrix},\quad \boldsymbol{\varepsilon}_3=\frac{1}{\sqrt{2}}\begin{pmatrix}1\\0\\1\end{pmatrix},$$

再令 $\boldsymbol{P}=\begin{pmatrix}\frac{1}{\sqrt{2}}&0&\frac{1}{\sqrt{2}}\\0&1&0\\-\frac{1}{\sqrt{2}}&0&\frac{1}{\sqrt{2}}\end{pmatrix}$,则 $\boldsymbol{P}$ 为正交矩阵,且 $\boldsymbol{P}^{-1}\boldsymbol{A}\boldsymbol{P}=\boldsymbol{P}^{\mathrm{T}}\boldsymbol{A}\boldsymbol{P}=\begin{pmatrix}1&&\\&-2&\\&&-2\end{pmatrix}$。

因此,

$$\boldsymbol{A}=\boldsymbol{P}\begin{pmatrix}1&&\\&-2&\\&&-2\end{pmatrix}\boldsymbol{P}^{\mathrm{T}}=\begin{pmatrix}-\frac{1}{2}&0&-\frac{3}{2}\\0&-2&0\\-\frac{3}{2}&0&-\frac{1}{2}\end{pmatrix}。$$

习 题 4.4

1. 将矩阵 $\boldsymbol{A}=\begin{pmatrix}-2&0&1\\0&-2&0\\1&0&-2\end{pmatrix}$ 用两种方法对角化:

(1) 求可逆矩阵 $\boldsymbol{P}$,使 $\boldsymbol{P}^{-1}\boldsymbol{AP}=\boldsymbol{\Lambda}$;　(2) 求正交矩阵 $\boldsymbol{Q}$,使 $\boldsymbol{Q}^{-1}\boldsymbol{AQ}=\boldsymbol{\Lambda}$。

2. 对下列实对称矩阵 $\boldsymbol{A}$,求正交矩阵 $\boldsymbol{P}$,使得 $\boldsymbol{P}^{-1}\boldsymbol{AP}$ 为对角阵,并写出该对角阵。

(1) $\begin{pmatrix} 2 & -2 & 0 \\ -2 & 1 & -2 \\ 0 & -2 & 0 \end{pmatrix}$;　(2) $\begin{pmatrix} 5 & 1 & 1 \\ 1 & 5 & 1 \\ 1 & 1 & 5 \end{pmatrix}$。

3. 设三阶实对称矩阵 $\boldsymbol{A}$ 的特征值为 $\lambda_1=3,\lambda_2=-3,\lambda_3=0$,对应 λ_1,λ_2 的特征向量依次为 $\boldsymbol{p}_1=\begin{pmatrix} 1 \\ 2 \\ 2 \end{pmatrix},\boldsymbol{p}_2=\begin{pmatrix} 2 \\ 1 \\ -2 \end{pmatrix}$。

(1) 求 $\boldsymbol{A}$ 的属于特征值 $\lambda_3=0$ 的特征向量;　(2) 求矩阵 $\boldsymbol{A}$。

4. 设三阶实对称矩阵 $\boldsymbol{A}$ 的 3 个特征值分别为 $\lambda_1=-1,\lambda_2=\lambda_3=1$,对应于 λ_1 的一个特征向量为 $\boldsymbol{p}_1=(0,1,1)^{\mathrm{T}}$,求 $\boldsymbol{A}$,并求一个正交矩阵 $\boldsymbol{P}$,使得 $\boldsymbol{P}^{-1}\boldsymbol{AP}$ 为对角阵,并写出该对角阵。

5. 设三阶实对称矩阵 $\boldsymbol{A}$ 的秩 $r(\boldsymbol{A})=2$,且 $\boldsymbol{A}\begin{pmatrix} 1 & 1 \\ 0 & 0 \\ -1 & 1 \end{pmatrix}=\begin{pmatrix} -1 & 1 \\ 0 & 0 \\ 1 & 1 \end{pmatrix}$。

(1) 求 $\boldsymbol{A}$ 的所有特征值与特征向量;　(2) 求矩阵 $\boldsymbol{A}$。

6. 设 $\boldsymbol{A}=\begin{pmatrix} 3 & -2 \\ -2 & 3 \end{pmatrix}$,求 $\varphi(\boldsymbol{A})=\boldsymbol{A}^{10}-5\boldsymbol{A}^{9}$。

总习题 4

1. 填空题。

(1) 设二阶方阵 $\boldsymbol{A}$ 的迹为 3,且 $|\boldsymbol{A}|=2$,则 $\boldsymbol{A}$ 的两个特征值分别为________。

(2) 设 $\boldsymbol{A}$ 为三阶方阵,且各行元素之和均为 5,则 $\boldsymbol{A}$ 必有一特征值为________。

(3) 若 n 阶方阵 $\boldsymbol{A},\boldsymbol{B}$ 相似,$\boldsymbol{A}$ 为正交矩阵,则 $|\boldsymbol{B}|=$ ________。

(4) 设三阶方阵 $\boldsymbol{A}$ 的特征值分别为 1,2,3,则逆矩阵 $\boldsymbol{A}^{-1}$ 的特征值分别为________,伴随矩阵 $\boldsymbol{A}^{*}$ 的特征值分别为________,$\boldsymbol{A}^{2}+\boldsymbol{A}$ 的特征值分别为________,若记 A_{ij} 为 $|\boldsymbol{A}|$ 中元素 a_{ij} 的代数余子式,则 $A_{11}+A_{22}+A_{33}=$ ________。

(5) 设三阶方阵 $\boldsymbol{A}$ 的特征值分别为 1,3,3,且 $\boldsymbol{A}$ 不可对角化,则 $r(\boldsymbol{A}-3\boldsymbol{E})=$ ________。

(6) 设 $\boldsymbol{A}$ 为三阶实对称矩阵,且 $\boldsymbol{A}^{2}+\boldsymbol{A}=\boldsymbol{O}$,若 $r(\boldsymbol{A})=2$,则与 $\boldsymbol{A}$ 相似的对角矩阵为________。

(7) 设 $\boldsymbol{A}$ 为三阶实对称矩阵，$\boldsymbol{A}$ 的特征值为 1,2,3。若 $\boldsymbol{A}$ 属于 1,2 的特征向量分别为 $\boldsymbol{\alpha}_1=(-1,-1,1)^{\mathrm{T}}$，$\boldsymbol{\alpha}_2=(1,-2,-1)^{\mathrm{T}}$，则 $\boldsymbol{A}$ 属于特征值 3 的特征向量为________。

2. 假设方阵 $\boldsymbol{A}$ 满足方程 $\boldsymbol{A}^2-5\boldsymbol{A}+6\boldsymbol{E}=\boldsymbol{O}$，其中 $\boldsymbol{E}$ 为单位矩阵，试求 $\boldsymbol{A}$ 的特征值。

3. 设 $\boldsymbol{A}$ 为三阶方阵，$\boldsymbol{\alpha}_1,\boldsymbol{\alpha}_2$ 为 $\boldsymbol{A}$ 的分别属于特征值 $-1,1$ 的特征向量，向量 $\boldsymbol{\alpha}_3$ 满足 $\boldsymbol{A}\boldsymbol{\alpha}_3=\boldsymbol{\alpha}_2+\boldsymbol{\alpha}_3$，

(1) 证明：$\boldsymbol{\alpha}_1,\boldsymbol{\alpha}_2,\boldsymbol{\alpha}_3$ 线性无关；

(2) 令 $\boldsymbol{P}=(\boldsymbol{\alpha}_1,\boldsymbol{\alpha}_2,\boldsymbol{\alpha}_3)$，求 $\boldsymbol{P}^{-1}\boldsymbol{A}\boldsymbol{P}$。

4. 已知 $\boldsymbol{A}=\begin{pmatrix}2 & a & 2\\ 5 & b & 3\\ -1 & 1 & -1\end{pmatrix}$，且 $\boldsymbol{A}$ 有两个特征值分别为 1 和 -1，解答下列问题：

(1) 求 a,b；

(2) 求 $\boldsymbol{A}$ 的特征向量；

(3) $\boldsymbol{A}$ 是否可对角化？

5. 设三阶矩阵 $\boldsymbol{A}=(\boldsymbol{\alpha}_1,\boldsymbol{\alpha}_2,\boldsymbol{\alpha}_3)$ 有 3 个不同的特征值，且 $\boldsymbol{\alpha}_3=\boldsymbol{\alpha}_1+2\boldsymbol{\alpha}_2$。

(1) 证明：$r(\boldsymbol{A})=2$；

(2) 若 $\boldsymbol{\beta}=\boldsymbol{\alpha}_1+\boldsymbol{\alpha}_2+\boldsymbol{\alpha}_3$，求方程组 $\boldsymbol{A}\boldsymbol{x}=\boldsymbol{\beta}$ 的通解。

6. 已知方阵 $\boldsymbol{A}=\begin{pmatrix}1 & -1 & 1\\ x & 4 & y\\ -3 & -3 & 5\end{pmatrix}$ 与对角矩阵相似，且 $\lambda=2$ 是 $\boldsymbol{A}$ 的二重特征值。

(1) 求 x 与 y 的值；

(2) 求可逆矩阵 $\boldsymbol{P}$ 使 $\boldsymbol{P}^{-1}\boldsymbol{A}\boldsymbol{P}$ 为对角矩阵。

7. 设矩阵 $\boldsymbol{A}=\begin{pmatrix}2 & 1 & 2\\ 1 & 2 & 2\\ 2 & 2 & 1\end{pmatrix}$，求 $\varphi(\boldsymbol{A})=\boldsymbol{A}^{10}-6\boldsymbol{A}^9+5\boldsymbol{A}^8$。

8. 设矩阵 $\boldsymbol{A}=\begin{pmatrix}a & -1 & c\\ 5 & b & 3\\ 1-c & 0 & -a\end{pmatrix}$ 满足 $|\boldsymbol{A}|=-1$，又 $\boldsymbol{A}$ 的伴随矩阵 $\boldsymbol{A}^*$ 有一个特征值为 λ_0，且 $\boldsymbol{\alpha}=(-1,-1,1)^{\mathrm{T}}$ 为 $\boldsymbol{A}^*$ 的对应于特征值 λ_0 的特征向量，求 a,b,c 及 λ_0。

9. 证明：n 阶方阵 $\begin{pmatrix}1 & 1 & \cdots & 1\\ 1 & 1 & \cdots & 1\\ \vdots & \vdots & & \vdots\\ 1 & 1 & \cdots & 1\end{pmatrix}$ 与 $\begin{pmatrix}0 & \cdots & 0 & 1\\ 0 & \cdots & 0 & 2\\ \vdots & & \vdots & \vdots\\ 0 & \cdots & 0 & n\end{pmatrix}$ 相似。

10. 设矩阵 $\boldsymbol{A}=\begin{pmatrix}1 & 2 & -3\\-1 & 4 & -3\\1 & a & 5\end{pmatrix}$ 的特征方程有一个二重根，求 a，并讨论 $\boldsymbol{A}$ 是否可相似对角化。

11. 已知 $\boldsymbol{A}=\begin{pmatrix}-1 & 1 & 0\\-2 & 2 & 0\\4 & x & 1\end{pmatrix}$ 能对角化，求 $\boldsymbol{A}^n$。

12. 设 $\boldsymbol{A}$ 为 n 阶实方阵且特征值不等于 -1。证明：

(1) $\boldsymbol{A}+\boldsymbol{E}$ 和 $\boldsymbol{A}^{\mathrm{T}}+\boldsymbol{E}$ 均可逆；

(2) $\boldsymbol{A}$ 为正交矩阵的充分必要条件是 $(\boldsymbol{A}+\boldsymbol{E})^{-1}+(\boldsymbol{A}^{\mathrm{T}}+\boldsymbol{E})^{-1}=\boldsymbol{E}$。

第 5 章

二　次　型

二次型的理论起源于解析几何中化二次曲线、二次曲面的方程为标准形式(即只含有平方项)的问题。二次型不但在几何中出现,而且在数学的其他分支以及物理、力学中也常常会遇到。本章用矩阵知识来讨论二次型的一般理论,主要包括二次型的化简、正定二次型的判定以及一些基本性质。

5.1　二次型及其矩阵

学习目标:

1. 理解二次型的概念。
2. 掌握将二次型化为矩阵形式的方法。
3. 了解矩阵合同的概念和性质。

5.1.1　二次型及其矩阵表示

定义 5.1　含有 n 个变量 $x_1,x_2,\cdots,x_n$ 的二次齐次函数

$$\begin{aligned} f(x_1,x_2,\cdots,x_n) &= a_{11}x_1^2+a_{22}x_2^2+\cdots+a_{nn}x_n^2 \\ &\quad +2a_{12}x_1x_2+2a_{13}x_1x_3\cdots+2a_{n-1,n}x_{n-1}x_n \end{aligned} \tag{5-1}$$

称为 n **元二次型**,简称为**二次型**。当 a_{ij} 为复数时,f 称为**复二次型**;当 a_{ij} 为实数时,f 称为**实二次型**。本章只讨论实二次型。

若取 $a_{ji}=a_{ij}(i<j)$,则 $2a_{ij}x_ix_j=a_{ij}x_ix_j+a_{ji}x_jx_i$。于是式(5-1)可写成对称形式

$$\begin{aligned} f &= a_{11}x_1^2+a_{12}x_1x_2+\cdots+a_{1n}x_1x_n \\ &\quad +a_{21}x_2x_1+a_{22}x_2^2+\cdots+a_{2n}x_2x_n \\ &\quad +\cdots \\ &\quad +a_{n1}x_nx_1+a_{n2}x_nx_2+\cdots+a_{nn}x_n^2 \\ &= \sum_{i=1}^{n}\sum_{j=1}^{n}a_{ij}x_ix_j。 \end{aligned} \tag{5-2}$$

记

$$\boldsymbol{A}=\begin{pmatrix} a_{11} & a_{12} & \cdots & a_{1n} \\ a_{21} & a_{22} & \cdots & a_{2n} \\ \vdots & \vdots & & \vdots \\ a_{n1} & a_{n2} & \cdots & a_{nn} \end{pmatrix},\quad \boldsymbol{x}=\begin{pmatrix} x_1 \\ x_2 \\ \vdots \\ x_n \end{pmatrix},$$

则式(5-2)可以用矩阵形式表示为

$$f=\sum_{i=1}^{n}\sum_{j=1}^{n}a_{ij}x_ix_j=(x_1,x_2,\cdots,x_n)\begin{pmatrix}a_{11}&a_{12}&\cdots&a_{1n}\\a_{21}&a_{22}&\cdots&a_{2n}\\\vdots&\vdots&&\vdots\\a_{n1}&a_{n2}&\cdots&a_{nn}\end{pmatrix}\begin{pmatrix}x_1\\x_2\\\vdots\\x_n\end{pmatrix}=\boldsymbol{x}^{\mathrm{T}}\boldsymbol{A}\boldsymbol{x}。$$

因 $a_{ij}=a_{ji}(i,j=1,2,\cdots,n)$，所以 $\boldsymbol{A}$ 为对称矩阵，其主对角线上的元素 $a_{ii}(i=1,2,\cdots,n)$ 等于平方项 x_i^2 的系数，其他元素 $a_{ij}(i\neq j)$ 等于交叉项 x_ix_j 系数的一半。称 $f=\boldsymbol{x}^{\mathrm{T}}\boldsymbol{A}\boldsymbol{x}$ 为二次型的**矩阵形式**，对称矩阵 $\boldsymbol{A}$ 称为**二次型 f 的矩阵**，f 称为**对称矩阵 $\boldsymbol{A}$ 的二次型**，$\boldsymbol{A}$ 的秩称为**二次型 f 的秩**。

显然这种矩阵表示是唯一的，即任给一个二次型就唯一确定一个对称矩阵；反之任给一个对称矩阵也可唯一确定一个二次型，即二者之间存在一一对应关系。

例 5.1　将二次型 $f=x_1^2+2x_1x_2-2x_2^2-2x_1x_3-7x_2x_3+5x_3^2$ 表示为矩阵形式。

解

$$f=(x_1,x_2,x_3)\begin{pmatrix}1&1&-1\\1&-2&-\frac{7}{2}\\-1&-\frac{7}{2}&5\end{pmatrix}\begin{pmatrix}x_1\\x_2\\x_3\end{pmatrix}。$$

例 5.2　已知 $\boldsymbol{x}=(x_1,x_2,x_3)^{\mathrm{T}}$，试求二次型 $f=\boldsymbol{x}^{\mathrm{T}}\begin{pmatrix}1&2&0\\0&-2&-2\\2&4&1\end{pmatrix}\boldsymbol{x}$ 的秩。

解　由于 $\begin{pmatrix}1&2&0\\0&-2&-2\\2&4&1\end{pmatrix}$ 不是对称矩阵，故不是二次型 f 的矩阵。将二次型展开，得

$$f(x_1,x_2,x_3)=x_1^2+2x_1x_2-2x_2^2+2x_1x_3+2x_2x_3+x_3^2,$$

因此二次型的矩阵为

$$\boldsymbol{A}=\begin{pmatrix}1&1&1\\1&-2&1\\1&1&1\end{pmatrix}。$$

对 $\boldsymbol{A}$ 作初等变换，有

$$\boldsymbol{A}=\begin{pmatrix}1&1&1\\1&-2&1\\1&1&1\end{pmatrix}\to\begin{pmatrix}1&1&1\\0&-3&0\\0&0&0\end{pmatrix},$$

即 $r(\boldsymbol{A})=2$，所以二次型的秩为 2。

5.1.2　矩阵的合同

在平面解析几何中，以坐标原点为中心的二次曲线的一般方程为

$$ax^2+2bxy+cy^2=1。$$

可以通过适当的坐标变换，消去其中的交叉项，化为只有平方项的形式

$$mx'^2 + ny'^2 = 1,$$

这是二次曲线的标准形。由标准形容易识别曲线的类型，研究曲线的性质。在这里，我们将这类问题一般化，讨论 n 个变量的二次型的化简问题。

设 $x_1, x_2, \cdots, x_n$ 和 $y_1, y_2, \cdots, y_n$ 为两组变量，关系式

$$\begin{cases} x_1 = c_{11}y_1 + c_{12}y_2 + \cdots + c_{1n}y_n, \\ x_2 = c_{21}y_1 + c_{22}y_2 + \cdots + c_{2n}y_n, \\ \cdots\cdots \\ x_n = c_{n1}y_1 + c_{n2}y_2 + \cdots + c_{nn}y_n \end{cases} \tag{5-3}$$

称为由变量 $x_1, x_2, \cdots, x_n$ 到变量 $y_1, y_2, \cdots, y_n$ 的一个**线性变换**。该线性变换的矩阵形式为

$$\begin{pmatrix} x_1 \\ x_2 \\ \vdots \\ x_n \end{pmatrix} = \begin{pmatrix} c_{11} & c_{12} & \cdots & c_{1n} \\ c_{21} & c_{22} & \cdots & c_{2n} \\ \vdots & \vdots & & \vdots \\ c_{n1} & c_{n2} & \cdots & c_{nn} \end{pmatrix} \begin{pmatrix} y_1 \\ y_2 \\ \vdots \\ y_n \end{pmatrix}。$$

若记 $\boldsymbol{x} = \begin{pmatrix} x_1 \\ x_2 \\ \vdots \\ x_n \end{pmatrix}, \boldsymbol{C} = \begin{pmatrix} c_{11} & c_{12} & \cdots & c_{1n} \\ c_{21} & c_{22} & \cdots & c_{2n} \\ \vdots & \vdots & & \vdots \\ c_{n1} & c_{n2} & \cdots & c_{nn} \end{pmatrix}, \boldsymbol{y} = \begin{pmatrix} y_1 \\ y_2 \\ \vdots \\ y_n \end{pmatrix}$，则线性变换(5-3) 可写成

$$\boldsymbol{x} = \boldsymbol{C}\boldsymbol{y}。$$

矩阵 $\boldsymbol{C}$ 称为**线性变换矩阵**。若 $\boldsymbol{C}$ 是可逆矩阵，则称 $\boldsymbol{x} = \boldsymbol{C}\boldsymbol{y}$ 为**可逆线性变换**，简称**可逆变换**；若 $\boldsymbol{C}$ 是正交矩阵，则称 $\boldsymbol{x} = \boldsymbol{C}\boldsymbol{y}$ 为**正交线性变换**，简称**正交变换**。

给定一个二次型 $f = \boldsymbol{x}^{\mathrm{T}}\boldsymbol{A}\boldsymbol{x}$（$\boldsymbol{A}$ 为对称矩阵），经可逆的线性变换 $\boldsymbol{x} = \boldsymbol{C}\boldsymbol{y}$，可将其化为

$$f = \boldsymbol{x}^{\mathrm{T}}\boldsymbol{A}\boldsymbol{x} = (\boldsymbol{C}\boldsymbol{y})^{\mathrm{T}}\boldsymbol{A}(\boldsymbol{C}\boldsymbol{y}) = \boldsymbol{y}^{\mathrm{T}}(\boldsymbol{C}^{\mathrm{T}}\boldsymbol{A}\boldsymbol{C})\boldsymbol{y} = \boldsymbol{y}^{\mathrm{T}}\boldsymbol{B}\boldsymbol{y},$$

其中，$\boldsymbol{B} = \boldsymbol{C}^{\mathrm{T}}\boldsymbol{A}\boldsymbol{C}$，且$\boldsymbol{B}^{\mathrm{T}} = (\boldsymbol{C}^{\mathrm{T}}\boldsymbol{A}\boldsymbol{C})^{\mathrm{T}} = \boldsymbol{C}^{\mathrm{T}}\boldsymbol{A}\boldsymbol{C} = \boldsymbol{B}$，即 $\boldsymbol{B}$ 是对称矩阵。由二次型与对称矩阵的一一对应关系可知，$\boldsymbol{y}^{\mathrm{T}}\boldsymbol{B}\boldsymbol{y}$ 为变量 $y_1, y_2, \cdots, y_n$ 的二次型。由此给出矩阵合同的概念。

定义 5.2 设 $\boldsymbol{A}, \boldsymbol{B}$ 是两个 n 阶方阵，如果存在 n 阶可逆矩阵 $\boldsymbol{C}$，使

$$\boldsymbol{B} = \boldsymbol{C}^{\mathrm{T}}\boldsymbol{A}\boldsymbol{C},$$

则称矩阵 $\boldsymbol{A}$ 与 $\boldsymbol{B}$ **合同**，或 $\boldsymbol{A}$ **合同于** $\boldsymbol{B}$。

易见，二次型 $f(x_1, x_2, \cdots, x_n) = \boldsymbol{x}^{\mathrm{T}}\boldsymbol{A}\boldsymbol{x}$ 的矩阵$\boldsymbol{A}$ 与经过可逆线性变换 $\boldsymbol{x} = \boldsymbol{C}\boldsymbol{y}$ 得到的二次型的矩阵 $\boldsymbol{B} = \boldsymbol{C}^{\mathrm{T}}\boldsymbol{A}\boldsymbol{C}$ 是合同的。

矩阵合同的基本性质：

(1) 自反性：对任意方阵 $\boldsymbol{A}$，$\boldsymbol{A}$ 合同于 $\boldsymbol{A}$。

(2) 对称性：若 $\boldsymbol{A}$ 与 $\boldsymbol{B}$ 合同，则 $\boldsymbol{B}$ 与 $\boldsymbol{A}$ 合同。

(3) 传递性：若 $\boldsymbol{A}$ 与 $\boldsymbol{B}$ 合同，$\boldsymbol{B}$ 与 $\boldsymbol{C}$ 合同，则 $\boldsymbol{A}$ 与 $\boldsymbol{C}$ 合同。

由于 $\boldsymbol{C}$ 为可逆矩阵，故 $r(\boldsymbol{B}) = r(\boldsymbol{A})$。这可归结为下述定理：

定理 5.1 二次型经可逆变换后化为新的二次型，且新二次型与原二次型的秩相等。

习　题　5.1

1. 写出下列二次型的矩阵，并求出其秩。

(1) $f(x,y)=2x^2+6xy-y^2$；

(2) $f(x,y,z)=3x^2+y^2+7z^2-6xy-4xz-5yz$；

(3) $f(x_1,x_2,x_3,x_4)=2x_1^2-2x_2^2+4x_3^2+x_4^2-x_1x_2+2x_1x_3+9x_1x_4+8x_2x_3+x_3x_4$。

2. 二次型 $f(x_1,x_2,x_3)=x_1^2+x_2^2+ax_3^2+4x_1x_2+6x_2x_3$ 的秩为 2，求 a。

3. 试用矩阵记号表示下列二次型：

(1) $f(x_1,x_2,x_3)=2x_1^2-2x_2^2+x_3^2-4x_1x_2+8x_1x_3+6x_2x_3$；

(2) $f(x,y,z)=-x^2+2y^2-3z^2+xy-6xz-4yz$；

(3) $f(x_1,x_2,x_3,x_4)=x_1^2-4x_3^2-2x_1x_2+6x_2x_3$。

4. 求二次型 $f=\boldsymbol{x}^{\mathrm{T}}\begin{pmatrix}1&2&2\\2&3&-1\\4&7&3\end{pmatrix}\boldsymbol{x}$ 的秩，其中 $\boldsymbol{x}=(x_1,x_2,x_3)^{\mathrm{T}}$。

5. 设 $f(x_1,x_2,x_3)=x_1x_2+x_1x_3$。

(1) 试写出二次型 f 的矩阵 $\boldsymbol{A}$；

(2) 对二次型 f 作可逆线性变换 $\begin{cases}x_1=y_1+y_2\\x_2=y_1-y_2\\x_3=y_3\end{cases}$，试写出线性变换后得到的二次型所对应的矩阵 $\boldsymbol{B}$，并验证 $\boldsymbol{C}^{\mathrm{T}}\boldsymbol{AC}=\boldsymbol{B}$，这里 $\boldsymbol{C}$ 为线性变换矩阵。

6. 设二次型 $f=2x_1^2+x_2^2-4x_1x_2-4x_2x_3$，分别作下列可逆变换，求出新的二次型：

(1) $\boldsymbol{x}=\begin{pmatrix}1&1&-2\\0&1&-2\\0&0&1\end{pmatrix}\boldsymbol{y}$；　　(2) $\boldsymbol{x}=\begin{pmatrix}\frac{1}{\sqrt{2}}&1&-1\\0&1&-1\\0&0&\frac{1}{2}\end{pmatrix}\boldsymbol{y}$。

5.2　二次型的标准形与规范形

学习目标：

1. 了解二次型的标准形、规范形的概念。
2. 会用正交变换法、配方法将二次型化为标准形。
3. 了解惯性定理和正、负惯性指数。

5.2.1 二次型的标准形

定义 5.3 若二次型 $f(x_1,x_2,\cdots,x_n)=\boldsymbol{x}^{\mathrm{T}}\boldsymbol{A}\boldsymbol{x}$，经可逆线性变换 $\boldsymbol{x}=\boldsymbol{C}\boldsymbol{y}$ 可化为只含平方项的形式：

$$\lambda_1 y_1^2+\lambda_2 y_2^2+\cdots+\lambda_n y_n^2, \tag{5-4}$$

则称式(5-4)为二次型 $f(x_1,x_2,\cdots,x_n)$ 的**标准形**。

显然，标准形对应的矩阵是对角矩阵。因此二次型化标准形的问题就是对于一个对称矩阵 $\boldsymbol{A}$，寻求一个可逆矩阵 $\boldsymbol{C}$，使得 $\boldsymbol{C}^{\mathrm{T}}\boldsymbol{A}\boldsymbol{C}$ 为对角矩阵，即

$$\boldsymbol{C}^{\mathrm{T}}\boldsymbol{A}\boldsymbol{C}=\begin{pmatrix}\lambda_1 & & & \\ & \lambda_2 & & \\ & & \ddots & \\ & & & \lambda_n\end{pmatrix},$$

此时，对称矩阵 $\boldsymbol{A}$ 与对角矩阵合同。

下面介绍三种化二次型为标准形的方法。

5.2.2 化二次型为标准形

1. 正交变换法

由于二次型的矩阵是对称矩阵，由第 4 章的定理 4.14 知，任意一个对称矩阵 $\boldsymbol{A}$，总存在正交矩阵 $\boldsymbol{P}$，使 $\boldsymbol{P}^{-1}\boldsymbol{A}\boldsymbol{P}=\boldsymbol{P}^{\mathrm{T}}\boldsymbol{A}\boldsymbol{P}=\boldsymbol{\Lambda}=\mathrm{diag}(\lambda_1,\lambda_2,\cdots,\lambda_n)$。于是有：

定理 5.2 任意一个二次型 $f=\boldsymbol{x}^{\mathrm{T}}\boldsymbol{A}\boldsymbol{x}$，总有正交变换 $\boldsymbol{x}=\boldsymbol{P}\boldsymbol{y}$，使 f 化为标准形 $f=\lambda_1 y_1^2+\lambda_2 y_2^2+\cdots+\lambda_n y_n^2$，其中 $\lambda_1,\lambda_2,\cdots,\lambda_n$ 是 f 的矩阵 $\boldsymbol{A}$ 的 n 个特征值。

用正交变换化二次型为标准形的基本步骤：

(1) 写出二次型 f 的矩阵 $\boldsymbol{A}$；

(2) 求出 $\boldsymbol{A}$ 的所有特征值 $\lambda_1,\lambda_2,\cdots,\lambda_n$；

(3) 求出对应于各特征值的线性无关的特征向量 $\boldsymbol{p}_1,\boldsymbol{p}_2,\cdots,\boldsymbol{p}_n$；

(4) 将特征向量 $\boldsymbol{p}_1,\boldsymbol{p}_2,\cdots,\boldsymbol{p}_n$ 正交化、单位化，得 $\boldsymbol{\varepsilon}_1,\boldsymbol{\varepsilon}_2,\cdots,\boldsymbol{\varepsilon}_n$，构成正交矩阵 $\boldsymbol{P}=(\boldsymbol{\varepsilon}_1,\boldsymbol{\varepsilon}_2,\cdots,\boldsymbol{\varepsilon}_n)$；

(5) 作正交变换 $\boldsymbol{x}=\boldsymbol{P}\boldsymbol{y}$，将 f 化为标准形 $f=\lambda_1 y_1^2+\lambda_2 y_2^2+\cdots+\lambda_n y_n^2$。

例 5.3 已知二次型 $f=x_1^2-2x_2^2-2x_3^2-4x_1x_2+4x_1x_3+8x_2x_3$，求一个正交变换 $\boldsymbol{x}=\boldsymbol{P}\boldsymbol{y}$，将二次型 f 化为标准形。

解 二次型 f 对应的矩阵为 $\boldsymbol{A}=\begin{pmatrix}1 & -2 & 2\\ -2 & -2 & 4\\ 2 & 4 & -2\end{pmatrix}$，由

$$|\boldsymbol{A}-\lambda\boldsymbol{E}|=\begin{vmatrix}1-\lambda & -2 & 2\\ -2 & -2-\lambda & 4\\ 2 & 4 & -2-\lambda\end{vmatrix}=-(\lambda+7)(\lambda-2)^2,$$

得 $\boldsymbol{A}$ 的特征值为 $\lambda_1=-7,\lambda_2=\lambda_3=2$。

当 $\lambda_1=-7$ 时,解齐次线性方程组 $(\boldsymbol{A}+7\boldsymbol{E})\boldsymbol{x}=\boldsymbol{0}$,得基础解系 $\boldsymbol{p}_1=\begin{pmatrix}-1\\-2\\2\end{pmatrix}$;

当 $\lambda_2=\lambda_3=2$ 时,解齐次线性方程组 $(\boldsymbol{A}-2\boldsymbol{E})\boldsymbol{x}=\boldsymbol{0}$,得基础解系

$$\boldsymbol{p}_2=\begin{pmatrix}-2\\1\\0\end{pmatrix},\quad \boldsymbol{p}_3=\begin{pmatrix}2\\0\\1\end{pmatrix}。$$

将 $\boldsymbol{p}_1,\boldsymbol{p}_2,\boldsymbol{p}_3$ 正交化,得

$$\boldsymbol{\alpha}_1=\boldsymbol{p}_1=\begin{pmatrix}-1\\-2\\2\end{pmatrix},\quad \boldsymbol{\alpha}_2=\boldsymbol{p}_2=\begin{pmatrix}-2\\1\\0\end{pmatrix},\quad \boldsymbol{\alpha}_3=\boldsymbol{p}_3-\frac{[\boldsymbol{p}_3,\boldsymbol{\alpha}_2]}{[\boldsymbol{\alpha}_2,\boldsymbol{\alpha}_2]}\boldsymbol{\alpha}_2=\frac{1}{5}\begin{pmatrix}2\\4\\5\end{pmatrix}。$$

将 $\boldsymbol{\alpha}_1,\boldsymbol{\alpha}_2,\boldsymbol{\alpha}_3$ 单位化得

$$\boldsymbol{\varepsilon}_1=\begin{pmatrix}-\frac{1}{3}\\-\frac{2}{3}\\\frac{2}{3}\end{pmatrix},\boldsymbol{\varepsilon}_2=\begin{pmatrix}-\frac{2}{\sqrt{5}}\\\frac{1}{\sqrt{5}}\\0\end{pmatrix},\boldsymbol{\varepsilon}_3=\begin{pmatrix}\frac{2}{3\sqrt{5}}\\\frac{4}{3\sqrt{5}}\\\frac{\sqrt{5}}{3}\end{pmatrix}。$$

由 $\boldsymbol{\varepsilon}_1,\boldsymbol{\varepsilon}_2,\boldsymbol{\varepsilon}_3$ 构成正交矩阵

$$\boldsymbol{P}=(\boldsymbol{\varepsilon}_1,\boldsymbol{\varepsilon}_2,\boldsymbol{\varepsilon}_3)=\begin{pmatrix}-\frac{1}{3}&-\frac{2}{\sqrt{5}}&\frac{2}{3\sqrt{5}}\\-\frac{2}{3}&\frac{1}{\sqrt{5}}&\frac{4}{3\sqrt{5}}\\\frac{2}{3}&0&\frac{\sqrt{5}}{3}\end{pmatrix}。$$

作正交变换 $\boldsymbol{x}=\boldsymbol{P}\boldsymbol{y}$,二次型 f 可化为标准形 $f=-7y_1^2+2y_2^2+2y_3^2$。

例 5.4　把圆锥曲线 $3x^2+2xy+3y^2-8=0$ 化为标准形。

解　令 $f(x,y)=3x^2+2xy+3y^2$,则

$$f(x,y)=(x,y)\begin{pmatrix}3&1\\1&3\end{pmatrix}\begin{pmatrix}x\\y\end{pmatrix},$$

令 $\boldsymbol{A}=\begin{pmatrix}3&1\\1&3\end{pmatrix}$,则 $\boldsymbol{A}$ 的特征多项式为

$$|\boldsymbol{A}-\lambda\boldsymbol{E}|=(\lambda-2)(\lambda-4),$$

故 $\boldsymbol{A}$ 的特征值为 $\lambda_1=2$ 和 $\lambda_2=4$,其对应的单位特征向量分别为

$$\left(\frac{1}{\sqrt{2}},-\frac{1}{\sqrt{2}}\right)^{\mathrm{T}},\left(\frac{1}{\sqrt{2}},\frac{1}{\sqrt{2}}\right)^{\mathrm{T}}。$$

令 $\boldsymbol{Q}=\begin{pmatrix}\frac{1}{\sqrt{2}} & \frac{1}{\sqrt{2}}\\ -\frac{1}{\sqrt{2}} & \frac{1}{\sqrt{2}}\end{pmatrix}$，$\begin{pmatrix}x\\y\end{pmatrix}=\boldsymbol{Q}\begin{pmatrix}x'\\y'\end{pmatrix}$，于是

$$f(x,y)=(x',y')\boldsymbol{Q}^{\mathrm{T}}\boldsymbol{A}\boldsymbol{Q}\begin{pmatrix}x'\\y'\end{pmatrix}=(x',y')\begin{pmatrix}2&0\\0&4\end{pmatrix}\begin{pmatrix}x'\\y'\end{pmatrix}=2(x')^2+4(y')^2,$$

故圆锥曲线的标准化方程为

$$2(x')^2+4(y')^2=8,$$

即$\frac{(x')^2}{4}+\frac{(y')^2}{2}=1$，这是椭圆的标准方程。

注 由于

$$\boldsymbol{Q}=\begin{pmatrix}\frac{1}{\sqrt{2}} & \frac{1}{\sqrt{2}}\\ -\frac{1}{\sqrt{2}} & \frac{1}{\sqrt{2}}\end{pmatrix}=\begin{pmatrix}\cos 45^\circ & \sin 45^\circ\\ -\sin 45^\circ & \cos 45^\circ\end{pmatrix},$$

故新坐标系 $x'Oy'$ 与旧坐标系 xOy 的关系如图 5-1 所示：

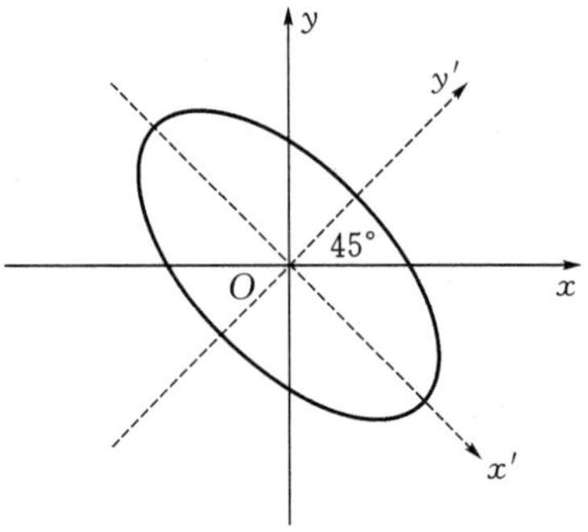

图 5-1

利用正交变换化二次型为标准形，具有保持几何形状不变的优点，但计算比较烦琐，且有时矩阵 $\boldsymbol{A}$ 的特征值并不容易求出。事实上，一般的可逆线性变换也可将二次型化为标准形，下面介绍配方法。

2. 配方法

定理 5.3 任意一个二次型都可通过可逆线性变换化为标准形。

证明略。

因为二次型 f 与它的对称矩阵 $\boldsymbol{A}$ 有一一对应的关系，由定理 5.3 即得：

定理 5.4 任意一个对称矩阵 $\boldsymbol{A}$，都存在可逆矩阵 $\boldsymbol{C}$，使 $\boldsymbol{B}=\boldsymbol{C}^{\mathrm{T}}\boldsymbol{A}\boldsymbol{C}$ 为对角矩阵。即任

意一个对称矩阵都与一个对角矩阵合同。

例 5.5　将二次型

$$f = x_1^2 + 2x_2^2 + 4x_3^2 + 4x_1x_2 - 2x_1x_3 + 8x_2x_3$$

化为标准形,并求所作的变换矩阵。

解　由于二次型 f 含有平方项 x_1^2,将含有 x_1 的项集中在一起,配方,得

$$\begin{aligned} f &= (x_1^2 + 4x_1x_2 - 2x_1x_3) + 2x_2^2 + 4x_3^2 + 8x_2x_3 \\ &= [x_1^2 + 2x_1(2x_2 - x_3)] + 2x_2^2 + 4x_3^2 + 8x_2x_3 \\ &= (x_1 + 2x_2 - x_3)^2 - 2x_2^2 + 3x_3^2 + 12x_2x_3\text{。} \end{aligned}$$

再将未配方项中含有 x_2 的项集中在一起,配方,得

$$\begin{aligned} f &= (x_1 + 2x_2 - x_3)^2 - 2(x_2^2 - 6x_2x_3) + 3x_3^2 \\ &= (x_1 + 2x_2 - x_3)^2 - 2(x_2 - 3x_3)^2 + 21x_3^2\text{。} \end{aligned}$$

令

$$\begin{cases} y_1 = x_1 + 2x_2 - x_3, \\ y_2 = x_2 - 3x_3, \\ y_3 = x_3, \end{cases} \quad \text{即} \quad \begin{cases} x_1 = y_1 - 2y_2 - 5y_3, \\ x_2 = y_2 + 3y_3, \\ x_3 = y_3, \end{cases}$$

则二次型 f 化为标准形 $f = y_1^2 - 2y_2^2 + 21y_3^2$。

所作的可逆线性变换为 $\boldsymbol{x} = \boldsymbol{Cy}$,其中 $\boldsymbol{C} = \begin{pmatrix} 1 & -2 & -5 \\ 0 & 1 & 3 \\ 0 & 0 & 1 \end{pmatrix}$,$|\boldsymbol{C}| = 1 \neq 0$。

注　(1) 配方法是一种可逆线性变换,平方项的系数与 $\boldsymbol{A}$ 的特征值无关。

(2) f 的标准形不是唯一的,它随可逆线性变换的不同而不同。例如,在例 5.5 中,若进行如下可逆线性变换

$$\begin{cases} y_1 = x_1 + 2x_2 - x_3, \\ y_2 = x_2 - 3x_3, \\ y_3 = \sqrt{3}x_3, \end{cases} \quad \text{即} \quad \begin{cases} x_1 = y_1 - 2y_2 - \dfrac{5}{\sqrt{3}}y_3, \\ x_2 = y_2 + \sqrt{3}y_3, \\ x_3 = \dfrac{1}{\sqrt{3}}y_3, \end{cases}$$

则二次型 f 化为标准形 $f = y_1^2 - 2y_2^2 + 7y_3^2$,此时可逆线性变换为 $\boldsymbol{x} = \boldsymbol{C}_1\boldsymbol{y}$,其中

$$\boldsymbol{C}_1 = \begin{pmatrix} 1 & -2 & -\dfrac{5}{\sqrt{3}} \\ 0 & 1 & \sqrt{3} \\ 0 & 0 & \dfrac{1}{\sqrt{3}} \end{pmatrix}, |\boldsymbol{C}_1| = \frac{1}{\sqrt{3}} \neq 0\text{。}$$

例 5.6　将二次型 $f = 2x_1x_2 + 2x_1x_3 - 6x_2x_3$ 化为标准形,并求所作的可逆线性变换。

解　由于二次型 f 中不含平方项,因此先构造出平方项。令

$$\begin{cases} x_1 = y_1 + y_2, \\ x_2 = y_1 - y_2, \\ x_3 = y_3, \end{cases} \quad 即 \quad \begin{pmatrix} x_1 \\ x_2 \\ x_3 \end{pmatrix} = \begin{pmatrix} 1 & 1 & 0 \\ 1 & -1 & 0 \\ 0 & 0 & 1 \end{pmatrix} \begin{pmatrix} y_1 \\ y_2 \\ y_3 \end{pmatrix},$$

记为 $\boldsymbol{x} = \boldsymbol{C}_1 \boldsymbol{y}$,代入可得

$$f = 2y_1^2 - 2y_2^2 - 4y_1y_3 + 8y_2y_3,$$

再配方,得

$$f = 2(y_1 - y_3)^2 - 2(y_2 - 2y_3)^2 + 6y_3^2。$$

令 $\begin{cases} z_1 = y_1 - y_3, \\ z_2 = y_2 - 2y_3, \\ z_3 = y_3, \end{cases}$ 即 $\begin{cases} y_1 = z_1 + z_3, \\ y_2 = z_2 + 2z_3, \\ y_3 = z_3, \end{cases}$ 亦即

$$\begin{pmatrix} y_1 \\ y_2 \\ y_3 \end{pmatrix} = \begin{pmatrix} 1 & 0 & 1 \\ 0 & 1 & 2 \\ 0 & 0 & 1 \end{pmatrix} \begin{pmatrix} z_1 \\ z_2 \\ z_3 \end{pmatrix},$$

记为 $\boldsymbol{y} = \boldsymbol{C}_2 \boldsymbol{z}$,就把 f 化为标准形 $f = 2z_1^2 - 2z_2^2 + 6z_3^2$,而所用的变换为

$$\boldsymbol{x} = \boldsymbol{C}_1 \boldsymbol{y} = \boldsymbol{C}_1(\boldsymbol{C}_2 \boldsymbol{z}) = (\boldsymbol{C}_1 \boldsymbol{C}_2)\boldsymbol{z} = \boldsymbol{C}\boldsymbol{z},$$

其中

$$\boldsymbol{C} = \boldsymbol{C}_1 \boldsymbol{C}_2 = \begin{pmatrix} 1 & 1 & 0 \\ 1 & -1 & 0 \\ 0 & 0 & 1 \end{pmatrix} \begin{pmatrix} 1 & 0 & 1 \\ 0 & 1 & 2 \\ 0 & 0 & 1 \end{pmatrix} = \begin{pmatrix} 1 & 1 & 3 \\ 1 & -1 & -1 \\ 0 & 0 & 1 \end{pmatrix} (|\boldsymbol{C}| = -2 \neq 0)。$$

一般地,对于任何二次型都可用上面两例的方法找到可逆线性变换,把二次型化成标准形。

3. 初等变换法

设有可逆线性变换 $\boldsymbol{x} = \boldsymbol{C}\boldsymbol{y}$,它把二次型 $\boldsymbol{x}^{\mathrm{T}}\boldsymbol{A}\boldsymbol{x}$ 化为标准形 $\boldsymbol{y}^{\mathrm{T}}\boldsymbol{\Lambda}\boldsymbol{y}$,则 $\boldsymbol{C}^{\mathrm{T}}\boldsymbol{A}\boldsymbol{C} = \boldsymbol{\Lambda}$。已知任意一个可逆矩阵均可表示为若干个初等矩阵的乘积,故存在初等矩阵 $\boldsymbol{P}_1, \boldsymbol{P}_2, \cdots, \boldsymbol{P}_s$ 使 $\boldsymbol{C} = \boldsymbol{P}_1\boldsymbol{P}_2\cdots\boldsymbol{P}_s$,于是

$$\boldsymbol{C}^{\mathrm{T}}\boldsymbol{A}\boldsymbol{C} = \boldsymbol{P}_s^{\mathrm{T}}\cdots\boldsymbol{P}_2^{\mathrm{T}}\boldsymbol{P}_1^{\mathrm{T}}\boldsymbol{A}\boldsymbol{P}_1\boldsymbol{P}_2\cdots\boldsymbol{P}_s = \boldsymbol{\Lambda}。$$

由此可见,对 $2n \times n$ 矩阵 $\begin{pmatrix} \boldsymbol{A} \\ \cdots \\ \boldsymbol{E} \end{pmatrix}$ 施以相应于右乘 $\boldsymbol{P}_1, \boldsymbol{P}_2, \cdots, \boldsymbol{P}_s$ 的初等列变换,再对 $\boldsymbol{A}$ 施以相应于左乘 $\boldsymbol{P}_1^{\mathrm{T}}, \boldsymbol{P}_2^{\mathrm{T}}, \cdots, \boldsymbol{P}_s^{\mathrm{T}}$ 的初等行变换,则矩阵 $\boldsymbol{A}$ 变为对角矩阵 $\boldsymbol{\Lambda}$,而单位矩阵 $\boldsymbol{E}$ 就变为所求的可逆矩阵 $\boldsymbol{C}$。

例 5.7 用初等变换法将二次型

$$f(x_1, x_2, x_3) = x_1^2 + 3x_2^2 + 2x_3^2 + 2x_1x_2 - 4x_1x_3 + 4x_2x_3$$

化为标准形,并写出相应的可逆线性变换。

解 二次型的矩阵为 $A=\begin{pmatrix}1&1&-2\\1&3&2\\-2&2&2\end{pmatrix}$。对 $\begin{pmatrix}A\\ \hdashline E\end{pmatrix}$ 作初等变换，有

$$\begin{pmatrix}A\\ \hdashline E\end{pmatrix}=\begin{pmatrix}1&1&-2\\1&3&2\\-2&2&2\\ \hdashline 1&0&0\\0&1&0\\0&0&1\end{pmatrix}\xrightarrow[c_3+2c_1]{c_2-c_1}\begin{pmatrix}1&0&0\\1&2&4\\-2&4&-2\\ \hdashline 1&-1&2\\0&1&0\\0&0&1\end{pmatrix}\xrightarrow[r_3+2r_1]{r_2-r_1}\begin{pmatrix}1&0&0\\0&2&4\\0&4&-2\\ \hdashline 1&-1&2\\0&1&0\\0&0&1\end{pmatrix}$$

$$\xrightarrow{c_3-2c_2}\begin{pmatrix}1&0&0\\0&2&0\\0&4&-10\\ \hdashline 1&-1&4\\0&1&-2\\0&0&1\end{pmatrix}\xrightarrow{r_3-2r_2}\begin{pmatrix}1&0&0\\0&2&0\\0&0&-10\\ \hdashline 1&-1&4\\0&1&-2\\0&0&1\end{pmatrix}。$$

因此 $C=\begin{pmatrix}1&-1&4\\0&1&-2\\0&0&1\end{pmatrix}$（$|C|=1\neq 0$），且 $C^{\mathrm{T}}AC=\begin{pmatrix}1&0&0\\0&2&0\\0&0&-10\end{pmatrix}$。

令 $x=Cy$，即

$$\begin{cases}x_1=y_1-y_2+4y_3,\\x_2=y_2-2y_3,\\x_3=y_3,\end{cases}$$

则得 f 的标准形为

$$f=y_1^2+2y_2^2-10y_3^2。$$

5.2.3 二次型的规范形

实二次型 $f=x^{\mathrm{T}}Ax$ 化为标准形后，如果 A 的秩为 r，因任何可逆变换不改变二次型的秩，所以其标准形中有且仅有 r 个平方项的系数非零。再经过一次可逆变换，可以适当排列变量的次序，把系数为正的排在前面，将其化为如下形式

$$f=d_1y_1^2+d_2y_2^2+\cdots+d_py_p^2-d_{p+1}y_{p+1}^2-\cdots-d_ry_r^2,$$

其中 $d_i>0(i=1,2,\cdots,r)$，r 为二次型的秩。再作可逆线性变换

$$\begin{cases}z_1=\sqrt{d_1}y_1,\\ \quad\vdots\\ z_r=\sqrt{d_r}y_r,\\ z_{r+1}=y_{r+1},\\ \quad\vdots\\ z_n=y_n,\end{cases}\quad 即\quad \begin{cases}y_1=\dfrac{1}{\sqrt{d_1}}z_1,\\ \quad\vdots\\ y_r=\dfrac{1}{\sqrt{d_r}}z_r,\\ y_{r+1}=z_{r+1},\\ \quad\vdots\\ y_n=z_n,\end{cases}$$

则标准形可进一步化为

$$f=z_1^2+\cdots+z_p^2-z_{p+1}^2-\cdots-z_r^2。$$

此时，二次型的平方项的系数只取 1，−1，0 这三个数，称这样的标准形为二次型 f 的**规范形**。

定理 5.5 （惯性定理）设有实二次型 $f=\boldsymbol{x}^{\mathrm{T}}\boldsymbol{A}\boldsymbol{x}$，它的秩为 r，若有两个可逆线性变换 $\boldsymbol{x}=\boldsymbol{C}_1\boldsymbol{y}$ 及 $\boldsymbol{x}=\boldsymbol{C}_2\boldsymbol{z}$，使

$$f=k_1y_1^2+k_2y_2^2+\cdots+k_ry_r^2 \quad (k_i\neq 0)$$

及

$$f=d_1z_1^2+d_2z_2^2+\cdots+d_rz_r^2 \quad (d_i\neq 0),$$

则 $k_1,k_2,\cdots,k_r$ 中正数的个数与 $d_1,d_2,\cdots,d_r$ 中正数的个数相同。

定义 5.4 实二次型 $f(x_1,x_2,\cdots,x_n)$ 的标准形中，系数为正的平方项的个数 p 称为此二次型的**正惯性指数**，系数为负的平方项的个数 $r-p$ 称为**负惯性指数**，这里 r 为二次型 f 的秩。

例 5.8 将二次型

$$f=x_1^2+2x_2^2+4x_3^2+4x_1x_2-2x_1x_3+8x_2x_3$$

化为规范形，并求其正、负惯性指数。

解 由例 5.5 知，用配方法可得到 f 的标准形为

$$f=y_1^2-2y_2^2+21y_3^2。$$

所以 f 的正惯性指数为 2，负惯性指数为 1。

令 $\begin{cases} z_1=y_1, \\ z_2=\sqrt{21}y_3, \\ z_3=\sqrt{2}y_2, \end{cases}$ 即 $\begin{cases} y_1=z_1, \\ y_2=\dfrac{1}{\sqrt{2}}z_3, \\ y_3=\dfrac{1}{\sqrt{21}}z_2, \end{cases}$ 可得 f 的规范形为

$$f=z_1^2+z_2^2-z_3^2。$$

显然，将一个标准形化为规范形的过程中，二次型的正平方项个数和负平方项个数也保持不变。于是由惯性定理及定理 5.3 可以得到：

定理 5.6 任意一个实二次型都可以通过可逆线性变换化为规范形，且规范形是唯一的。

注 虽然实二次型的标准形不唯一，但其规范形是唯一的，且由标准形化规范形的过程可以看出，实二次型 f 的正惯性指数等于其规范形中系数“1”的个数，负惯性指数等于其规范形中系数“−1”的个数。另外，给定二次型 $f(x_1,x_2,\cdots,x_n)=\boldsymbol{x}^{\mathrm{T}}\boldsymbol{A}\boldsymbol{x}$（$\boldsymbol{A}$ 为对称矩阵），若对其作正交线性变换，得到的标准形 $\lambda_1y_1^2+\lambda_2y_2^2+\cdots+\lambda_ny_n^2$ 以 $\boldsymbol{A}$ 的特征值作为平方项的系数，因此，f 的正惯性指数 p 实际上是矩阵 $\boldsymbol{A}$ 的正特征值的个数，而负惯性指数 $r-p$ 是矩阵 $\boldsymbol{A}$ 的负特征值的个数，这里，特征值的个数按重数计算。

对任意 n 阶实对称矩阵 $\boldsymbol{A}$，其对应于一个实二次型 $f(x_1,x_2,\cdots,x_n)=\boldsymbol{x}^{\mathrm{T}}\boldsymbol{A}\boldsymbol{x}$，由于 f

总可经过可逆线性变换化为规范形

$$z_1^2+\cdots+z_p^2-z_{p+1}^2-\cdots-z_r^2,$$

从而实对称矩阵 $\boldsymbol{A}$ 与对角矩阵 $\boldsymbol{\Lambda}=\operatorname{diag}(1,\cdots,1,-1,\cdots,-1,0,\cdots,0)$ 合同，即有下面的定理。

定理 5.7　任意一个实对称矩阵 $\boldsymbol{A}$ 都合同于一个形如

$$\boldsymbol{\Lambda}=\begin{pmatrix}1&&&&&&&&\\&\ddots&&&&&&&\\&&1&&&&&&\\&&&-1&&&&&\\&&&&\ddots&&&&\\&&&&&-1&&&\\&&&&&&0&&\\&&&&&&&\ddots&\\&&&&&&&&0\end{pmatrix}$$

的对角矩阵，其中，对角矩阵 $\boldsymbol{\Lambda}$ 的主对角线上元素 1 的个数 p 及元素 -1 的个数 $r-p$ 是唯一的，分别为 $\boldsymbol{A}$ 的正、负惯性指数，这里，r 为 $\boldsymbol{A}$ 的秩。

例如，对称矩阵 $\boldsymbol{A}=\begin{pmatrix}1&-2&0\\-2&2&-2\\0&-2&3\end{pmatrix}$ 的特征值 $\lambda_1=-1,\lambda_2=2,\lambda_3=5$。因此，$\boldsymbol{A}$ 的正惯性指数为 2，负惯性指数为 1，从而 $\boldsymbol{A}$ 与对角矩阵 $\boldsymbol{\Lambda}=\begin{pmatrix}1&&\\&1&\\&&-1\end{pmatrix}$ 合同。

习　题　5.2

1. 用正交线性变换将下列二次型化为标准形，并写出相应的正交线性变换：

(1) $f(x_1,x_2,x_3)=2x_1^2+3x_2^2+3x_3^2+4x_2x_3$；

(2) $f(x_1,x_2,x_3)=3x_1^2+3x_3^2+4x_1x_2+8x_1x_3+4x_2x_3$。

2. 用配方法将下列二次型化为标准形，并写出所作的可逆线性变换以及二次型的正惯性指数和负惯性指数：

(1) $f(x_1,x_2,x_3)=x_1^2+2x_3^2+2x_1x_3-2x_2x_3$；

(2) $f(x_1,x_2,x_3)=x_1x_2-4x_1x_3-2x_2x_3$。

3. 用初等变换法将二次型 $f(x_1,x_2,x_3)=x_1^2-x_3^2+2x_1x_2+2x_2x_3$ 化为标准形。

4. 设三元实二次型 $f(x_1,x_2,x_3)$ 的秩为 3，正惯性指数为 2，则此二次型的规范形是________。

5. 将下列二次型化为规范形,并指出其正惯性指数及秩:

(1) $x_1^2+5x_2^2+x_3^2+2x_1x_2+6x_1x_3+2x_2x_3$;

(2) $2x_1x_2+2x_2x_3+2x_3x_4+2x_1x_4$;

(3) $x_1^2+x_2^2+2x_3^2+2x_1x_3-2x_2x_3$;

(4) $x_1^2+x_2^2-x_4^2-2x_1x_4$。

6. 求二次型 $f(x_1,x_2,x_3)=x_1^2+3x_3^2+2x_1x_2+4x_1x_3+2x_2x_3$ 的正惯性指数。

5.3 正定二次型

学习目标:

1. 理解正定二次型和正定矩阵的概念。
2. 掌握正定二次型和正定矩阵的判别方法。

5.3.1 正定二次型的概念

定义 5.5 设有实二次型 $f=\boldsymbol{x}^{\mathrm{T}}\boldsymbol{A}\boldsymbol{x}$,如果:

(1) 对任意非零向量 $\boldsymbol{x}$,都有 $\boldsymbol{x}^{\mathrm{T}}\boldsymbol{A}\boldsymbol{x}>0$,则称 f 为**正定二次型**,矩阵 $\boldsymbol{A}$ 称为**正定矩阵**;

(2) 对任意非零向量 $\boldsymbol{x}$,都有 $\boldsymbol{x}^{\mathrm{T}}\boldsymbol{A}\boldsymbol{x}<0$,则称 f 为**负定二次型**,矩阵 $\boldsymbol{A}$ 称为**负定矩阵**;

(3) 对任意非零向量 $\boldsymbol{x}$,都有 $\boldsymbol{x}^{\mathrm{T}}\boldsymbol{A}\boldsymbol{x}\geqslant 0$,且存在非零向量 $\boldsymbol{x}_0$,使 $\boldsymbol{x}_0^{\mathrm{T}}\boldsymbol{A}\boldsymbol{x}_0=0$,则称 f 为**半正定二次型**,矩阵 $\boldsymbol{A}$ 称为**半正定矩阵**;

(4) 对任意非零向量 $\boldsymbol{x}$,都有 $\boldsymbol{x}^{\mathrm{T}}\boldsymbol{A}\boldsymbol{x}\leqslant 0$,且存在非零向量 $\boldsymbol{x}_0$,使 $\boldsymbol{x}_0^{\mathrm{T}}\boldsymbol{A}\boldsymbol{x}_0=0$,则称 f 为**半负定二次型**,矩阵 $\boldsymbol{A}$ 称为**半负定矩阵**。

除上述情形之外的二次型称为**不定二次型**。

例 5.9 判断下列二次型的正定性:

(1) $f(x_1,x_2,\cdots,x_n)=x_1^2+x_2^2+\cdots+x_n^2$;

(2) $f(x_1,x_2,x_3)=2x_1^2+x_2^2$;

(3) $f(x_1,x_2,x_3)=x_1^2-2x_2^2+x_3^2$。

解 (1) 对任意非零向量 $\boldsymbol{x}=(a_1,a_2,\cdots,a_n)^{\mathrm{T}}$,有 $f(a_1,a_2,\cdots,a_n)=a_1^2+a_2^2+\cdots+a_n^2$,而 $\boldsymbol{x}$ 为非零向量,意味着有某个分量 $a_k\neq 0$,从而 $f(a_1,a_2,\cdots,a_n)\geqslant a_k^2>0$,因此,$f$ 为正定二次型。

(2) 对任意非零向量 $\boldsymbol{x}=(a_1,a_2,a_3)^{\mathrm{T}}$,有 $f(a_1,a_2,a_3)=2a_1^2+a_2^2\geqslant 0$,但又存在 $\boldsymbol{x}_0=(0,0,1)^{\mathrm{T}}\neq\boldsymbol{0}$,使得 $f(0,0,1)=0$,因此 f 为半正定二次型。

(3) 取 $\boldsymbol{x}_1=(1,0,0)^{\mathrm{T}}\neq\boldsymbol{0}$,则 $f(1,0,0)=1>0$,取 $\boldsymbol{x}_2=(0,1,0)^{\mathrm{T}}\neq\boldsymbol{0}$,则 $f(0,1,0)=-2<0$,因此 f 为不定二次型。

本节主要讨论正定二次型以及正定矩阵的判别方法。如无特殊说明,本节中矩阵 $\boldsymbol{A}$ 均为对称矩阵。

5.3.2　正定二次型的判定

定理 5.8　n 元实二次型 $f=\boldsymbol{x}^{\mathrm{T}}\boldsymbol{A}\boldsymbol{x}$ 为正定的充分必要条件是:它的标准形的 n 个系数全为正,即它的规范形的 n 个系数全为 1,亦即它的正惯性指数等于 n。

证　设可逆线性变换 $\boldsymbol{x}=\boldsymbol{C}\boldsymbol{y}$,使

$$f(x_1,x_2,\cdots,x_n)=k_1y_1^2+k_2y_2^2+\cdots+k_ny_n^2。$$

先证明充分性。

设 $k_i>0(i=1,2,\cdots,n)$,任给 $\boldsymbol{x}\neq\boldsymbol{0}$,而 $\boldsymbol{y}=\boldsymbol{C}^{-1}\boldsymbol{x}\neq\boldsymbol{0}$,有

$$f(x_1,x_2,\cdots,x_n)=k_1y_1^2+k_2y_2^2+\cdots+k_ny_n^2>0,$$

故 f 是正定的。

再证明必要性。

用反证法。假设有某 $i=1,2,\cdots,n$,使得 $k_i\leqslant 0$,则取 $\boldsymbol{y}=\boldsymbol{e}_i$,(单位坐标向量),有 $\boldsymbol{x}=\boldsymbol{C}\boldsymbol{y}=\boldsymbol{C}\boldsymbol{e}_i\neq\boldsymbol{0}$,但 $f=k_i\leqslant 0$,这与 $f(x_1,x_2,\cdots,x_n)$ 为正定相矛盾。所以 $k_i>0$ $(i=1,2,\cdots,n)$

例 5.10　判断二次型 $f=2x_1^2+5x_2^2+5x_3^2+4x_1x_2-4x_1x_3-8x_2x_3$ 是否为正定二次型。

解　用配方法将二次型化为标准形,有

$$\begin{aligned}f&=2(x_1^2+2x_1x_2-2x_1x_3)+5x_2^2+5x_3^2-8x_2x_3\\&=2(x_1+x_2-x_3)^2-2x_2^2-2x_3^2+4x_2x_3+5x_2^2+5x_3^2-8x_2x_3\\&=2(x_1+x_2-x_3)^2+3x_2^2-4x_2x_3+3x_3^2\\&=2(x_1+x_2-x_3)^2+3(x_2-\frac{2}{3}x_3)^2+\frac{5}{3}x_3^2。\end{aligned}$$

令 $\begin{cases}y_1=x_1+x_2-x_3,\\y_2=x_2-\dfrac{2}{3}x_3,\\y_3=x_3,\end{cases}$ 即 $\begin{cases}x_1=y_1-y_2+\dfrac{1}{3}y_3,\\x_2=y_2+\dfrac{2}{3}y_3,\\x_3=y_3,\end{cases}$ 可得 f 的标准形

$$f=2y_1^2+3y_2^2+\frac{5}{3}y_3^2,$$

由定理 5.8 知,f 为正定二次型。

注意到实二次型 $f=\boldsymbol{x}^{\mathrm{T}}\boldsymbol{A}\boldsymbol{x}$ 的正惯性指数等于矩阵 $\boldsymbol{A}$ 的正特征值的个数,从而可得如下推论。

推论 1　n 元实二次型 $f=\boldsymbol{x}^{\mathrm{T}}\boldsymbol{A}\boldsymbol{x}$ 正定的充分必要条件是:$\boldsymbol{A}$ 的 n 个特征值全为正。

推论 2　若 n 元实二次型 $f=\boldsymbol{x}^{\mathrm{T}}\boldsymbol{A}\boldsymbol{x}$ 正定,则 $|\boldsymbol{A}|>0$。

下面利用定理 5.8 的推论 1,给出例 5.10 的另一种判定方法。

判定二次型的矩阵 $\boldsymbol{A}$ 的特征值的符号。在例 5.10 中二次型 f 的矩阵为

$$A=\begin{pmatrix}2&2&-2\\2&5&-4\\-2&-4&5\end{pmatrix},$$

其特征多项式为

$$|A-\lambda E|=\begin{vmatrix}2-\lambda&2&-2\\2&5-\lambda&-4\\-2&-4&5-\lambda\end{vmatrix}=-(\lambda-1)^2(\lambda-10),$$

故 A 的特征值为 $\lambda_1=10,\lambda_2=\lambda_3=1$。显然 A 的特征值均大于零，由定理5.8的推论1知，f 为正定二次型，A 为正定矩阵。

例 5.11 设 A 是正定矩阵，证明 A^{-1} 也是正定矩阵。

证 由于 A 正定，因此 $|A|>0$，故 A 可逆，即 A^{-1} 存在。由于 A 是对称矩阵，有

$$(A^{-1})^{\mathrm{T}}=(A^{\mathrm{T}})^{-1}=A^{-1},$$

得 A^{-1} 也为对称矩阵。

设 n 阶方阵 A 的特征值分别为 $\lambda_1,\lambda_2,\cdots,\lambda_n$，则 A^{-1} 的全部特征值为 $\lambda_1^{-1},\lambda_2^{-1},\cdots,\lambda_n^{-1}$。由 A 正定可知，$\lambda_1,\lambda_2,\cdots,\lambda_n$ 全大于零，则 $\lambda_1^{-1},\lambda_2^{-1},\cdots,\lambda_n^{-1}$ 也全大于零，故 A^{-1} 为正定矩阵。

推论 3 n 元实二次型 $f=x^{\mathrm{T}}Ax$ 正定的充分必要条件是：A 与 n 阶单位矩阵 E 合同。

推论 4 n 元实二次型 $f=x^{\mathrm{T}}Ax$ 正定的充分必要条件是：存在 n 阶可逆矩阵 C，使 $A=C^{\mathrm{T}}C$。

从上述推论可知，判断实二次型 $f=x^{\mathrm{T}}Ax$ 是否为正定二次型的方法有很多，但在实际计算中，往往比较烦琐。下面介绍一种简洁直观的判别方法。为此，先引入顺序主子式的概念。

定义 5.6 设 $A=(a_{ij})_{n\times n}$，A 的子式

$$|A_k|=\begin{vmatrix}a_{11}&a_{12}&\cdots&a_{1k}\\a_{21}&a_{22}&\cdots&a_{2k}\\\vdots&\vdots&&\vdots\\a_{k1}&a_{k2}&\cdots&a_{kk}\end{vmatrix}\quad(k=1,2,\cdots,n)$$

称为 A 的 k **阶顺序主子式**。

定理 5.9 n 元实二次型 $f=x^{\mathrm{T}}Ax$ 正定的充分必要条件是：A 的所有顺序主子式（n 个）都为正，即

$$a_{11}>0,\begin{vmatrix}a_{11}&a_{12}\\a_{21}&a_{22}\end{vmatrix}>0,\cdots,\begin{vmatrix}a_{11}&\cdots&a_{1n}\\\vdots&&\vdots\\a_{n1}&\cdots&a_{nn}\end{vmatrix}>0。$$

这个定理称为**赫尔维茨**(Hurwitz) **定理**。这里不予证明。

利用定理 5.9，可给出例 5.10 的另一种简易的判定方法。

判定二次型 f 的矩阵 $\boldsymbol{A}$ 的顺序主子式的符号。由于

$$|\boldsymbol{A}_1| = 2 > 0, |\boldsymbol{A}_2| = \begin{vmatrix} 2 & 2 \\ 2 & 5 \end{vmatrix} = 6 > 0, |\boldsymbol{A}_3| = \begin{vmatrix} 2 & 2 & -2 \\ 2 & 5 & -4 \\ -2 & -4 & 5 \end{vmatrix} = 10 > 0,$$

由定理 5.9 可知，f 为正定二次型。

例 5.12　当 k 取何值时，二次型

$$f(x_1, x_2, x_3) = x_1^2 + x_2^2 + 3x_3^2 + 2kx_1x_2 - 2x_1x_3 + 2x_2x_3$$

是正定二次型？

解　二次型 f 的矩阵为

$$\boldsymbol{A} = \begin{pmatrix} 1 & k & -1 \\ k & 1 & 1 \\ -1 & 1 & 3 \end{pmatrix}。$$

由定理 5.9 可知，实二次型 f 正定的充分必要条件是 $\boldsymbol{A}$ 的各阶顺序主子式全大于零，即

$$|\boldsymbol{A}_1| = 1 > 0,$$

$$|\boldsymbol{A}_2| = \begin{vmatrix} 1 & k \\ k & 1 \end{vmatrix} = 1 - k^2 > 0,$$

$$|\boldsymbol{A}_3| = \begin{vmatrix} 1 & k & -1 \\ k & 1 & 1 \\ -1 & 1 & 3 \end{vmatrix} = -3k^2 - 2k + 1 > 0,$$

解得 $-1 < k < \frac{1}{3}$。故当 $-1 < k < \frac{1}{3}$，f 为正定二次型。

对于负定二次型、半正定与半负定二次型，也有类似于上述正定二次型的结论。例如，关于 n 元负定二次型，下面的命题是等价的：

(1) n 元实二次型 $f = \boldsymbol{x}^{\mathrm{T}}\boldsymbol{A}\boldsymbol{x}$ 是负定的(或 $\boldsymbol{A}$ 是负定矩阵)；

(2) f 的标准形中 n 个平方项的系数全小于零；

(3) f 的负惯性指数等于 n；

(4) $\boldsymbol{A}$ 的所有特征值全小于零；

(5) $\boldsymbol{A}$ 与 $-\boldsymbol{E}$ 合同；

(6) 存在可逆矩阵 $\boldsymbol{C}$，使 $\boldsymbol{A} = -\boldsymbol{C}^{\mathrm{T}}\boldsymbol{C}$；

(7) $\boldsymbol{A}$ 的奇数阶顺序主子式都小于零，而偶数阶顺序主子式都大于零，即

$$(-1)^r \begin{vmatrix} a_{11} & \cdots & a_{1r} \\ \vdots & & \vdots \\ a_{r1} & \cdots & a_{rr} \end{vmatrix} > 0 (r = 1, 2, \cdots, n)。$$

例 5.13 判断下列二次型的正定性：

(1) $f(x_1,x_2,x_3)=x_1^2-2x_1x_2-2x_1x_3+4x_2^2+4x_2x_3+6x_3^2$；

(2) $f(x_1,x_2,x_3)=-5x_1^2+4x_1x_2+4x_1x_3-6x_2^2-4x_3^2$。

解 (1) f 的对应矩阵为

$$\boldsymbol{A}=\begin{pmatrix}1&-1&-1\\-1&4&2\\-1&2&6\end{pmatrix}。$$

因为

$$|\boldsymbol{A}_1|=1>0,\quad |\boldsymbol{A}_2|=\begin{vmatrix}1&-1\\-1&4\end{vmatrix}=3>0,\quad |\boldsymbol{A}_3|=14>0,$$

所以 f 是正定二次型。

(2) f 的对应矩阵为

$$\boldsymbol{A}=\begin{pmatrix}-5&2&2\\2&-6&0\\2&0&-4\end{pmatrix}$$

因为

$$|\boldsymbol{A}_1|=-5<0,\quad |\boldsymbol{A}_2|=\begin{vmatrix}-5&2\\2&-6\end{vmatrix}=26>0,\quad |\boldsymbol{A}_3|=-80<0,$$

所以 f 是负定二次型。

例 5.14 当 t 为何值时，实二次型

$$f=t(x_1^2+x_2^2+x_3^2)+2x_1x_2+2x_1x_3-2x_2x_3$$

负定？

解 f 的矩阵

$$\boldsymbol{A}=\begin{pmatrix}t&1&1\\1&t&-1\\1&-1&t\end{pmatrix},$$

因为 f 负定，所以 $\boldsymbol{A}$ 的奇数阶顺序主子式小于零，偶数阶顺序主子式大于零，即

$$t<0,\begin{vmatrix}t&1\\1&t\end{vmatrix}=t^2-1>0,\begin{vmatrix}t&1&1\\1&t&-1\\1&-1&t\end{vmatrix}=(t+1)^2(t-2)<0,$$

则 $t<-1$ 时，f 负定。

习　题　5.3

1. 判别下列二次型的正定性：

(1) $f(x_1,x_2,x_3)=x_1^2+2x_2^2+11x_3^2+2x_1x_2-2x_1x_3+4x_2x_3$；

(2) $f(x_1,x_2,x_3)=-5x_1^2-6x_2^2-4x_3^2+4x_1x_2+4x_1x_3$；

(3) $f(x_1,x_2,x_3)=x_1^2+3x_2^2+3x_3^2+2x_1x_2-2x_1x_3-2x_2x_3$。

2. 若三元实二次型 $f=x_1^2+3x_2^2+2x_3^2+2\lambda x_1x_2+2x_2x_3$ 是正定二次型，则 λ 满足________。

3. 如果实二次型 $f=\boldsymbol{x}^{\mathrm{T}}\boldsymbol{A}\boldsymbol{x}$ 的矩阵 $\boldsymbol{A}$ 的特征值都是负的，则 $f=\boldsymbol{x}^{\mathrm{T}}\boldsymbol{A}\boldsymbol{x}$ 是________二次型。

4. n 元实二次型 $f(x_1,x_2,\cdots,x_n)=\boldsymbol{x}^{\mathrm{T}}\boldsymbol{A}\boldsymbol{x}$ 正定，它的正惯性指数 p，秩 r 与 n 之间的关系是________。

5. 已知 $\begin{pmatrix}3-a & 1 & 0\\ 1 & 1 & 0\\ 0 & -2 & a+5\end{pmatrix}$ 是正定矩阵，求 a 的值。

6. 设 $\boldsymbol{A}$ 为 n 阶实对称矩阵，且满足 $\boldsymbol{A}^2-6\boldsymbol{A}=-5\boldsymbol{E}$，证明：$\boldsymbol{A}$ 是正定矩阵。

7. 设 $\boldsymbol{A},\boldsymbol{B}$ 分别为 m,n 阶正定矩阵，则分块矩阵 $\boldsymbol{C}=\begin{pmatrix}\boldsymbol{A} & \boldsymbol{O}\\ \boldsymbol{O} & \boldsymbol{B}\end{pmatrix}$ 也是正定矩阵。

总习题5

1. 设实二次型 $f=\boldsymbol{x}^{\mathrm{T}}\begin{pmatrix}1 & 0 & 3\\ 2 & 3 & -2\\ -5 & -4 & 3\end{pmatrix}\boldsymbol{x}$，其中 $\boldsymbol{x}=(x_1,x_2,x_3)^{\mathrm{T}}$。

(1) 求二次型的秩；

(2) 用配方法将 f 化为标准形；

(3) 判断 f 是否为正定二次型。

2. 若二次型 $f(x_1,x_2,x_3)=2x_1^2+kx_2^2-x_3^2-4x_1x_3$ 经过正交线性变换 $\boldsymbol{x}=\boldsymbol{P}\boldsymbol{y}$ 化为标准形 $3y_1^2+3y_2^2-2y_3^2$，求 k 的值及正交矩阵 $\boldsymbol{P}$。

3. 求实二次型 $f=(x_1-x_2)^2+(x_2-x_3)^2+(x_1-x_3)^2$ 的正、负惯性指数。

4. 设实二次型 $f(x_1,x_2,x_3)=5x_1^2+5x_2^2+cx_3^2-2x_1x_2+6x_1x_3-6x_2x_3$ 的秩为2。

(1) 求参数 c 及二次型的矩阵的特征值；

(2) 指出方程 $f(x_1,x_2,x_3)=1$ 表示何种曲面。

5. 判断矩阵 $\boldsymbol{A}=\begin{pmatrix}1 & 2\\ 2 & 1\end{pmatrix}$ 与矩阵 $\boldsymbol{B}=\begin{pmatrix}-2 & -2\\ -2 & 1\end{pmatrix}$ 是否合同。

6. 设实二次型 $f(x_1,x_2,x_3)=a(x_1^2+x_2^2+x_3^2)+2x_1x_2+2x_1x_3-2x_2x_3$。

(1) 当 a 取何值时，二次型 f 是正定的？

(2) 当 a 取何值时，二次型 f 是负定的？

7. 设 $\boldsymbol{A}$ 为 $m\times n$ 阶实矩阵，$\boldsymbol{E}$ 为 n 阶单位矩阵，令 $\boldsymbol{B}=\lambda\boldsymbol{E}+\boldsymbol{A}^{\mathrm{T}}\boldsymbol{A}$。证明：当 $\lambda>0$ 时，矩阵 $\boldsymbol{B}$ 为正定矩阵。

8. 设 $\boldsymbol{A}$ 是 n 阶正定矩阵，$\boldsymbol{E}$ 是 n 阶单位矩阵，证明：$\boldsymbol{A}+\boldsymbol{E}$ 的行列式大于 1。

9. 已知实二次型 $f=\boldsymbol{x}^{\mathrm{T}}\boldsymbol{A}\boldsymbol{x}$（$\boldsymbol{A}$ 为实对称矩阵）在正交变换 $\boldsymbol{x}=\boldsymbol{Q}\boldsymbol{y}$ 下化为标准形 $y_1^2+y_2^2$，且 $\boldsymbol{Q}$ 的第 3 列为 $\left(\frac{\sqrt{2}}{2},0,\frac{\sqrt{2}}{2}\right)^{\mathrm{T}}$。

(1) 求矩阵 $\boldsymbol{A}$；

(2) 证明：$\boldsymbol{A}+\boldsymbol{E}$ 为正定矩阵，其中 $\boldsymbol{E}$ 为 3 阶单位矩阵。

10. 设二次型 $f(x_1,x_2,x_3)=2(a_1x_1+a_2x_2+a_3x_3)^2+(b_1x_1+b_2x_2+b_3x_3)^2$，记

$$\boldsymbol{\alpha}=\begin{pmatrix}a_1\\ a_2\\ a_3\end{pmatrix},\boldsymbol{\beta}=\begin{pmatrix}b_1\\ b_2\\ b_3\end{pmatrix}。$$

(1) 证明：二次型 f 对应的矩阵为 $2\boldsymbol{\alpha}\boldsymbol{\alpha}^{\mathrm{T}}+\boldsymbol{\beta}\boldsymbol{\beta}^{\mathrm{T}}$；

(2) 若 $\boldsymbol{\alpha},\boldsymbol{\beta}$ 正交且均为单位向量，证明：f 在正交变换下的标准形为 $2y_1^2+y_2^2$。

11. 设二次型 $f(x_1,x_2,x_3)=\boldsymbol{x}^{\mathrm{T}}\boldsymbol{A}\boldsymbol{x}=ax_1^2+2x_2^2-2x_3^2+2bx_1x_3\,(b>0)$，其中二次型的矩阵 $\boldsymbol{A}$ 的特征值之和为 1，特征值之积为 -12。

(1) 求 a,b；

(2) 利用正交变换将二次型 f 化为标准形，并写出所用的正交变换和对应的正交矩阵。

* 第 6 章 线性空间与线性变换

线性空间是向量空间的推广，它使向量及向量空间的概念更具一般性，其内容是在更广泛的意义下讨论向量及其相关的性质。线性变换反映线性空间中元素间的最基本的线性联系。在线性空间中，事物之间的联系表现为元素之间的对应关系。线性空间的理论和方法，是线性代数几何理论的基础知识，它已渗透到自然科学和工程技术的各个领域，成为线性代数的核心内容之一。

本章首先给出线性空间的定义与性质，其次给出线性空间的基、维数及基变换与坐标变换，最后介绍线性空间上的一种重要的对应关系 —— 线性变换和线性变换的矩阵表示。

6.1 线性空间的定义与性质

学习目标：

1. 理解线性空间的定义，并应用定义判断一个集合是否构成线性空间。
2. 掌握线性空间的基本性质。
3. 了解线性空间子空间的定义。

线性空间是第 3 章中介绍的向量空间的推广，是一个抽象的数学概念。

6.1.1 线性空间的定义

定义 6.1 设 V 是一非空集合，P 是一数域。在集合 V 的元素之间定义了一种运算，称为**加法**，即对任意两个元素 $\boldsymbol{\alpha},\boldsymbol{\beta}\in V$，总有唯一确定的元素 $\boldsymbol{\gamma}\in V$ 与之对应，称为 $\boldsymbol{\alpha}$ 与 $\boldsymbol{\beta}$ 的和，记作 $\boldsymbol{\gamma}=\boldsymbol{\alpha}+\boldsymbol{\beta}$；在数域 P 与集合 V 的元素之间还定义了一种运算，称为**数量乘法**（简称**数乘**），即对任意 $\lambda\in P$ 与任意 $\boldsymbol{\alpha}\in V$，总有唯一确定的元素 $\boldsymbol{\delta}\in V$ 与之对应，称为 λ 与 $\boldsymbol{\alpha}$ 的数量乘积，记作 $\boldsymbol{\delta}=\lambda\boldsymbol{\alpha}$。如果这两种运算满足以下八条运算规律（其中 $\boldsymbol{\alpha},\boldsymbol{\beta},\boldsymbol{\gamma}\in V$；$\lambda,\mu\in P$）：

① $\boldsymbol{\alpha}+\boldsymbol{\beta}=\boldsymbol{\beta}+\boldsymbol{\alpha}$；

② $(\boldsymbol{\alpha}+\boldsymbol{\beta})+\boldsymbol{\gamma}=\boldsymbol{\alpha}+(\boldsymbol{\beta}+\boldsymbol{\gamma})$；

③ V 中存在零元素 $\mathbf{0}$，对任何 $\boldsymbol{\alpha}\in V$，有 $\boldsymbol{\alpha}+\mathbf{0}=\boldsymbol{\alpha}$；

④ 对任何 $\boldsymbol{\alpha}\in V$，都有 $\boldsymbol{\alpha}$ 的负元素 $\boldsymbol{\beta}\in V$，使得 $\boldsymbol{\alpha}+\boldsymbol{\beta}=\mathbf{0}$，记 $\boldsymbol{\beta}=-\boldsymbol{\alpha}$；

⑤ $1\boldsymbol{\alpha}=\boldsymbol{\alpha}$；

⑥ $\lambda(\mu\boldsymbol{\alpha})=(\lambda\mu)\boldsymbol{\alpha}$；

⑦ $(\lambda+\mu)\boldsymbol{\alpha}=\lambda\boldsymbol{\alpha}+\mu\boldsymbol{\alpha}$；

⑧ $\lambda(\boldsymbol{\alpha}+\boldsymbol{\beta})=\lambda\boldsymbol{\alpha}+\lambda\boldsymbol{\beta}$。

则称集合 V 为数域 P 上的**线性空间**(或**向量空间**)，简称**线性空间**。

注 (1) 线性空间中定义的运算，应理解为一种对应，不一定是普通意义下的加法和数乘运算。满足以上八条规律的加法与数量乘法，称为 V 上的**线性运算**。

(2) 线性空间的元素也称为**向量**。当然，这里的向量不一定是有序数组，其含义要比 $\mathbf{R}^n$ 中的向量广泛得多。

(3) 在一个非空集合上，若对于所定义的加法和数乘运算不封闭，或者运算不满足八条性质的某一条，该集合就不能构成线性空间。

由定义，几何空间中全部向量组成的集合是一个实数域上的线性空间。分量属于数域 P 的全体 n 元数组构成数域 P 上的一个线性空间，这个线性空间我们用 P^n 来表示。

例 6.1 设 $P^{m\times n}$ 表示元素属于数域 P 上所有 $m\times n$ 阶矩阵所构成的集合。$P^{m\times n}$ 按照矩阵的加法和矩阵与数的数量乘法，构成数域 P 上的一个线性空间，其中的零元素即为零矩阵，任一矩阵 $\mathbf{A}$ 的负元素为 $-\mathbf{A}$。

例 6.2 数域 P 上的次数小于 n 的多项式的全体，再添上零多项式构成的集合记为 $P[x]_n$，即

$$P[x]_n=\{a_{n-1}x^{n-1}+\cdots+a_1x+a_0\mid a_0,a_1,\cdots,a_{n-1}\in P\}。$$

$P[x]_n$ 按照通常的多项式的加法及数与多项式的乘法，构成数域 P 上的线性空间。

例 6.3 数域 P 上 n 次多项式的全体，记作 $Q[x]_n$，即

$$Q[x]_n=\{a_nx^n+a_{n-1}x^{n-1}+\cdots+a_1x+a_0\mid a_n,a_{n-1},\cdots,a_1,a_0\in P,\text{且 }a_n\neq 0\}。$$

$Q[x]_n$ 按照通常的多项式加法、多项式数乘不构成数域 P 上的向量空间。

因为 $0(a_nx^n+a_{n-1}x^{n-1}+\cdots+a_1x+a_0)=0\notin Q[x]_n$，即 $Q[x]_n$ 对数乘不封闭。

例 6.4 区间 $[a,b]$ 上的全体实连续函数构成的集合，按函数的加法及数与函数的乘法，构成一个线性空间，用 $C[a,b]$ 表示。

6.1.2 线性空间的基本性质

性质 1 线性空间 V 中的零元素是唯一的。

证 设 $\mathbf{0}_1,\mathbf{0}_2$ 是线性空间 V 中的两个零元素，即对任何 $\boldsymbol{\alpha}\in V$，有

$$\boldsymbol{\alpha}+\mathbf{0}_1=\boldsymbol{\alpha},\quad \boldsymbol{\alpha}+\mathbf{0}_2=\boldsymbol{\alpha},$$

于是，特别有

$$\mathbf{0}_2+\mathbf{0}_1=\mathbf{0}_2,\quad \mathbf{0}_1+\mathbf{0}_2=\mathbf{0}_1,$$

所以

$$\mathbf{0}_1=\mathbf{0}_2。$$

性质 2　线性空间 V 中任一元素的负元素是唯一的。

证　设 $\boldsymbol{\alpha}\in V$ 有两个负元素 $\boldsymbol{\beta},\boldsymbol{\gamma}$，即 $\boldsymbol{\alpha}+\boldsymbol{\beta}=\mathbf{0}$，$\boldsymbol{\alpha}+\boldsymbol{\gamma}=\mathbf{0}$。于是

$$\boldsymbol{\beta}=\boldsymbol{\beta}+\mathbf{0}=\boldsymbol{\beta}+(\boldsymbol{\alpha}+\boldsymbol{\gamma})=(\boldsymbol{\alpha}+\boldsymbol{\beta})+\boldsymbol{\gamma}=\mathbf{0}+\boldsymbol{\gamma}=\boldsymbol{\gamma}。$$

性质 3　$0\boldsymbol{\alpha}=\mathbf{0}$；$(-1)\boldsymbol{\alpha}=-\boldsymbol{\alpha}$；$\lambda\mathbf{0}=\mathbf{0}$。

证　因为 $\boldsymbol{\alpha}+0\boldsymbol{\alpha}=1\boldsymbol{\alpha}+0\boldsymbol{\alpha}=(1+0)\boldsymbol{\alpha}=1\boldsymbol{\alpha}=\boldsymbol{\alpha}$，所以 $0\boldsymbol{\alpha}=\mathbf{0}$。又因为

$$\boldsymbol{\alpha}+(-1)\boldsymbol{\alpha}=1\boldsymbol{\alpha}+(-1)\boldsymbol{\alpha}=[1+(-1)]\boldsymbol{\alpha}=0\boldsymbol{\alpha}=\mathbf{0},$$

所以

$$(-1)\boldsymbol{\alpha}=-\boldsymbol{\alpha},$$

$$\lambda\mathbf{0}=\lambda[\boldsymbol{\alpha}+(-1)\boldsymbol{\alpha}]=\lambda\boldsymbol{\alpha}+(-\lambda)\boldsymbol{\alpha}=[\lambda+(-\lambda)]\boldsymbol{\alpha}=0\boldsymbol{\alpha}=\mathbf{0}。$$

性质 4　如果 $\lambda\boldsymbol{\alpha}=\mathbf{0}$，则 $\lambda=0$ 或 $\boldsymbol{\alpha}=\mathbf{0}$。

证　如果 $\lambda\neq 0$，在 $\lambda\boldsymbol{\alpha}=\mathbf{0}$ 两边乘 $\frac{1}{\lambda}$ 得

$$\frac{1}{\lambda}(\lambda\boldsymbol{\alpha})=\frac{1}{\lambda}\mathbf{0}=\mathbf{0},$$

而

$$\frac{1}{\lambda}(\lambda\boldsymbol{\alpha})=\left(\frac{1}{\lambda}\lambda\right)\boldsymbol{\alpha}=1\boldsymbol{\alpha}=\boldsymbol{\alpha},$$

所以

$$\boldsymbol{\alpha}=\mathbf{0}。$$

6.1.3　线性空间的子空间

定义 6.2　设 W 是线性空间 V 的一个非空子集，若 W 对于 V 中所定义的加法和数乘两种运算也构成一个线性空间，则称 W 为 V 的一个**线性子空间**（简称**子空间**）。

显然，只含 V 的零元的集合与 V 本身是 V 的子空间。

由定义，不难证明下述定理。

定理 6.1　线性空间 V 的非空子集 W 构成子空间的充分必要条件是 W 对 V 的加法与数乘运算封闭。

例 6.5　在全体实函数组成的线性空间 V 中，所有实系数多项式组成 V 的一个子空间。

例 6.6　在线性空间 P^n 中，齐次线性方程组

$$\begin{cases}a_{11}x_1+a_{12}x_2+\cdots+a_{1n}x_n=0,\\a_{21}x_1+a_{22}x_2+\cdots+a_{2n}x_n=0,\\\cdots\cdots\\a_{m1}x_1+a_{m2}x_2+\cdots+a_{mn}x_n=0\end{cases}$$

的全部解向量组成一个子空间，这个子空间叫作齐次线性方程组的解空间。

设 $\boldsymbol{\alpha}_1,\boldsymbol{\alpha}_2,\cdots,\boldsymbol{\alpha}_r$ 是线性空间 V 中一组向量，不难看出，这组向量所有可能的线性组合

$$k_1\boldsymbol{\alpha}_1+k_2\boldsymbol{\alpha}_2+\cdots+k_r\boldsymbol{\alpha}_r$$

所组成的集合是非空的，而且对两种运算封闭，因而是 V 的一个子空间，这个子空间叫作**由 $\boldsymbol{\alpha}_1,\boldsymbol{\alpha}_2,\cdots,\boldsymbol{\alpha}_r$ 生成的子空间**，记为

$$L(\boldsymbol{\alpha}_1,\boldsymbol{\alpha}_2,\cdots,\boldsymbol{\alpha}_r)。$$

由子空间的定义可知，如果 V 的一个子空间包含向量 $\boldsymbol{\alpha}_1,\boldsymbol{\alpha}_2,\cdots,\boldsymbol{\alpha}_r$，那么就一定包含它们所有的线性组合，也就是说，一定包含 $L(\boldsymbol{\alpha}_1,\boldsymbol{\alpha}_2,\cdots,\boldsymbol{\alpha}_r)$ 作为子空间。

习　题　6.1

1. 检验以下集合对于所指的线性运算是否构成实数域上的线性空间：

(1) 次数等于 $n(n\geqslant 1)$ 的实系数多项式的全体，对于多项式的加法和数量乘法；

(2) 二阶反对称矩阵，对于矩阵的加法和数量乘法；

(3) 平面上全体向量，对于通常的加法和如下定义的数量乘法：

$$k\circ\boldsymbol{\alpha}=\mathbf{0};$$

(4) 与向量(1,1,0) 不平行的全体三维数组向量，对于数组向量的加法与数量乘法。

2. 已知非空子集合 V_1 和 V_2 是数域 P 上线性空间 V 的子空间。

(1) 证明 $kV_1=\{k\boldsymbol{\alpha}\mid k\in P,\boldsymbol{\alpha}\in V_1\}$ 是线性空间 V 的子空间；

(2) 证明 $V_1+V_2=\{\boldsymbol{\alpha}+\boldsymbol{\beta}\mid\boldsymbol{\alpha}\in V_1,\boldsymbol{\beta}\in V_2\}$ 是线性空间 V 的子空间。

6.2　维数、基与坐标

学习目标：

1. 理解线性空间的基、维数与坐标的概念。
2. 掌握线性空间的基、维数与坐标的求解方法。
3. 掌握过渡矩阵、坐标变换公式的求解方法。

在第 3 章中，我们讨论了 n 维数组向量之间的关系，介绍了一些重要概念，如线性组合、线性表示、线性相关、线性无关等。这些概念以及有关的性质只涉及向量的线性运算，因此，对于一般的线性空间中的元素（向量）仍然适用，以后我们将直接引用这些概念及相关性质。基与维数的概念同样适用于一般的线性空间。

6.2.1　线性空间的基与维数

定义 6.3　在线性空间 V 中，如果存在 n 个元素 $\boldsymbol{\alpha}_1,\boldsymbol{\alpha}_2,\cdots,\boldsymbol{\alpha}_n\in V$ 满足：

(1) $\boldsymbol{\alpha}_1,\boldsymbol{\alpha}_2,\cdots,\boldsymbol{\alpha}_n$ 线性无关，

(2) V 中任一元素 $\boldsymbol{\alpha}$ 总可由 $\boldsymbol{\alpha}_1,\boldsymbol{\alpha}_2,\cdots,\boldsymbol{\alpha}_n$ 线性表示，

则称 $\boldsymbol{\alpha}_1,\boldsymbol{\alpha}_2,\cdots,\boldsymbol{\alpha}_n$ 为线性空间 V 的一个**基**，n 称为线性空间 V 的**维数**，记作 $\dim V = n$。维数为 n 的线性空间称为 n **维线性空间**，记为 V_n。

例 6.7　在线性空间 $P[x]_3$ 中，$\boldsymbol{\alpha}_1 = 1,\boldsymbol{\alpha}_2 = x,\boldsymbol{\alpha}_3 = x^2$ 是 $P[x]_3$ 的一个基，$P[x]_3$ 的维数是 3。

显然 $\boldsymbol{\beta}_1 = 1,\boldsymbol{\beta}_2 = 1 - x,\boldsymbol{\beta}_3 = 2x^2$ 也是 $P[x]_3$ 的一个基。实际上，n 维线性空间 V 中的任意 n 个线性无关的向量都是 V 的一个基。

6.2.2　线性空间的坐标

若 $\boldsymbol{\alpha}_1,\boldsymbol{\alpha}_2,\cdots,\boldsymbol{\alpha}_n$ 为线性空间 V 的一个基，则对任何 $\boldsymbol{\alpha} \in V$，有一组有序数 $x_1,x_2,\cdots,x_n$，使得

$$\boldsymbol{\alpha} = x_1\boldsymbol{\alpha}_1 + x_2\boldsymbol{\alpha}_2 + \cdots + x_n\boldsymbol{\alpha}_n,$$

并且表示式唯一。

反之，任给一组有序数 $x_1,x_2,\cdots,x_n$，可唯一确定 V 中一个元素

$$\boldsymbol{\alpha} = x_1\boldsymbol{\alpha}_1 + x_2\boldsymbol{\alpha}_2 + \cdots + x_n\boldsymbol{\alpha}_n。$$

这样，V 中元素与有序数组 $(x_1,x_2,\cdots,x_n)$ 之间存在一一对应关系，于是有如下定义。

定义 6.4　设 $\boldsymbol{\alpha}_1,\boldsymbol{\alpha}_2,\cdots,\boldsymbol{\alpha}_n$ 是线性空间 V 的一个基，对于任一元素 $\boldsymbol{\alpha} \in V$，有唯一表示式

$$\boldsymbol{\alpha} = x_1\boldsymbol{\alpha}_1 + x_2\boldsymbol{\alpha}_2 + \cdots + x_n\boldsymbol{\alpha}_n,$$

称有序数组 $(x_1,x_2,\cdots,x_n)$ 为元素 $\boldsymbol{\alpha}$ 在 $\boldsymbol{\alpha}_1,\boldsymbol{\alpha}_2,\cdots,\boldsymbol{\alpha}_n$ 基下的**坐标**，并记作

$$\boldsymbol{\alpha} = (x_1,x_2,\cdots,x_n)。$$

例 6.8　在线性空间 $P[x]_3$ 中，取 $\boldsymbol{\alpha}_1 = 1,\boldsymbol{\alpha}_2 = x,\boldsymbol{\alpha}_3 = x^2$ 为 $P[x]_3$ 的一个基，多项式

$$f(x) = 3 - x + 2x^2$$

可写成

$$f(x) = 3\boldsymbol{\alpha}_1 - \boldsymbol{\alpha}_2 + 2\boldsymbol{\alpha}_3。$$

因此 $f(x)$ 在基 $\boldsymbol{\alpha}_1 = 1,\boldsymbol{\alpha}_2 = x,\boldsymbol{\alpha}_3 = x^2$ 下的坐标为 $(3,-1,2)$。

如果在 $P[x]_3$ 中取另一个基 $\boldsymbol{\beta}_1 = 1,\boldsymbol{\beta}_2 = 1 - x,\boldsymbol{\beta}_3 = 2x^2$，而

$$f(x) = 2\boldsymbol{\beta}_1 + \boldsymbol{\beta}_2 + \boldsymbol{\beta}_3,$$

因此 $f(x)$ 在基 $\boldsymbol{\beta}_1,\boldsymbol{\beta}_2,\boldsymbol{\beta}_3$ 下的坐标为 $(2,1,1)$。

建立了坐标以后，就能把抽象的向量与具体的数组向量 $(x_1,x_2,\cdots,x_n)$ 联系起来，并且可把线性运算与数组向量的线性运算联系起来。

设 $\boldsymbol{\alpha}_1,\boldsymbol{\alpha}_2,\cdots,\boldsymbol{\alpha}_n$ 是线性空间 V 的一个基，在此基下有

$$\boldsymbol{\alpha} = (x_1,x_2,\cdots,x_n),\quad \boldsymbol{\beta} = (y_1,y_2,\cdots,y_n),$$

则

$$\boldsymbol{\alpha} + \boldsymbol{\beta} = (x_1 + y_1,x_2 + y_2,\cdots,x_n + y_n),$$

$$\lambda\boldsymbol{\alpha} = (\lambda x_1,\lambda x_2,\cdots,\lambda x_n)。$$

6.2.3 基变换与坐标变换

在n维线性空间中，任意n个线性无关的向量都可作为空间的基。由例6.8可见，同一元素在不同的基下的坐标一般是不同的，那么，不同基与不同的坐标之间有怎样的关系呢？

定理6.2 在线性空间V中的元素$\boldsymbol{\alpha}$在基$\boldsymbol{\alpha}_1,\boldsymbol{\alpha}_2,\cdots,\boldsymbol{\alpha}_n$下的坐标为$(x_1,x_2,\cdots,x_n)^{\mathrm{T}}$，在基$\boldsymbol{\beta}_1,\boldsymbol{\beta}_2,\cdots,\boldsymbol{\beta}_n$下的坐标为$(x_1',x_2',\cdots,x_n')^{\mathrm{T}}$，若两个基满足

$$(\boldsymbol{\beta}_1,\boldsymbol{\beta}_2,\cdots,\boldsymbol{\beta}_n)=(\boldsymbol{\alpha}_1,\boldsymbol{\alpha}_2,\cdots,\boldsymbol{\alpha}_n)\boldsymbol{P}, \tag{6-1}$$

则有坐标变换公式

$$\begin{pmatrix}x_1\\x_2\\\vdots\\x_n\end{pmatrix}=\boldsymbol{P}\begin{pmatrix}x_1'\\x_2'\\\vdots\\x_n'\end{pmatrix}\text{或}\begin{pmatrix}x_1'\\x_2'\\\vdots\\x_n'\end{pmatrix}=\boldsymbol{P}^{-1}\begin{pmatrix}x_1\\x_2\\\vdots\\x_n\end{pmatrix}。 \tag{6-2}$$

式(6-1)称为基变换公式，矩阵$\boldsymbol{P}$称为从基$\boldsymbol{\alpha}_1,\boldsymbol{\alpha}_2,\cdots,\boldsymbol{\alpha}_n$到$\boldsymbol{\beta}_1,\boldsymbol{\beta}_2,\cdots,\boldsymbol{\beta}_n$的过渡矩阵。式(6-2)称为坐标变换公式。

例6.9 在$P[x]_4$中取两个基：

$$\boldsymbol{\alpha}_1=x^3+2x^2-x,\boldsymbol{\alpha}_2=x^3-x^2+x+1,$$
$$\boldsymbol{\alpha}_3=-x^3+2x^2+x+1,\boldsymbol{\alpha}_4=-x^3-x^2+1$$

及

$$\boldsymbol{\beta}_1=2x^3+x^2+1,\boldsymbol{\beta}_2=x^2+2x+2,$$
$$\boldsymbol{\beta}_3=-2x^3+x^2+x+2,\boldsymbol{\beta}_4=x^3+3x^2+x+2,$$

求基变换与坐标变换公式。

解 将$\boldsymbol{\beta}_1,\boldsymbol{\beta}_2,\boldsymbol{\beta}_3,\boldsymbol{\beta}_4$用$\boldsymbol{\alpha}_1,\boldsymbol{\alpha}_2,\boldsymbol{\alpha}_3,\boldsymbol{\alpha}_4$表示，由

$$(\boldsymbol{\alpha}_1,\boldsymbol{\alpha}_2,\boldsymbol{\alpha}_3,\boldsymbol{\alpha}_4)=(x^3,x^2,x,1)\boldsymbol{A},$$
$$(\boldsymbol{\beta}_1,\boldsymbol{\beta}_2,\boldsymbol{\beta}_3,\boldsymbol{\beta}_4)=(x^3,x^2,x,1)\boldsymbol{B},$$

其中

$$\boldsymbol{A}=\begin{pmatrix}1&1&-1&-1\\2&-1&2&-1\\-1&1&1&0\\0&1&1&1\end{pmatrix},\quad\boldsymbol{B}=\begin{pmatrix}2&0&-2&1\\1&1&1&3\\0&2&1&1\\1&2&2&2\end{pmatrix},$$

所以基变换公式为

$$(\boldsymbol{\beta}_1,\boldsymbol{\beta}_2,\boldsymbol{\beta}_3,\boldsymbol{\beta}_4)=(\boldsymbol{\alpha}_1,\boldsymbol{\alpha}_2,\boldsymbol{\alpha}_3,\boldsymbol{\alpha}_4)\boldsymbol{A}^{-1}\boldsymbol{B},$$

从而坐标变换公式

$$\begin{pmatrix}x_1'\\x_2'\\x_3'\\x_4'\end{pmatrix}=\boldsymbol{B}^{-1}\boldsymbol{A}\begin{pmatrix}x_1\\x_2\\x_3\\x_4\end{pmatrix}$$

用矩阵的初等行变换求$\boldsymbol{A}^{-1}\boldsymbol{B}$:把矩阵$(\boldsymbol{A}\,\vdots\,\boldsymbol{B})$中的$\boldsymbol{A}$变成$\boldsymbol{E}$,则$\boldsymbol{B}$即变成$\boldsymbol{A}^{-1}\boldsymbol{B}$,有

$$(\boldsymbol{A}\,\vdots\,\boldsymbol{B})=\left(\begin{array}{cccc:cccc}1&1&-1&-1&2&0&-2&1\\2&-1&2&-1&1&1&1&3\\-1&1&1&0&0&2&1&1\\0&1&1&1&1&2&2&2\end{array}\right)$$

$$\xrightarrow{\text{初等行变换}}\left(\begin{array}{cccc:cccc}1&0&0&0&1&0&0&1\\0&1&0&0&1&1&0&1\\0&0&1&0&0&1&1&1\\0&0&0&1&0&0&1&0\end{array}\right)=(\boldsymbol{E}\,\vdots\,\boldsymbol{A}^{-1}\boldsymbol{B}),$$

即得

$$(\boldsymbol{\beta}_1,\boldsymbol{\beta}_2,\boldsymbol{\beta}_3,\boldsymbol{\beta}_4)=(\boldsymbol{\alpha}_1,\boldsymbol{\alpha}_2,\boldsymbol{\alpha}_3,\boldsymbol{\alpha}_4)\begin{pmatrix}1&0&0&1\\1&1&0&1\\0&1&1&1\\0&0&1&0\end{pmatrix}。$$

而

$$\begin{pmatrix}1&0&0&1\\1&1&0&1\\0&1&1&1\\0&0&1&0\end{pmatrix}^{-1}=\begin{pmatrix}0&1&-1&1\\-1&1&0&0\\0&0&0&1\\1&-1&1&-1\end{pmatrix},$$

所以有

$$\begin{pmatrix}x_1'\\x_2'\\x_3'\\x_4'\end{pmatrix}=\begin{pmatrix}0&1&-1&1\\-1&1&0&0\\0&0&0&1\\1&-1&1&-1\end{pmatrix}\begin{pmatrix}x_1\\x_2\\x_3\\x_4\end{pmatrix}。$$

习　题　6.2

1. 在$\mathbf{R}^3$中,求向量$\boldsymbol{\alpha}=(3,7,1)$在基$\boldsymbol{\alpha}_1=(1,3,5)$,$\boldsymbol{\alpha}_2=(6,3,2)$,$\boldsymbol{\alpha}_3=(3,1,0)$下的坐标。

2. 在$\mathbf{R}^4$中有两个基:

(Ⅰ) $\boldsymbol{\alpha}_1=(1,0,0,0)$,$\boldsymbol{\alpha}_2=(0,1,0,0)$,$\boldsymbol{\alpha}_3=(0,0,1,0)$,$\boldsymbol{\alpha}_4=(0,0,0,1)$;

(Ⅱ) $\boldsymbol{\beta}_1=(2,1,-1,1)$,$\boldsymbol{\beta}_2=(0,3,1,0)$,$\boldsymbol{\beta}_3=(5,3,2,1)$,$\boldsymbol{\beta}_4=(6,6,1,3)$。

试求:

(1) 从基(Ⅰ)到基(Ⅱ)的过渡矩阵;

(2) 向量 $\boldsymbol{x}=(x_1,x_2,x_3,x_4)$ 对基(Ⅱ)的坐标；

(3) 对两个基有相同坐标的非零向量。

3. 设 $\boldsymbol{\alpha}_1,\boldsymbol{\alpha}_2,\cdots,\boldsymbol{\alpha}_r$ 是 n 维线性空间 V 的线性无关向量组，证明：V 中存在向量 $\boldsymbol{\alpha}_{r+1},\cdots,\boldsymbol{\alpha}_n$ 使 $\boldsymbol{\alpha}_1,\boldsymbol{\alpha}_2,\cdots,\boldsymbol{\alpha}_r,\boldsymbol{\alpha}_{r+1},\cdots,\boldsymbol{\alpha}_n$ 成为 V 的一个基(对 $n-r$ 用数学归纳法)。

6.3　线性变换及其矩阵表示

学习目标：

1. 掌握线性变换的定义，并利用定义判别是否是线性变换。

2. 了解线性变换的性质。

3. 理解线性变换的矩阵表示，掌握线性变换在不同基下的矩阵之间的关系及其求解方法。

线性空间 V 中元素之间的联系可以用 V 到自身的映射来表示。线性空间 V 到自身的映射称为**变换**，而线性变换是线性空间中最简单也是最基本的一种变换。在第 5 章中的正交变换和本章中的坐标变换公式，实际上都是线性变换。本节将从集合之间的关系对线性变换给出一般的定义，并讨论它的基本性质及其矩阵表示。

6.3.1　线性变换的定义与性质

定义 6.5　数域 P 上的线性空间 V 的一个变换 T 称为**线性变换**，如果对于 V 中任意的元素 $\boldsymbol{\alpha},\boldsymbol{\beta}\in V$ 及 $\lambda\in P$，都有

$$T(\boldsymbol{\alpha}+\boldsymbol{\beta})=T(\boldsymbol{\alpha})+T(\boldsymbol{\beta}),\quad T(\lambda\boldsymbol{\alpha})=\lambda T(\boldsymbol{\alpha})。$$

定义中的两个等式所表示的性质，有时也说成线性变换保持向量的加法与数量乘法。

例 6.10　平面上的向量构成实数域上的二维线性空间。把平面围绕坐标原点按逆时针方向旋转 θ 角，就是一个线性变换，记为 T_θ，即

$$T_\theta\begin{pmatrix}x\\y\end{pmatrix}=\begin{pmatrix}\cos\theta & -\sin\theta\\ \sin\theta & \cos\theta\end{pmatrix}\begin{pmatrix}x\\y\end{pmatrix}。$$

如果平面上一个向量 $\boldsymbol{\alpha}$ 在直角坐标系下的坐标是 (x,y)，那么 $\boldsymbol{\alpha}$ 逆时针旋转 θ 角之后的坐标 (x',y') 是按照公式

$$\begin{pmatrix}x'\\y'\end{pmatrix}=\begin{pmatrix}\cos\theta & -\sin\theta\\ \sin\theta & \cos\theta\end{pmatrix}\begin{pmatrix}x\\y\end{pmatrix}$$

来计算。

例 6.11　线性空间 V 中的恒等变换或称单位变换，即对任意 $\boldsymbol{\alpha}\in V$，$T(\boldsymbol{\alpha})=\boldsymbol{\alpha}$。零变换，即对任意 $\boldsymbol{\alpha}\in V$，$T(\boldsymbol{\alpha})=\mathbf{0}$。数乘变换，即对任意 $\boldsymbol{\alpha}\in V$，$\lambda\in P$，$T(\lambda\boldsymbol{\alpha})=\lambda T(\boldsymbol{\alpha})$。这些都是线性变换。

例 6.12 在线性空间 $P[x]_n$ 中,求微商运算 D 是一个线性变换。这个线性变换可以表示为

$$\mathrm{D}(f(x)) = f'(x)。$$

6.3.2 线性变换的性质

设 T 是 V 中的线性变换,则

(1) $T(\mathbf{0}) = \mathbf{0}$;$T(-\boldsymbol{\alpha}) = -T(\boldsymbol{\alpha})$。

(2) 若 $\boldsymbol{\beta} = k_1\boldsymbol{\alpha}_1 + k_2\boldsymbol{\alpha}_2 + \cdots + k_m\boldsymbol{\alpha}_m$,则 $T\boldsymbol{\beta} = k_1 T\boldsymbol{\alpha}_1 + k_2 T\boldsymbol{\alpha}_2 + \cdots + k_m T\boldsymbol{\alpha}_m$,即线性变换保持线性组合与线性关系式不变。

(3) 若 $\boldsymbol{\alpha}_1, \boldsymbol{\alpha}_2, \cdots, \boldsymbol{\alpha}_m$ 线性相关,则 $T(\boldsymbol{\alpha}_1), T(\boldsymbol{\alpha}_2), \cdots, T(\boldsymbol{\alpha}_m)$ 也线性相关。即线性变换把线性相关的向量组变成线性相关的向量组。

注 结论对线性无关的情形不一定成立。线性变换可能把线性无关的向量组变成线性相关的向量组。例如零变换就是这样。

(4) $T(V) = \{T(\boldsymbol{x}) \mid \boldsymbol{x} \in V\}$ 称为线性变换 T 的**像集**,$T(V)$ 是线性空间 V 的一个子空间。$T(V)$ 的维数称为线性变换 T 的**秩**。

(5) 使 $T(\boldsymbol{\alpha}) = \mathbf{0}$ 的 $\boldsymbol{\alpha}$ 的全体 $T^{-1}(\mathbf{0}) = \{\boldsymbol{x} \in V \mid T(\boldsymbol{x}) = \mathbf{0}\}$ 称为线性变换的**核**,$T^{-1}(\mathbf{0})$ 也是 V 的一个子空间。

例 6.13 设有 n 阶方阵

$$\boldsymbol{A} = (\boldsymbol{\alpha}_1, \boldsymbol{\alpha}_2, \cdots, \boldsymbol{\alpha}_n) = \begin{pmatrix} a_{11} & a_{12} & \cdots & a_{1n} \\ a_{21} & a_{22} & \cdots & a_{2n} \\ \vdots & \vdots & & \vdots \\ a_{n1} & a_{n2} & \cdots & a_{nn} \end{pmatrix},$$

其中

$$\boldsymbol{\alpha}_i = \begin{pmatrix} a_{1i} \\ a_{2i} \\ \vdots \\ a_{ni} \end{pmatrix}, i = 1, 2, \cdots, n。$$

定义 $\mathbf{R}^n$ 中的变换 T 为

$$T(\boldsymbol{x}) = \boldsymbol{A}\boldsymbol{x}(\boldsymbol{x} \in \mathbf{R}^n),$$

则 T 为 $\mathbf{R}^n$ 中的线性变换。

证 设 $\boldsymbol{\alpha}, \boldsymbol{\beta} \in \mathbf{R}^n, \lambda \in \mathbf{R}$,有

$$T(\boldsymbol{\alpha} + \boldsymbol{\beta}) = \boldsymbol{A}(\boldsymbol{\alpha} + \boldsymbol{\beta}) = \boldsymbol{A\alpha} + \boldsymbol{A\beta} = T(\boldsymbol{\alpha}) + T(\boldsymbol{\beta}),$$

$$T(\lambda\boldsymbol{\alpha}) = \boldsymbol{A}(\lambda\boldsymbol{\alpha}) = \lambda\boldsymbol{A\alpha} = \lambda T(\boldsymbol{\alpha}),$$

故 T 为 $\mathbf{R}^n$ 中的线性变换。

设

$$x = \begin{pmatrix} x_1 \\ x_2 \\ \vdots \\ x_n \end{pmatrix} \in \mathbf{R}^n,$$

因

$$Tx = Ax = (\alpha_1, \alpha_2, \cdots, \alpha_n)\begin{pmatrix} x_1 \\ x_2 \\ \vdots \\ x_n \end{pmatrix} = x_1\alpha_1 + x_2\alpha_2 + \cdots + x_n\alpha_n,$$

可见 T 的像空间是由 $\alpha_1, \alpha_2, \cdots, \alpha_n$ 生成的向量空间，T 的核 $T^{-1}(\mathbf{0})$ 是齐次线性方程组 $Ax = \mathbf{0}$ 的解空间。

6.3.3 线性变换的矩阵表示

设 V 是数域 P 上的线性空间，T 是 V 的一个线性变换。取 V 的一个基 $\varepsilon_1, \varepsilon_2, \cdots, \varepsilon_n$，则每个 $T(\varepsilon_i)$ 都是 V 中向量$(i = 1, 2, \cdots, n)$，故可设

$$\begin{cases} T(\varepsilon_1) = a_{11}\varepsilon_1 + a_{21}\varepsilon_2 + \cdots + a_{n1}\varepsilon_n, \\ T(\varepsilon_2) = a_{12}\varepsilon_1 + a_{22}\varepsilon_2 + \cdots + a_{n2}\varepsilon_n, \\ \quad\cdots\cdots \\ T(\varepsilon_n) = a_{1n}\varepsilon_1 + a_{2n}\varepsilon_2 + \cdots + a_{nn}\varepsilon_n, \end{cases}$$

用矩阵来表示就是：

$$(T(\varepsilon_1), T(\varepsilon_2), \cdots, T(\varepsilon_n)) = (\varepsilon_1, \varepsilon_2, \cdots, \varepsilon_n)A,$$

其中

$$A = \begin{pmatrix} a_{11} & a_{12} & \cdots & a_{1n} \\ a_{21} & a_{22} & \cdots & a_{2n} \\ \vdots & \vdots & & \vdots \\ a_{n1} & a_{n2} & \cdots & a_{nn} \end{pmatrix}$$

称为**线性变换 T 在基 $\varepsilon_1, \varepsilon_2, \cdots, \varepsilon_n$ 下的矩阵**。

这样，在线性空间 V 中取定一个基后，V 的每一个线性变换 T 对应着一个方阵 A；反之，给定一个方阵 A，可以证明在线性空间 V 中也有唯一一个线性变换 T，T 在给定的基下的矩阵恰为 A。这就是说线性变换与方阵之间有一一对应关系。因此，在线性空间中取定一个基后，线性变换即可用矩阵表示，从而对线性变换的讨论便转化为对其矩阵的研究。

定理 6.3 V 为 n 维线性空间，线性变换 T 在基 $\varepsilon_1, \varepsilon_2, \cdots, \varepsilon_n$ 下的矩阵为 A，则向量 x 与 $T(x)$ 在基 $\varepsilon_1, \varepsilon_2, \cdots, \varepsilon_n$ 下的坐标有关系式

$$T(x) = Ax,$$

其中 $\boldsymbol{x}=(x_1,x_2,\cdots,x_n)^{\mathrm{T}}$。

证　由

$$\boldsymbol{x}=\sum_{i=1}^{n}x_i\boldsymbol{\varepsilon}_i=(\boldsymbol{\varepsilon}_1,\boldsymbol{\varepsilon}_2,\cdots,\boldsymbol{\varepsilon}_n)\begin{pmatrix}x_1\\x_2\\\vdots\\x_n\end{pmatrix},$$

有

$$\begin{aligned}T(\boldsymbol{x})&=T\Big(\sum_{i=1}^{n}x_i\boldsymbol{\varepsilon}_i\Big)=\sum_{i=1}^{n}x_iT(\boldsymbol{\varepsilon}_i)\\&=\Big((T(\boldsymbol{\varepsilon}_1),T(\boldsymbol{\varepsilon}_2),\cdots,T(\boldsymbol{\varepsilon}_n)\Big)\begin{pmatrix}x_1\\x_2\\\vdots\\x_n\end{pmatrix}\\&=(\boldsymbol{\varepsilon}_1,\boldsymbol{\varepsilon}_2,\cdots,\boldsymbol{\varepsilon}_n)\boldsymbol{A}\begin{pmatrix}x_1\\x_2\\\vdots\\x_n\end{pmatrix},\end{aligned}$$

所以，在基 $\boldsymbol{\varepsilon}_1,\boldsymbol{\varepsilon}_2,\cdots,\boldsymbol{\varepsilon}_n$ 下，当 $\boldsymbol{x}=\begin{pmatrix}x_1\\x_2\\\vdots\\x_n\end{pmatrix}$ 时，$T(\boldsymbol{x})=\boldsymbol{A}\begin{pmatrix}x_1\\x_2\\\vdots\\x_n\end{pmatrix}$。

例 6.14　在 $P[x]_4$ 中，取基 $\boldsymbol{\varepsilon}_1=1,\boldsymbol{\varepsilon}_2=x,\boldsymbol{\varepsilon}_3=x^2,\boldsymbol{\varepsilon}_4=x^3$，求微商运算 $\mathrm{D}(f(x))=f'(x)$ 在这个基下的矩阵。

解

$$\begin{aligned}\mathrm{D}\boldsymbol{\varepsilon}_1&=0=0\boldsymbol{\varepsilon}_1+0\boldsymbol{\varepsilon}_2+0\boldsymbol{\varepsilon}_3+0\boldsymbol{\varepsilon}_4,\\\mathrm{D}\boldsymbol{\varepsilon}_2&=1=1\boldsymbol{\varepsilon}_1+0\boldsymbol{\varepsilon}_2+0\boldsymbol{\varepsilon}_3+0\boldsymbol{\varepsilon}_4,\\\mathrm{D}\boldsymbol{\varepsilon}_3&=2x=0\boldsymbol{\varepsilon}_1+2\boldsymbol{\varepsilon}_2+0\boldsymbol{\varepsilon}_3+0\boldsymbol{\varepsilon}_4,\\\mathrm{D}\boldsymbol{\varepsilon}_4&=3x^2=0\boldsymbol{\varepsilon}_1+0\boldsymbol{\varepsilon}_2+3\boldsymbol{\varepsilon}_3+0\boldsymbol{\varepsilon}_4,\end{aligned}$$

所以微商运算 D 在这个基下的矩阵为：

$$\boldsymbol{A}=\begin{pmatrix}0&1&0&0\\0&0&2&0\\0&0&0&3\\0&0&0&0\end{pmatrix}。$$

例 6.15　在 $\mathbf{R}^3$ 中，取基 $\boldsymbol{e}_1=(1,0,0),\boldsymbol{e}_2=(0,1,0),\boldsymbol{e}_3=(0,0,1)$，$T$ 表示将向量投

影到 yOz 平面的线性变换，即

$$T(x\boldsymbol{e}_1+y\boldsymbol{e}_2+z\boldsymbol{e}_3)=y\boldsymbol{e}_2+z\boldsymbol{e}_3。$$

(1) 求 T 在基 $\boldsymbol{e}_1,\boldsymbol{e}_2,\boldsymbol{e}_3$ 下的矩阵；

(2) 取基为 $\boldsymbol{\varepsilon}_1=2\boldsymbol{e}_1,\boldsymbol{\varepsilon}_2=\boldsymbol{e}_1-2\boldsymbol{e}_2,\boldsymbol{\varepsilon}_3=\boldsymbol{e}_3$，求 T 在基 $\boldsymbol{\varepsilon}_1,\boldsymbol{\varepsilon}_2,\boldsymbol{\varepsilon}_3$ 下的矩阵。

解 (1) 由

$$\begin{aligned}T\boldsymbol{e}_1&=T(\boldsymbol{e}_1+0\boldsymbol{e}_2+0\boldsymbol{e}_3)=\boldsymbol{0},\\T\boldsymbol{e}_2&=T(0\boldsymbol{e}_1+\boldsymbol{e}_2+0\boldsymbol{e}_3)=\boldsymbol{e}_2,\\T\boldsymbol{e}_3&=T(0\boldsymbol{e}_1+0\boldsymbol{e}_2+\boldsymbol{e}_3)=\boldsymbol{e}_3,\end{aligned}$$

即

$$T(\boldsymbol{e}_1,\boldsymbol{e}_2,\boldsymbol{e}_3)=(\boldsymbol{e}_1,\boldsymbol{e}_2,\boldsymbol{e}_3)\begin{pmatrix}0&0&0\\0&1&0\\0&0&1\end{pmatrix}。$$

所以 T 在基 $\boldsymbol{e}_1,\boldsymbol{e}_2,\boldsymbol{e}_3$ 下的矩阵为 $\begin{pmatrix}0&0&0\\0&1&0\\0&0&1\end{pmatrix}$。

(2) 由

$$\begin{aligned}T\boldsymbol{\varepsilon}_1&=T(2\boldsymbol{e}_1)=2T\boldsymbol{e}_1=\boldsymbol{0},\\T\boldsymbol{\varepsilon}_2&=T(\boldsymbol{e}_1-2\boldsymbol{e}_2)=T\boldsymbol{e}_1-2T\boldsymbol{e}_2=-2\boldsymbol{e}_2\\&=-\boldsymbol{e}_1+\boldsymbol{e}_1-2\boldsymbol{e}_2=-\frac{1}{2}\boldsymbol{\varepsilon}_1+\boldsymbol{\varepsilon}_2,\\T\boldsymbol{\varepsilon}_3&=T\boldsymbol{e}_3=\boldsymbol{e}_3=\boldsymbol{\varepsilon}_3,\end{aligned}$$

即

$$T(\boldsymbol{\varepsilon}_1,\boldsymbol{\varepsilon}_2,\boldsymbol{\varepsilon}_3)=(\boldsymbol{\varepsilon}_1,\boldsymbol{\varepsilon}_2,\boldsymbol{\varepsilon}_3)\begin{pmatrix}0&-\frac{1}{2}&0\\0&1&0\\0&0&1\end{pmatrix}。$$

一般来说，线性空间的基改变时，线性变换的矩阵也会变化，下面的定理给出了其变化规律。

定理 6.4 设线性空间 V 的线性变换 T 在两个基

(Ⅰ) $\boldsymbol{\varepsilon}_1,\boldsymbol{\varepsilon}_2,\cdots,\boldsymbol{\varepsilon}_n$；

(Ⅱ) $\boldsymbol{\eta}_1,\boldsymbol{\eta}_2,\cdots,\boldsymbol{\eta}_n$；

下的矩阵分别为 $\boldsymbol{A}$ 和 $\boldsymbol{B}$，从基(Ⅰ)到基(Ⅱ)的过渡矩阵为 $\boldsymbol{P}$，则 $\boldsymbol{B}=\boldsymbol{P}^{-1}\boldsymbol{AP}$（此时，$\boldsymbol{A}$ 与 $\boldsymbol{B}$ 相似）。

证 由假设，有 $(\boldsymbol{\eta}_1,\boldsymbol{\eta}_2,\cdots,\boldsymbol{\eta}_n)=(\boldsymbol{\varepsilon}_1,\boldsymbol{\varepsilon}_2,\cdots,\boldsymbol{\varepsilon}_n)\boldsymbol{P}$，$\boldsymbol{P}$ 可逆，以及

$$T(\boldsymbol{\varepsilon}_1,\boldsymbol{\varepsilon}_2,\cdots,\boldsymbol{\varepsilon}_n)=(\boldsymbol{\varepsilon}_1,\boldsymbol{\varepsilon}_2,\cdots,\boldsymbol{\varepsilon}_n)\boldsymbol{A},$$

$$T(\boldsymbol{\eta}_1,\boldsymbol{\eta}_2,\cdots,\boldsymbol{\eta}_n)=(\boldsymbol{\eta}_1,\boldsymbol{\eta}_2,\cdots,\boldsymbol{\eta}_n)\boldsymbol{B}。$$

于是

$$\begin{aligned}(\boldsymbol{\eta}_1,\boldsymbol{\eta}_2,\cdots,\boldsymbol{\eta}_n)\boldsymbol{B}&=T(\boldsymbol{\eta}_1,\boldsymbol{\eta}_2,\cdots,\boldsymbol{\eta}_n)\\&=T[(\boldsymbol{\varepsilon}_1,\boldsymbol{\varepsilon}_2,\cdots,\boldsymbol{\varepsilon}_n)\boldsymbol{P}]\\&=[T(\boldsymbol{\varepsilon}_1,\boldsymbol{\varepsilon}_2,\cdots,\boldsymbol{\varepsilon}_n)]\boldsymbol{P}\\&=(\boldsymbol{\varepsilon}_1,\boldsymbol{\varepsilon}_2,\cdots,\boldsymbol{\varepsilon}_n)\boldsymbol{AP}\\&=(\boldsymbol{\eta}_1,\boldsymbol{\eta}_2,\cdots,\boldsymbol{\eta}_n)\boldsymbol{P}^{-1}\boldsymbol{AP}。\end{aligned}$$

因 $\boldsymbol{\eta}_1,\boldsymbol{\eta}_2,\cdots,\boldsymbol{\eta}_n$ 线性无关，所以

$$\boldsymbol{B}=\boldsymbol{P}^{-1}\boldsymbol{AP}。$$

例 6.16　在例 6.15 中，

$$(\boldsymbol{\varepsilon}_1,\boldsymbol{\varepsilon}_2,\boldsymbol{\varepsilon}_3)=(\boldsymbol{e}_1,\boldsymbol{e}_2,\boldsymbol{e}_3)\begin{pmatrix}2&1&0\\0&-2&0\\0&0&1\end{pmatrix},$$

基 $\boldsymbol{e}_1,\boldsymbol{e}_2,\boldsymbol{e}_3$ 到基 $\boldsymbol{\varepsilon}_1,\boldsymbol{\varepsilon}_2,\boldsymbol{\varepsilon}_3$ 的过渡矩阵

$$\boldsymbol{P}=\begin{pmatrix}2&1&0\\0&-2&0\\0&0&1\end{pmatrix},$$

T 在基 $\boldsymbol{e}_1,\boldsymbol{e}_2,\boldsymbol{e}_3$ 下矩阵为

$$\boldsymbol{A}=\begin{pmatrix}0&0&0\\0&1&0\\0&0&1\end{pmatrix}。$$

由定理 6.4，T 在基 $\boldsymbol{e}_1,\boldsymbol{e}_2,\boldsymbol{e}_3$ 下的矩阵为

$$\begin{aligned}\boldsymbol{P}^{-1}\boldsymbol{AP}&=\begin{pmatrix}2&1&0\\0&-2&0\\0&0&1\end{pmatrix}^{-1}\begin{pmatrix}0&0&0\\0&1&0\\0&0&1\end{pmatrix}\begin{pmatrix}2&1&0\\0&-2&0\\0&0&1\end{pmatrix}\\&=\begin{pmatrix}\frac{1}{2}&\frac{1}{4}&0\\0&-\frac{1}{2}&0\\0&0&1\end{pmatrix}\begin{pmatrix}0&0&0\\0&1&0\\0&0&1\end{pmatrix}\begin{pmatrix}2&1&0\\0&-2&0\\0&0&1\end{pmatrix}\\&=\begin{pmatrix}0&\frac{1}{4}&0\\0&-\frac{1}{2}&0\\0&0&1\end{pmatrix}\begin{pmatrix}2&1&0\\0&-2&0\\0&0&1\end{pmatrix}=\begin{pmatrix}0&-\frac{1}{2}&0\\0&1&0\\0&0&1\end{pmatrix}。\end{aligned}$$

这与例 6.15 的结论是一致的。

习 题 6.3

1. 判别下面所定义的变换,哪些是线性的,哪些不是:

(1) 在 $\mathbf{R}^2$ 中:$T(x_1,x_2)=(x_1+1,x_2^2)$;

(2) 在 $\mathbf{R}^3$ 中:$T(x_1,x_2,x_3)=(x_1+x_2,x_1-x_2,2x_3)$。

2. 说明 xOy 平面上变换 $T\begin{pmatrix}x\\y\end{pmatrix}=\boldsymbol{A}\begin{pmatrix}x\\y\end{pmatrix}$ 的几何意义,其中:

(1) $\boldsymbol{A}=\begin{pmatrix}-1&0\\0&1\end{pmatrix}$;

(2) $\boldsymbol{A}=\begin{pmatrix}0&0\\0&1\end{pmatrix}$;

(3) $\boldsymbol{A}=\begin{pmatrix}0&1\\1&0\end{pmatrix}$;

(4) $\boldsymbol{A}=\begin{pmatrix}0&1\\-1&0\end{pmatrix}$。

3. 函数集合

$$V=\{\boldsymbol{\alpha}=(a_2x^2+a_1x+a_0)\mathrm{e}^x \mid a_2,a_1,a_0\in\mathbf{R}\},$$

对于函数的加法与数乘构成三维线性空间,在其中取一个基

$$\boldsymbol{\alpha}_1=x^2\mathrm{e}^x,\boldsymbol{\alpha}_2=x\mathrm{e}^x,\boldsymbol{\alpha}_3=\mathrm{e}^x,$$

求微分运算 D 在这个基下的矩阵。

4. 在 $\mathbf{R}^3$ 中,已知线性变换 T 在基 $\boldsymbol{\eta}_1=(-1,1,1)$,$\boldsymbol{\eta}_2=(1,0,-1)$,$\boldsymbol{\eta}_3=(0,1,1)$ 下的矩阵为

$$\begin{pmatrix}1&0&1\\1&1&0\\-1&2&1\end{pmatrix},$$

求 T 在基 $\boldsymbol{\varepsilon}_1=(1,0,0)$,$\boldsymbol{\varepsilon}_2=(0,1,0)$,$\boldsymbol{\varepsilon}_3=(0,0,1)$ 下的矩阵。

5. T 是 $\mathbf{R}^3$ 的线性变换,$T(x,y,z)=(2x+y,x-y,3z)$。

(1) 求 T 在基 $\boldsymbol{\varepsilon}_1=(1,0,0)$,$\boldsymbol{\varepsilon}_2=(0,1,0)$,$\boldsymbol{\varepsilon}_3=(0,0,1)$ 下的矩阵;

(2) 求 T 在基 $\boldsymbol{\eta}_1=(1,0,0)$,$\boldsymbol{\eta}_2=(1,1,0)$,$\boldsymbol{\eta}_3=(1,1,1)$ 下的矩阵。

总习题 6

1. 验证以下集合对于所指定的运算是否构成实数域 $\mathbf{R}$ 上的线性空间。

(1) 所有 n 阶可逆矩阵,对矩阵加法及矩阵的数量乘法;

(2) 所有 n 阶对称矩阵,对矩阵加法及矩阵的数量乘法;

(3) 微分方程 $y''+3y'-3y=0$ 的全部解,对函数的加法及数与函数的乘积。

2. 验证：与向量$(0,0,1)^{\mathrm{T}}$不平行的全体3维数组向量，对于数组向量的加法和数乘运算不构成线性空间。

3. 判断下列集合是否构成子空间。

(1) $\mathbf{R}^3$中平面$x+2y+3z=0$的点的集合；

(2) $\mathbf{R}^{2\times2}$中，二阶正交矩阵集合。

4. 求线性空间$V=\{(x_1,x_2,\cdots,x_n)^{\mathrm{T}}\mid x_1+x_2+\cdots+x_n=0,x_i\in\mathbf{R}\}$的一个基，并求出$V$的维数。

5. 在$\mathbf{R}^4$中求向量$\boldsymbol{\alpha}$在基$\boldsymbol{\xi}_1,\boldsymbol{\xi}_2,\boldsymbol{\xi}_3,\boldsymbol{\xi}_4$下的坐标，其中

$$\boldsymbol{\xi}_1=\begin{pmatrix}1\\1\\1\\1\end{pmatrix},\quad \boldsymbol{\xi}_2=\begin{pmatrix}1\\1\\-1\\-1\end{pmatrix},\quad \boldsymbol{\xi}_3=\begin{pmatrix}1\\-1\\1\\-1\end{pmatrix},\quad \boldsymbol{\xi}_4=\begin{pmatrix}1\\-1\\-1\\1\end{pmatrix},\quad \boldsymbol{\alpha}=\begin{pmatrix}1\\2\\-2\\1\end{pmatrix}。$$

6. 设$\boldsymbol{\alpha}_1,\boldsymbol{\alpha}_2,\cdots,\boldsymbol{\alpha}_n$是$\mathbf{R}^n$的一个基。

(1) 证明：$\boldsymbol{\alpha}_1,\boldsymbol{\alpha}_1+\boldsymbol{\alpha}_2,\boldsymbol{\alpha}_1+\boldsymbol{\alpha}_2+\boldsymbol{\alpha}_3,\cdots,\boldsymbol{\alpha}_1+\boldsymbol{\alpha}_2+\cdots+\boldsymbol{\alpha}_n$也是$\mathbf{R}^n$的基；

(2) 求从旧基$\boldsymbol{\alpha}_1,\boldsymbol{\alpha}_2,\cdots,\boldsymbol{\alpha}_n$到新基

$$\boldsymbol{\alpha}_1,\boldsymbol{\alpha}_1+\boldsymbol{\alpha}_2,\boldsymbol{\alpha}_1+\boldsymbol{\alpha}_2+\boldsymbol{\alpha}_3,\cdots,\boldsymbol{\alpha}_1+\boldsymbol{\alpha}_2+\cdots+\boldsymbol{\alpha}_n$$

的过渡矩阵；

(3) 求向量$\boldsymbol{\alpha}$的旧坐标$(x_1,x_2,\cdots,x_n)^{\mathrm{T}}$和新坐标$(y_1,y_2,\cdots,y_n)^{\mathrm{T}}$间的变换公式。

7. 在$\mathbf{R}^{2\times2}$(二阶方阵所构成的线性空间)中，定义变换如下：

$$T(\boldsymbol{X})=\boldsymbol{AX}-\boldsymbol{XA},\quad \boldsymbol{X}\in\mathbf{R}^{2\times2},$$

$\boldsymbol{A}$是$\mathbf{R}^{2\times2}$中一固定的二阶方阵，

(1) 证明：T是$\mathbf{R}^{2\times2}$中的一个线性变换；

(2) 在$\mathbf{R}^{2\times2}$中取一个基：

$$\boldsymbol{\varepsilon}_{11}=\begin{pmatrix}1&0\\0&0\end{pmatrix},\quad \boldsymbol{\varepsilon}_{12}=\begin{pmatrix}0&1\\0&0\end{pmatrix},\quad \boldsymbol{\varepsilon}_{21}=\begin{pmatrix}0&0\\1&0\end{pmatrix},\quad \boldsymbol{\varepsilon}_{22}=\begin{pmatrix}0&0\\0&1\end{pmatrix},$$

求T在这组基下的矩阵。

习题参考答案

第 1 章

习题 1.1

1. (1) -19；(2) 43；(3) $ab(b-a)$；(4) $\cos 2x$；(5) 0；(6) x^3。

2. (1) -81；(2) 0；(3) 3；(4) $3abc-a^3-b^3-c^3$；(5) 1；(6) $2xy(x+y)$。

3. 略。 **4.** $x \neq 0$ 且 $x \neq -1$。 **5.** (1) $x_1=2, x_2=-3$；(2) $x_1=1, x_2=1, x_3=2$。

习题 1.2

1. (1) 6；(2) 9；(3) 19；(4) $\dfrac{n(n-1)}{2}$；(5) $n(n-1)$。

2. (1) $i=4, j=2$；(2) $i=4, j=1$。

3. $-a_{11}a_{22}a_{34}a_{43}$ 和 $a_{11}a_{23}a_{34}a_{42}$。 **4.** $k=1, t=5$。

5. (1) -24；(2) 0；(3) $D_n=(-1)^{n-1}n!$；(4) $(-1)^{\frac{n(n-1)}{2}}a_{1n}a_{2,n-1}\cdots a_{n1}$。 **6.** -40。

习题 1.3

1. $D_1=8$；$D_2=4$。 **2.** (1) 42；(2) 9；(3) -270；(4) 512；(5) 1。 **3.** 略。

4. (1) $(-1)^{n-1}$；(2) $n!$；(3) $(-m)^{n-1}\left(\sum\limits_{i=1}^{n}x_i-m\right)$；(4) $n!\left(1-\sum\limits_{i=2}^{n}\dfrac{1}{i}\right)$。 **5.** 略。

习题 1.4

1. -6；6。 **2.** -17。

3. (1) 6；(2) -37；(3) 33；(4) $(a_1d_1-b_1c_1)(a_2d_2-b_2c_2)$；(5) $6(n-3)!$。

4. $A_{31}+A_{32}+A_{33}+A_{34}=0, M_{31}+M_{32}+M_{33}+M_{34}=36$。 **5.** $x=-\dfrac{2}{5}$。

习题 1.5

1. (1) $(-1)^{\frac{n(n-1)}{2}}n!$；(2) $(-1)^{n-1}n$ 或 $(-1)^{n+1}n$。 **2.** 略。

3. (1) 0；(2) x^2y^2；(3) $(-1)^n(n+1)a_1a_2\cdots a_n$；(4) $(-1)^{\frac{n(n-1)}{2}}y^n+(-1)^{\frac{(n-1)(n-2)}{2}}x^n$。

4. $x=0$(二重) 或 $x=-3$。 **5.** 提示：按最后一列展开。

6. (1) $a_1a_2a_3a_4\left(1+\sum\limits_{i=1}^{4}\dfrac{1}{a_i}\right)$；(2) $\left(1+\sum\limits_{i=1}^{n}\dfrac{a_i}{i}\right)n!$。 **7.** $D_n=n+1$。

8. (1) 12；(2) $(a+b+c+d)(d-c)(d-b)(d-a)(c-b)(c-a)(b-a)$。

习题 1.6

1. 略。 **2.** $\lambda \neq \dfrac{15}{2}$。

3. (1) $x_1=-2, x_2=-2, x_3=1$；(2) $x_1=-9, x_2=1, x_3=-1, x_4=19$。

4. $\lambda \neq 1$ 且 $\lambda \neq -2$。 **5.** $k=0$ 或 $k=-1$。 **6.** $\begin{vmatrix} x_1 & y_1 & 1 \\ x_2 & y_2 & 1 \\ x_3 & y_3 & 1 \end{vmatrix}=0$。

总习题 1

1. -1。 **2.** $-2020!$。 **3.** 7。 **4.** (1) $-a_1b_4\prod\limits_{i=1}^{3}(a_ib_{i+1}-a_{i+1}b_i)$；(2) x^4。

5. (1) $(-1)^{\frac{n(n-1)}{2}}[(n-1)a+b](b-a)^{n-1}$；(2) $n(-1)^{\frac{n(n-1)}{2}}$；(3) $(-1)^{n+1}x^{n-2}$；

(4) $2^{n+1}-2$；(5) $\left(1+\sum\limits_{i=1}^{n}\frac{1}{a_i}\right)\prod\limits_{i=1}^{n}a_i$。

6. $x_1=0, x_2=1, x_3=2, \cdots, x_n=n-1$。 **7.** 72；235。

8. $A_{31}+A_{32}=-4, A_{33}+A_{34}=16$。 **9.** 略。 **10.** (1) 只有零解；(2) 有非零解。

11. $f(x)=11-\frac{4}{3}x-9x^2+\frac{10}{3}x^3$。 **12.** 略。

第 2 章

习题 2.1

1. C。 **2.** $\begin{array}{c} \\ ① \\ ② \\ ③ \\ ④ \end{array}\begin{array}{c} \begin{array}{cccc} ① & ② & ③ & ④ \end{array} \\ \begin{pmatrix} 0 & 1 & 1 & 0 \\ 0 & 0 & 1 & 0 \\ 0 & 1 & 0 & 1 \\ 1 & 0 & 0 & 0 \end{pmatrix} \end{array}$。

3. $\boldsymbol{M}=\begin{pmatrix} 0 & & \\ 0 & 0 & \\ 1 & & \end{pmatrix}=\begin{pmatrix} 0 & 1 & \\ 0 & 0 & 1 \\ 1 & & \end{pmatrix}=\begin{pmatrix} 0 & 1 & 0 \\ 0 & 0 & 1 \\ 1 & 0 & 0 \end{pmatrix}$。甲是第二名，乙是第三名，丙是第一名。

习题 2.2

1. $a=-8, b=4, x=-1, y=-4$。

2. (1) $\begin{pmatrix} 7 & 4 & 2 \\ -4 & 0 & 2 \end{pmatrix}$；(2) $\begin{pmatrix} 4 & -17 & -26 \\ 7 & 5 & 4 \end{pmatrix}$；(3) $\begin{pmatrix} -\frac{3}{2} & 3 & 5 \\ -1 & -1 & -1 \end{pmatrix}$。

3. (1) $\begin{pmatrix} 29 \\ -1 \\ 34 \end{pmatrix}$；(2) $\begin{pmatrix} 13 & 15 & -2 \\ -12 & 5 & -3 \end{pmatrix}$；(3) $x_1y_1+x_2y_2+x_3y_3$；

(4) $\begin{pmatrix} x_1y_1 & x_1y_2 & x_1y_3 \\ x_2y_1 & x_2y_2 & x_2y_3 \\ x_3y_1 & x_3y_2 & x_3y_3 \end{pmatrix}$；(5) $\begin{pmatrix} 12 & 0 & 1 \\ 19 & 7 & 0 \end{pmatrix}$；(6) $\begin{pmatrix} 15 & 10 & 11 \\ -2 & -1 & 5 \\ 15 & 7 & 4 \end{pmatrix}$；

(7) $4x^2-y^2+2z^2+2xz+4yz$。

4. $\boldsymbol{A}^{\mathrm{T}}\boldsymbol{B}=\begin{pmatrix}3&16&1\\-3&14&4\\0&1&12\end{pmatrix}$；$(\boldsymbol{AB})^{\mathrm{T}}=\begin{pmatrix}3&-3&1\\10&8&-1\\0&3&19\end{pmatrix}$。

5. $\begin{pmatrix}a&b\\0&a\end{pmatrix}$，(其中 a,b 为任意实数)。

6. (1) $\begin{pmatrix}-23&10\\30&-13\end{pmatrix}$；(2) $\begin{pmatrix}1&1\\0&0\end{pmatrix}$；(3) $\begin{pmatrix}1&0\\n&1\end{pmatrix}$；(4) $\begin{pmatrix}\lambda_1^n&0&0\\0&\lambda_2^n&0\\0&0&\lambda_3^n\end{pmatrix}$。

7. $\begin{pmatrix}3&-9\\3&-18\end{pmatrix}$；$\begin{pmatrix}-6&0\\3&-9\end{pmatrix}$。

8. $\boldsymbol{A}^2=3\begin{pmatrix}1&\frac{1}{2}&\frac{1}{3}\\2&1&\frac{2}{3}\\3&\frac{3}{2}&1\end{pmatrix}=3\boldsymbol{A},\boldsymbol{A}^3=3^2\begin{pmatrix}1&\frac{1}{2}&\frac{1}{3}\\2&1&\frac{2}{3}\\3&\frac{3}{2}&1\end{pmatrix}=3^2\boldsymbol{A},\boldsymbol{A}^n=3^{n-1}\begin{pmatrix}1&\frac{1}{2}&\frac{1}{3}\\2&1&\frac{2}{3}\\3&\frac{3}{2}&1\end{pmatrix}=3^{n-1}\boldsymbol{A}$。

9. (1) $|3\boldsymbol{A}|=-54$；(2) $|\boldsymbol{A}^{\mathrm{T}}\boldsymbol{B}|=-6$；(3) $||\boldsymbol{A}|\boldsymbol{B}|=-24$；(4) $|\boldsymbol{A}^2\boldsymbol{B}^5|=972$。

10. 略。

习题 2.3

1. $x\neq 0$ 且 $x\neq 6$。 2. $\boldsymbol{A}^{-1}=\boldsymbol{B},\boldsymbol{B}^{-1}=\boldsymbol{A},\boldsymbol{BA}=\boldsymbol{E}$。 3. $(\boldsymbol{A}^*)^{-1}=\frac{1}{|\boldsymbol{A}|}\boldsymbol{A}$。

4. 证明略。举例：$\boldsymbol{A}=\begin{pmatrix}1&1\\0&0\end{pmatrix},\boldsymbol{B}=\begin{pmatrix}1&2\\3&1\end{pmatrix},\boldsymbol{C}=\begin{pmatrix}1&4\\3&-1\end{pmatrix}$(答案不唯一)。

5. (1) $\begin{pmatrix}-7&5\\3&-2\end{pmatrix}$；(2) $\begin{pmatrix}1&0&0\\-1&1&0\\0&-1&1\end{pmatrix}$；(3) $\begin{pmatrix}2&-\frac{1}{3}&-\frac{4}{3}\\1&\frac{1}{3}&-\frac{2}{3}\\-1&0&1\end{pmatrix}$。

6. (1) $\boldsymbol{X}=\begin{pmatrix}-11&12&29\\3&-3&-8\end{pmatrix}$；(2) $\boldsymbol{X}=\begin{pmatrix}-\frac{1}{4}&\frac{3}{4}\\\frac{7}{8}&\frac{23}{8}\end{pmatrix}$；(3) $\boldsymbol{X}=\begin{pmatrix}2&4&-1\\-6&-9&5\end{pmatrix}$。

7. $\boldsymbol{B}=\begin{pmatrix}1&4&2\\0&3&2\\\frac{2}{3}&\frac{4}{3}&1\end{pmatrix}$。 8. 略。 9. $|\boldsymbol{A}^*|=9,|3\boldsymbol{A}^{-1}-\boldsymbol{A}^*|=-72$。

10. $\boldsymbol{A}^{-1}=-\frac{1}{6}(\boldsymbol{A}-4\boldsymbol{E})$，$(\boldsymbol{A}-5\boldsymbol{E})^{-1}=-\frac{1}{11}(\boldsymbol{A}+\boldsymbol{E})$。 **11.** $\boldsymbol{A}^{9}=\begin{pmatrix}-5 & -6\\ 4 & 5\end{pmatrix}$。

习题 2.4

1. (1) $\begin{pmatrix}-3 & 2\\ 1 & 2\\ 0 & 3\end{pmatrix}$；(2) $\begin{pmatrix}-1 & -9 & 6 & 4\\ 0 & 8 & 2 & -2\\ 1 & 4 & 7 & -2\\ 3 & -1 & 8 & 7\end{pmatrix}$。

2. (1) $\begin{pmatrix}\boldsymbol{O} & \boldsymbol{B}^{-1}\\ \boldsymbol{A}^{-1} & \boldsymbol{O}\end{pmatrix}$；(2) $\begin{pmatrix}\boldsymbol{A}^{-1} & \boldsymbol{O}\\ -\boldsymbol{B}^{-1}\boldsymbol{C}\boldsymbol{A}^{-1} & \boldsymbol{B}^{-1}\end{pmatrix}$。

3. (1) $\begin{pmatrix}0 & -3 & 2\\ 0 & -2 & 1\\ \frac{1}{7} & 0 & 0\end{pmatrix}$；(2) $\begin{pmatrix}\frac{1}{2} & 0 & 0 & 0\\ -\frac{1}{6} & \frac{1}{3} & 0 & 0\\ 0 & 0 & \frac{1}{5} & -\frac{1}{5}\\ 0 & 0 & \frac{3}{5} & \frac{2}{5}\end{pmatrix}$。

4. -512。 **5.** -6。

习题 2.5

1. (1) $\begin{pmatrix}x_1+x_3 & y_1+y_3 & z_1+z_3\\ x_2 & y_2 & z_2\\ x_3 & y_3 & z_3\end{pmatrix}$；(2) $\begin{pmatrix}x_1 & y_1 & x_1+z_1\\ x_2 & y_2 & x_2+z_2\\ x_3 & y_3 & x_3+z_3\end{pmatrix}$；(3) $\begin{pmatrix}16 & 7 & 13\\ 5 & 3 & 4\\ 3 & 1 & 2\end{pmatrix}$。

2. (1) 行阶梯形矩阵为 $\begin{pmatrix}2 & -1 & 3 & 2\\ 0 & 1 & -1 & -1\\ 0 & 0 & 0 & 0\end{pmatrix}$（答案不唯一），行最简形矩阵为 $\begin{pmatrix}1 & 0 & 1 & \frac{1}{2}\\ 0 & 1 & -1 & -1\\ 0 & 0 & 0 & 0\end{pmatrix}$；

(2) 行阶梯形矩阵为 $\begin{pmatrix}1 & 0 & -2 & 1\\ 0 & 1 & 1 & -2\\ 0 & 0 & 0 & 2\\ 0 & 0 & 0 & 0\end{pmatrix}$（答案不唯一），行最简形矩阵为 $\begin{pmatrix}1 & 0 & -2 & 0\\ 0 & 1 & 1 & 0\\ 0 & 0 & 0 & 1\\ 0 & 0 & 0 & 0\end{pmatrix}$；

(3) 行阶梯形矩阵为 $\begin{pmatrix}1 & 1 & -2 & 1 & 4\\ 0 & 1 & -1 & -1 & 6\\ 0 & 0 & 0 & -4 & 12\\ 0 & 0 & 0 & 0 & 0\end{pmatrix}$（答案不唯一），行最简形矩阵为 $\begin{pmatrix}1 & 0 & -1 & 0 & 4\\ 0 & 1 & -1 & 0 & 3\\ 0 & 0 & 0 & 1 & -3\\ 0 & 0 & 0 & 0 & 0\end{pmatrix}$。

3. $\begin{pmatrix}1 & 0 & 0\\ 0 & 1 & 0\\ 0 & 0 & 1\end{pmatrix}$。

4. (1) $\begin{pmatrix} 1 & 3 & -2 \\ -\frac{3}{2} & -3 & \frac{5}{2} \\ 1 & 1 & -1 \end{pmatrix}$；(2) $\begin{pmatrix} \frac{2}{3} & \frac{2}{9} & -\frac{1}{9} \\ -\frac{1}{3} & -\frac{1}{6} & \frac{1}{6} \\ -\frac{1}{3} & \frac{1}{9} & \frac{1}{9} \end{pmatrix}$；(3) $\begin{pmatrix} -2 & -1 & 6 & 10 \\ 1 & 1 & -3 & -6 \\ 0 & 1 & 0 & -1 \\ -1 & -1 & 2 & 4 \end{pmatrix}$。

5. (1) $\begin{pmatrix} \frac{11}{6} & \frac{1}{2} \\ -\frac{1}{6} & -\frac{1}{2} \\ \frac{2}{3} & 1 \end{pmatrix}$；(2) $\begin{pmatrix} -5 & 4 & -2 \\ -4 & 5 & -2 \\ -9 & 7 & -4 \end{pmatrix}$；(3) $\begin{pmatrix} 2 & 0 & -1 \\ -7 & -4 & 3 \\ -4 & -2 & 1 \end{pmatrix}$。

6. $\begin{pmatrix} 3 & -1 \\ 2 & 0 \\ 1 & -1 \end{pmatrix}$。

习题 2.6

1. (1)3；(2)0；(3)n。 **2.** (1)2；(2)4；(3)2。 **3.** $a=-4$。

4. 当 $\lambda \neq 1$ 且 $\lambda \neq -2$ 时，$r(\boldsymbol{A})=3$；当 $\lambda=1$ 时，$r(\boldsymbol{A})=1$；当 $\lambda=-2$ 时，$r(\boldsymbol{A})=2$。

5. $a=-3$。 **6.** 略。

总习题 2

1. (1)B；(2) C；(3)C；(4)C；(5)B；(6)B；(7)A；(8)D；(9) D；(10)C。

2. (1) $\frac{3^n}{a}$；(2) -6；(3) $\frac{1}{2}\begin{pmatrix} 1 & \sqrt{3} \\ -\sqrt{3} & 1 \end{pmatrix}$；(4) $\begin{pmatrix} 2^4 & 0 & 2^4 \\ 0 & 3^5 & 0 \\ 2^4 & 0 & 2^4 \end{pmatrix}$；(5) -3；

(6)81；(7) $\begin{pmatrix} -1 & -\frac{1}{2} & 0 \\ 0 & \frac{1}{2} & -\frac{3}{2} \\ 0 & 0 & -\frac{1}{2} \end{pmatrix}$；(8)1；(9)2；(10)1；(11) $\begin{pmatrix} 7 & 8 & 9 \\ 4 & 5 & 6 \\ 1 & 2 & 3 \end{pmatrix}$。

3. 略。 **4.** $\begin{pmatrix} 0 & 0 & 0 \\ 36 & -12 & 4 \\ 5 & 1 & 1 \end{pmatrix}$。

5. $2^{n-1}\boldsymbol{A}$。 **6.** $\begin{pmatrix} 3 & 0 & 0 \\ 0 & 3 & 0 \\ 0 & 0 & -1 \end{pmatrix}$。 **7.** $|\boldsymbol{A}|=-1$；$\boldsymbol{A}^{-1}=\begin{pmatrix} -5 & 8 & 0 & 0 & 0 \\ 2 & -3 & 0 & 0 & 0 \\ 0 & 0 & -2 & 0 & 1 \\ 0 & 0 & 0 & -3 & 4 \\ 0 & 0 & 1 & 2 & -3 \end{pmatrix}$。

8. 略。 **9.** (1); $\boldsymbol{A}^{-1}=\boldsymbol{A}^{*}=\begin{pmatrix}1&-2&1&0\\0&1&-2&1\\0&0&1&-2\\0&0&0&1\end{pmatrix}$; (2)0。

10. (1)$k=0$; (2)$\boldsymbol{X}=\begin{pmatrix}3&1&-2\\1&1&-1\\2&1&-1\end{pmatrix}$。 **11.** $\begin{pmatrix}\frac{1}{3}&\frac{2}{3}&0\\\frac{2}{3}&\frac{1}{3}&0\\0&0&-\frac{1}{3}\end{pmatrix}$。

12. $\boldsymbol{B}=\begin{pmatrix}2&-4&0&0\\-2&-2&0&0\\0&0&2&2\\0&0&-1&2\end{pmatrix}$。 **13.** $n-m$。 **14.** $k=1$。

15. 当 $\lambda=5,\mu=-4$ 时,$r(\boldsymbol{A})$ 的最小值是 2; 当 $\lambda\neq5$ 且 $\mu\neq-4$ 时,$r(\boldsymbol{A})$ 的最大值是 4。

16. 略。

第3章

习题 3.1

1. (1)B; (2)D。 **2.** (1)2,3; (2)$k\neq0$ 且 $k\neq1,k=0,k=1$。

3. $\begin{cases}x_1=-k_1-k_2,\\x_2=k_1,\\x_3=2k_1-k_2,\\x_4=k_2,\end{cases}$ 其中 k_1,k_2 为任意的常数。

4. (1)$x_1=1,x_2=2,x_3=-3$; (2) 无解; (3) $\begin{cases}x_1=-3x_3-2x_4+2,\\x_2=-x_3+x_4+1,\end{cases}$ x_3,x_4 为自由未知量。

5. 当 $\lambda=-1$ 时,方程组无解; 当 $\lambda\neq-1$ 且 $\lambda\neq3$ 时,方程组有唯一解 $\begin{cases}x_1=\dfrac{\lambda+2}{\lambda+1},\\x_2=-\dfrac{1}{\lambda+1},\\x_3=\dfrac{1}{\lambda+1};\end{cases}$

$\lambda=3$ 时,方程组有无穷多解,$\begin{cases}x_1=3-7c,\\x_2=-1+3c,\\x_3=c,\end{cases}$ 其中 c 为任意常数。

习题 3.2

1. $2\boldsymbol{\alpha}-\boldsymbol{\beta}=(1,-3,-1)^{\mathrm{T}}, 3\boldsymbol{\alpha}+2\boldsymbol{\beta}-\boldsymbol{\gamma}=(14,9,22)^{\mathrm{T}}$。 **2.** $\boldsymbol{\alpha}=\left(-\frac{17}{5},\frac{4}{5},-\frac{1}{5},-\frac{8}{5}\right)^{\mathrm{T}}$。

3. 能，$\boldsymbol{\beta}=2\boldsymbol{\alpha}_1-\boldsymbol{\alpha}_2-\boldsymbol{\alpha}_3$。 **4.** (1)$\lambda\neq 1$ 且 $\lambda\neq -2$；(2)$\lambda=-2$；(3)$\lambda=1$。

5. $\boldsymbol{\alpha}_1=2\boldsymbol{\beta}_1+\boldsymbol{\beta}_2-2\boldsymbol{\beta}_3, \boldsymbol{\alpha}_2=-2\boldsymbol{\beta}_1-\boldsymbol{\beta}_2+3\boldsymbol{\beta}_3, \boldsymbol{\alpha}_3=\boldsymbol{\beta}_1+\boldsymbol{\beta}_2-2\boldsymbol{\beta}_3$。 **6.** 略。

7. $(7,5,2)^{\mathrm{T}}$(提示：$\boldsymbol{\alpha}_4=2\boldsymbol{\alpha}_1-\boldsymbol{\alpha}_2+\boldsymbol{\alpha}_3$)。

习题 3.3

1. (1)C；(2)B；(3)C。 **2.** (1) 无；(2) 相。

3. (1) 线性相关；(2) 线性无关；(3) 线性相关。

4. 当 $t=-6$ 时，向量组线性相关，且 $2\boldsymbol{\alpha}_1-7\boldsymbol{\alpha}_2-\boldsymbol{\alpha}_3=\mathbf{0}$；当 $t\neq -6$ 时，向量组线性无关。

5～6. 略。

习题 3.4

1. (1) 对；(2) 错；(3) 对；(4) 对。 **2.** (1) 线性无关；(2) 相等。

3. (1) 秩为 3，$\boldsymbol{\alpha}_1,\boldsymbol{\alpha}_2,\boldsymbol{\alpha}_3$ 是一个极大无关组，$\boldsymbol{\alpha}_4=6\boldsymbol{\alpha}_1-\boldsymbol{\alpha}_2-\boldsymbol{\alpha}_3$；

(2) 秩为 3，$\boldsymbol{\alpha}_1,\boldsymbol{\alpha}_2,\boldsymbol{\alpha}_3$ 是一个极大无关组；

(3) 秩为 3，$\boldsymbol{\alpha}_1,\boldsymbol{\alpha}_2,\boldsymbol{\alpha}_5$ 是一个极大无关组，$\boldsymbol{\alpha}_3=3\boldsymbol{\alpha}_1+\boldsymbol{\alpha}_2$， $\boldsymbol{\alpha}_4=\boldsymbol{\alpha}_1+\boldsymbol{\alpha}_2+\boldsymbol{\alpha}_5$；或者 $\boldsymbol{\alpha}_1,\boldsymbol{\alpha}_2,\boldsymbol{\alpha}_4$ 是一个极大无关组，$\boldsymbol{\alpha}_3=3\boldsymbol{\alpha}_1+\boldsymbol{\alpha}_2$， $\boldsymbol{\alpha}_5=-\boldsymbol{\alpha}_1-\boldsymbol{\alpha}_2+\boldsymbol{\alpha}_4$。

4. $a=2,b=5$。(提示：因秩为 2，故任意三个向量必线性相关，则有 $|\boldsymbol{\alpha}_1,\boldsymbol{\alpha}_3,\boldsymbol{\alpha}_4|=0$ 和 $|\boldsymbol{\alpha}_2,\boldsymbol{\alpha}_3,\boldsymbol{\alpha}_4|=0$)

5. 向量组 $\boldsymbol{\beta}_1,\boldsymbol{\beta}_2,\boldsymbol{\beta}_3$ 的秩为 3。

习题 3.5

1. (1)V_1 构成向量空间；(2) V_2 不构成向量空间。

2. (1) 提示：只需证明 $\boldsymbol{\alpha}_1,\boldsymbol{\alpha}_2,\boldsymbol{\alpha}_3$ 线性无关即可；(2)$\boldsymbol{\beta}$ 在这组基下的坐标为$(7,-2,1)$。

3. $(1,2,3)$；**4.** 过渡矩阵为 $\begin{pmatrix}-1 & 1 & 0\\ 1 & 2 & 2\\ 0 & 0 & 1\end{pmatrix}$。

习题 3.6

1. (1) 相关；(2)2,3,3；(3)5。 **2.** (1)C；(2)B。

3. (1) 基础解系为 $\boldsymbol{\xi}_1=(2,5,1,0)^{\mathrm{T}}, \boldsymbol{\xi}_2=(3,4,0,1)^{\mathrm{T}}$，通解为 $k_1\boldsymbol{\xi}_1+k_2\boldsymbol{\xi}_2$，其中 k_1,k_2 为任意常数；

(2) 基础解系为 $\boldsymbol{\xi}_1=\left(-\frac{3}{2},\frac{7}{2},1,0,0\right)^{\mathrm{T}}, \boldsymbol{\xi}_2=(-1,-2,0,1,0)^{\mathrm{T}}$，通解为 $k_1\boldsymbol{\xi}_1+k_2\boldsymbol{\xi}_2$，其中 k_1,k_2 为任意常数。

4. (1) 通解为 $\boldsymbol{\eta}+k_1\boldsymbol{\xi}_1+k_2\boldsymbol{\xi}_2$，其中 $\boldsymbol{\eta}=\begin{pmatrix}1\\ -2\\ 0\\ 0\end{pmatrix}, \boldsymbol{\xi}_1=\begin{pmatrix}-9\\ 1\\ 7\\ 0\end{pmatrix}, \boldsymbol{\xi}_2=\begin{pmatrix}1\\ -1\\ 0\\ 2\end{pmatrix}$，$k_1,k_2$ 为任意常数；

(2) $\boldsymbol{x}=\boldsymbol{\eta}+k_1\boldsymbol{\xi}_1+k_2\boldsymbol{\xi}_2$，其中 $\boldsymbol{\eta}=\begin{pmatrix}-2\\3\\0\\1\\0\end{pmatrix}$，$\boldsymbol{\xi}_1=\begin{pmatrix}1\\-2\\1\\0\\0\end{pmatrix}$，$\boldsymbol{\xi}_2=\begin{pmatrix}5\\0\\0\\-2\\1\end{pmatrix}$，$k_1,k_2$ 为任意常数。

5. 提示：首先证明 $\boldsymbol{\alpha}_1+\boldsymbol{\alpha}_2,\boldsymbol{\alpha}_2+\boldsymbol{\alpha}_3,\boldsymbol{\alpha}_3+\boldsymbol{\alpha}_1$ 线性无关；再说明 $\boldsymbol{\alpha}_1+\boldsymbol{\alpha}_2,\boldsymbol{\alpha}_2+\boldsymbol{\alpha}_3,\boldsymbol{\alpha}_3+\boldsymbol{\alpha}_1$ 是 $\boldsymbol{Ax}=\boldsymbol{0}$ 的解。

6. $\begin{cases}2x_1-3x_2+x_4=0,\\ x_1-3x_3+2x_4=0。\end{cases}$

7. 通解为 $k_1(1,3,2)^{\mathrm{T}}+k_2(0,2,4)^{\mathrm{T}}+\left(1,\frac{3}{2},\frac{1}{2}\right)^{\mathrm{T}}$（$k_1,k_2$ 为任意实数）（表示方法不唯一）。

总习题 3

1. (1) $a_1+a_2+a_3=0$；(2) $k\neq-3$ 且 $k\neq0$；(3) 无关，相关；(4) $a=2b$；(5) $b-2a+3ab\neq0$；(6) 2；(7) $k(\boldsymbol{\eta}_1-\boldsymbol{\eta}_2)$ 或 $k(\boldsymbol{\eta}_2-\boldsymbol{\eta}_1)$，其中 k 为任意常数；(8) $n-1$。

2. $\boldsymbol{B}=\begin{pmatrix}-1&-2&0\\1&0&0\\0&1&0\end{pmatrix}$（答案不唯一）。

3. 当 $a=-1$ 且 $b\neq36$ 时，线性方程组无解；当 $a\neq-1$ 且 $a\neq6$ 时，线性方程组有唯一解；当 $a=-1$ 且 $b=36$ 时，线性方程组有无穷多解，通解为 $\boldsymbol{x}=\begin{pmatrix}6\\-12\\0\\0\end{pmatrix}+k\begin{pmatrix}-2\\5\\0\\1\end{pmatrix}$，$k$ 为任意实数；

当 $a=6$ 时，线性方程组有无穷多解，通解为 $\boldsymbol{x}=\frac{1}{7}\begin{pmatrix}114-2b\\-12-2b\\0\\b-36\end{pmatrix}+k\begin{pmatrix}-2\\1\\1\\0\end{pmatrix}$，$k$ 为任意实数。

4. $\boldsymbol{\alpha}_3=-2\boldsymbol{A\alpha}_1-\boldsymbol{A\alpha}_2-2\boldsymbol{A\alpha}_3$；(2) $\boldsymbol{A}=\frac{1}{2}\begin{pmatrix}4&-2&-4\\-3&3&1\\1&-3&1\end{pmatrix}$。

5. (1) $a=-1,b\neq0$；(2) $a\neq-1$，b 为任意常数，$\boldsymbol{\beta}=-\frac{2b}{a+1}\boldsymbol{\alpha}_1+\left(1+\frac{b}{a+1}\right)\boldsymbol{\alpha}_2+\frac{b}{a+1}\boldsymbol{\alpha}_3+0\cdot\boldsymbol{\alpha}_4$。

6. 当 $a\neq-1$ 时，向量组（Ⅰ）与向量组（Ⅱ）等价；(2) 当 $a=-1$ 时，向量组（Ⅰ）与向量组（Ⅱ）不等价。

7. $k=2$。 **8.** 略。 **9.** (1) $\boldsymbol{B}=\begin{pmatrix}0&0&0\\1&0&3\\0&1&-2\end{pmatrix}$；(2) $|\boldsymbol{A}|=|\boldsymbol{B}|=0$。 **10.** 略。

11. $a=3$，向量组 $\boldsymbol{\alpha}_1,\boldsymbol{\alpha}_2,\boldsymbol{\alpha}_3,\boldsymbol{\alpha}_4$ 的一个极大无关组为 $\boldsymbol{\alpha}_1,\boldsymbol{\alpha}_2,\boldsymbol{\alpha}_3$，且 $\boldsymbol{\beta}=3\boldsymbol{\alpha}_1-5\boldsymbol{\alpha}_2+4\boldsymbol{\alpha}_3$。

12. $a=2$，$\boldsymbol{\alpha}_1,\boldsymbol{\alpha}_2,\boldsymbol{\alpha}_4$ 是一个极大无关组。 **13 ～ 14.** 略。

15. (1) $\begin{pmatrix} 0 & 1 & 1 \\ -1 & -3 & -2 \\ 2 & 4 & 4 \end{pmatrix}$；(2) $(1,2,4)^{\mathrm{T}},(0,-4,5)^{\mathrm{T}}$；(3) $\boldsymbol{\xi}=(0,0,0)^{\mathrm{T}}$。

16. $\begin{cases} x_1-x_3-x_4=0, \\ x_2+x_3-x_4=0。\end{cases}$

17. (1) $\lambda=-1,a=-2$；(2) $\boldsymbol{x}=\frac{1}{2}\begin{pmatrix} 3 \\ -1 \\ 0 \end{pmatrix}+k\begin{pmatrix} 1 \\ 0 \\ 1 \end{pmatrix}$，其中 k 为任意常数。

18. 略。 **19.** $a=1,b=4,c=3$。 **20.** $k_1\begin{pmatrix} 1 \\ -1 \\ 1 \\ 0 \end{pmatrix}+k_2\begin{pmatrix} 0 \\ -1 \\ 0 \\ 1 \end{pmatrix}$（$k_1,k_2$ 为任意实数）。

21. $k(1,-2,1,0)^{\mathrm{T}}+(1,1,1,1)^{\mathrm{T}}$，其中 k 为任意常数。 **22.** $9x_1+5x_2-3x_3=-5$。

23 ～ 24. 略。

第 4 章

习题 4.1

1. (1) -3；(2) $\frac{3}{2}$。 **2.** $\sqrt{29}$。

3. (1) 正交化：$\boldsymbol{\beta}_1=(1,1,2)^{\mathrm{T}},\boldsymbol{\beta}_2=\left(-\frac{1}{2},\frac{1}{2},0\right)^{\mathrm{T}},\boldsymbol{\beta}_3=(-1,-1,1)^{\mathrm{T}}$；

单位化：$\boldsymbol{\gamma}_1=\frac{1}{\sqrt{6}}(1,1,2)^{\mathrm{T}},\boldsymbol{\gamma}_2=\sqrt{2}\left(-\frac{1}{2},\frac{1}{2},0\right)^{\mathrm{T}},\boldsymbol{\gamma}_3=\frac{1}{\sqrt{3}}(-1,-1,1)^{\mathrm{T}}$；

(2) 正交化：$\boldsymbol{\beta}_1=(1,0,-1,1)^{\mathrm{T}},\boldsymbol{\beta}_2=(1,-3,2,1)^{\mathrm{T}},\boldsymbol{\beta}_3=(-1,3,3,4)^{\mathrm{T}}$；

单位化：$\boldsymbol{\gamma}_1=\frac{1}{\sqrt{3}}(1,0,-1,1)^{\mathrm{T}},\boldsymbol{\gamma}_2=\frac{1}{\sqrt{15}}(1,-3,2,1)^{\mathrm{T}},\boldsymbol{\gamma}_3=\frac{1}{\sqrt{35}}(-1,3,3,4)^{\mathrm{T}}$。

4. $\boldsymbol{\alpha}_2=\begin{pmatrix} -2 \\ 1 \\ 0 \end{pmatrix},\boldsymbol{\alpha}_3=\begin{pmatrix} -3 \\ -6 \\ 5 \end{pmatrix}$。 **5.** (1) 是正交矩阵；(2) 不是正交矩阵；(3) 是正交矩阵。

6 ～ 7. 略。

习题 4.2

1. $\boldsymbol{\alpha}$ 是矩阵 $\boldsymbol{A}$ 对应于特征值 -2 的特征向量，$\boldsymbol{\beta}$ 不是矩阵 $\boldsymbol{A}$ 对应于特征值 λ 的特征向量。

2. (1)$\lambda_1=7,\lambda_2=-2$ 为 $\boldsymbol{A}$ 的特征值，$k_1\boldsymbol{p}_1=k_1\begin{pmatrix}1\\1\end{pmatrix}(k_1\neq 0)$ 为 $\boldsymbol{A}$ 的对应于特征值 $\lambda_1=7$ 的全部特征向量，$k_2\boldsymbol{p}_2=k_2\begin{pmatrix}-4\\5\end{pmatrix}(k_2\neq 0)$ 为 $\boldsymbol{A}$ 的对应于特征值 $\lambda_1=-2$ 的全部特征向量；

(2)$\lambda_1=1,\lambda_2=\lambda_3=3$ 为 $\boldsymbol{A}$ 的特征值，$k_1\boldsymbol{p}_1=k_1\begin{pmatrix}-1\\0\\1\end{pmatrix}(k_1\neq 0)$ 为 $\boldsymbol{A}$ 的对应于特征值 $\lambda_1=1$ 的全部特征向量，$k_2\boldsymbol{p}_2=k_2\begin{pmatrix}1\\0\\1\end{pmatrix}(k_2\neq 0)$ 为 $\boldsymbol{A}$ 的对应于特征值 $\lambda_2=\lambda_3=3$ 的全部特征向量；

(3)$\lambda_1=\lambda_2=-1,\lambda_3=2$ 为 $\boldsymbol{A}$ 的特征值，$k_1\boldsymbol{p}_1+k_2\boldsymbol{p}_2=k_1\begin{pmatrix}-1\\1\\0\end{pmatrix}+k_2\begin{pmatrix}-1\\0\\1\end{pmatrix}$ (k_1,k_2 不全为 0) 为 $\boldsymbol{A}$ 的对应于特征值 $\lambda_1=\lambda_2=-1$ 的全部特征向量，$k_3\boldsymbol{p}_3=k_3\begin{pmatrix}1\\1\\1\end{pmatrix}(k_3\neq 0)$ 为 $\boldsymbol{A}$ 的对应于特征值 $\lambda_3=2$ 的全部特征向量。

3. (1) $-12,4,8$；(2) $-\frac{1}{3},1,\frac{1}{2}$。

4. 提示：利用方阵 $\boldsymbol{A}$ 的特征方程 $|\boldsymbol{A}-\lambda\boldsymbol{E}|=0$ 证明。

5. $a=1$；$\lambda_1=\lambda_2=2,\lambda_3=0$ 为 $\boldsymbol{A}$ 的特征值；$k_1\begin{pmatrix}0\\1\\0\end{pmatrix}+k_2\begin{pmatrix}1\\0\\1\end{pmatrix}$ (k_1,k_2 不全为 0) 为 $\boldsymbol{A}$ 的对应于特征值 $\lambda_1=\lambda_2=2$ 的特征向量，$k_3\begin{pmatrix}1\\0\\-1\end{pmatrix}(k_3\neq 0)$ 为 $\boldsymbol{A}$ 的对应于特征值 $\lambda_3=0$ 的特征向量。

6. $2\boldsymbol{A}^3-5\boldsymbol{A}^2+3\boldsymbol{E}$ 的特征值为 $-1,-4,3$；$|2\boldsymbol{A}^3-5\boldsymbol{A}^2+3\boldsymbol{E}|=12$。

7. $|\boldsymbol{A}|\lambda^{-1}$。 **8.** 637。

习题 4.3

1. (1)B；(2)C。

2. $\boldsymbol{A}$ 可对角化，相似变换矩阵 $\boldsymbol{P}=\begin{pmatrix}1&-1&1\\0&1&0\\0&0&1\end{pmatrix}$，且 $\boldsymbol{P}^{-1}\boldsymbol{A}\boldsymbol{P}=\boldsymbol{\Lambda}=\begin{pmatrix}-1&0&0\\0&1&0\\0&0&1\end{pmatrix}$。

3. (1)$x=0,y=-2$；(2) $\boldsymbol{P}=\begin{pmatrix}0&0&1\\-2&1&0\\1&1&-1\end{pmatrix}$。

4. (1) 可以相似对角化；(2) 不能相似对角化。

5. $x+y=0$。 6. $\boldsymbol{A}=\begin{pmatrix}3&-2&2\\0&1&0\\-1&1&0\end{pmatrix}$。 7. $\boldsymbol{A}^{2020}=\begin{pmatrix}-1&-4&2\\0&1&0\\-1&-2&2\end{pmatrix}$。

习题 4.4

1. (1)$\boldsymbol{P}=\begin{pmatrix}1&0&-1\\0&1&0\\1&0&1\end{pmatrix}$，$\boldsymbol{P}^{-1}\boldsymbol{AP}=\begin{pmatrix}-1&&\\&-2&\\&&-3\end{pmatrix}$；

(2)$\boldsymbol{Q}=\begin{pmatrix}\frac{1}{\sqrt{2}}&0&-\frac{1}{\sqrt{2}}\\0&1&0\\\frac{1}{\sqrt{2}}&0&\frac{1}{\sqrt{2}}\end{pmatrix}$，$\boldsymbol{Q}^{-1}\boldsymbol{AQ}=\begin{pmatrix}-1&&\\&-2&\\&&-3\end{pmatrix}$。

2. (1)$\boldsymbol{P}=\frac{1}{3}\begin{pmatrix}1&2&2\\2&1&-2\\2&-2&1\end{pmatrix}$，$\boldsymbol{P}^{-1}\boldsymbol{AP}=\begin{pmatrix}-2&&\\&1&\\&&4\end{pmatrix}$；

(2)$\boldsymbol{P}=\begin{pmatrix}\frac{1}{\sqrt{3}}&-\frac{1}{\sqrt{2}}&-\frac{1}{\sqrt{6}}\\\frac{1}{\sqrt{3}}&\frac{1}{\sqrt{2}}&-\frac{1}{\sqrt{6}}\\\frac{1}{\sqrt{3}}&0&\frac{2}{\sqrt{6}}\end{pmatrix}$，$\boldsymbol{P}^{-1}\boldsymbol{AP}=\begin{pmatrix}7&&\\&4&\\&&4\end{pmatrix}$。

3. (1)$\boldsymbol{p}_3=k\begin{pmatrix}2\\-2\\1\end{pmatrix}(k\neq0)$；(2)$\boldsymbol{A}=\begin{pmatrix}-1&0&2\\0&1&2\\2&2&0\end{pmatrix}$。

4. $\boldsymbol{A}=\begin{pmatrix}1&0&0\\0&0&-1\\0&-1&0\end{pmatrix}$；$\boldsymbol{P}=\begin{pmatrix}0&1&0\\\frac{1}{\sqrt{2}}&0&\frac{1}{\sqrt{2}}\\\frac{1}{\sqrt{2}}&0&-\frac{1}{\sqrt{2}}\end{pmatrix}$；$\boldsymbol{P}^{-1}\boldsymbol{AP}=\begin{pmatrix}-1&0&0\\0&1&0\\0&0&1\end{pmatrix}$。

5. (1)$\lambda_1=-1,\boldsymbol{p}_1=(1,0,-1)^{\mathrm{T}},\lambda_2=1,\boldsymbol{p}_2=(1,0,1)^{\mathrm{T}},\lambda_3=0,\boldsymbol{p}_3=(0,1,0)^{\mathrm{T}}$；(2)$\boldsymbol{A}=\begin{pmatrix}0&0&1\\0&0&0\\1&0&0\end{pmatrix}$。

6. $-2\begin{pmatrix}1 & 1\\ 1 & 1\end{pmatrix}$。

总习题 4

1. (1)1 和 2；(2)5；(3) ± 1；(4) $\boldsymbol{A}^{-1}$ 的特征值分别为 $1,\frac{1}{2},\frac{1}{3}$，伴随矩阵 $\boldsymbol{A}^*$ 的特征值分别为 6,3,2，$\boldsymbol{A}^2+\boldsymbol{A}$ 的特征值分别为 2,6,12，$A_{11}+A_{22}+A_{33}=\mathrm{tr}(\boldsymbol{A}^*)=11$；

(5)2；(6) $\begin{pmatrix}-1 & & \\ & -1 & \\ & & 0\end{pmatrix}$；(7)$k(1,0,1)^{\mathrm{T}}, k\neq 0$。

2. $\lambda=2$ 或 $\lambda=3$。

3. (1) 提示：利用线性无关的定义证明；(2)$\boldsymbol{P}^{-1}\boldsymbol{A}\boldsymbol{P}=\begin{pmatrix}-1 & 0 & 0\\ 0 & 1 & 1\\ 0 & 0 & 1\end{pmatrix}$。

4. (1)$a=-1, b=-3$；(2)$k_1(5,7,1)^{\mathrm{T}}(k_1\neq 0)$ 为 $\boldsymbol{A}$ 的对应于特征值 $\lambda_1=1$ 的特征向量，$k_2(-1,-1,1)^{\mathrm{T}}(k_2\neq 0)$ 为 $\boldsymbol{A}$ 的对应于特征值 $\lambda_1=-1$ 的特征向量，$k_3(-1,-2,1)^{\mathrm{T}}(k_3\neq 0)$ 为 $\boldsymbol{A}$ 的对应于特征值 $\lambda_1=-2$ 的特征向量；(3)$\boldsymbol{A}$ 可对角化。

5. (1) 略；(2)$\boldsymbol{x}=(1,1,1)^{\mathrm{T}}+k(1,2,-1)^{\mathrm{T}}$，其中 k 为任意常数。

6. (1)$x=2, y=-2$；(2)$\boldsymbol{P}=\begin{pmatrix}1 & 1 & 1\\ -1 & 0 & -2\\ 0 & 1 & 3\end{pmatrix}$， $\boldsymbol{P}^{-1}\boldsymbol{A}\boldsymbol{P}=\begin{pmatrix}2 & & \\ & 2 & \\ & & 6\end{pmatrix}$。

7. $\begin{pmatrix}2 & 2 & -4\\ 2 & 2 & -4\\ -4 & -4 & 8\end{pmatrix}$。 8. $a=c=2, b=-3, \lambda_0=1$。

9. 提示：先验证两个矩阵有相同的特征值，然后验证它们都可以对角化。

10. 当 $a=-2$ 时，$\boldsymbol{A}$ 的特征值为 2,2,6，且 $\boldsymbol{A}$ 可相似对角化；当 $a=-\frac{2}{3}$ 时，$\boldsymbol{A}$ 的特征值为 2,4,4，但 $\boldsymbol{A}$ 不可相似对角化。

11. $\begin{pmatrix}-1 & 1 & 0\\ -2 & 2 & 0\\ 4 & -2 & 1\end{pmatrix}$。

12. 提示：(1) 验证矩阵 $\boldsymbol{A}+\boldsymbol{E}$ 和 $\boldsymbol{A}^{\mathrm{T}}+\boldsymbol{E}$ 没有零特征值；(2) 对等式两边分别左乘 $\boldsymbol{A}+\boldsymbol{E}$，右乘 $\boldsymbol{A}^{\mathrm{T}}+\boldsymbol{E}$，然后进行化简。

第 5 章

习题 5.1

1. (1)$\boldsymbol{A}=\begin{pmatrix}2&3\\3&-1\end{pmatrix}$,秩为 2;(2) $\boldsymbol{A}=\begin{pmatrix}3&-3&-2\\-3&1&-\frac{5}{2}\\-2&-\frac{5}{2}&7\end{pmatrix}$,秩为 3;

(3)$\boldsymbol{A}=\begin{pmatrix}2&-\frac{1}{2}&1&\frac{9}{2}\\-\frac{1}{2}&-2&4&0\\1&4&4&\frac{1}{2}\\\frac{9}{2}&0&\frac{1}{2}&1\end{pmatrix}$,秩为 4。

2. $a=-3$。

3. (1)$f=(x_1,x_2,x_3)\begin{pmatrix}2&-2&4\\-2&-2&3\\4&3&1\end{pmatrix}\begin{pmatrix}x_1\\x_2\\x_3\end{pmatrix}$;(2)$f=(x,y,z)\begin{pmatrix}-1&\frac{1}{2}&-3\\\frac{1}{2}&2&-2\\-3&-2&-3\end{pmatrix}\begin{pmatrix}x\\y\\z\end{pmatrix}$;

(3)$f=(x_1,x_2,x_3,x_4)\begin{pmatrix}1&-1&0&0\\-1&0&3&0\\0&3&-4&0\\0&0&0&0\end{pmatrix}\begin{pmatrix}x_1\\x_2\\x_3\\x_4\end{pmatrix}$。

4. f 的秩为 3。

5. (1)$\boldsymbol{A}=\begin{pmatrix}0&\frac{1}{2}&\frac{1}{2}\\\frac{1}{2}&0&0\\\frac{1}{2}&0&0\end{pmatrix}$;(2)$\boldsymbol{B}=\begin{pmatrix}1&0&\frac{1}{2}\\0&-1&\frac{1}{2}\\\frac{1}{2}&\frac{1}{2}&0\end{pmatrix}$,$\boldsymbol{C}=\begin{pmatrix}1&1&0\\1&-1&0\\0&0&1\end{pmatrix}$,$\boldsymbol{C}^{\mathrm{T}}\boldsymbol{AC}=\boldsymbol{B}$。

6. (1)$f=2y_1^2-y_2^2+4y_3^2$;(2)$f=y_1^2-y_2^2+y_3^2$。

习题 5.2

1. (1) 记 $\boldsymbol{P}=\begin{pmatrix}1&0&0\\0&\frac{1}{\sqrt{2}}&-\frac{1}{\sqrt{2}}\\0&\frac{1}{\sqrt{2}}&\frac{1}{\sqrt{2}}\end{pmatrix}$,令 $\boldsymbol{x}=\boldsymbol{Py}$,则标准形为 $f=2y_1^2+5y_2^2+y_3^2$;

(2) 记 $\boldsymbol{P}=\begin{pmatrix}\frac{2}{3} & -\frac{1}{\sqrt{5}} & -\frac{4}{\sqrt{45}}\\ \frac{1}{3} & \frac{2}{\sqrt{5}} & -\frac{2}{\sqrt{45}}\\ \frac{2}{3} & 0 & \frac{5}{\sqrt{45}}\end{pmatrix}$,令 $\boldsymbol{x}=\boldsymbol{Py}$,则标准形为 $8y_1^2-y_2^2-y_3^2$。

2. (1) 记 $\boldsymbol{C}=\begin{pmatrix}1 & 1 & -1\\ 0 & 0 & 1\\ 0 & -1 & 1\end{pmatrix}$ ($|\boldsymbol{C}|\neq 0$),令 $\boldsymbol{x}=\boldsymbol{Cy}$,$f=y_1^2+y_2^2-y_3^2$。二次型的正惯性指数为 2,负惯性指数为 1。

(2) 记 $\boldsymbol{C}_1=\begin{pmatrix}1 & 1 & 0\\ 1 & -1 & 0\\ 0 & 0 & 1\end{pmatrix}$,$\boldsymbol{C}_2=\begin{pmatrix}1 & 0 & 3\\ 0 & 1 & -1\\ 0 & 0 & 1\end{pmatrix}$ ($\boldsymbol{C}_1$,$\boldsymbol{C}_2$ 均可逆),记

$\boldsymbol{C}=\boldsymbol{C}_1\boldsymbol{C}_2=\begin{pmatrix}1 & 1 & 2\\ 1 & -1 & 4\\ 0 & 0 & 1\end{pmatrix}$ ($|\boldsymbol{C}|=-2\neq 0$),令 $\boldsymbol{x}=\boldsymbol{C}z$,则标准形为 $z_1^2-z_2^2-8z_3^2$。二次型的正惯性指数为 1,负惯性指数为 2。

3. $f=y_1^2-y_2^2$。 **4.** $y_1^2+y_2^2-y_3^2$

5. (1) 二次型的规范形为 $y_1^2+y_2^2-y_3^2$,正惯性指数为 2,秩为 3;

(2) 二次型的规范形为 $y_1^2-y_2^2$,正惯性指数为 1,秩为 2;

(3) 二次型的规范形为 $y_1^2+y_2^2$,正惯性指数为 2,秩为 2;

(4) 二次型的规范形为 $y_1^2+y_2^2-y_3^2$,正惯性指数为 2,秩为 3。

6. 正惯性指数为 1。

习题 5.3

1. (1) 正定;(2) 负定;(3) 正定。 **2.** $-\sqrt{\frac{5}{2}}<\lambda<\sqrt{\frac{5}{2}}$。 **3.** 负定。 **4.** $p=r=n$。

5. $-5<a<2$。 **6.** 提示:利用 $\boldsymbol{A}$ 的特征值全为正数证明。 **7.** 略。

总习题 5

1. (1) 秩为 2;

(2)$\boldsymbol{C}=\begin{pmatrix}1 & -1 & 0\\ 0 & 1 & 1\\ 0 & 0 & 1\end{pmatrix}$ ($|\boldsymbol{C}|=1\neq 0$),令 $\boldsymbol{x}=\boldsymbol{Cy}$,则标准形为 $y_1^2+2y_2^2$;

(3)f 不是正定二次型。

2. $k=3,\boldsymbol{P}=\begin{pmatrix} 0 & -\frac{2}{\sqrt{5}} & \frac{1}{\sqrt{5}} \\ 1 & 0 & 0 \\ 0 & \frac{1}{\sqrt{5}} & \frac{2}{\sqrt{5}} \end{pmatrix}$。 **3.** 正惯性指数为 2，负惯性指数为 0。

4. (1)$c=3,\lambda_1=0,\lambda_2=4,\lambda_3=9$；

(2) 通过正交变换可以将二次型化为标准形 $f=4y_1^2+9y_2^2$，故 $f(x_1,x_2,x_3)=1$ 为椭圆柱面。

5. $\boldsymbol{A}$ 与 $\boldsymbol{B}$ 合同。

6. (1)$a>2$ 时，二次型 f 是正定的；(2)$a<-1$ 时，二次型 f 是负定的。

7～8. 略。

9. (1)$\boldsymbol{A}=\begin{pmatrix} \frac{1}{2} & 0 & -\frac{1}{2} \\ 0 & 1 & 0 \\ -\frac{1}{2} & 0 & \frac{1}{2} \end{pmatrix}$；(2) 略。 **10.** 略。

11. (1)$a=1,b=2(b>0)$。

(2) 二次型的标准形为 $f=2y_1^2+2y_2^2-3y_3^2$，正交矩阵为 $\boldsymbol{P}=\begin{pmatrix} 0 & \frac{2}{\sqrt{5}} & \frac{1}{\sqrt{5}} \\ 1 & 0 & 0 \\ 0 & \frac{1}{\sqrt{5}} & -\frac{2}{\sqrt{5}} \end{pmatrix}$，正交变换为 $\boldsymbol{x}=\boldsymbol{P}\boldsymbol{y}$。

第 6 章

习题 6.1

1. (1) 不是；(2) 是；(3) 不是；(4) 不是。 **2.** 略。

习题 6.2

1. (33，−82，154)。

2. (1)$\begin{pmatrix} 2 & 0 & 5 & 6 \\ 1 & 3 & 3 & 6 \\ -1 & 1 & 2 & 1 \\ 1 & 0 & 1 & 3 \end{pmatrix}$；(2)$\begin{pmatrix} \frac{4}{9}x_1+\frac{1}{3}x_2-x_3-\frac{11}{9}x_4 \\ \frac{1}{27}x_1+\frac{4}{9}x_2-\frac{1}{3}x_3-\frac{23}{27}x_4 \\ \frac{1}{3}x_1-\frac{2}{3}x_4 \\ -\frac{7}{27}x_1-\frac{1}{9}x_2+\frac{1}{3}x_3+\frac{26}{27}x_4 \end{pmatrix}^{\mathrm{T}}$；(3)$(k,k,k,-k)$，其中 $k\neq 0$。

3. 略。

习题 6.3

1. (1) 不是；(2) 是。

2. (1) 与原向量关于 y 轴对称；(2) 将原向量投影到 y 轴上；

(3) 与原向量关于直线 $y=x$ 对称；(4) 将原向量顺时针旋转 $90°$。

3. $\begin{pmatrix}1&0&0\\2&1&0\\0&1&1\end{pmatrix}$。 **4.** $\begin{pmatrix}-1&1&-2\\2&2&0\\3&0&2\end{pmatrix}$。 **5.** (1) $\begin{pmatrix}2&1&0\\1&-1&0\\0&0&3\end{pmatrix}$；(2) $\begin{pmatrix}1&3&3\\1&0&-3\\0&0&3\end{pmatrix}$。

总习题 6

1. (1) 不构成；(2) 构成；(3) 构成。 **2.** 略。 **3.** (1) 构成；(2) 不构成。

4. $\boldsymbol{\xi}_1=(-1,1,0,\cdots,0)^{\mathrm{T}},\boldsymbol{\xi}_2=(-1,0,1,\cdots,0)^{\mathrm{T}},\cdots,\boldsymbol{\xi}_{n-1}=(-1,0,0,\cdots,1)^{\mathrm{T}}$ 是一个基，V 的维数为 $n-1$。

5. $\left(\frac{1}{2},1,-1,\frac{1}{2}\right)^{\mathrm{T}}$。

6. (1) 略； (2) $\begin{pmatrix}1&1&1&\cdots&1\\0&1&1&\cdots&1\\0&0&1&\cdots&1\\\vdots&\vdots&\vdots&&\vdots\\0&0&0&\cdots&1\end{pmatrix}$；(3) $\begin{pmatrix}y_1\\y_2\\y_3\\\vdots\\y_n\end{pmatrix}=\begin{pmatrix}1&1&1&\cdots&1\\0&1&1&\cdots&1\\0&0&1&\cdots&1\\\vdots&\vdots&\vdots&&\vdots\\0&0&0&\cdots&1\end{pmatrix}^{-1}\begin{pmatrix}x_1\\x_2\\x_3\\\vdots\\x_n\end{pmatrix}$。

7. (1) 略； (2) $\begin{pmatrix}0&-a_{21}&a_{12}&0\\-a_{12}&a_{11}-a_{22}&0&a_{12}\\a_{21}&0&a_{22}-a_{11}&-a_{21}\\0&a_{21}&-a_{12}&0\end{pmatrix}$。